3판

이종원 · 김지환 지음

재료역학

Mechanics of Materials

교문사

머리말

STRENGTH OF MATERIALS

    재료역학은 응용역학의 한 분야로 일반대학의 기계공학계열 학과와 토목, 건축계열, 항공공학, 산업공학과 등에서 필수적으로 배우는 꼭 필요한 과목이다.

    이 책에서 취급되는 내용들은 고체부분의 설계와 직결되어 있으므로 현장에서도 이용도가 매우 높다. 따라서 기초적인 개념을 쉽게 이해할 수 있는 교과서로서의 역할과 현장에서 실무에 종사하는 설계자들에게 필요한 지식을 제공하는 참고서로서의 역할을 동시에 충족하였다. 이 책은 이러한 모든 여건을 염두에 두고 저자가 오랫동안 강의하여온 경험을 토대로 하여 필요한 이론의 전개와 요약을 이해하기 쉽도록 표현하였으며, 각 장의 끝에는 간단한 문제에서부터 어려운 문제에 이르기까지 여러 문제들을 충분히 다루어 각 단원의 이해를 돕도록 하였다. 이 책에 사용되는 단위는 공학단위를 주로 사용하였으며, 연습문제에서는 SI 단위도 취급하였다.

    미력한 저자로서 미비한 점이 많으리라 생각되지만 계속 수정보완하여 보다 나은 내용으로 만들 것을 약속드리며 이 책을 저술하는데 참고한 많은 서적의 저자와 선배 제위께 깊은 사의를 표한다.

    이 책의 출판을 위해 수고하신 교문사 류제동 회장님 이하 직원들, 특히 함승형 부장님, 김경수 부장님과 까다로운 그림들을 잘 그려주신 관계자분께 깊은 감사를 드립니다.

2020년 여름
角玄齊에서

차례

STRENGTH OF MATERIALS

CHAPTER 10 특수단면의 보

CHAPTER 11 기둥

CHAPTER
01

하중, 응력 및 변형

STRENGTH OF MATERIALS

1-1　재료역학의 개념

재료역학은 여러 가지 형태의 하중을 받고 있는 고체의 거동을 취급하는 응용역학의 한 분야로서 **재료의 강도학**(strength of materials), **변형체역학**(mechanics of deformable bodies) 등과 같은 이름으로 알려져 있는 연구 분야이다. 기계, 건축물, 교량, 선박 및 항공기 등은 많은 수의 고체 부분 또는 부재들로서 상호 연결되어 완전한 구조물로 이루어진 것들이다. 이 책에서 고려되는 고체는 축방향의 하중을 받는 부재, 비틀림을 받는 축, 얇은 셸(shell), 보(beam) 및 기둥과 이들 요소들의 결합체인 구조물도 포함된다.

일반적으로 해석의 목적은 하중에 의해서 생기는 응력, 변형률 및 처짐을 결정하는 것이다. 과거에는 주로 어떤 크기의 외력에 대하여 재료를 어느 정도의 치수로 해야 변형되지 않을까 하는 데 해석의 초점이 있었지만, 최근에는 파괴되지 않고 사용할 수 있는 가장 적합한 치수를 결정하는 데 노력하고 있다.

따라서 새로운 구조물의 설계에 있어서는 응력이 그 재료의 탄성한도내에 있도록 치수를 결정하면 좋다고 하는 탄성설계의 사고 방식뿐만 아니라, 그 구조물의 일부분 또는 전체가 허용치수까지 소성변형을 일으켜도 좋으며, 또는 사용기간 내에 파괴되지 않으면 좋다는 소성설계의 개념이 도입되는 단계까지 도달했다. 따라서 재료역학도 이와 같은 목적에 따라 발전하는 학문이다.

그러므로 재료역학의 주된 목적은 힘의 정확한 해석을 통하여 공업재료를 그 특성에 따라 적재적소에 올바르게 선택사용하여, 적당한 안전율을 가지는 강도를 가장 합리적이며 경제적으로 얻는 데 있다.

1-2　하중의 종류

기계 또는 구조물에 작용하는 여러 종류의 외력을 하중(load)이라 하며, 이 하중을 변화 형태에 따라 분류하면 다음과 같다.

1-2-1 정하중(static load)

정지 상태에서 서서히 가해져 변하지 않는 하중을 말하며, 자중(자체무게)도 이에 속하고 **사하중**(dead load)이라고도 부른다. 또한 지극히 조용하게 가해지고, 또 조용히 제거되는 하중도 이에 포함된다.

1-2-2 동하중 (dynamic load)

하중의 크기가 수시로 변화하는 하중으로 **활하중** (active load) 이라고도 하며 이것을 다시 분류하면 다음과 같다.

1) **반복하중** (repeated load)⋯하중의 크기와 방향이 같은 일정한 하중이 되풀이되는 하중.
2) **교번하중** (alternate load)⋯하중의 크기와 방향이 변화하는 하중으로, 인장력과 압축력이 상호 연속적으로 반복되는 하중.
3) **충격하중** (impulsive load)⋯외력이 순간적으로 작용하는 하중.

또 작용방식에 따라 다음과 같이 분류된다.

- **축하중** (axial load)⋯집중하중의 경우에는 작용선이 축선을 따라 작용하는 경우이며, 분포하중인 경우에는 그 합력의 작용선이 축선에 일치하는 하중을 말한다. 인장하중 (tensile load) 과 압축하중 (compressive load) 이 있다.

- **전단하중** (shearing load)⋯물체면에 평행으로 전단작용을 하는 하중.

- **비틀림하중** (twisting load)⋯축의 중심에서 떨어져 작용하여 축의 주위에 모멘트를 일으키고 재료의 단면에 비틀림 현상을 일으키는 하중.

- **굽힘하중** (bending load)⋯재료의 축에 대하여 각도를 이루며 작용하고 굽힘현상을 일으키는 하중.

1-3 응력과 변형률

구조물에 외력, 즉 하중이 작용하면 작용부분의 부재는 운동을 일으키려 하고, 이것과 인접하는 부재와의 사이에는 서로 압축, 분리, 또는 미끄럼 (sliding) 현상이 발생하려고 한다. 그러나 부재를 구성하는 분자 사이에는 응집력 및 반발력이 있고, 일정한 간격을 유지하려는 성질이 있으므로 위에서 말한 압축, 분리, 또는 미끄럼에 저항하는 힘이 물질 내부에 생기고 점차적으로 다른 부분으로 전파되어 간다. 이와 같이 하여 구조물 전체로서는 결국 평형상태에 이르게 된다.

그림 1-1은 이와 같이 하여 평형상태에 도달한 구조물이라 생각하고, 이것을 임의의 가상 단면으로 절단하였다고 생각한다.

절단된 양쪽 부분이 서로 분리될 경우에는 그 단면에는 인장력이 작용하는 것이 된다. 그러나 이 가상단면에서는 실제로 양쪽 부분이 밀착되어 평형상태로 있기 때문에 양쪽 부분은

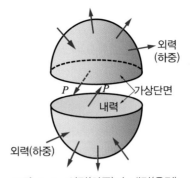

그림 1-1 외력(하중)과 내력(응력)

서로 인장되어 있고, 그 인장력 P 는 크기가 같고 방향이 서로 반대인 것을 알 수 있다. 이와 같이 가상단면에 작용하고 있는 평형상태인 한 쌍의 힘을 **내력** (internal force) 이라 하고, 이 힘의 세기, 즉 단위면적당의 힘을 **내부응력**이라 부른다.

재료역학에서는 이것을 **응력** (stress) 이라고 하며 σ 로 표기한다.

응력의 단위는 단위면적당 작용하는 힘을 나타내고 있기 때문에 압력과 같은 차원 (dimension) 으로 표시한다. 응력의 단위는 계산상으로는 $\mathrm{kgf/cm^2}$ 이 주로 사용되며, 현장에서는 $\mathrm{kgf/mm^2}$ 를 사용하기도 한다 ($1\,\mathrm{kgf/mm^2} = 100\,\mathrm{kgf/cm^2}$).

미국단위에서는 $\mathrm{lbf/in^2}$ 가 사용되며 psi로 표시한다. 또한 $1\,\mathrm{kps} = 1000\,\mathrm{psi}$ 로 표시하기도 한다.

국제단위 (SI 단위) 에서는 힘의 단위가 N (Newton), 면적의 단위가 $\mathrm{m^2}$ 이므로 응력의 단위는 $\mathrm{N/m^2}$ 또는 Pa (Pascal) 이 된다.

이들 각 단위의 상호간의 관계는 다음과 같다.

$$1\,\mathrm{kgf/m^2} = 9.8\,\mathrm{N/m^2}$$
$$1\,\mathrm{kgf/cm^2} = 14.22\,\mathrm{lbf/in^2\,(psi)}$$
$$1\,\mathrm{psi} \fallingdotseq 7000\,\mathrm{Pa}$$

$1\,\mathrm{psi}$ 는 약 $7000\,\mathrm{Pa}$ 에 해당되므로, Pa 단위로 응력을 표시할 때는 MPa, GPa 등 큰 승수(multiples) 를 사용해야 된다.

한편 물체에 하중이 작용하면 그 내부에는 응력이 발생함과 동시에 모양 및 크기의 변화를 일으킨다. 이것을 **변형**이라고 하며, 원래의 치수에 대한 변형된 치수의 비를 **변형률** (strain) 이라고 한다.

변형률은 길이에 대한 비교도이므로 차원을 가지지 않는다.

1-3-1 수직응력과 변형률

그림 1-2 에 보는 바와 같이 균일단면으로 된 봉의 양단에서 축하중 P 는 받는 경우를 생각한다. 이때 축하중 P 는 봉을 균일하게 늘어나게 하며, 이때 봉은 **인장하중** (tension load) 을 받는다고 말한다.

축하중에 의해 봉에 발생하는 내부응력들을 알아보기 위하여 그림 1-2 (a) 에서와 같이 mn 을 절단한다. 이 면은 봉의 길이 방향축에 대하여 직각이며, 이 면을 **단면** (cross section) 이라 부른다. 이제 봉의 절단된 오른쪽 부분을 **자유물체도** (free-body diagram) [그림 1-2(b)] 로 분리하면, 인장하중 P 는 물체의 오른쪽 끝부분에 작용하고, 왼쪽 끝부분에는 제거된 부분이 남아 있는 부분에 대하여 미치는 작용력을 나타낸다. 이 힘들은 마치 수압이 물에 잠긴 물체의 수평면에 연속적으로 분포되는 것과 같이 전단면에 걸쳐 연속적으로 균일하게 분포된다. 이 힘의 세기 (즉, 단위면적당의 힘) 를 **응력** (stress) 이라 한다. 또한 그림 1-2(b) 에 보인 물체의 평형으로부터 이 합력은 작용하중 P 와 크기가 같고 방향이 반대이어야 한다는 것도 알 수 있다. 따라서 임의단면을 갖는 균일단면봉이 축하중을 받을 때, 응력을 구하는 공식은 다음과 같다.

$$\sigma = \frac{P}{A}$$

(1-1)

그림에서와 같이 하중 P 에 의하여 늘어나는 경우의 응력은 **인장응력** (tensile stress) 이라 하고, 하중의 방향이 반대로 되어 봉이 압축되는 경우의 응력을 **압축응력** (compressive stress) 이라 한다. 한편 이와 같이 응력이 절단된 면에 수직으로 작용할 때에는 **수직응력** (normal stress) 이라 부른다. 또한 면에 평행으로 작용하는 전단응력이라고 부르는 다른 형

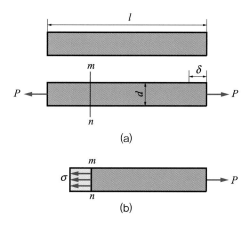

그림 1-2 인장을 받는 균일단면봉

태의 응력도 있으며 이것은 1-3-2 절에서 다루기로 한다.

수직응력에 대한 **부호규약**은 일반적으로 인장응력을 양 (+) 으로 하고 압축응력은 음 (−) 으로 한다.

방정식 $\sigma = \dfrac{P}{A}$ 가 성립하기 위해서는 응력이 봉의 단면에 균일하게 분포되어야 한다. 이러한 조건은 축하중 P 가 단면의 도심 (centroid) 을 지날 때에만 만족한다. 만약 하중 P 가 도심에 작용하지 않으면, 봉에 굽힘이 생기며 좀더 복잡한 해석이 필요하게 된다. 이 책에서는 특별히 따로 설명하지 않는 경우 모든 축하중은 단면의 도심에 작용한다고 가정한다.

축하중을 받는 봉의 길이는 인장을 받을 때는 길어지고, 압축을 받을 때는 줄어든다. 길이의 전체 신장량은 희랍문자인 δ 로 표기하며, 그림 1-2 (a) 는 인장을 받는 봉을 나타낸다. 이 신장량은 재료가 봉의 전 길이에 걸쳐 늘어나서 누적된 결과이다. 봉의 단위길이에 대한 신장량은 전신장량 δ 에 $\dfrac{1}{l}$ 을 곱한 값이 된다. 이런 식으로 단위길이당 신장량인 **변형률** (strain) 의 개념이 정의되며 이 변형률은 희랍문자인 ε 으로 표기되고 다음과 같은 식으로 주어진다.

$$\varepsilon = \frac{\delta}{l}$$

(1-2)

봉이 인장을 받아 늘어났을 때의 변형률을 인장변형률 (tensile strain) 이라 부르고, 봉이 압축을 받아 줄어들었을 때의 변형률을 압축변형률 (compressive strain) 이라 한다. 인장변형률은 양 (+) 으로, 압축변형률은 음 (−) 으로 표시되며, 이때의 변형률은 수직응력과 관계되기 때문에 수직변형률이라고 한다.

예제 1-01 지름 4 cm 의 원형단면으로 된 연강봉에 3000 kgf 의 인장하중이 작용하면 이 봉에 발생하는 응력은 얼마인가?

풀이 $\sigma = \dfrac{P}{A}$ 에서

$$\sigma = \frac{3000}{\dfrac{\pi\,4^2}{4}} = 238.74 \,\text{kgf}\,/\text{cm}^2$$

■ ■ ■

예제 1-02 연강의 인장강도를 4000 kgf/cm^2 이라고 할 때, 지름 10 mm 인 이 연강봉은 몇 kgf 의 하중을 견딜 수 있는가?

풀이 $\sigma = \dfrac{P}{A}$ 에서

$$P = \sigma \cdot A = 4000 \cdot \frac{\pi \times 1^2}{4} = 3141.59 \, \text{kgf}$$

■ ■ ■

예제 1-03 길이 $2\,\mathrm{m}$ 의 봉이 인장하중을 받아 $0.12\,\mathrm{cm}$ 늘어났다. 이때 이 봉의 변형률은 얼마인가?

풀이 $\varepsilon = \dfrac{\delta}{l} = \dfrac{0.12}{200} = 0.0006$

■ ■ ■

1-3-2 전단응력과 전단변형률

표면에 평행하게 작용하거나 접선방향으로 작용하는 응력을 **전단응력**(shear stress) 이라고 하며, 단순전단(simple stress) 과 순수전단(pure stress) 의 두 종류가 있다.

전단응력이 존재하는 실제적인 예로 그림 1-3 (a) 에서와 같은 볼트 연결체를 고찰하기로 한다. 이 연결체는 봉 A와 U자형 링크 C 및 이 봉과 U자형 링크의 구멍을 관통하는 볼트 B 로 구성되어 있다.

여기에 인장하중 P 가 작용하면 봉과 U자형 링크는 이들이 지지하고 있는 볼트를 누르게 되며, 지압응력(bearing stress) 이라 부르는 접촉응력이 볼트에 발생한다. 그림에서와 같이 볼트에 받는 힘을 그림 1-3 (b) 와 같이 자유물체로 나타내면 단면 mn 과 pq 를 따라 볼트를 전단하려는 힘이 있음을 알 수 있으며, 이 힘을 **전단력**이라 한다. 여기서 전단력 F 는 볼트의 절단면 위에 작용함을 알 수 있다 [그림 1-3 (c)].

단면적 mn 위에 생기는 전단응력은 그림 1-3 (d) 에서 작은 화살표로 표시된다. 이들 전단응력의 정확한 분포는 알 수 없지만 가운데 부분에서 최대치를 가지고 양쪽 끝에서는 0 이 된다. 전단응력은 일반적으로 희랍문자 τ(tau) 로 표기한다.

볼트 단면적이 받는 평균전단응력은 전체전단력 F 를 이 힘이 작용하는 면적 A 로 나누어 구한다.

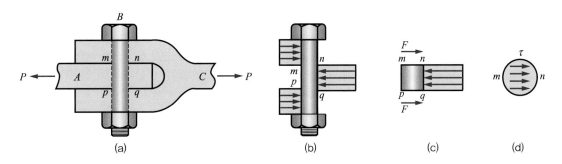

그림 1-3 직접전단을 받는 볼트

$$\tau_{\text{aver}} = \frac{F}{A}$$

(1-3)

그림 1-3 의 예에서는 전단력이 $\frac{P}{2}$ 이고 볼트의 단면적이 A 이다. 식 (1-3) 으로부터 전단응력도 수직응력과 마찬가지로 힘의 세기, 또는 단위면적당의 힘을 나타낸다. 따라서 전단응력의 단위도 수직응력의 단위와 같다.

그림 1-3 (a) 는 **직접전단** (direct shear) 또는 **단순전단** (simple shear) 의 예로서 여기서는 전단응력이 재료를 절단시키도록 직접 작용한 힘에 의해 발생한다. 직접전단은 볼트, 핀, 리벳, 키, 용접부 및 접착조인트 등의 설계에서 발생한다.

한편 그림 1-4는 단순전단응력과 전단변형률의 관계를 나타낸 것으로 그림 (a) 와 같은 리벳조인트가 전단력을 받고 리벳이 전단될 때 변형되는 부분을 그림 (b) 와 같이 확대하여 보면 사각형 $ABCD$ 의 요소가 전단응력 τ 를 받아 평행사변형 $ABC'D'$ 로 변형되어 평형을 유지한다. 전단변형량 δ 와 원래의 길이 l 과의 비, 즉 단위길이에 대한 미끄러짐을 **전단변형률** (shearing strain) 이라 하며 다음 식으로 표시한다.

$$\varepsilon_s = \frac{CC'}{AC} = \frac{\delta}{l} = \tan\gamma \approx \gamma$$

(1-4)

여기서 γ 는 극히 작은 각이므로 $\tan\gamma$ 는 γ 로 표시할 수 있으며, 전단변형률은 전단응력면에

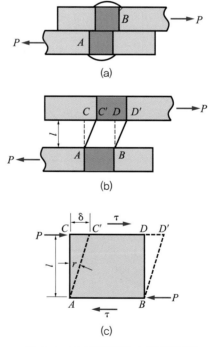

그림 1-4 단순전단응력과 전단변형률

세운 수직선이 변형에 의하여 경사지게 되는 각도를 radian으로 표시한 것을 말한다.

전단응력의 작용에 대한 완전한 내용을 알기 위해 각 변의 길이가 Δx, Δy 및 Δz 가 되는 직육면체 모양의 미소요소를 고찰하여 보자 (그림 1-5 (a)). 이 요소의 앞면과 뒷면은 아무 응력도 작용하지 않는다고 가정한다. 이제 전단응력 τ 가 요소의 윗면에 균일분포된다고 가정하면, 요소가 x 방향으로 평형을 유지하기 위해 크기가 같고 방향이 반대인 전단응력이 아래면에 작용해야 한다. 윗면의 전체 전단력은 $\tau \Delta x \, \Delta z$ 이고, 이 힘은 아랫면에 작용하는 크기가 같고 방향이 반대인 힘에 의해 평형이 유지된다. 이들 두 힘은 그림에서와 같이 시계방향으로 회전하고 크기가 $\tau \Delta x \, \Delta y \, \Delta z$ 인 z 축에 관한 우력을 일으킨다.

요소가 평형을 이루기 위해서는 이 모멘트가 요소의 측면에 작용하는 전단응력으로 인한, 크기가 같고 방향이 반대인 모멘트와 균형을 유지해야 한다. 측면의 응력을 τ_1 이라 하면 수직전단력은 $\tau_1 \Delta y \, \Delta z$ 이고 크기가 $\tau_1 \Delta x \, \Delta y \, \Delta z$ 인 반시계 방향의 우력을 일으킨다. 모멘트의 평형에서 $\tau_1 = \tau$ 가 되고 요소의 4면에서의 전단응력의 크기는 그림 1-5 (a) 에서와 같게 된다. 따라서 다음과 같은 결론을 얻게 된다.

1) 요소의 반대편 면에 작용하는 전단응력들은 서로 크기가 같고 방향이 반대이다.
2) 요소의 서로 직교하는 면에 작용하는 전단응력들은 크기가 같고 방향은 두 면의 교차선을 향하거나 교차선의 바깥쪽을 향하게 된다.

전단응력에 관한 이러한 결론은 수직응력이 요소의 각 면에 작용할 때에도 적용된다.

그림 1-5 (a) 와 같이 전단응력만 받는 요소는 **순수전단** (pure shear) 상태에 있다고 할 수 있다. 이러한 전단응력의 작용으로 재료는 변형되어 **전단변형률**이 생긴다. 이러한 변형률을 보여주기 위해, 전단응력은 x, y, z 방향으로 요소를 신장시키거나 단축시키지 않는다. 다시 말하면, 요소의 각 면의 길이는 변하지 않는다. 그 대신에 전단응력은 그림 1-5 (b) 와 같은 요소모양의 변화를 일으키게 하며, 원래의 요소는 찌그러진 직육면체로 변형된다. b 점과 d 점에서 면 사이의 각은 변형 전에는 $\dfrac{\pi}{2}$ 였으나, 미소 각 γ만큼 줄어 들어 $\dfrac{\pi}{2} - \gamma$ 가 된다

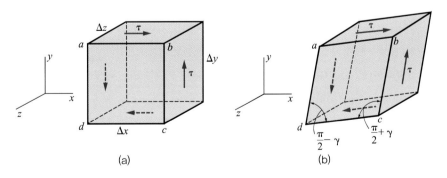

그림 1-5　순수전단응력과 전단변형률

(그림 1-5 (b)). 동시에 a 점과 c 점에서의 각은 $\dfrac{\pi}{2}+\gamma$ 로 늘어난다. 이 각 γ 는 요소의 찌그러짐 또는 모양의 변화를 나타내는 척도로 전단변형률이라 부른다. 전단변형률의 단위는 라디안 (radian) 이다.

그림 1-5의 방향을 갖는 전단응력과 변형률은 양으로 취급된다. 이러한 부호규약을 명백히 하기 위해 축의 양 (+) 방향을 향하는 면을 요소의 양면 (positive face) 이라 한다. 다시 말하면 양면은 좌표축의 양의 방향에 수직이고, 반대면은 음면 (negative face) 이라 한다. 따라서 그림 1-5 (a) 에서 우측면, 윗면 및 전면은 각각 양의 x, y, z 면이고, 반대면들은 음의 x, y, z 면이다.

전단응력의 부호규약은 요소의 양면에 작용하는 전단응력은 그것이 좌표축의 (+) 방향으로 작용하면 양 (+) 이고, 축의 (−) 방향으로 작용하면 음 (−) 이 된다. 또한 요소의 음면에 작용하는 전단응력은 그것이 축의 (−) 방향으로 작용하면 양 (+) 이고, 축의 (+) 방향으로 작용하면 음 (−) 이 된다. 따라서 그림 1-5 (a) 에 보인 모든 전단응력은 양이다.

전단변형률의 부호규약은 응력에 대한 규약에 따른다. 요소에서의 전단변형률은 두 개의 양면 (또는 두 개의 음면) 사이의 각이 줄어들면 양이고, 이 각이 증가되면 음이다. 따라서 그림 1-5 (a) 에 보인 변형률은 양이며, 양의 전단응력은 양의 전단변형률을 생기게 한다.

예제 1-04 그림과 같은 리벳 이음에서 리벳의 지름 $d = 2\,\text{cm}$ 라 하고 두 판을 인장하는 힘이 $P = 800\,\text{kgf}$ 라 하면, 이 리벳에 발생하는 전단응력은 얼마인가?

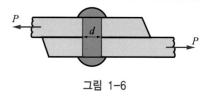

그림 1-6

풀이 $\tau = \dfrac{P}{A}$ 에서 $\dfrac{800}{\dfrac{\pi \times 2^2}{4}} = 254.65\,\text{kgf}/\text{cm}^2$

$$\therefore \tau = 254.65\,\text{kgf}/\text{cm}^2$$

예제 1-05 그림과 같이 $10000\,\text{kgf}$ 의 인장하중을 받는 핀이음 (pin joint) 의 치수를 결정하려고 한다. 봉의 지름 D 와 핀의 지름 d 를 구하여라. 단, 봉의 허용인장응력은 $1000\,\text{kgf}/\text{cm}^2$ 이며, 핀의 허용전단응력은 $700\,\text{kgf}/\text{cm}^2$ 이다.

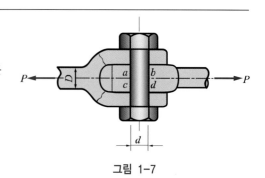

그림 1-7

풀이 식 (1-1) 에서 $A = \dfrac{P}{\sigma}$ 이므로

$$\frac{\pi D^2}{4} = \frac{10000}{1000} \qquad \therefore D = 3.57\,\text{cm}$$

식 (1-3) 에서 $A = \dfrac{P}{\tau}$ 이므로

$$\left(\frac{\pi d^2}{4}\right) \times 2 = \frac{10000}{700} \quad \therefore \quad d = 3.02 \text{ cm}$$

예제 1-06 그림과 같이 볼트로 $9000\,\mathrm{kgf}$ 의 하중을 지지하려면 볼트의 지름 d 와 머리높이 h 를 얼마로 할 것인가? 단, 볼트에 발생되는 응력의 한도를, 인장응력은 $1000\,\mathrm{kgf/cm^2}$, 전단응력은 $600\,\mathrm{kgf/cm^2}$ 로 한다.

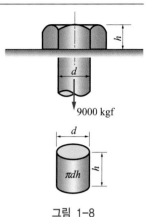

그림 1-8

풀이 볼트의 지름 d 는

$$\sigma = \frac{P}{A} = \frac{P}{\dfrac{\pi d^2}{4}} \text{ 에서}$$

$$d = \sqrt{\frac{4P}{\pi \sigma}} = \sqrt{\frac{4 \times 9000}{\pi \times 1000}} = 3.39 \text{ cm}$$

볼트의 머리높이 h 는

$$\tau = \frac{P}{A} \text{ 에서 } A = \pi \times d \times h \text{ 이므로}$$

$$\tau = \frac{P}{A} = \frac{P}{\pi d h}$$

$$h = \frac{P}{\pi d \tau} = \frac{9000}{\pi \times 3.39 \times 600} = 1.41 \text{ cm}$$

1-4 응력 – 변형률선도

공학에서 사용되는 각종 재료들의 강도 및 성질을 알기 위하여 여러 가지 재료시험이 행하여진다. 인장시험, 압축시험, 비틀림시험, 충격시험 등이 그 예이다. 그 중 **인장시험**이 재료의 강도를 조사하는 데 가장 많이 쓰인다.

인장시험법 (KS B 0802) 에 따라 시험할 재료의 시험편을 KS B 0801의 치수에 따라 제작하여 시편에 **표점거리** L 을 잡아 만능시험기에 장착한다 (그림 1-9).

만능시험기에서 하중 P 를 서서히 증가시키면 표점 사이의 거리 L_0 또한 조금씩 증가한다 (그림 1-10). 여기에 다이얼게이지 두 개를 부착하여, 하나는 표점 사이의 거리변화를 측정하고 동시에 하나는 시편의 직경변화를 측정한다. 응력 σ 는 P 를 시편의 원래 단면적 A_0

그림 1-9 만능재료시험기   그림 1-10 일반적인 시험편과 표점거리

로 나눔으로써 계산되며, 변형률 ε은 신장량 δ를 원래의 표점거리로 나눔으로써 계산된다.

하중에 따른 재료내부의 응력과 변형률의 관계를 표시하기 위하여 가로좌표축을 ε으로, 세로좌표축을 σ로 잡아 나타낸 것을 **응력 – 변형률선도**(stress – strain diagram)라 한다.

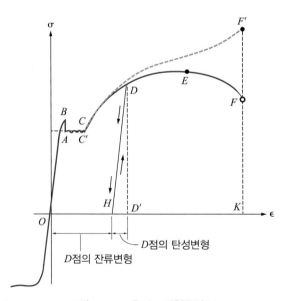

그림 1-11 응력 – 변형률선도

그림 1-11은 구조용 연강의 인장시험 결과 얻어진 응력 – 변형률선도이다. 이 선도에서 보는 바와 같이 원점 O 에서 A 점까지는 시편에 가해지는 힘에 따라 늘어나는 길이도 비례하여 늘어나므로 선도는 직선으로 그려진다. 즉 O 점에서 A 점까지를 **비례한도** (proportional limit) 라 한다.

이 부근에서 다시 응력을 증가시키면, 하중을 제거하여도 변형된 부분이 완전히 원래상태로 돌아가지 않고 변형이 존재한다. 이것을 **잔류변형** (residual strain) 또는 **영구변형** (permanent strain) 이라 하고, 이 잔류변형이 존재하지 않는 상한응력을 **탄성한도** (elastic limit) 라 한다. 일반적으로 탄성한도와 비례한도는 꼭 일치하지는 않지만 거의 일치하기 때문에 같은 말로 사용하는 경우도 있다. 한편 비례한도를 넘어 하중을 점차로 증가해 가면 응력에 비해 변형률이 급속도로 증가하여, 응력 변형률곡선은 경사가 점점 완만해지다가 B 점에 도달하게 된다. 이 점으로부터 인장력은 거의 증가하지 않더라도 (혹은 감소) 상당한 신장이 일어난다 (그림의 B 점에서 C' 점). 이러한 현상을 재료의 **항복** (yielding) 이라 한다. 여기서 B 점을 **상항복점** (upper yield point), C 점을 **하항복점** (lower yield point) 이라 하며, 이러한 현상은 주로 연강에서 많이 볼 수 있다. 이 점을 지나면 시편은 하중의 증가없이도 어느 정도 변형이 증가한다. 그 후 **변형경화** (strain hardning) 가 시작되는데 이때 재료는 원자 및 결정구조의 변화를 일으키며 더 큰 변형에 대한 재료의 저항력을 증가시킨다. 따라서 인장력이 더욱 증가해야 추가적인 신장이 생기며 하중은 결국 E 점인 최댓값에 도달하며 이때의 응력을 **극한응력** (ultimate stress) 이라 한다. 또한 이 점을 넘어서면 하중이 감소하는데도 재료의 늘어남은 계속되어 그림의 F 점에서 파단 (fracture) 이 일어난다.

한편 시편이 늘어나는 동안에 단면에는 **가로수축** (lateral contraction) 이 일어나며, 이 결과로 단면적이 감소한다. 그러나 C 점까지는 단면적의 감소량이 너무 적어서 응력계산에 별로 영향을 주지 못하지만, C 점을 지나서는 단면적의 감소량이 크므로 선도의 모양을 바꾸게 한다. 물론 진응력은 적은 단면적으로 계산되므로 공칭응력보다는 크다. 여기서 **공칭응력** (nominal stress) 은 최초의 단면적으로 하중을 나눈 응력을 말한다. 극한응력 부근에서는 시편의 단면적 감소가 눈에 보일 정도로 변화되어 잘룩한 모양의 네킹 (necking) 이 일어난다 (그림 1-12 (a)). 응력을 계산할 때 잘룩해진 좁은 부분에서의 실제 단면적을 사용하면 **진응력 – 변형률선도**로 그림 1-11의 점선 CF' 와 같이 된다.

실제로 모든 재료들은 각 재료의 특성에 따라 응력 – 변형률선도가 달라진다.

일반적으로 파단이 되기까지 큰 변형에 견디는 재료를 **연성** (ductile) 재료라 하고 변형이 거의 되지 않고 파단되는 재료를 **취성** (brittle) 재료라 한다.

일반적으로 알루미늄과 같은 연성재료는 뚜렷한 항복점이 없고 비례한도를 지나서 큰 변형이 일어나므로 오프셋방법에 의해 임의의 항복응력을 구할 수 있다. 이것은 응력 – 변형률선도에서 0.2% 만큼의 변형률을 가진 값을 말하며 **오프셋 항복응력** (offset yield stress) 이라

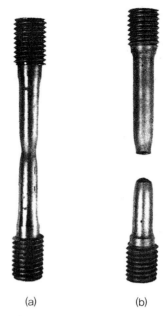

(a)　　　　(b)

그림 1-12　시편의 네킹 및 파단

부른다. 알루미늄과 같은 재료에서는 오프셋 항복응력이 비례한도보다 약간 크며, 선형영역
에서 소성영역으로 급하게 변이하는 구조용 강의 경우에는 오프셋 응력이 항복응력이나 비례
한도와 실제적으로 같은 값을 가진다.

　　압축에 의한 응력 – 변형률선도는 일반적으로 인장에 의한 선도와 다른 모양을 갖는다. 그러
나 강, 알루미늄 및 구리 같은 연성재료는 인장에서와 거의 비슷한 비례한도를 가지며, 압축
응력 – 변형률선도의 최초영역은 인장에 대한 선도와 거의 비슷하지만, 항복이 시작되면 그
거동은 아주 다르다. 한편 인장시험에서는 시편이 늘어나서 네킹이 생기고 궁극적으로 파단
이 일어나지만 연성재료의 작은 시편이 압축될 때에는 양쪽이 부풀러 올라 통 모양이 된다.
여기서 하중이 증가되면 시편은 납작하게 되고 더 이상의 줄어듦에 대하여 저항력이 커진다.

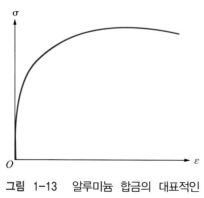

그림 1-13　알루미늄 합금의 대표적인
응력 – 변형률선도

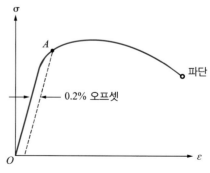

그림 1-14　오프셋 방법에 의해 결정되는
임의의 항복응력

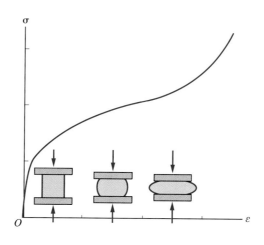

그림 1-15 구리의 압축응력 – 변형률선도

그림 1-15는 구리의 압축응력 – 변형률선도를 나타낸다.

압축을 받는 취성재료는 최초에는 선형영역을 가지며, 다음에는 하중에 비해 큰 비율로 줄어드는 영역을 가진다. 따라서 선도는 인장 때의 모양과 같다. 그러나 취성재료는 인장에서보다 압축에서 훨씬 더 큰 항복응력을 가진다. 압축시 연성재료와는 달리, 취성재료는 최대하중에서 파단이 되거나 파괴된다.

1-5 Hooke의 법칙과 탄성계수

대부분의 구조용 재료는 그림 1-11의 응력 – 변형률선도에서 보는 것처럼 초기(점 O에서 A까지)는 탄성적 또는 선형적으로 거동하게 된다. 이와 같이 재료가 탄성적으로 거동하고 응력과 변형률 사이에 선형 관계를 가질 때 이를 **선형탄성**이라 한다. 많은 구조물과 기계는 항복이나 소성흐름으로부터의 영구변형을 피하기 위하여 응력의 낮은 수준에서 기능을 발휘하도록 설계되기 때문에, 이러한 형태의 거동은 공학에서 매우 중요한 것이다.

인장이나 압축을 받는 봉에 대한 응력과 변형률 사이의 선형적 관계는 다음과 같은 식으로 나타낼 수 있다.

$$\sigma = E \cdot \varepsilon \tag{1-5}$$

이 관계는 영국 수학자 Robert Hooke (1635~1703)의 이름을 따라서 Hooke의 법칙 (Hooke's law)으로 알려져 있으며, 여기서 계수 E는 재료의 탄성계수(modulus of elasticity) 또는 영국 과학자 Thomas Young (1773~1829)의 이름을 따라 Young 률(Young's modulus) 이라고도 알려진 비례상수이다. 탄성계수는 선형탄성영역에서 응력 – 변형률선도의 기울기를 나타내며, 그 값은 재료에 따라 다르다. 변형률은 무차원이므로 따라서 E 의 단위는 응력의 단위와 같다.

또한 전단응력 τ 와 그에 따른 전단탄성 변형률 γ 와의 관계는 다음과 같이 나타낼 수 있다. 여기서 G 는 **횡탄성계수**(modulus of transverse elasticity) 또는 **전단탄성계수**(modulus of rigidity) 라 하며, 연강에서는 $G = 0.81 \times 10^6 \, \mathrm{kgf/cm^2}$ 이다.

$$\tau = G \cdot \gamma \tag{1-6}$$

또한, 수직응력 σ 와 체적변형률 ε_v 와의 비를 **체적탄성계수**(bulk modulus) 라 하며 K 로 표기한다.

$$\sigma = K \cdot \varepsilon_v \tag{1-7}$$

1-6 Poisson의 비

탄성한도 내에서 부재가 축방향으로 인장(또는 압축)이 작용하면, 축방향으로 신장 (또는 수축) 이 일어나며 가로방향으로는 수축 (또는 신장) 이 일어난다. 이 가로방향 변형률의 축방향 변형률에 대한 비를 Poisson의 비라 하며 ν 또는 μ 로 표기한다.

$$\nu = \left| \frac{\text{가로방향의 변형률}}{\text{축방향의 변형률}} \right| = \frac{1}{m} \tag{1-8}$$

식 (1–8) 에서 일반적으로 분모에 있는 축방향의 변형률이 분자에 있는 가로방향의 변형률 보다 크므로 식 (1–8) 은 항상 1 보다 작은 수로 표시된다. 따라서 Posson 비의 역수 m 을 사용하여 양수로 표시하기도 한다.

Poisson 비에 대한 역수 m 을 Poisson 수라 한다. 재료에 대한 Poisson 비만 알면 인장 또는 압축을 받는 부재의 체적변화량도 계산할 수 있다.

한편 축방향 및 가로방향변형률에 대한 체적변화를 살펴보기 위해 등방성 인장봉에서 잘라 낸 재료의 작은 요소를 살펴보자 (그림 1–16). 요소 원래의 모양은 x, y, z 방향의 변의 길이 가 a, b, c 인 직육면체 $ABCDEFGO$ 로 주어진다.

여기서 x 축을 봉의 축방향으로 잡았으며, 축하중에 의해 수직응력 σ 가 하중방향으로 작용한다. 요소의 원래모양은 점선으로 표시하였으며, 변형 후의 최종모양은 실선으로 표시하

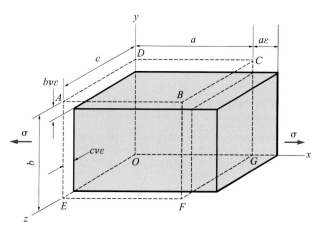

그림 1-16 인장을 받는 요소의 체적변화

였다. ε 을 축변형률이라 할 때 하중방향에서의 요소 신장량은 $a\varepsilon$ 이 된다. 가로변형률은 식 (1-8) 에서 $-\nu\varepsilon$ 이 되므로 y 와 z 방향의 가로치수가 $b\nu\varepsilon$ 및 $c\nu\varepsilon$ 만큼 감소된다. 따라서 요소의 최종치수는 $a(1+\varepsilon)$, $b(1-\nu\varepsilon)$ 및 $c(1-\nu\varepsilon)$ 가 되고 최종체적은 다음과 같다.

$$V_f = abc(1+\varepsilon)(1-\nu\varepsilon)(1-\nu\varepsilon)$$

이 식을 전개하면 ε 의 제곱이나 세제곱을 포함하는 항을 얻게 되지만 ε 값이 1 에 비해 아주 작으므로 ε 의 제곱이나 세제곱 항은 ϵ 과 비교하여 무시할 수 있다. 따라서 요소의 최종체적은

$$V_f = abc(1+\varepsilon-2\nu\varepsilon)$$

이고, 체적의 변화량은

$$\Delta V = V_f - V_O = abc\,\varepsilon(1-2\nu) = V_O\,\varepsilon(1-2\nu) \tag{1-9}$$

여기서 V_O 는 원래의 체적 abc 를 나타낸다.

체적변화율 ε_v 는 체적변화량을 원래의 체적으로 나눈 값으로 정의된다.

$$\varepsilon_v = \frac{\Delta V}{V_O} = \varepsilon(1-2\nu) = \frac{\sigma}{E}(1-2\nu) \tag{1-10}$$

ε_v 값은 또한 **팽창**(dilatation) 이라 불린다. 인장봉의 체적 증가는 축변형률 ε 과 Poisson 비 ν 만 알면 식 (1-10) 에서 구할 수 있으며, 이 식은 압축을 받을 때에도 사용할 수 있지만 이때는 ε 이 음(-) 의 변형률이며 봉의 체적은 감소한다.

또한 $\Delta V \geq 0$ 이므로 $\nu \leq \dfrac{1}{2}$ 이 된다. 즉 보통재료에 대한 ν 의 최댓값은 0.5임을 알 수 있는데, 만약 이것이 더 큰 값을 갖는다는 것은 재료가 늘어날 때 체적이 감소함을 의미하며, 이런 경우는 물리적으로 일어날 수 없다. 이미 언급한 바와 같이 대부분 재료의 ν 값은 선형 탄성영역에서 $\dfrac{1}{4}$ 이거나 $\dfrac{1}{3}$ 이 되며 이에 따라 체적변화율이 $0.3\,\varepsilon \sim 0.5\,\varepsilon$ 범위내에 있다.

소성영역에서는 체적의 변화가 일어나지 않으므로 Poisson 비는 0.5 로 잡아도 좋으며, 코르크의 ν 값은 0 에 가깝다.

예제 1-07 지름 $2\,\mathrm{cm}$, 길이 $3\,\mathrm{m}$ 인 봉에 $5000\,\mathrm{kgf}$ 의 축하중이 작용하여 길이는 $1.2\,\mathrm{mm}$ 늘어나고 지름은 $0.0002\,\mathrm{cm}$ 줄었다. 이 재료의 Poisson 수 m 을 구하여라.

풀이 축방향의 변형률 $\varepsilon = \dfrac{\delta}{l} = \dfrac{0.12}{300} = 0.0004$

가로방향의 변형률 $\varepsilon' = \dfrac{\lambda}{d} = \dfrac{0.0002}{2} = 0.0001$

$\nu = \left| \dfrac{\varepsilon'}{\varepsilon} \right| = \dfrac{1}{m} = \dfrac{0.0001}{0.0004} = 0.25$

$m = \dfrac{1}{0.25} = 4$

예제 1-08 단면적이 $10\,\mathrm{cm}^2$ 이고 길이가 $3\,\mathrm{m}$ 인 강봉이 $3000\,\mathrm{kgf}$ 의 하중을 받고 있을 때 이 봉의 체적변화량은 얼마인가? 단, Poisson 비는 0.3, $E = 2.1 \times 10^6\,\mathrm{kgf/cm}^2$ 이다.

풀이 $\sigma = \dfrac{P}{A} = \dfrac{3000}{10} = 300\,\mathrm{kgf/cm}^2$

식 (1-10)에서

$$\Delta V = V \cdot \varepsilon (1 - 2\nu) = V \cdot \dfrac{\sigma}{E}(1 - 2\nu)$$

$$= 10 \times 300 \times \dfrac{300}{2.1 \times 10^6}(1 - 2 \times 0.3) = 0.17\,\mathrm{cm}^3$$

예제 1-09 탄성계수 $E = 2.1 \times 10^6\,\mathrm{kgf/cm}^2$ 이고 Poisson 수 $m = 3$ 인 연강봉의 횡탄성계수 G 를 구하여라.

풀이 $G = \dfrac{mE}{2(m+1)} = \dfrac{3 \times 2.1 \times 10^6}{2(3+1)} = 7.875 \times 10^5\,\mathrm{kgf/cm}^2$

구조물이나 기계의 설계에 있어서 고려해야 할 가장 중요한 사항 중의 하나는 하중을 지지하거나 이송시키도록 설계된 물체의 부하능력이다. 하중을 견디어야 하는 구조물의 파단을 피하려면, 구조물이 실제로 지지할 수 있는 하중이 사용 중 견디는 데 필요한 하중보다 커야 한다. 여기서 보통 사용 중에 생기는 응력을 **사용응력**(working stress) σ_w 이라 하고, 사용응력으로 선정한 안전한 범위의 상한응력을 **허용응력**(allowable stress) σ_a 라고 한다. 또한 일반적으로 인장강도라고 하는 재료가 견디는 가장 큰 응력을 **극한응력**(ultimate stress) σ_u 라고 하며, 이러한 것들의 비를 **안전율** S(safety factor)로 표시한다.

$$안전율 = \frac{극한응력}{허용응력}, \quad S = \frac{\sigma_u}{\sigma_a} \tag{1-11}$$

또한 식 (1–11)에서 허용응력 대신 사용응력을 사용하는 경우도 있다.

안전율이나 허용응력을 결정하려면
1) 재질 및 모양의 불균일
2) 하중의 종류에 따른 응력의 성질
3) 하중과 응력계산의 정확성
4) 공작방법 및 정밀도
5) 부재의 형상 및 사용장소
6) 사용장소에 따른 온도, 마멸, 부식

등을 종합적으로 고찰하여야 한다.

재료와 하중형태에 따른 안전율은 표 1–1에 나타나 있다.

표 1-1 안전율의 값

재료	정하중	동하중		
		반복하중	교번하중	충격하중
일반구조용강	3	5	8	12
주강	3.5	5	8	15
주철 및 취성금속류	4	6	10	15
동, 연금속	5	6	10	15
목재	7	10	15	20
석재	15	25	—	—

예제 1-10 원형단면 봉에 5000 kgf 의 인장하중이 작용할 때, 이 봉의 인장강도가 4200 kgf /cm² 이면 이 봉의 지름은 얼마로 설계할 것인가? 단, 안전율 $S = 5$ 이다.

풀이 $S = \dfrac{\sigma_u}{\sigma_a}$ 에서

$$\sigma_a = \frac{\sigma_u}{S} = \frac{4200}{5} = 840 \ \text{kgf} /\text{cm}^2$$

$$\sigma_a = \frac{P}{A} = \frac{P}{\dfrac{\pi d^2}{4}} = \frac{4P}{\pi d^2}$$

$$\therefore d = \sqrt{\frac{4P}{\pi \sigma_a}} = \sqrt{\frac{4 \times 5000}{\pi \times 840}} = 2.76 \ \text{cm}$$

1-8 응력집중

균일한 단면의 판에 축하중이 작용할 때 응력은 하중 끝으로부터 조금 떨어진 곳에서 단면 위에 균일하게 분포하여 작용한다고 볼 수 있다. 그러나 노치 (notch), 구멍 (hole), 필렛 (fillet), 나사 (screw thread) 등과 같이 단면적이 갑자기 변하는 부품에 하중이 작용하면 그 단면에 나타나는 응력분포상태는 일반적으로 대단히 불규칙하게 되고 이 급변하는 부분에 국부적으로 큰 응력이 발생하게 된다. 이 큰 응력이 생기는 현상을 **응력집중** (stress concentration) 이라 한다.

기계부품의 운전시 일어나는 파단의 대부분은 노치부분이 있는 부재가 외력을 받을 때 일어나며, 노치부분의 단면에 생기는 응력이 다른 단면의 평균응력보다 큰 응력이 발생하여 응력분포가 불균일하게 되므로 설계시 응력집중은 매우 중요하다.

그림 1-17 (a) 와 같이 폭 b, 두께 t 인 중앙에 원형구멍을 갖는 균일한 판에 길이 방향으로 인장하중 P 가 작용할 때, 그 속에 일어나는 응력집중을 고찰해 보자. 이런 경우 구멍의 위치에서 멀리 떨어진 단면에 일어나는 응력의 분포는 균일단면에서와 같이 일정하고 그 크기는 다음과 같다.

$$\sigma = \frac{P}{bt}$$

그러나 구멍의 중심을 통과하는 단면에 일어나는 세로방향의 응력분포는 원형구멍의 가장자리에 있는 점에서 국부적인 응력집중이 일어나 큰 응력으로 나타나고, 이 점에서 거리가 멀

어짐에 따라 감소한다. 이때 이 부분에서 일어나는 **국부응력**(local stress)을 최대응력 (maximum stress)이라 하고 $\sigma_{\max}$ 로 표시한다. 또 원형구멍이 있는 단면에서 구멍의 부분을 제외한 전체 단면적에 작용하는 응력을 **공칭응력**(nominal stress) 또는 응력집중을 고려하지 않은 **평균응력**(average stress)이라 하고 크기는 다음과 같다.

$$\sigma_{\mathrm{nom}} = \frac{P}{(b-d)t} = \sigma_{\mathrm{aver}}$$

(1-12)

여기서 b 는 단면의 폭, d 는 원형구멍의 직경, t 는 단면의 두께를 나타낸다.

이때 최대응력 $\sigma_{\max}$ 와 평균응력 σ_{aver} 의 비를 **형상계수** 또는 **응력집중계수**(stress concentration factor) K_t 라고 하며 다음과 같이 표시한다.

$$K_t = \frac{\sigma_{\mathrm{local}}}{\sigma_{\mathrm{nominal}}} = \frac{\sigma_{\max}}{\sigma_{\mathrm{aver}}}$$

(1-13)

여기서 K_t 의 값은 탄성한도 내에 있으면 노치형상과 하중의 종류에 의하여 정해지며 부재의 크기나 재질에는 관계가 없다. 간단한 형상에 대한 K_t 값은 탄성계산에 의하여 구할 수 있지만, 복잡한 것은 스트레인 게이지(strain gauge)나 광탄성시험(photo elasticity test)에 의하여 측정된다. 같은 모양의 노치에 대한 형상계수는 일반적으로 인장의 경우가 가장 크며 굽힘, 비틀림의 순서로 작게 된다.

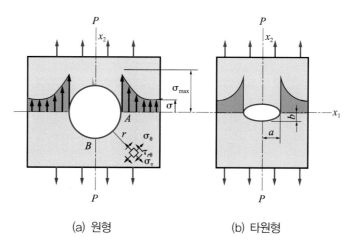

(a) 원형   (b) 타원형

그림 1-17 구멍으로 인한 응력집중

노치는 응력집중을 일으킬 뿐 아니라 국부적인 2축 또는 3축 응력상태를 일으킨다. 예를 들면, 원형의 구멍을 가진 판이 축방향으로 하중을 받으면 세로응력은 물론 반지름방향의 응력도 생긴다.

원형구멍을 가진 넓은 판이 축방향으로 하중을 받았을 때 생기는 응력은 다음과 같다.

$$\sigma_r = \frac{\sigma}{2}\left(1 - \frac{a^2}{r^2}\right) + \frac{\sigma}{2}\left(1 + 3\frac{a^4}{r^4} - 4\frac{a^2}{r^2}\right)\cos 2\theta$$

$$\sigma_\theta = \frac{\sigma}{2}\left(1 + \frac{a^2}{r^2}\right) - \frac{\sigma}{2}\left(1 + 3\frac{a^4}{r^4}\right)\cos 2\theta \qquad (1\text{-}14)$$

$$\sigma_{r\theta} = -\frac{\sigma}{2}\left(1 - 3\frac{a^4}{r^4} + 2\frac{a^2}{r^2}\right)\sin 2\theta$$

여기에서 $r > a$ 이며, r 은 원형구멍의 중심에서 판의 임의점까지의 거리이고, a 는 원형구멍의 반지름이다. 이 식에서 최대응력은 원형구멍의 가장자리에서 일어나고, 응력은 r 이 증가함에 따라 감소한다는 것을 알 수 있다.

점 $A\left(r = a,\ \theta = \frac{\pi}{2}\right)$ 에서 최대응력은

$$\sigma_{\max} = \sigma_\theta = 3\sigma \qquad (1\text{-}15)$$

그러므로 원형의 구멍을 가진 판의 이론응력집중계수 K_t 는 3 이다. 점 $B\left(r = a,\ \theta = 0\right)$ 에서는 $\sigma_\theta = -\sigma$ 임을 알 수 있다. 그러므로 이 판에 인장응력이 작용하면 점 B 에서는 하중축에 수직방향으로 인장응력과 같은 크기의 압축응력이 작용함을 알 수 있다.

그림 1-17(b)에서와 같이 타원형 구멍을 가진 판의 경우에는 구멍의 양단에 최대응력이 생기며, 다음과 같다.

$$\sigma_{\max} = \sigma\left(1 + 2\frac{a}{b}\right) \qquad (1\text{-}16)$$

원형구멍일 경우 $(a = b)$ 는 식 (1-16) 이 식 (1-15) 와 같아진다. 식 (1-16) 에 의하면 $\frac{a}{b}$ 의 값이 증가함에 따라 최대응력이 증가한다. 그러므로 인장방향과 수직으로 놓여있는 매우 가는 구멍(균열) 양단에 매우 큰 응력집중이 생긴다.

타원형구멍에 대한 풀이는 다른 모양 응력집중부의 응력집중계수의 근삿값을 얻는 데 사용될 수 있다. 그러기 위해서는 식 (1-16) 을 타원 끝의 곡률반경 ρ 와 장축의 길이 $2a$ 의 함수로 나타낼 필요가 있다. 타원구멍의 경계식은 다음과 같다.

$$\frac{x_1^2}{a^2} + \frac{x_2^2}{b^2} = 1 \qquad (1\text{-}17)$$

$x_1 = a$ 에서의 곡률반경은 $\dfrac{1}{\rho} = -\left.\dfrac{\partial^2 x_1}{\partial x_2^2}\right|_{x_2 = 0}$

식 (1-17) 을 x_1 에 대해 풀면

$$x_1 = a\left(1 - \frac{x_2^2}{b^2}\right)^{\frac{1}{2}} \tag{1-18}$$

위 식을 두 번 미분하고 $x_2 = 0$ 에서의 값을 구하면

$$\frac{\partial^2 x_1}{\partial x_2^2} = \frac{a}{2}\left[-\frac{1}{2}\left(1 - \frac{x_2^2}{b^2}\right)^{-\frac{3}{2}}\left(\frac{2x_2}{b^2}\right)^2 + \left(1 - \frac{x_2^2}{b^2}\right)^{-\frac{1}{2}}\left(-\frac{2}{b^2}\right)\right]$$

$$\left.\frac{\partial^2 x_1}{\partial x_2^2}\right|_{x_2=0} = -\frac{a}{b^2} \tag{1-19}$$

그러므로

$$\rho = \frac{b^2}{a} \quad \text{또는} \quad b = \sqrt{a\rho}$$

이것을 식 (1-16) 에 대입하면

$$\sigma_{\max} = \sigma\left(1 + \sqrt{\frac{a}{\rho}}\right) \tag{1-20}$$

$$K_t = \frac{\sigma_{\max}}{\sigma} = 1 + 2\sqrt{\frac{a}{\rho}} \tag{1-21}$$

탄성응력집중의 수학적 계산은 너무 복잡하기 때문에 아주 간단한 모양으로 된 것 외에는 거의 계산되어 있지 않다. Neuber는 여러 가지 모양의 노치에 대한 응력해석을 하였다. 또한 실험적으로 광탄성해석에 의하여도 구할 수 있다. 그림 1-18 에 여러 가지 기계요소의 응력집중계수의 값을 나타내었다.

그림 1-19 는 기계요소에서 볼 수 있는 여러 가지 응력집중부를 나타낸 것이다. 여기서 각 부분의 응력집중부의 곡률반경을 ρ, 물체의 가장 작은 부분의 치수를 a 라고 하면 응력집중계수 K_t 는 근사적으로 다음과 같이 표시된다.

$$K_t = 1 + (0.5 \sim 2)\sqrt{\frac{a}{\rho}} \tag{1-22}$$

타원형 구멍에 작용하는 평면인장응력의 경우 및 노치를 가진 부재의 인장인 경우에는 식 (1-22) 의 $\sqrt{\frac{a}{\rho}}$ 의 계수로 2 를 취하지만 곡률이 둔한 필렛이나 굽힘 및 비틀림의 경우 또는 노치의 두 측면 사이의 각이 클 경우에는 0.5 를 택한다.

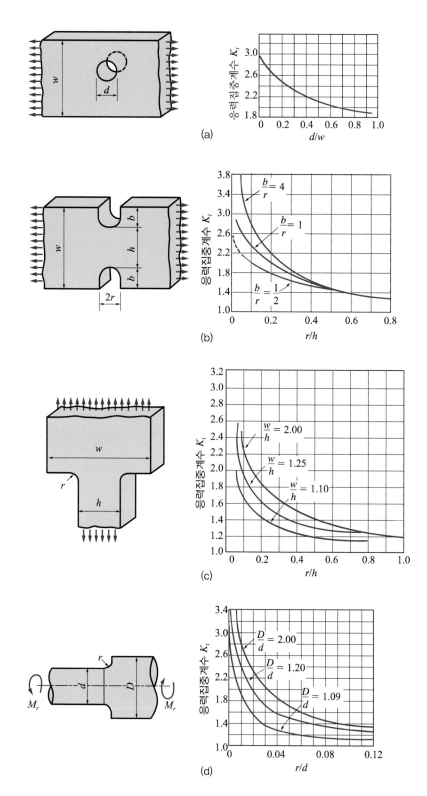

그림 1-18 여러 가지 모양의 이론응력집중계수

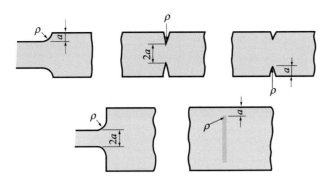

그림 1-19   식 (1-22)의 a와 ρ

1-3-1 지름 4 cm 의 원형단면봉에 $P = 4200$ kgf 의 인장하중이 작용할 때, 이 봉에 발생하는 응력 σ 를 구하여라.

🖘 $\sigma = 334.23$ kgf /cm^2

1-3-2 하중 2400 kgf 의 인장력을 받을 수 있는 연강봉이 있다. 이 봉에 발생하는 응력을 960 kgf /cm^2 으로 할 수 있을 때 봉의 지름 d 를 구하여라.

🖘 $d = 1.785$ cm

1-3-3 외경이 8 cm 인 속이 빈 원통에 5000 kgf 의 압축하중이 작용한다. 이때 내부에 발생하는 응력을 600 kgf /cm^2 이내로 하려면 이 원통의 내경은 얼마로 하면 좋은가?

5000 kgf

5000 kgf

🖘 $d_i = 7.31$ cm

1-3-4   다음 그림과 같은 두 강선 AC와 BC가 연직하중 $P = 5000\,\mathrm{kgf}$ 을 받고 있을 때 이 강선의 허용응력이 $1000\,\mathrm{kgf}/\mathrm{cm}^2$ 이고 $\theta = 30°$ 라면 강선의 단면적 A 는 얼마로 하면 되는가?

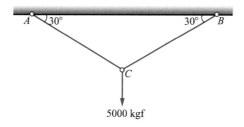

답 $A = 5\,\mathrm{cm}^2$

1-3-5   다음 그림과 같은 리벳 이음에 있어서 리벳의 지름 $d = 2\,\mathrm{cm}$ 라 하고, 두 판을 인장하는 힘 $P = 2000\,\mathrm{kgf}$ 이라고 하면, 이 리벳의 단면에 발생하는 전단응력은 얼마인가?

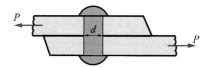

답 $\tau = 636.62\,\mathrm{kgf}/\mathrm{cm}^2$

1-3-6   그림과 같이 $20 \times 40\,\mathrm{mm}$ 의 직사각형 단면을 가지고 길이가 $2\,\mathrm{m}$ 인 균일단면봉이 축인장력 $70\,\mathrm{kN}$ 을 받고 있다. 이때 봉의 신장량이 $\delta = 1.2\,\mathrm{mm}$ 로 측정되었다면, 이 봉이 받는 인장응력 σ 와 변형률 ε 을 구하여라.

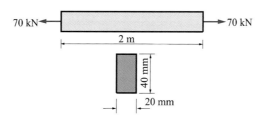

답 $\sigma = 87.5\,\mathrm{MPa},\ \varepsilon = 0.0006$

1-3-7 그림과 같은 이음으로 된 목재각주에 $P = 5000\ \mathrm{kgf}$ 의 축인장하중이 작용할 때, 이 이음에 필요한 길이 l 및 깊이 h 의 치수를 결정하여라. 단, 목재의 종방향의 허용전단응력은 $\tau_a = 8\ \mathrm{kgf/cm^2}$ 이고, AB 면 의 국부압축에 대한 허용압축응력은 $\sigma_a = 50\ \mathrm{kgf/cm^2}$ 이며, 기둥의 폭은 $b = 25\ \mathrm{cm}$ 이다.

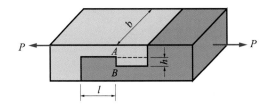

● $l = 25\ \mathrm{cm},\ h = 4\ \mathrm{cm}$

1-3-8 그림과 같은 치수가 $a \times b$ 인 얇은 강판 밑에 놓인 높이가 h 인 연성재료로 구성된 베어링 패드가 수평방 향의 전단력 V 를 받고 있다. 이때 패드의 평균전단응력과 변형률, 판의 수평 이동거리 d 를 구하여라.

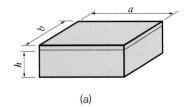

(a)

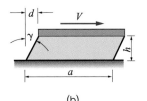

(b)

● $\tau_{\mathrm{aver}} = \dfrac{V}{ab},\ \ \gamma_{\mathrm{aver}} = \dfrac{\tau_{\mathrm{aver}}}{G} = \dfrac{V}{abG},\ \ d = h\gamma = \dfrac{hV}{abG}$

1-3-9 그림과 같은 한줄 겹치기 리벳 이음에서 리벳의 지름이 $d = 16\ \mathrm{mm}$ 이고, $P = 2000\ \mathrm{kgf}$ 의 인장력이 작용할 때 한 개의 리벳에 발생하는 전단응력을 구하여라.

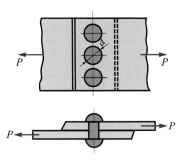

● $\tau = 331.6\ \mathrm{kgf/cm^2}$

1-3-10 그림과 같은 축의 지름이 60 mm 의 축에 고정한 활차에 $P = 250\,\mathrm{kgf}$ 의 힘이 작용할 때, $15 \times 10 \times 80\,\mathrm{mm}$ 인 묻힘키에 발생하는 전단응력 τ 와 압축응력 σ 을 구하여라.

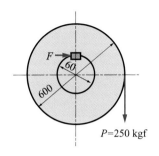

● $\tau = 208.3\,\mathrm{kgf/cm^2}$, $\sigma = 625\,\mathrm{kgf/cm^2}$

1-3-11 그림과 같이 $d = 6\,\mathrm{cm}$ 의 지름을 가진 축에 $b \times h \times l = 15 \times 10 \times 40\,\mathrm{mm}$ 의 묻힘키를 사용하여 축 심거리 1 m 의 레버로 작동시키려고 할 때, 작동하중 P 를 구하여라. 단, 키에 걸리는 평균전단응력 $\tau_w = 600\,\mathrm{kgf/cm^2}$ 으로 한다.

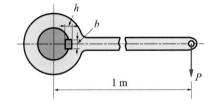

● $P = 108\,\mathrm{kgf}$

1-3-12 그림과 같이 두 부분으로 된 인장봉이 있다. 이 인장봉의 윗부분은 $\sigma_w = 500\,\mathrm{kgf/cm^2}$ 인 알루미늄봉으로 그 단면은 10 cm × 10 cm 의 정사각형이고, 아랫부분은 $\sigma_w = 1200\,\mathrm{kgf/cm^2}$ 의 강봉으로 그 단면은 한 변이 a cm 의 정사각형이다. 알루미늄을 기준으로 하는 안전하중 P 를 결정하고 이 단면봉이 그 하중을 받을 수 있도록 강봉의 단면 치수 a 를 결정하여라.

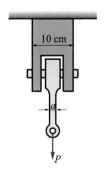

● $P = 50000\,\mathrm{kgf}$, $a = 6.455\,\mathrm{cm}$

1-3-13 그림과 같이 기둥 ABC 가 속이 빈 정사각형 단면으로 되어 있다. 정사각형 단면의 외곽은 $8\,\mathrm{in}\times 8\,\mathrm{in}$ 로 되어 있으며, 벽두께는 $\dfrac{5}{8}\,\mathrm{in}$ 이다. 기둥꼭대기에서의 하중은 $P_1 = 80\,\mathrm{kips}$ 이며, 중앙에서의 하중은 $P_2 = 100\,\mathrm{kips}$ 이다. 이때 기둥 두 부분에서의 압축응력 σ_{AB} 와 σ_{BC} 를 구하여라.

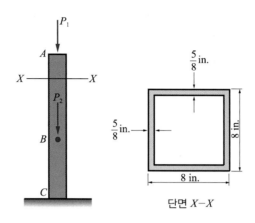

단면 $X-X$

🔴 $\sigma_{AB}= 4.34\,\mathrm{ksi}$, $\sigma_{BC}= 9.76\,\mathrm{ksi}$

1-3-14 봉재와 케이블로 조합된 ABC 는 수직하중 $P=15\,\mathrm{kN}$ 을 지탱하고 있다. 케이블의 단면적은 $120\,\mathrm{mm}^2$ 이며, 봉재의 단면적은 $250\,\mathrm{mm}^2$ 이다.

(a) 케이블과 봉재에 작용하는 응력 σ_{AB} 와 σ_{BC} 를 구하고, 봉재와 케이블이 인장을 받는지 압축을 받는지를 밝혀라.

(b) 케이블이 $1.3\,\mathrm{mm}$ 늘어났다면 변형률은 얼마인가?

(c) 봉재가 $0.62\,\mathrm{mm}$ 짧아졌다면 변형률은 얼마인가?

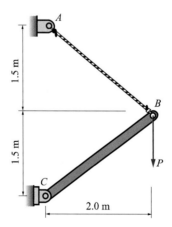

🔴 (a) $\sigma_{AB}= 104\,\mathrm{MPa}$(인장), $\sigma_{BC}= 50\,\mathrm{MPa}$(압축),
(b) $\varepsilon_{AB}= 520\times 10^{-6}$, (c) $\varepsilon_{BC}= 248\times 10^{-6}$

1-5-1 길이 10 m, 봉의 지름 $d = 10\,\mathrm{mm}$ 인 강봉에 하중 $P = 800\,\mathrm{kgf}$ 을 작용시킬 때, 이 봉에 발생하는 응력과 신장량을 구하여라. 단, $E = 2.1 \times 10^6\,\mathrm{kgf/cm^2}$ 이다.

🔑 $\sigma = 1018.6\,\mathrm{kgf/cm^2}$, $\delta = 0.485\,\mathrm{cm}$

1-5-2 지름 $d = 2\,\mathrm{cm}$ 의 재료가 $P = 2000\,\mathrm{kgf}$ 의 전단하중을 받아서 0.00075 rad 의 전단변형률이 발생하였다. 이때 이 재료의 횡탄성계수 G 를 구하여라.

🔑 $G = 8.49 \times 10^5\,\mathrm{kgf/cm^2}$

1-5-3 단면적 $12\,\mathrm{cm^2}$, 길이 3 m 의 강봉에 $6000\,\mathrm{kgf}$ 의 인장하중을 가했다. 이 재료의 탄성계수가 $E = 2.1 \times 10^6\,\mathrm{kgf/cm^2}$ 일 때, 응력, 신장량 및 변형률을 구하여라.

🔑 $\sigma = 500\,\mathrm{kgf/cm^2}$, $\delta = 0.0714\,\mathrm{cm}$, $\varepsilon = 0.000238$

1-5-4 길이 50 cm, 단면적 $5\,\mathrm{cm^2}$ 인 강봉에 $6000\,\mathrm{kgf}$ 의 하중을 가했더니 0.0286 cm 늘어났다. 이때 응력, 길이변형률 및 종탄성계수를 구하여라.

🔑 $\sigma = 1200\,\mathrm{kgf/cm^2}$, $\varepsilon = 5.72 \times 10^{-4}$, $E = 2.1 \times 10^6\,\mathrm{kgf/cm^2}$

1-6-1 그림과 같은 지름이 40 mm 인 원형단면의 연강봉에 $30000\,\mathrm{kgf}$ 의 인장하중이 작용하였을 때 지름의 감소량을 구하여라. 단, $E = 2.1 \times 10^6\,\mathrm{kgf/cm^2}$, 푸아송 비 $\nu = 0.3$ 이다.

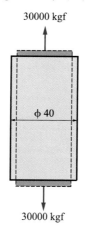

30000 kgf

φ40

30000 kgf

🔑 $\lambda = 0.001368\,\mathrm{cm}$

1-6-2 지름이 5 cm 인 봉에 $15000\,\mathrm{kgf}$ 의 압축하중이 작용하였을 때 지름이 0.0006 cm 줄었다. 종탄성계수가 $E = 2.1 \times 10^6\,\mathrm{kgf/cm^2}$ 일 때, 푸아송 비 ν 를 구하여라.

🔑 $\nu = 0.33$

1-6-3 지름 6 cm, 길이 120 cm 인 인장하중을 받는 원형단면의 봉이 있다. 변형률이 0.0005라 하면 이 봉의 신장량과 지름의 수축은 어느 정도인가? 또 봉의 응력과 인장하중을 구하여라. 단, 봉의 종탄성계수 $E = 2.1 \times 10^6 \, \mathrm{kgf/cm^2}$, 푸아송 비 $\nu = \dfrac{1}{3}$ 이다.

⊜ $\delta = 0.6 \, \mathrm{mm}$, $\lambda = 0.01 \, \mathrm{mm}$, $\sigma = 1050 \, \mathrm{kgf/cm^2}$, $P = 29689 \, \mathrm{kgf}$

1-6-4 직경 4 cm 의 강봉에 20000 kgf 의 인장하중을 가했더니 지름방향으로 0.0008 cm 늘어났다. 이때 푸아송 비 ν 를 구하여라. 단, $E = 2.1 \times 10^6 \, \mathrm{kgf/cm^2}$ 이다.

⊜ $\nu = 0.264$

1-6-5 길이가 20 cm 이고 한 변이 4 cm 인 정사각형 단면의 봉에 인장하중 1000 kgf 가 작용할 때 단면적과 체적의 변화량을 구하여라. 단, 탄성계수 $E = 2 \times 10^6 \, \mathrm{kgf/cm^2}$, 푸아송 비 $\nu = 0.3$ 이다.

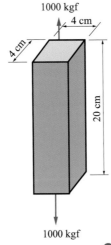

⊜ $\Delta A = 0.0003 \, \mathrm{cm^2}$ (감소), $\Delta V = 0.004 \, \mathrm{cm^3}$ (증가)

1-6-6 직경 2 cm, 길이 3 m 의 연강봉이 3000 kgf 의 인장하중을 받아서 길이가 1.4 mm 늘어나고 직경이 0.0027 mm 줄어들었다. 이때 이 봉의 횡탄성계수 G 는 얼마인가?

$$🖪 \; G = 7.94 \times 10^5 \, \text{kgf}/\text{cm}^2$$

1-6-7 콘크리트 원통이 압축을 받는 동안 6 in 였던 최초의 직경이 0.0004 in 만큼 늘어났고, 압축하중 $P = 52000$ lb 하에서 최초의 길이 12 in 는 0.0065 in 만큼 줄어들었다. 이때 탄성계수 E 와 푸아송 비 ν 를 구하여라.

$$🖪 \; E = 3.40 \times 10^6 \, \text{psi}, \; \nu = 0.12$$

1-6-8 그림과 같이 각 면이 100 mm 인 정사각형 단면을 가진 길이가 2.5 m 의 강철 막대가 1300 kN 의 인장하중을 받고 있다. $E = 200$ GPa, $\nu = 0.3$ 이라 가정할 때 (a) 막대의 신장량 δ, (b) 단면의 변화량 ΔA, (c) 체적의 변화량 ΔV 를 구하여라.

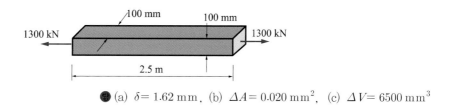

$$🖪 \; \text{(a)} \; \delta = 1.62 \, \text{mm}, \; \text{(b)} \; \Delta A = 0.020 \, \text{mm}^2, \; \text{(c)} \; \Delta V = 6500 \, \text{mm}^3$$

1-6-9 그림과 같이 길이가 6 ft, 외경이 4.5 in, 그리고 벽두께 t 가 0.3 in 인 강철관이 압축하중을 받고 있다. $P = 40$ kips, $E = 30 \times 10^6$ psi, $\nu = 0.3$ 이라고 할 때 (a) 관이 줄어든 양 δ, (b) 외경의 신장량 Δd, (c) 벽두께의 신장량 Δt 를 구하여라.

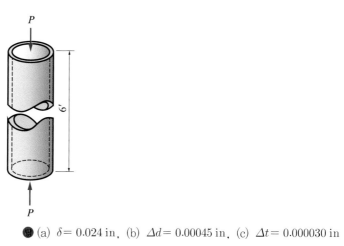

$$🖪 \; \text{(a)} \; \delta = 0.024 \, \text{in}, \; \text{(b)} \; \Delta d = 0.00045 \, \text{in}, \; \text{(c)} \; \Delta t = 0.000030 \, \text{in}$$

1-6-10 그림과 같이 길이 l, 폭 b 인 철판의 양끝단에 균일인장응력이 작용하고 있다. 하중을 가하기 전에는 대각선 OA 의 기울기가 b/l 이다. 응력 σ 가 작용할 때의 기울기를 구하여라.

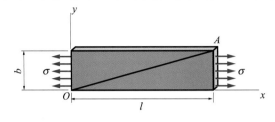

$$\bullet\ \frac{b\,(1 - \nu\sigma/E)}{l\,(1 + \sigma/E)}$$

1-7-1 최고인장강도 $\sigma_u = 5000\,\mathrm{kgf/cm^2}$ 인 연강의 원형단면봉에 인장하중 $400\,\mathrm{kgf}$ 을 작용할 수 있다면 이 재료의 안전계수는 얼마인가? 단, 원형단면의 지름은 $d = 8\,\mathrm{mm}$ 이다.

$$\bullet\ S = 6.28$$

1-7-2 단면 $7\,\mathrm{cm} \times 10\,\mathrm{cm}$ 의 직사각형 단면의 목재봉이 $4000\,\mathrm{kgf}$ 의 압축하중을 받고 있다. 안전율을 7로 하면, 실제 사용응력은 허용응력의 몇 %가 되는가? 또 목재에 가할 수 있는 안전한 최대하중은 얼마인가? 단, 목재의 압축강도는 $500\,\mathrm{kgf/cm^2}$ 이다.

$$\bullet\ \frac{\sigma_w}{\sigma_a} = 80\%,\ P = 4998\,\mathrm{kgf}$$

1-7-3 직경 $2\,\mathrm{mm}$ 의 소선 72개(12×6)를 꼬아서 만든 와이어로프가 있다. 재료의 인장강도를 $4000\,\mathrm{kgf/cm^2}$, 안전율을 10 이라 할 때, 이 로프에 안전하게 걸 수 있는 하중은 얼마인가?

$$\bullet\ P = 904\,\mathrm{kgf}$$

1-8-1 그림과 같이 폭 $D = 16$ cm, 두께 $t = 2$ cm 인 강판의 중앙에 직경 $d = 4$ cm 의 원형 구멍이 뚫려 있다. 이 판에 축방향으로 2400 kgf 의 인장하중이 작용할 때 응력집중에 의하여 구멍단면에 생긴 최대응력이 240 kgf /cm² 이었다면 응력집중계수(형상계수) K_t 는 얼마인가?

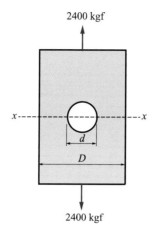

🖐 $K_t = 2.4$

1-8-2 그림과 같이 중앙에 직경이 $d = 100$ mm 의 구멍이 뚫린 폭 $D = 400$ mm 의 판에 $P = 4000$ kgf 의 인장하중이 작용할 때 안전율을 12 이상으로 하려면 판의 두께는 얼마 이상으로 해야 하는가? 단, 재료의 인장강도는 3600 kgf /cm² 이다.

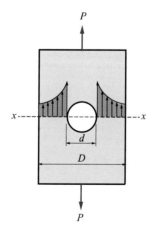

🖐 $t = 0.445$ cm

1-8-3 그림에서와 같이 $D = 50\,\mathrm{mm}$, $\rho = 5\,\mathrm{mm}$인 홈이 파인 축이 $4000\,\mathrm{kgf}$ 의 인장하중을 받고 있을 때 안전율은 얼마인가? 단, 이 재료의 인장강도는 $4000\,\mathrm{kgf}/\mathrm{cm}^2$ 이다.

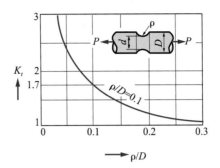

● $S = 11.53$

1-8-4 그림과 같이 $D = 22\,\mathrm{mm}$, $d = 20\,\mathrm{mm}$ 의 단붙이 원형봉이 있다. $\rho = 2\,\mathrm{mm}$ 이고 $P = 1000\,\mathrm{kgf}$ 의 하중을 받을 때, 응력집중에 의한 최대응력은 얼마인가?

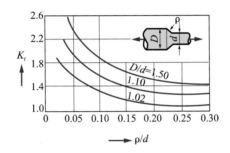

● $\sigma_{\max} = 509.3\,\mathrm{kgf}/\mathrm{cm}^2$

축하중을 받는 부재

STRENGTH OF MATERIALS

2-1 서론

이 장에서는 직선 길이방향의 축을 가진 구조물요소가 오직 축방향으로 인장(또는 압축)만을 받는 경우에 대하여 논하기로 한다. 이러한 형태의 부재들은 트러스의 대각선부재, 엔진의 연결봉, 교량의 케이블, 건축물의 기둥 등과 같은 여러 가지 형태로 나타난다. 이들의 단면은 속이 찬 (solid) 모양, 속이 빈 (hollow) 모양 또는 두께가 얇은 관, 혹은 한쪽이 열려 있는 단면일 경우도 있다. 구조물의 부재설계에 있어서나 기존구조물의 해석에 있어서 부재내의 최대응력 뿐만 아니라 처짐 (deflection) 도 구할 필요가 있게 된다. 그러나 여러 부재들이 조합되어 있는 구조물 속에서 한 부재의 처짐은 대단히 위험하므로 부재들간의 어떤 간격을 유지하는 한계 이내의 값으로 유지되어야만 한다.

공학에서 사용되는 용어 중에 해석 및 설계라는 말이 자주 나오는데, 해석 (analysis) 은 응력, 변형률, 변형 및 하중에 견딜 수 있는 능력 등을 계산하는 것을 의미하며, 해석할 구조물의 치수와 그것을 구성하고 있는 재료의 성질 등을 알고 있는 것으로 가정한다. 설계 (design) 는 지정된 기능을 충족할 수 있도록 구조물의 기하학적 형상, 배치, 단면치수 등을 알맞게 결정하는 것이다. 또한 **최적화** (optimization) 란 설계과정의 일부로서 모든 설계변수를 최적치로 결정하기 위한 한계적인 설계기법 및 그 절차를 의미하며, 특정한 제약조건을 만족시키는 최선의 구조물을 설계하는 기법을 말한다.

2-2 축하중을 받는 부재의 길이변화

그림 2-1에서와 같이 길이 l의 균일단면봉이 축방향으로 인장하중 P를 받고 있다면, 봉의 단면에는 $\sigma = \dfrac{P}{A}$ 의 일정한 수직응력이 생기며, 이때 축방향의 변형률은 $\epsilon = \dfrac{\delta}{l}$ 이 된다. 재료가 Hooke의 법칙 $(\sigma = E \cdot \varepsilon)$ 을 적용할 수 있는 선형탄성영역에서는 축하중을 받아 생기는 봉의 전체 늘어난 양 (신장량) δ 는 다음 식으로 표현된다.

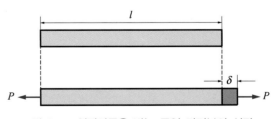

그림 2-1 인장하중을 받는 균일 단면봉의 신장

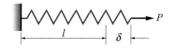

그림 2-2 인장을 받는 선형탄성스프링

$$\delta = \frac{Pl}{AE}$$ (2-1)

이 식에서 선형탄성 재료로 된 균일단면봉의 신장량은 하중 P 와 길이 l 에 비례하며, 탄성계수 E 와 단면적 A 와는 반비례한다. 상승적 AE 를 그 봉의 **축강성** (axial rigidity) 이라고 한다. 이 식은 압축부재에도 사용할 수 있으며, 부호규약은 늘어난 경우는 δ 를 양 (+) 으로 하고 줄어든 경우는 음 (−) 으로 한다.

식 (2-1) 로부터 인장력을 받고 있는 봉은 그림 2-2와 같이 축하중을 받는 스프링과 유사함을 알 수 있다. 힘 P 의 작용하에서 스프링은 δ 만큼 늘어날 것이며, 원래길이를 l 이라 하면 늘어난 총길이는 $l + \delta$ 가 된다. **스프링상수** (spring constant) k 는 스프링을 단위길이만큼 신장시키는 데 필요한 힘, 즉 $k = P/\delta$ 로 정의된다. 스프링의 **컴플라이언스** (compliance) 는 스프링상수의 역수, 즉 단위하중에 의한 변형량이다. 인장을 받는 봉 (그림 2-1) 이나 보 (beam) 등과 같은 다른 구조물 요소의 경우에는 일반적으로, 스프링상수와 컴플라이언스란 용어 대신에 강성도와 유연도란 용어를 사용한다.

축하중을 받는 봉의 **강성도** (stiffness) k 는 단위변형을 일으키는데 필요한 힘으로 정의되므로 그림 2-1에 보인 봉의 강성도는 식 (2-1) 로부터 다음과 같이 된다.

$$k = \frac{EA}{l}$$ (2-2)

같은 방법으로 **유연도** (flexibility) f 는 단위하중에 의한 변형으로 정의되며 강성도의 역수이다. 그러므로 축하중을 받는 봉의 유연도는 다음과 같다.

$$f = \frac{l}{EA}$$ (2-3)

강성도와 유연도는 여러 종류의 구조물을 해석하는 데 있어서 중요한 역할을 한다. 여기서 봉의 길이가 증가하면 강성도는 감소하고 유연도는 증가한다.

한편 일반적으로 한 개 이상의 축하중이 그림 2-3 처럼 작용하는 경우에는, 봉의 각 부분 (AB, BC, CD 부분) 의 축하중에 따른 각 부분의 신장량을 구하여 합산하여 봉의 전체신장량을 구할 수 있다. 이 방법은 그림 2-4 처럼 단면적이 다른 몇 개의 균일단면요소로 구성되어 있는 봉에서도 적용된다.

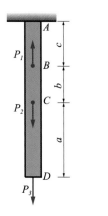
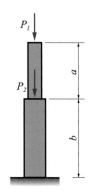

그림 2-3 중간에 축하중을 받는 봉   그림 2-4 몇 개의 다른 단면의 봉

$$\delta = \sum_{i=1}^{n} \frac{P_i l_i}{A_i E_i}$$

(2-4)

여기서 첨자 i 는 봉의 각 부분을 나타내는 지수이며, n 은 각 부분의 전체 수이다.

축하중과 단면적이 봉의 축에 따라 연속적으로 변화하는 경우에는, 미소요소의 신장량을 구하여 전 길이에 걸쳐 적분하여 구할 수 있다.

$$\delta = \int_0^l d\delta = \int_0^l \frac{P_x \, dx}{A_x E}$$

(2-5)

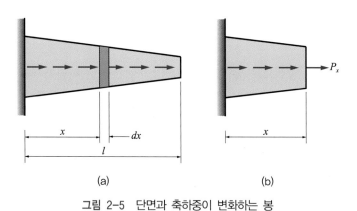

(a)   (b)

그림 2-5 단면과 축하중이 변화하는 봉

예제 2-01 그림 2-6 과 같이 2단붙이 봉에 $4000 \, \text{kgf}$ 의 인장하중이 작용한다. 이때 지름이 $4 \, \text{cm}$ 인 곳의 단면과 $6 \, \text{cm}$ 인 곳의 단면에 생기는 응력 및 전체 늘어난 길이를 구하여라. 단, $E = 2 \times 10^6 \, \text{kgf} / \text{cm}^2$ 이다.

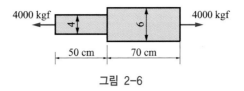

4000 kgf 4000 kgf

50 cm 70 cm

그림 2-6

풀이 왼쪽 부분의 응력을 σ_1, 오른쪽 부분의 응력을 σ_2 라고 하고, 단면의 직경이 4 cm 인 곳의 단면적을 A_1, 단면의 직경이 6 cm 인 곳의 단면적을 A_2 라고 하면

$$\sigma_1 = \frac{P}{A_1} = \frac{P}{\dfrac{\pi d_1{}^2}{4}} = \frac{4000}{\dfrac{\pi 4^2}{4}} = 318.31 \text{ kgf}/\text{cm}^2$$

$$\sigma_2 = \frac{P}{A_2} = \frac{P}{\dfrac{\pi d_2{}^2}{4}} = \frac{4000}{\dfrac{\pi 6^2}{4}} = 141.47 \text{ kgf}/\text{cm}^2$$

왼쪽 부분의 신장을 δ_1, 오른쪽 부분의 신장을 δ_2 라 하면 봉 전체 신장량 δ 는

$$\delta = \delta_1 + \delta_2$$
$$= \frac{Pl_1}{A_1 E} + \frac{Pl_2}{A_2 E} = \frac{\sigma_1 l_1}{E} + \frac{\sigma_2 l_2}{E} = \frac{1}{E}(\sigma_1 l_1 + \sigma_2 l_2)$$
$$= \frac{1}{2 \times 10^6}(318.31 \times 50 + 141.47 \times 70)$$
$$= 0.013 \text{ cm}$$

■ ■ ■

예제 2-02 단면적 1 cm² 인 강철봉이 그림 2-7 (a) 와 같이 부분적으로 다른 크기의 힘을 받고 있다. 이 봉의 전체신장량을 구하여라. 단, 이 봉의 탄성계수 $E = 2 \times 10^6 \text{ kgf}/\text{cm}^2$ 이다.

풀이 먼저 봉 전체를 AB, BC, CD 의 세 부분으로 나누어서 자유물체도를 그리면 그림 (b), (c), (d) 와 같다. 즉, 전체 신장량은 각 부분의 신장량의 합과 같다.

$$\delta_{AD} = \delta_{AB} + \delta_{BC} + \delta_{CD}$$

$$\delta_{AB} = \frac{Pl}{AE} = \frac{1000 \times 30}{1 \times 2 \times 10^6} = 0.015 \text{ cm}$$

$$\delta_{BC} = \frac{Pl}{AE} = \frac{700 \times 20}{1 \times 2 \times 10^6} = 0.007 \text{ cm}$$

$$\delta_{CD} = \frac{Pl}{AE} = \frac{900 \times 30}{1 \times 2 \times 10^6} = 0.0135 \text{ cm}$$

전체 신장량 $\delta = 0.015 + 0.007 + 0.0135 = 0.0355 \text{ cm}$

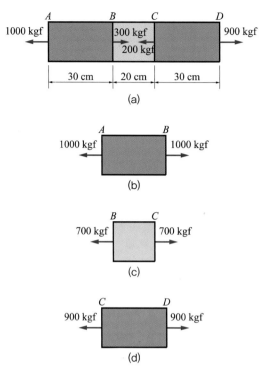

그림 2-7   부분적으로 다른 힘을 받는 봉

2-3   변위 선도

축하중을 받는 부재의 길이변화를 구하는 방법을 앞 절에서 설명하였다. 이러한 부재내에 있는 임의점의 변위는 부재 각 부분들의 길이변화들을 결정한 다음에 쉽게 구할 수 있다. 예를 들면 그림 2-3과 같은 봉의 자유단에서의 변위는 봉의 세 부분의 길이변화를 모두 합해 줌으로써 구할 수가 있다. 그러나 구조물이 1 개 이상의 부재로 구성되어 있을 때에는 변위결정이 훨씬 더 복잡해진다.

이 절에서는 축하중을 받는 두 부재가 핀으로 연결되어 있을 때 구조물의 변화를 결정하기 위한 기하학적인 방법에 대하여 설명한다. 이러한 구조물은 실제로 트러스 (truss) 의 가장 간단한 형태이며, 트러스의 **변위**(displacement)[또는 **처짐** (deflection)] 를 구하기 위하여 사용되는 선도를 **변위선도** (displacement diagram) 라 한다. 이들 선도는 각 부재의 길이변화를 계산한 다음에 기하학적으로 그려지게 된다.

변위를 구하는 기하학적인 방법을 설명하기 위하여 그림 2-8 (a) 와 같이 수평부재 AB 와

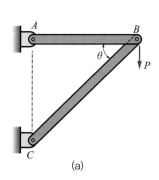
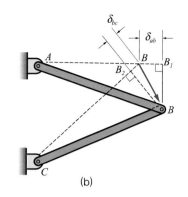
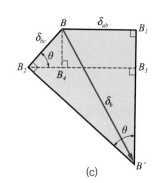

그림 2-8 두 부재로 된 트러스의 처짐

경사진 부재 BC로 구성된 트러스를 생각한다. 먼저 부재들의 축력을 계산하고, 길이변화를 구한 다음 마지막으로 연직하중 P에 의한 절점 (joint) B의 변위를 구하면 된다.

부재 AB와 BC의 축력 F_{ab}와 F_{bc}는 절점 B에 작용하는 힘들의 평형식으로부터 구할 수 있다.

$$F_{ab} = P\cot\theta \qquad F_{bc} = P\csc\theta$$

여기서 F_{ab}는 인장력이고 F_{bc}는 압축력이며, θ는 두 부재의 사잇각이다.

각 부재의 전 길이변화는 다음과 같다.

$$\delta_{ab} = \frac{Pl_{ab}\cot\theta}{E_{ab}\,A_{ab}} \qquad \delta_{bc} = \frac{Pl_{bc}\csc\theta}{E_{bc}\,A_{bc}} \tag{2-6 a, b}$$

이 식에서 하첨자들은 l, E, A의 값들이 적용되는 부재를 나타낸다. 실제적인 경우에서 길이변화는 공식이 아닌 일반 숫자로 나타난다.

절점 B의 변위를 결정하기 위하여, 먼저 부재들이 B점에서 서로 분리되었다고 가정하고, 부재 AB가 δ_{ab}만큼 늘어남으로써 그 끝이 B점에서 B_1점으로 이동하였다고 가정한다 [그림 2-8(b)]. 그 다음 부재 AB는 A점에 대하여 회전하였으므로 A점을 중심으로 하고 거리 AB_1을 반지름으로 하는 원호를 그린 것이 된다. 그러나 절점 B의 실제 변위는 극히 작기 때문에 이 원호는 B_1점을 지나고 부재 AB의 축에 수직한 직선으로 대치할 수가 있다. 절점 B의 최종 위치는 이 수직선[그림 2-8 (b)에서 직선 $B_1 B'$] 상의 어떤 점이 되어야 한다.

같은 방법으로, 부재 BC는 δ_{bc}만큼 짧아져서 그 끝은 B점에서 B_2점으로 이동한다. 다음에 부재 BC가 C점 주위로 회전함으로써, C점을 중심으로 하고 거리 CB_2를 반지름으로 하는 또 한 개의 원호가 그려진다. 이 원호는 B_2점을 지나고 BC에 수직인 직선으로 대치되어 절점 B의 최종위치는 이 직선 (직선 $B_2 B'$) 상의 어떤 위치에 있어야 한다. 이 두 직선의 교점 (또는 두 원호의 교점)이 절점 B 의 최종위치로서, 그림에 B' 점으로 되어 있다. 따라서 B 점으로부터 B' 점까지의 벡터 $\overline{BB'}$ 가 트러스 절점 B 의 변위 δ_b 를 나타낸다.

변위 δ_b 는 그림 2–8 (b) 의 기하학적인 관계로부터 계산할 수 있다. 이 부분을 좀더 상세히 그리면 그림 2–8 (c) 와 같이 된다. 여기서 직선 BB_1 은 신장량 δ_{ab} 를 나타내고, BB_2 는 수축량 δ_{bc} 를 나타내며, 이 선들에 수직선인 B_1B' 와 B_2B' 는 B' 점에서 만난다. 또한 이들 사이의 각은 θ 이다. 이 변위선도로부터 B 점의 전체변위 δ_b 와 이 변위의 수평 및 수직변위 성분을 계산할 수 있다. 이 문제에서 수평변위성분 δ_h 는 δ_{ab} 와 같으며 오른쪽 방향으로 향하고 있다.

$$\delta_h = \frac{P l_{ab} \cot\theta}{E_{ab} A_{ab}} \tag{2-7}$$

수직성분 δ_v 는 아래쪽 방향이며, 그림에서 두 부분 (B_1B_3 와 B_3B') 으로 되어 있다. B_1B_3 는 BB_4 와 같은 거리이며, $\delta_{bc}\sin\theta$ 와 같다. 거리 B_3B' 는 삼각형 B_2B_3B' 로부터 구할 수 있다. 따라서 수직성분 δ_v 는 다음과 같다.

$$\begin{aligned}
\delta_v &= B_1B' \\
&= \delta_{bc}\sin\theta + (\delta_{bc}\cos\theta + \delta_{ab})\cot\theta \\
&= \delta_{bc}\csc\theta + \delta_{ab}\cot\theta
\end{aligned} \tag{2-8}$$

절점 B 의 수평과 수직변위를 구한 다음, 이 두 성분을 각각 제곱하여 합한 제곱근을 풀면 합변위 δ_b 를 구할 수 있다.

위에 기술한 방법은 두 개의 부재로 이루어진 트러스에 사용할 수 있으며, 각 경우마다 해석을 하려는 트러스의 변위선도를 그려서 해석할 수 있다. 이와 같은 선도를 Williot 선도라고 한다. 이 선도는 그림 2–8 에 기술한 것과 같은 아주 간단한 구조물에서만 유용하며, 규모가 더 큰 트러스에서는 단위하중법 (unit-load method) 과 같은 보다 일반적인 해석방법이 필요하다.

예제 2–03 그림 2–9 (a) 에서와 같이 대칭 트러스에서 절점 B 의 처짐 δ_b 에 대한 식을 구하여라. 두 봉 모두 같은 길이 l_1, 단면적 A 와 탄성계수 E 를 가지고 있다.

풀이 먼저 절점 B 에서의 힘의 평형으로부터 부재들의 인장력 F 를 결정한다.

$$F = \frac{P}{2\cos\beta}$$

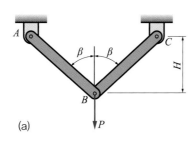

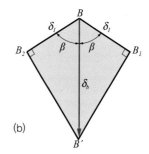

(a)   (b)

그림 2-9

다음 각 부재의 길이 $l_1 = \dfrac{H}{\cos\beta}$ 이므로 각 부재의 신장량 δ_1 은 다음과 같이 된다.

$$\delta_1 = \frac{Fl_1}{EA} = \frac{PH}{2EA\cos^2\beta}$$

그림 2-9 (b) 와 같이 변위선도를 그린다. 절점의 원래위치를 나타내는 B 점으로부터 시작하여 두 봉이 분리된 상태라고 하면, 부재 AB 는 B 에서 B_1 까지 늘어날 것이며, B_1 점을 지나고 BB_1 에 수직인 직선을 그리면 이 직선은 절점 B 의 최종 위치점을 통과해야 할 것이다. 트러스와 하중이 대칭상태이므로 B 점의 수평변위는 없을 것이므로 B 는 B 점에서 B' 점까지 변위해야만 한다. 이때 B' 점은 B_1 점에서 그린 수직선과 B 점을 통과하는 수직선과의 만나는 점이다. 같은 방법으로 선도의 왼쪽부분은 부재 BC 의 신장량을 생각함으로써 얻어진다. 이 경우 BC 가 δ_1 만큼 늘어날 것이므로 B 는 B_2 점까지 이동할 것이며 BB_2 에 수직한 직선을 그려서 절점 B 의 최종위치인 B' 점을 얻게 된다. 절점 B 의 수직처짐 δ_b 는 변위선도로부터 삼각법에 의해서 다음과 같이 얻어진다.

$$\delta_b = \frac{\delta_1}{\cos\beta} = \frac{PH}{2EA\cos^3\beta} \tag{2-9}$$

■ ■ ■

2-4 **부정정 구조물**

2-4-1   유연도법

지금까지는 정역학적 평형에 의해서 해석할 수 있는 축하중을 받는 봉과 단순한 구조물을 다루었으며, 이러한 문제에서 부재의 축력과 지지점의 반력들은 자유물체를 그린 다른 평형방정식을 풀어서 결정할 수 있었다. 이러한 구조물을 **정정**(statically determinate) 구조물이라 한다. 그러나 많은 구조물에서는 정역학적 평형방정식만으로는 축력과 반력을 계산하기에 충분하지 않다. 이러한 구조물을 **부정정**(statically indeterminate) 구조물이라 한다. 이러한 형태의 구조물은 평형방정식에 구조물의 변위에 관련된 방정식들을 추가함으로써 해석이 가능하다.

부정정 구조물을 해석하는 방법에는 **유연도법** (flexibility method) 과 **강성도법** (stiffness method) 이 있다. 이 방법들은 서로 보완적이며 각각 그 장단점을 가지고 있다. 따라서 재료가 선형탄성한도 내에 있다면 이 방법을 이용하여 각종 구조물을 해석할 수 있다.

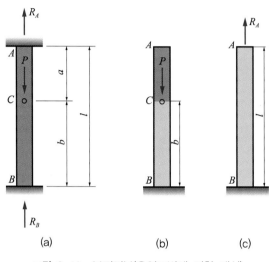

그림 2-10 부정정봉(유연도법에 의한 해석)

유연도법을 설명하기 위하여, 그림 2-10 에 보인 부정정봉을 생각해 보기로 한다. 균일단면봉 AB 는 양단이 고정되어 있으며, 중간에 있는 점 C 에 힘 P 가 축방향으로 작용한다. 이때 봉의 양단에는 하중 P 에 의하여 반력 R_A 및 R_B 가 발생하며 힘의 평형조건으로부터 다음과 같은 방정식을 얻을 수 있다.

$$R_A + R_B = P \qquad\qquad (a)$$

그러나 이 방정식은 두 개의 미지반력을 포함하고 있기 때문에 반력들을 구하기 위하여 봉의 변형으로부터 제2의 식을 얻어야 한다.

먼저 미지반력 중 하나를 **정역학적 과잉력** (statical redundant), 즉 정역학적인 개념만으로 구할 수 있는 힘의 개수를 초과한 과잉 지지력으로 취급한다. 이 문제에서는 R_A 를 과잉반력 (redundant reaction) 으로 취급하여 미지반력 R_A 를 구조물에서 제외한다. 그러면 그림 2-10 (b) 에서와 같이 안정한 정정 구조물이 된다. 이와 같이 과잉력을 제거시킨 구조물을 **이완구조물** (released structure) 또는 **기본구조물** (primary structure) 이라 한다.

이완구조물에서 하중 P 가 C 점의 아랫부분 b 의 변위에 미치는 영향은

$$\delta_P = \frac{Pb}{EA} \qquad\qquad (b)$$

와 같고 그 방향은 아래쪽이며 봉을 줄어들게 하는 힘이다. 다음에는 과잉력 R_A 에 의하여 전체길이 l에 대한 위쪽으로 늘어난 변위는 다음과 같다.

$$\delta_R = \frac{R_A \, l}{EA} \tag{c}$$

P 와 R_A 가 동시에 작용하여도 실제적으로는 양단이 고정되어 있으므로 다음과 같이 된다. 이 식을 **변위의 적합조건 방정식** (equation of compatibility of displacement) 이라고도 한다.

$$\delta_P = \delta_R \tag{d}$$

또는

$$\frac{Pb}{EA} = \frac{R_A \, l}{EA} \tag{e}$$

따라서

$$R_A = \frac{Pb}{l} \tag{2-10}$$

따라서 식 (a) 의 평형방정식으로부터 R_B 를 구할 수 있다.

$$R_B = P - R_A = \frac{Pa}{l} \tag{2-11}$$

여기서 같은 방법으로 R_B 를 과잉반력으로 취급하여도 R_B 를 얻을 수 있다.

이 해석방법은 적합조건방정식 속에 유연도가 나타나기 때문에 **유연도법**이라 한다. 이 문제에서는 적합방정식 [식 (e)] 이 미지의 과잉반력 R_A 의 계수로써 유연도 l/EI 를 포함하고 있다 [식 (2-3) 참조].

또한 힘이 미지의 양이기 때문에 **하중법** (force method) 이라고도 부른다. 이 방법은 다른 형태의 구조물이나 많은 과잉력을 갖는 구조물인 경우에도 사용될 수 있지만 서로 다른 힘에 의하여 발생하는 변형들을 합해 줄 필요가 있기 때문에 재료가 선형탄성 거동을 할 경우에만 유효하다.

유연도법을 좀더 설명하기 위하여 그림 2-11 (a) 에 보인 평면트러스를 해석해 보기로 하자. 이 트러스는 세 부재가 A, B, C 점에서 핀으로 지지되어 있고 하중 P 가 작용하는 절점 D 에서 함께 핀으로 연결되어 있다. 모든 부재들은 같은 강성도 EA 를 가졌다고 가정한다. 이 트러스에는 3 개의 미지 부재축력이 있으나 정역학적 평형방정식은 두 개뿐이므로 부정정이다. 수평방향의 힘을 모두 합함으로써 또는 트러스의 상태가 대칭이므로 바깥쪽 두 봉의 인장력은 같다는 것을 알 수 있다. 그러므로 수직방향의 힘의 평형으로부터 아래 식을 얻을 수 있다.

$$2F_1 \cos\beta + F_2 = P \qquad\qquad\qquad\text{(f)}$$

이 식은 두 개의 미지력 F_1 과 F_2 를 포함하고 있으므로 절점 D 의 변위에 대한 적합조건으로부터 나머지 필요한 방정식을 얻을 수 있다.

이 문제에서, 부재 BD 의 축력 F_2 를 과잉력으로 생각한다. 이 축력을 제외시키기 위하여 그림 (b) 와 같이 부재 BD 의 하단을 절단했다고 가정한다. 이때 필요하다면 다른 어느 단면도 절단할 수 있으며, 이 경우에도 계산법은 유사하다. 이완구조물에 하중 P 가 작용하면 절점 D 의 아래쪽 처짐은 [식 (2-9) 참조]

$$\delta_P = \frac{Pl}{2EA \cos^3\beta} \qquad\qquad\qquad\text{(g)}$$

이며, 이때 l 은 수직봉의 길이를 나타낸다. 그림 (c) 와 같이 과잉력 F_2 를 이 이완구조물에 작용시켰을 때에는, 절단되었던 부재 BD 가 아래쪽으로 잡아당기는 힘 F_2 에 의하여 인장이 되는 반면, 절점 D 는 크기가 같고 방향이 반대인 힘에 의하여 위쪽으로 잡아당겨지게 된다. 이 후자의 힘은 절점 D 를 아래 방향 변위량만큼 위쪽으로 변위를 일으키게 한다(식 (g) 와 비교).

$$\delta_F = \frac{F_2 l}{2EA \cos^3\beta} \qquad\qquad\qquad\text{(h)}$$

P 와 F_2 가 동시에 작용할 때 절점 D 의 전체 하향변위는 $\delta_P - \delta_F$ 이며, BD 는 $\dfrac{F_2 l}{EA}$ 만큼 늘어나야 한다. 그러므로 다음과 같이 된다.

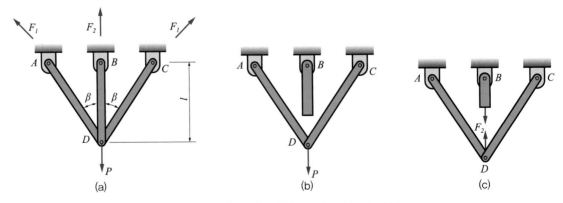

그림 2-11 부정정트러스(유연도법에 의한 해석)

$$\delta_P - \delta_F = \frac{F_2 \, l}{EA} \tag{i}$$

이 식에 식 (g) 와 식 (h) 를 대입하고 F_2 에 대하여 풀면 다음 식을 얻는다.

$$F_2 = \frac{P}{1 + 2\cos^3 \beta} \tag{2-12}$$

마지막으로 평형방정식 (식 (f)) 으로부터 다음을 얻는다.

$$F_1 = \frac{P\cos^2 \beta}{1 + 2\cos^3 \beta} \tag{2-13}$$

이 문제에서 가운데 봉의 축력이 바깥쪽 봉의 축력보다 크다. 만약 $\beta = 0$ 인 경우에는 $F_1 = F_2 = \dfrac{P}{3}$ 가 된다.

한편, 절점 D 의 수직방향의 처짐 δ_d 는 단순히 봉 BD 의 신장량과 같으므로

$$\delta_d = \frac{F_2 \, l}{EA} = \frac{Pl}{EA(1 + 2\cos^3 \beta)} \tag{2-14}$$

그러나 절점 D 의 수평변위는 트러스 자체와 그 하중이 대칭이므로 0 이 된다.

유연도법에 대한 앞의 두 문제에서는, 과잉력을 정한 다음 이 과잉력을 제거하여 얻어진 이완구조물에서 변위들을 구했다. 그러나 다른 종류의 문제들에서는 이 과정이 불필요하고 그 대신 구조물의 일부를 잘라내어 미지력들을 표시한 다음, 변위조건을 검토하여 적합방정식을 얻는 것으로 충분한 경우가 있다. 다음 두 예제에서는 이러한 방법들을 취급하였다.

예제 2-04 강체인 수평봉 AB 가 두 개의 같은 강선 CE 와 DF 에 의하여 그림 2-12 (a) 와 같이 지지되어 있다. 각 강선의 단면적이 A 일 때 강선 CE 와 DF 에 발생하는 인장응력 σ_1 과 σ_2 를 각각 구하여라.

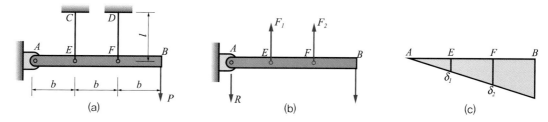

그림 2-12 부정정 구조물 (유연도법에 의한 해석)

풀이 자유물체도에서 A 점에 관한 모멘트평형방정식은 다음과 같다.

$$F_1 b + 2F_2 b - 3Pb = 0 \tag{j}$$

이 식에서 F_1 과 F_2 는 강선들의 미지축력이다. 수직방향에 대한 평형방정식은 새로운 미지력인 반력 R 을 포함하게 되므로 F_1 과 F_2 를 구하는 데 도움이 되지 않는다. 따라서 강선들의 변형을 포함하는 방정식이 필요하게 된다.

하중 P 가 작용하면 봉 AB 는 지점 A 주위로 회전하게 되므로 두 강선은 늘어나게 된다. 변형된 후의 변위선도는 그림 2-12 (c) 와 같으며, 여기서 δ_1 과 δ_2 는 강선 CE 와 DF 의 늘어남을 나타낸다. 적합조건은 변위선도의 기하학적인 관계로부터 다음과 같이 표시된다.

$$\delta_2 = 2\delta_1$$

강선의 길이를 l, 축강도를 EA 라 할 때, 강선의 신장량들은 아래와 같이 미지축력들로 표시되며, 이들 δ_1 과 δ_2 를 적합방정식에 대입하면 다음과 같이 된다.

$$\delta_1 = \frac{F_1 l}{EA} \quad \delta_2 = \frac{F_2 l}{EA}$$

$$F_2 = 2F_1 \tag{k}$$

여기서 (j) 와 (k) 를 연립하여 풀면 강선의 축력들이 구해진다.

$$F_1 = \frac{3}{5}P \quad F_2 = \frac{6}{5}P$$

따라서 이에 대응하는 인장응력은 다음과 같다.

$$\sigma_1 = \frac{F_1}{A} = \frac{3P}{5A} \quad \sigma_2 = \frac{F_2}{A} = \frac{6P}{5A}$$

F_1 과 F_2 를 구한 다음 강선의 실제 신장량을 구할 수 있다.　　　　　　■■■

예제 2-05　　강재의 원형단면기둥과 동으로 된 관 [그림 2-13(a) 에 S 와 C 로 표시] 이 시험기의 헤드 사이에서 압축되고 있다. 축력 P 의 작용으로 인한 강과 동내의 평균 응력과 수직방향의 평균 압축 변형률을 구하여라.

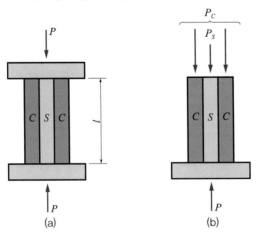

그림 2-13　예제 2-05 부정정계 (유연도법에 의한 해석)

풀이 유연도법을 사용하기 위하여 위 판을 제거하면 그림 2-13(b)에 보인 구조물을 얻게 된다. 강과 동 내의 축력을 각각 나타내는 미지력 P_s 와 P_c 는 아래와 같은 평형방정식을 만족하게 된다.

$$P_s + P_c = P \tag{l}$$

강재 기둥의 수축량은 $P_s l / E_s A_s$ 로 표현되며, 이때 $l / E_s A_s$ 는 강재 기둥의 유연도이다. 또한 동관의 수축량은 $P_c l / E_c A_c$ 이며 동관의 유연도는 $l / E_c A_c$ 이다. 적합방정식은 강재 기둥과 동관이 같은 양만큼 수축된다는 사실로부터 얻어진다. 즉

$$\frac{P_s l}{E_s A_s} = \frac{P_c l}{E_c A_c} \tag{m}$$

두 방정식 (l)과 (m)을 연립으로 풀면 두 개의 미지력을 구할 수 있다.

$$P_s = \frac{E_s A_s}{E_s A_s + E_c A_c} P$$

$$P_c = \frac{E_c A_c}{E_s A_s + E_c A_c} P \tag{2-15 a, b}$$

강재 내의 압축응력 σ_s 는 P_s 를 A_s 로 나누어줌으로써 얻을 수 있으며, 응력 σ_c 도 같은 방법으로 구할 수 있다. 압축변형률 ε 은 두 재료에 대하여 같으므로 Hook의 법칙으로부터 다음과 같이 구할 수 있다.

$$\varepsilon = \frac{P}{E_s A_s + E_c A_c} \tag{2-16}$$

■ ■ ■

2-4-2 강성도법

부정정 구조물을 해석하기 위한 **강성도법**(stiffness method)은 하중이 아니고 변위를 미지량으로 취급한다는 점에서 유연도법과 다르다. 따라서 이 방법을 **변위법**(displacement method)이라고도 부른다. 미지변위들은 평형방정식(적합방정식이 아닌)을 풀므로써 구해지며, 이 방정식은 강성도로 된 계수들을 포함하게 된다(식 (2-2) 참조). 강성도법은 아주 일반적인 방법으로 무척 다양한 구조물에 사용될 수가 있으나, 유연도법에서와 같이 선형탄성적으로 거동을 하는 구조물에 한한다.

강성도법을 설명하기 위하여, 그림 2-14(a)와 같이 강체지점 사이에 놓여 있는 균일단면 봉 AB 를 다시 해석하기로 한다. 이 새로운 해법에서는, 이 봉 두 부분의 접합점인 C 점의 수직변위 δ_c 를 미지량으로 취급한다. 봉의 윗부분과 아랫부분의 축력 R_A 와 R_B 는 δ_c 를 써서 다음과 같이 표시할 수 있다.

$$R_A = \frac{EA}{a} \delta_c \qquad R_B = \frac{EA}{b} \delta_c \tag{a}$$

이들 식에서, δ_c 는 아래쪽 방향을 양으로 가정했으며, 따라서 봉의 윗부분에는 인장을 받고

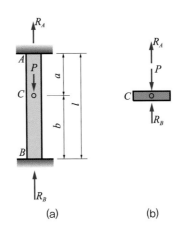

그림 2-14 부정정봉(강성도법에 의한 해석)

아랫부분에는 압축을 받는다.

　그림 2-14 (b) 와 같이 봉내의 C 점을 자유물체도로 분리시키면, 이 C 점에 작용하는 하중은 P, R_A 및 R_B 이며, 정역학적 평형으로부터 다음을 얻는다.

$$R_A + R_B = P \tag{b}$$

또는 식 (a) 를 대입시키면

$$\frac{EA}{a}\delta_c + \frac{EA}{b}\delta_c = P \tag{c}$$

여기서 $a + b = l$ 이므로

$$\delta_c = \frac{Pab}{EAl} \tag{d}$$

변위 δ_c 를 구한 다음 식 (a) 로부터 R_A 와 R_B 를 구할 수 있다.

$$R_A = \frac{Pb}{l} \qquad R_B = \frac{Pa}{l} \tag{e}$$

이 결과들은 식 (2-10) 및 식 (2-11) 과 같다.

　강성도법의 두 번째 예로서 그림 2-15 (a) 에 보인 평면트러스를 해석해 보기로 한다. 수직봉의 길이는 l 이고 경사봉의 길이는 $l / \cos\beta$ 이며, 세 봉 모두가 같은 축강도 EA 를 갖는다. 수직하중 P 가 절점 D 에 작용하며 트러스와 하중은 대칭이고 절점 D 의 수평변위는 발생하지 않는다. 절점 D 의 수직변위 δ 는 그림에서 DD' 이며, 점선 AD' 와 CD' 는 트러스의 변형된 모양을 나타낸다.

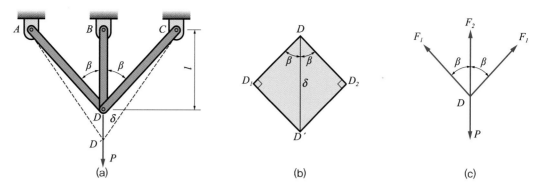

그림 2-15 부정정 트러스(강성도법에 의한 해석)

절점 D 에 대한 변위선도는 그림 2-15 (b) 에 그려져 있다. 선 DD_1 과 DD_2 는 각각 봉 CD와 AD 의 신장량을 나타내며, 선 DD' 는 절점 D 의 수직변위 δ를 나타낸다. 변위도에서 경사봉의 신장량은 다음과 같다.

$$DD_1 = DD_2 = \delta \cos \beta$$

그러므로 두 경사봉의 축력 F_1 은

$$F_1 = \frac{EA(\delta \cos \beta)}{l/\cos \beta} = \frac{EA\delta \cos^2 \beta}{l} \tag{f}$$

이며, 수직봉의 힘 F_2 는 다음과 같다.

$$F_2 = \frac{EA\delta}{l} \tag{g}$$

해석의 다음 단계는 평형방정식을 얻는 것으로, 절점 D 의 자유물체도 [그림 2-15 (c)] 에서 다음 관계를 얻는다.

$$2F_1 \cos \beta + F_2 = P \tag{h}$$

이 식에 F_1 과 F_2 를 대입하면

$$\frac{2EA\delta \cos^3 \beta}{l} + \frac{EA\delta}{l} = P \tag{i}$$

이 식은 미지량으로써 처짐 δ 만 포함하고 있으므로 이제 δ 에 대해서 풀 수 있다.

$$\delta = \frac{Pl}{EA} \cdot \frac{1}{1 + 2\cos^3 \beta} \tag{j}$$

해석의 마지막 단계는 이 δ 에 대한 표현을 식 (f) 와 (g) 에 대입하여 봉의 힘 F_1 과 F_2 를 구하는 것이다.

$$F_1 = \frac{P\cos^2\beta}{1 + 2\cos^3\beta} \qquad F_2 = \frac{P}{1 + 2\cos^3\beta} \tag{k}$$

이 결과는 앞에서 유연도법으로 구한 결과와 같다.

2·5 두 개 이상의 재질로 된 봉의 응력과 변형률

서로 재질이 다른 재료로 구성된 균일단면의 봉을 고찰하여 보자. 각 봉의 길이를 l_1 과 l_2, 단면적을 A_1 과 A_2, 탄성계수를 E_1, E_2 라 한다. 이 조합된 봉에 압축하중 P 를 가하면 각 봉의 응력은

$$\sigma_1 = \frac{P}{A_1} \qquad \sigma_2 = \frac{P}{A_2}$$

또 수축량은

$$\delta_1 = \frac{Pl_1}{A_1 E_1} \qquad \delta_2 = \frac{Pl_2}{A_2 E_2}$$

가 되므로 조합된 봉의 전체수축량 δ 는

$$\delta = \delta_1 + \delta_2 = \frac{Pl_1}{A_1 E_1} + \frac{Pl_2}{A_2 E_2} = P\left(\frac{l_1}{A_1 E_1} + \frac{l_2}{A_2 E_2}\right)$$

그림 2-16 은 같은 길이의 봉 A 와 원통 B 를 같은 축으로 놓고 양쪽 끝을 두터운 판 C 로 견고하게 결합한 봉으로, 여기에 압축하중 P 를 가한다. 봉과 원통의 단면적을 각각 A_1 과 A_2, 탄성계수를 각각 E_1 과 E_2, 압축응력을 σ_1 과 σ_2 라 하면 힘의 평형조건에서

$$P = \sigma_1 A_1 + \sigma_2 A_2 \tag{a}$$

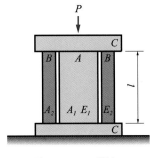

그림 2-16 조합봉

봉과 원통의 수축을 각각 δ_1, δ_2 이라 하고 원래 길이를 l 이라 하면

$$\delta_1 = \frac{\sigma_1 l}{E_1} \qquad \delta_2 = \frac{\sigma_2 l}{E_2}$$

(b)

이 되고 이들의 수축은 같아야 하므로 σ_1 과 σ_2 의 관계는 다음과 같다.

$$\sigma_1 = \frac{E_1}{E_2}\sigma_2 \qquad \sigma_2 = \frac{E_2}{E_1}\sigma_1$$

(c)

식 (c) 를 식 (a) 에 대입하면

$$P = \sigma_1 A_1 + \sigma_1 \frac{E_2}{E_1} A_2 = \sigma_1 \left(A_1 + \frac{E_2}{E_1} A_2 \right)$$

$$\sigma_1 = \frac{PE_1}{A_1 E_1 + A_2 E_2} \qquad \sigma_2 = \frac{PE_2}{A_1 E_1 + A_2 E_2}$$

(2-17)

따라서 수축량 δ 는

$$\delta = \frac{\sigma_1}{E_1}l = \frac{\sigma_2}{E_2}l = \frac{Pl}{A_1 E_1 + A_2 E_2}$$

(2-18)

예제 2-06 직경 $22\,\mathrm{mm}$ 의 철근 9 개가 박혀있고 유효단면적 $1600\,\mathrm{cm}^2$ 인 철근콘크리트의 짧은 기둥이 있다. 콘크리트의 사용응력 $\sigma_c = 50\,\mathrm{kgf}/\mathrm{cm}^2$ 이라 하면 이 기둥은 얼마의 하중에 견딜 수 있는가? 단, 콘크리트의 탄성계수 $E_c = 1.4 \times 10^5\,\mathrm{kgf}/\mathrm{cm}^2$, 철근의 탄성계수 $E_S = 2.1 \times 10^6\,\mathrm{kgf}/\mathrm{cm}^2$ 이다.

풀이 콘크리트의 유효단면적 $A_c = 1600\,\mathrm{cm}^2$ 이고

철근 9 개의 전체 단면적 $A_s = \frac{\pi}{4} \times 2.2^2 \times 9 = 34.2\,\mathrm{cm}^2$이므로

$$P = \sigma_c A_c + \frac{E_s}{E_c}\sigma_c A_s = 50 \times 1600 + \frac{2.1 \times 10^6}{1.4 \times 10^5} \times 50 \times 34.2$$

$$= 105650\,\mathrm{kgf}$$

■ ■ ■

2·6 자체무게를 고려한 봉의 응력과 변형률

봉의 자체무게는 외부에서 작용하는 하중에 비해 일반적으로 작으므로 응력의 계산에서는 생략하지만, 단면이 크고 긴 봉의 응력계산에서는 자중의 영향이 크므로 이를 고려해야 한다.

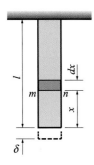

그림 2-17 자체무게만 고려한 봉

하중은 작용하지 않고 자체무게만 고려하는 경우, 그림 2-17에서 봉의 단위체적당의 중량을 γ 라 하면, 하단으로부터 x 의 거리에 있는 단면 mn 의 아랫부분의 중량은 γAx 가 되므로 mn 단면이 받는 인장력은

$$W_x = \gamma Ax \tag{2-19}$$

이 인장력으로 인한 길이 dx 요소의 미소 신장량 $d\delta$ 는

$$d\delta = \frac{W_x\, dx}{AE}$$

이 미소 신장량을 전 길이에 걸쳐 적분하면

$$\delta = \int_0^l \frac{W_x}{AE} dx = \int_0^l \frac{\gamma Ax}{AE} dx = \frac{\gamma}{E} \int_0^l x dx = \frac{\gamma l^2}{2E} \tag{2-20}$$

봉의 전체 중량은 $W = \gamma Al$ 이므로 위 식에 대입하면

$$\delta = \frac{Wl}{2AE} \tag{2-21}$$

이 식은 봉에 하중은 작용하지 않고 자체무게에 의한 신장만을 구하는 식이다.

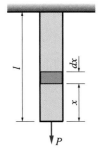

그림 2-18 자체무게와 하중을 함께 고려한 봉

자체무게와 봉의 하중 P 를 함께 고려하는 경우, 그림 2-18 에서와 같이 mn 단면에서의 응력은 하중 P 와 단면 mn 아랫부분의 자체무게가 같이 작용하므로

$$\sigma = \frac{P + \gamma Ax}{A} \tag{2-22}$$

$x = l$ 인 상단에 발생하는 최대응력은

$$\sigma_{\max} = \frac{P + \gamma Al}{A} = \frac{P}{A} + \gamma l \tag{2-23}$$

식 (2-23) 의 $\sigma_{\max}$ 을 재료의 허용응력 σ_w 로 대치하여 안전 단면적 A 를 구하면

$$A = \frac{P}{\sigma_w - \gamma l} \tag{2-24}$$

축하중과 자체무게로 인한 봉의 신장을 구하기 위하여 아래쪽 끝에서 임의 x 위치에서 미소길이 dx 를 취한다. dx 부분에 일어나는 응력이 일정하다고 하면, 응력과 변형률은 비례하므로

$$d\delta = \frac{\sigma}{E}dx = \frac{P + \gamma Ax}{AE}dx$$

따라서 봉의 전체 신장량은

$$\delta = \int_0^l \frac{P + \gamma Ax}{AE}dx = \frac{l}{AE}\left(P + \frac{1}{2}\gamma Al\right) \tag{2-25}$$

즉, 이 식은 하중 P 만 작용할 때의 식 (2-1) 과 자체무게만 고려할 때의 식 (2-21) 을 합한 식으로 다음과 같이 된다. 여기서 보자체의 무게는 $W = \gamma Al$ 이다.

$$\delta = \frac{Pl}{AE} + \frac{Wl}{2AE} \tag{2-26}$$

예제 2-07 길이 $10\,\mathrm{m}$, 봉의 지름이 $10\,\mathrm{mm}$ 인 강봉에 인장하중 $P = 800\,\mathrm{kgf}$ 를 작용시킬 때, 이 봉에 생기는 전체 신장량을 봉의 자체무게를 고려하여 구하여라. 단, $E = 2.1 \times 10^6\,\mathrm{kgf/cm^2}$, 비중량 $\gamma = 8\mathrm{gf/cm^3}$ 이다.

풀이 식 (2-26) 에서

$$\delta = \frac{Pl}{AE} + \frac{Wl}{2AE}$$

여기서 $W = Al\gamma$ 이므로

$$\delta = \frac{Pl}{AE} + \frac{Al^2\gamma}{2AE}$$

$$= \frac{800 \times 1000}{\dfrac{\pi \times 1^2}{4} \times 2.1 \times 10^6} + \frac{\dfrac{\pi \times 1^2}{4} \times 1000^2 \times 0.008}{2 \times \dfrac{\pi \times 1^2}{4} \times 2.1 \times 10^6}$$

$$= 0.487\,\mathrm{cm}$$

■ ■ ■

예제 2-08 균일단면을 가진 강봉의 하단에 $P = 2000\,\mathrm{kgf}$ 의 하중이 작용하고 있다. 봉의 길이가 $10\,\mathrm{m}$ 이고 사용응력이 $900\,\mathrm{kgf/cm^2}$, 단위체적당의 중량이 $7.85\,\mathrm{gf/cm^3}$ 일 때, 이 봉의 단면적을 구하고 봉에 생기는 전체 신장량을 구하여라. 단, $E = 2 \times 10^6\,\mathrm{kgf/cm^2}$ 이다.

풀이 식 (2-24) 에서

$$A = \frac{P}{\sigma_w - \gamma l} = \frac{2000}{900 - 0.00785 \times 1000} = 2.242\,\mathrm{cm}$$

식 (2-25)에서

$$\delta = \frac{l}{AE}\left(P + \frac{1}{2}A\gamma l\right)$$

$$= \frac{1000}{2.242 \times 2 \times 10^6}\left(2000 + \frac{1}{2} \times 2.242 \times 0.00785 \times 1000\right)$$

$$= 0.45 \text{ cm}$$

2-7 균일강도의 봉

봉의 자체무게를 고려할 때 길이에 따라서 각 단면에 발생하는 수직응력의 크기를 균일하게 하려면 각 단면의 모양을 변화시켜야 된다.

그림 2-19에서 봉의 자유단으로부터 x 만큼 떨어진 단면 mn 에서의 면적을 A 라 하고, mn 면에서 dx 만큼 떨어진 $m'n'$ 면의 면적을 $A + dA$ 라고 하면, mn 면에 아래 방향으로 작용하는 힘은 $A\sigma$ 가 되고 $m'n'$ 면에서 위 방향으로 작용하는 힘은 $(A + dA)\sigma$ 가 되며, dx 부분의 자체무게는 $\gamma A dx$ 가 된다. 평행조건에서

$$(A + dA)\sigma = A\sigma + \gamma A dx$$

양변을 정리하여 $A\sigma$ 로 나누고 적분하면

$$\int \frac{dA}{A} = \int \frac{\gamma dx}{\sigma}$$

$$l_n A = \frac{\gamma}{\sigma}x + c$$

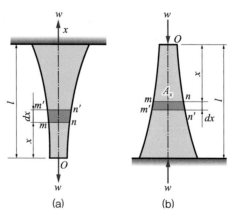

그림 2-19 균일강도의 봉

$x = 0$ 에서 봉하단의 면적을 A_0 라 하면 $A = A_0$, $A_0 = \dfrac{W}{\sigma}$, $c = l_n A_0$ 이고

$$l_n A = \frac{\gamma}{\sigma}x + l_n A_0 \qquad l_n A - l_n A_0 = \frac{\gamma}{\sigma}x$$

$$l_n \frac{A}{A_0} = \frac{\gamma}{\sigma}x$$

$$A = A_0 \cdot e^{\frac{\gamma}{\sigma}x} = \frac{W}{\sigma}e^{\frac{\gamma}{\sigma}x} \qquad\qquad (2\text{-}27)$$

안전한 단면적을 구하려면 σ 대신 σ_w 으로 대입하며, 상용대수로 고치면 $\log e = 0.4343$ 이므로

$$\log A = \log A_0 + 0.4343\frac{\gamma}{\sigma}x$$

$$A = A_0 \times 10^{0.4343\frac{\gamma}{\sigma}x} \qquad\qquad (2\text{-}28)$$

또한 고정단 $x = l$ 에서 최대단면적이 되므로

$$(A_l)_{\max} = A_0 \times 10^{0.4343\frac{\gamma}{\sigma}l} \qquad\qquad (2\text{-}29)$$

전 신장량 δ 는 σ 가 일정하므로 다음과 같이 된다.

$$\delta = \frac{\sigma}{E}l \qquad\qquad (2\text{-}30)$$

그러나 그림 2-19 와 같은 균일강도 봉의 형태는 제작하기 힘이 들기 때문에 그림 2-20 과 같이 계단적으로 단면을 변화시키는 경우가 많다.

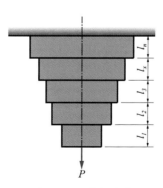

그림 2-20 계단 단면봉

일반적으로 물체는 온도가 상승함에 따라 늘어나고, 온도가 내려가면 줄어든다. 그러나 물체에 온도로 인한 자유로운 팽창이나 수축을 불가능하게 장치를 하면 팽창과 수축에 대한 길이만큼 압축 또는 인장을 가한 경우와 같은 응력이 일어나게 된다. 이와 같이 열로 인하여 생기는 응력을 **열응력** (thermal stress) 이라 한다. 이 열응력은 보일러나 열기관 등의 주된 파괴의 원인이 된다. 그러나 가열끼워맞춤 (shringkage fitting) 등에 유용하게 이용되기도 한다.

길이 l 인 봉이 최초온도 $t_1 °C$ 에서 $t_2 °C$ 까지 상승하면 그 길이는 그림 2-21 (a) 와 같이 δ 만큼 늘어난다.

$$\delta = \alpha l \left(t_2 - t_1 \right) \tag{2-31}$$

여기서 α 는 **선팽창계수** (coefficient of linear expansion) 로 온도 $1 °C$ 의 변화에 따른 재료의 신축량과 처음 길이에 대한 비를 말한다. 그러나 그림 2-21 (b) 와 같이 봉의 양단이 늘어나지 못하게 고정되어 있으면 상대적으로 δ 만큼 압축된 것이 되며, 그 압축변형률 ε 은 다음과 같다.

$$\varepsilon = \frac{\delta}{l} = \frac{\alpha l \left(t_2 - t_1 \right)}{l} = \alpha \left(t_2 - t_1 \right) \tag{2-32}$$

이 되며, 따라서 봉에 생기는 열응력은 다음과 같다.

$$\sigma = E\varepsilon = E\alpha \left(t_2 - t_1 \right) \tag{2-33}$$

위 식들에서 열응력과 열변형률은 길이 또는 단면적과는 관계가 없음을 알 수 있다.

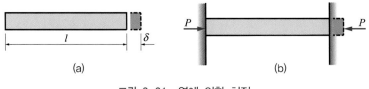

(a)   (b)

그림 2-21 열에 의한 처짐

예제 2-09 $20 °C$ 일 때 길이 $10\,m$ 의 레일은 $30 °C$ 에서는 얼마의 길이가 되는가? 단, 레일의 선팽창계수 $\alpha = 1.1 \times 10^{-5} / °C$ 이다.

풀이 식 (2-31) 에서

늘어난 길이 $\delta = \alpha l\,(t_2 - t_1) = 1.1 \times 10^{-5} \times 1000 \times (30 - 20)$

$\qquad\qquad\quad = 0.11$ cm

최종 길이는 $l + \delta$ 이므로 10.0011 m

예제 2-10 강봉을 온도 $28\,^\circ$C 에서 $300\,\mathrm{kgf}/\mathrm{cm}^2$ 의 인장응력을 발생시켜 놓고 고정한 후 기온을 $8\,^\circ$C 로 하강시켰을 때, 이 봉이 받는 응력을 구하여라. 단, $E = 2.1 \times 10^6\,\mathrm{kgf}/\mathrm{cm}^2$, $\alpha = 11.3 \times 10^{-6}/\,^\circ$C 이다.

풀이 최초의 인장응력을 σ_0, 온도하강시 발생한 인장응력을 σ_1 이라 하면

$$\sigma_1 = E\alpha\,(t_2 - t_1) = 2.1 \times 10^6 \times 11.3 \times 10^{-6} \times (28 - 8)$$

$$= 474.6\,\mathrm{kgf}/\mathrm{cm}^2$$

σ_0 는 $300\,\mathrm{kgf}/\mathrm{cm}^2$ 이므로

$$\sigma = \sigma_0 + \sigma_1 = 300 + 474.6 = 774.6\,\mathrm{kgf}/\mathrm{cm}^2$$

예제 2-11 기관차의 원동륜에 타이어를 가열끼움할 때 조임새 (allowance) 를 원동륜 직경의 0.001 로 하면, 이 타이어에는 얼마의 응력이 생기는가? 단, $E = 2.1 \times 10^6\,\mathrm{kgf}/\mathrm{cm}^2$ 이다.

풀이 $\sigma = \varepsilon E = 0.001 \times 2.1 \times 10^6 = 2100\,\mathrm{kgf}/\mathrm{cm}^2$

조임새가 0.001 이므로 원동륜의 직경을 d_2 라 하면

가열끼움 타이어 길이 $l = \pi\,(d_2 - 0.001 d_2)$,

가열끼움한 후의 길이는 $l' = \pi d_2$

$\therefore\ \delta = l' - l = \pi d_2 - \pi\,(d_2 - 0.001 d_2) = \pi \times 0.001 d_2$

$\therefore\ \varepsilon = \dfrac{\delta}{l} = \dfrac{\pi \times 0.001 d_2}{\pi\,(d_2 - 0.001 d_2)} \fallingdotseq 0.001$

2-9   탄성변형에너지

물체에 외력이 작용하면 이 힘에 의해 물체는 변형되고, 가해진 외력에 의한 일은 정적 에너지로서 일부 또는 전부가 변형에 의한 위치에너지 (potential energy) 로 바뀌어 봉의 내부에 저장된다. 이 에너지를 **변형에너지** (strain energy) 또는 **탄성변형에너지** (elastic strain energy) 라 한다.

변형이 재료의 탄성한도 이내에서 일어나는 경우, 하중이 하는 일은 전부 위치에너지로 변

환되며 하중을 제거하면 원형으로 되돌아가면서 재료에 저장되었던 에너지는 외부로 방출된다. 그러나 탄성한도를 넘으면 일의 일부는 소성변형을 일으키기 위하여 열에너지로 바뀌어져 사라져 버리고 나머지 에너지만 위치에너지로 재료 속에 저장된다.

2-9-1 수직력에 의한 탄성변형에너지

그림 2-22 와 같은 균일단면봉에 탄성한도 내에서 하중 P 를 작용시키면 봉은 δ 만큼 늘어난다. 하중에 의한 일을 구하기 위하여 그림 2-23 에서와 같이 하중-처짐도(load-deflection diagram)를 사용한다. 이 선도에서 수직축은 하중을 나타내고, 수평축은 하중에 대응하는 축의 처짐을 나타낸다. 여기서 P 보다 작은 하중 P' 를 가했을 때의 신장을 δ' 라 하고, 하중 P' 에서 dP' 만큼 증가했을 때 신장이 $d\delta'$ 로 증가하였다면, 이때 한 일은

$$(P' + dP')d\delta' = P'd\delta' + dP'd\delta'$$

위 식에서 둘째항은 상대적으로 아주 적은 양이므로 이를 무시하면 일은 $P'd\delta'$ 가 된다.

따라서 Hooke의 법칙이 성립하는 부분만 다루면 그림 2-24 와 같으며 하중이 O 에서부터 P 까지 증가할 때의 일은 직선 OA 의 아랫부분의 면적 $\triangle OAB$ 로 나타난다. 이를 변형에너지 U 로 나타내면 다음과 같다.

$$U = \frac{P\delta}{2} \tag{2-34}$$

식 (2-34) 는 탄성한도 내에서 성립하는 것으로 $\delta = \dfrac{Pl}{AE}$ 를 대입하면 다음 식으로 표시된다.

$$U = \frac{P^2 l}{2AE} \quad \text{또는} \quad U = \frac{AE\delta^2}{2l} \tag{2-35}$$

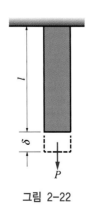

그림 2-22

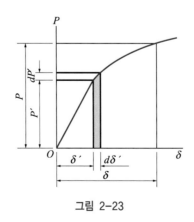

그림 2-23

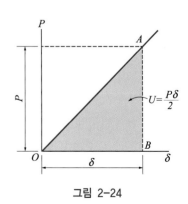

그림 2-24

봉의 단위체적당 저장되는 변형에너지 u 는 식 (2-35)를 체적 $V = Al$ 로 나누면

$$u = \frac{\sigma^2}{2E} \quad 또는 \quad u = \frac{E\varepsilon^2}{2} \tag{2-36}$$

여기서 $\frac{\sigma^2}{2E}$ 을 탄성에너지 계수 또는 탄력계수(modulus of resilience) 라고 하며 이 식은 압축하중이 작용할 때에도 적용할 수 있다.

2-9-2 전단력에 의한 탄성변형에너지

그림 2-25 는 순수전단응력을 받는 요소이며 하중에 의한 탄성에너지는 앞항과 같은 방법으로 구할 수 있다. 그러나 하중 P 가 bc 면의 그림과 같은 방향으로 작용하면 δ 만큼 변형하고 그동안 일을 하게 된다. 만일 탄성한도 내에서 변형이 일어났다고 하면 요소 속의 탄성변형에너지는 다음과 같다.

$U = \frac{P\delta}{2}$ 에 $G = \frac{Pl}{A\delta}$ 을 대입하면

$$U = \frac{P^2 l}{2AG} = \frac{\tau^2}{2G} Al \qquad U = \frac{AG\delta^2}{2l} \tag{2-37}$$

이 식을 단위체적당 변형에너지로 표시하면 다음과 같다.

$$u = \frac{\tau^2}{2G} = \frac{G\gamma^2}{2} \tag{2-38}$$

여기서 τ 는 전단응력이고, G 는 전단탄성계수이다.

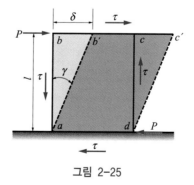

그림 2-25

그림 2-26 과 같은 세 개의 원형단면봉에 같은 크기의 인장하중 P 가 작용할 때, 각 봉이 저장할 수 있는 탄성에너지양의 비를 구하여라.

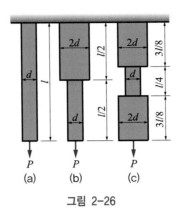

그림 2-26

풀이 $A = \dfrac{\pi d^2}{4}$ 이라 하면

$$U_A = \frac{P^2 l}{2AE}$$

$$U_B = \frac{P^2\left(\dfrac{l}{2}\right)}{2(4A)E} + \frac{P^2\left(\dfrac{l}{2}\right)}{2AE} = \frac{5P^2 l}{16AE}$$

$$U_C = \frac{P^2\left(\dfrac{3}{8}l\right)}{2(4A)E} + \frac{P^2\left(\dfrac{1}{4}l\right)}{2AE} + \frac{P^2\left(\dfrac{3}{8}l\right)}{2(4A)E} = \frac{7P^2 l}{32AE}$$

따라서 $U_A : U_B : U_C = 16 : 10 : 7$

2-10 충격에 의한 응력

부재가 충격을 받으면 처음에는 진동이 일어나지만 어느 시간이 지나면 정지하게 된다. 여기서는 진동에 관한 것은 생각하지 않고 충격을 받았을 때 생기는 응력과 변형률에 대해서만 고찰하기로 한다.

그림 2-27 과 같이 상단이 고정된 균일단면의 탄성봉 아래쪽에 플랜지가 붙어 있다. 중량 W 의 추가 높이 h 에서 낙하하여 봉의 아래쪽 끝에 있는 플랜지에 충돌하면, 그 순간 봉은 그림 2-27 (b) 와 같이 최대로 늘어남과 동시에 봉의 내부에 최대충격응력을 일으키게 된다.

그리고 봉은 정적인 하중 W 가 작용하였을 때의 신장 δ_{st} 의 위치를 중심으로 하여 진동이 일어나고 이 진동은 내부 마찰에 의해 점점 감쇄하여 결국에는 그림 2-27 (c) 와 같이 신장

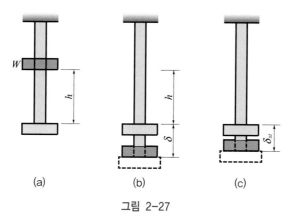

그림 2-27

δ_{st} 를 일으킨 상태로 정지한다. 이때 부차적인 에너지 손실을 무시하고, W 가 한 일 $W(h+\delta)$ 가 그대로 봉 속에 변형에너지로 저장된다고 가정하면 식 (2-35) 에서

$$U = \frac{P^2 l}{2AE} = \frac{\sigma^2}{2E} Al$$

이므로

$$W(h+\delta) = \frac{\sigma^2}{2E} Al$$

최대충격응력은

$$\sigma = \sqrt{\frac{2EW(h+\delta)}{Al}} \tag{2-39}$$

식 (2-39) 에서 δ 는 h 에 비해 매우 작으므로 이를 무시하면

$$\sigma = \sqrt{\frac{2EWh}{Al}} = \frac{W}{A}\sqrt{\frac{2hAE}{Wl}} = \frac{W}{A}\sqrt{\frac{2h}{\delta_{st}}} \tag{2-40}$$

식 (2-39) 에 충격으로 인한 신장량 $\delta = \dfrac{\sigma l}{E}$ 을 대입하여 σ 에 관해 정리하면

$$\sigma = \sqrt{\frac{2EW(h+\sigma l/E)}{Al}}$$
$$Al\sigma^2 - 2Wl\sigma - 2hEW = 0$$

$$\sigma = \frac{W}{A}\left(1 + \sqrt{1 + \frac{2hAE}{Wl}}\right) \tag{2-41}$$

정적인 신장량 $\delta_{st} = \frac{Wl}{AE}$ 와 정적응력 $\sigma_{st} = \frac{W}{A}$ 를 대입하면

$$\sigma = \sigma_{st}\left(1 + \sqrt{1 + \frac{2h}{\delta_{st}}}\right) \tag{2-42}$$

따라서 봉에 생기는 최대신장량은

$$\delta = \frac{l}{E}\sigma = \frac{Wl}{AE}\left(1 + \sqrt{1 + \frac{2hAE}{Wl}}\right) = \frac{Wl}{AE}\left(1 + \sqrt{1 + \frac{2h}{\delta_{st}}}\right)$$
$$= \delta_{st} + \sqrt{\delta_{st}^{\,2} + 2h\,\delta_{st}} \tag{2-43}$$

또한 δ 와 σ 를 추의 낙하속도의 함수로 표시하면, 플랜지를 타격하기 직전의 속도는 $v = \sqrt{2gh}$ 이므로 식 (2-43) 에서

$$\delta = \delta_{st} + \sqrt{\delta_{st}^{\,2} + \frac{1}{g}\delta_{st}\,v^2} \tag{2-44}$$

만일 h 가 δ_{st} 에 비해 대단히 크다면 위의 식은 다음과 같은 근사식으로 표시할 수 있다.

$$\delta \fallingdotseq \sqrt{\frac{1}{g}\delta_{st}\,v^2} \tag{2-45}$$

따라서 충격응력 σ 는

$$\sigma = \frac{E\delta}{l} = \frac{E}{l}\sqrt{\frac{1}{g}\delta_{st}\,v^2} = \sqrt{\frac{2E}{Al}\cdot\frac{Wv^2}{2g}} \tag{2-46}$$

충격응력은 운동에너지와 탄성계수에 비례하고, 체적에 반비례한다. 식 (2-46) 의 σ 대신 사용응력 σ_w 을 대입하면 충격에 안전한 봉의 치수를 결정할 수 있다.

$$Al = \frac{2E}{\sigma_w^{\,2}}\cdot\frac{Wv^2}{2g} = \frac{2hEW}{\sigma_w^{\,2}} \tag{2-47}$$

식 (2-47) 에서 사용응력을 일정하게 하면 체적은 낙하물체의 운동에 비례한다.

한편, 갑자기 추를 플랜지에 작용시켰을 경우, 응력은 식 (2-42) 에서 $h = 0$ 을 대입하면 $\sigma = 2\sigma_{st}$ 가 되고 식 (2-44) 에서 $v = 0$ 이면 $\delta = 2\delta_{st}$ 가 된다. 즉, 충격응력 및 신장은 정적 응력 및 정적신장의 2배가 됨을 알 수 있다.

예제 2-13 그림 2-27 (a) 와 같이 길이 $60\,\mathrm{cm}$, 직경 $1\,\mathrm{cm}$ 인 원형의 균일단면봉에 상단을 고정시키고 정하중 $W = 15\,\mathrm{kgf}$ 의 추를 $h = 15\,\mathrm{cm}$ 지점에서 낙하시켰을 때, 이 봉에 충격으로 인하여 생기는 응력 및 신장을 구하여라. 단, $E = 2.1 \times 10^6\,\mathrm{kgf/cm^2}$ 이다.

풀이 정적응력 $\sigma_{st} = \dfrac{W}{A} = \dfrac{15}{\dfrac{\pi \times 1^2}{4}} = 19.1\,\mathrm{kgf/cm^2}$

정적신장 $\delta_{st} = \dfrac{Wl}{AE} = \dfrac{\sigma_{st}\,l}{E} = \dfrac{19.1 \times 60}{2.1 \times 10^6} = 0.00055\,\mathrm{cm}$

충격응력은 식 (2-42) 에서

$$\sigma = \sigma_{st}\left(1 + \sqrt{1 + \frac{2h}{\delta_{st}}}\right) = 19.1\left(1 + \sqrt{1 + \frac{2 \times 15}{0.00055}}\right)$$

$$= 19.1 \times 234.55 = 4479.91\,\mathrm{kgf/cm^2}$$

충격신장은 식 (2-43) 에서

$$\delta = \delta_{st}\left(1 + \sqrt{1 + \frac{2h}{\delta_{st}}}\right) = 0.00055 \times 234.55 = 0.13\,\mathrm{cm}$$

2-11 얇은 원환 및 원통의 응력

2-11-1 얇은 원환

그림 2-28 과 같이 **얇은 원환** (thin-walled sphere) 이 반지름방향으로 균일하게 분포된 하중을 받을 때, 이 원환의 단면적 A 가 원주에 연하여 균일하고 두께 t 가 반지름 r 에 비하여 작은 경우에는 그와 같은 하중으로 인하여 그 원환 속에 발생하는 원주방향의 응력과 변형률이 각 단면에 균일하게 분포한다고 볼 수 있으므로 단순인장과 단순압축으로 취급할 수 있다.

원환 속에 작용하는 원주방향의 인장력을 P, 단위길이에 분포된 균일하중을 q 라 하고 그 원환의 중심선, 즉 평균반지름을 r 이라고 하면 두 이웃단면으로 잘라낸 원환의 요소 ds 에 작용하는 힘은 $qr\,d\theta$ 이다.

그림 2-28 (b) 에서 반원 속에 작용하는 모든 힘들의 수직성분은

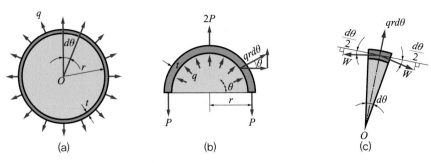

그림 2-28 원환의 응력

$$2P= \int_0^\pi qrd\theta \sin\theta = 2qr$$

$$\therefore P= qr \tag{2-48}$$

그림 2-28 (c) 에서 호의 길이 $ds=rd\theta$ 와 축방향의 단위길이 사이의 요소의 평형조건에서 원주방향의 인장력 P 와 반지름방향의 외하중 $qrd\theta$ 는 같아야 하며, $d\theta$ 값이 작기 때문에 $\sin\dfrac{d\theta}{2} \fallingdotseq \dfrac{d\theta}{2}$ 라 하면

$$qrd\theta = 2P\frac{d\theta}{2}, \qquad P= qr$$

이 식의 결과도 식 (2-48) 과 같다.

한편 원환의 두께를 t 라 하면 원환 속에 생기는 **원주방향의 인장응력**은 단면적 A 에 P 가 균일하게 작용하므로

$$\sigma= \frac{P}{A}= \frac{qr}{A}= \frac{qr}{t}= \frac{qd}{2t} \tag{2-49}$$

따라서 원환의 둘레와 단면에 균일하게 분포되는 원주방향의 변형률은 다음과 같다.

$$\varepsilon_c= \varepsilon_d= \frac{\sigma}{E}= \frac{qr}{AE} \tag{2-50}$$

원환의 둘레와 지름의 비는 π와 같으므로 그 원환 직경의 변형률과 원주의 변형률은 같다. 즉 $\varepsilon_c=\varepsilon_d$ 이며, 이것은 가열끼워맞춤 (shringkage fitting) 의 문제에서 중요한 역할을 한다. 실제 응용에서는 회전하는 원환 속의 인장응력을 계산하여야 할 경우가 있다. 이때 q 는 원환의 단위길이에 작용하는 원심력이 되며 원환의 가속도를 $\omega \, \text{rad/sec}$, 반경을 r, 원주속도를 v, 원환의 단위길이당 중량을 w 라 하면 단위길이에 작용하는 원심력은

$$q = \frac{w}{g} \cdot \frac{v^2}{r} \tag{2-51}$$

이 식을 식 (2-48) 에 대입하면

$$P = \frac{w v^2}{g} = \frac{w}{g} \omega^2 r^2$$

따라서 원환 속의 인장응력은

$$\sigma = \frac{P}{A} = \frac{w v^2}{Ag} = \frac{\gamma}{g} v^2 = \frac{\gamma}{g} \omega^2 r^2 \tag{2-52}$$

위 식에서 인장응력은 재료의 밀도 $\dfrac{\gamma}{g}$ 와 원주속도 v 의 제곱에 비례하므로, 고속으로 회전하는 큰 반경의 원환 속에는 대단히 큰 응력이 발생하기 때문에 회전속도를 제한해야 한다.

2-11-2 얇은 원통

가스탱크, 물탱크, 보일러 등과 같이 안지름에 비해 두께가 얇은 원통 (thin-walled cylinder) 이 내압을 받는 경우 강판의 내부에는 압력에 저항하는 인장응력이 생긴다. 즉 원주방향의 인장응력 σ_y 와 축방향의 축응력 σ_x 가 생긴다.

내압을 q, 안지름을 d, 두께를 t 로 하고 길이를 l 이라고 하면 그림 2-29 (a) 에서 반원에 작용하는 압력을 원주면 AB 에 작용하는 압력 qld 로 바꾸어 생각할 수 있다(그림 2-29 (b)).

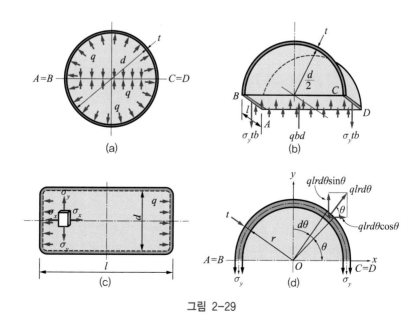

그림 2-29

원통의 미소부분 $rd\theta$ 에 작용하는 압력 $qlrd\theta$ 를 취하면 그 수평성분은 반원의 좌우부분에서 평형이므로 수직성분 $qlrd\theta\sin\theta$ 를 전 반원에 대하여 합한 것이 반원부분에 작용하는 외력이 된다.

$$\int_0^\pi qlr\sin\theta\,d\theta = 2qlr = qld$$

이 힘은 AB, CD 면에서 원통을 분리하려고 하므로 이들 면에서 접선방향으로 재료내부에 인장응력이 발생하여 평형을 이룬다. 그 응력이 원주방향의 응력 σ_y 이다.

$$qld = 2\sigma_y tl$$

$$\sigma_y = \frac{qd}{2t}$$

(2-53)

여기서 σ_y 는 원주상에 균일하게 분포되는 응력으로 **원주응력** (circumferential stress) 또는 **후프응력** (hoop stress) 이라고 한다.

후프응력은 원통벽의 내측에서 가장 크며 외측으로 갈수록 점차로 감소하는 것이 보통이지만 이 절에서 언급한 바와 같이 지름에 비하여 두께가 얇은 원통의 경우에는 균일하게 본다. 얇은 원통의 한계는 일반적으로 $\dfrac{t}{d} \le \dfrac{1}{10}$ 정도로 한다.

다음에 원통의 축방향, 즉 x방향에 수직한 단면으로 절단한 양단면에 작용하는 압력은 $\dfrac{\pi d^2}{4}q$ 이므로 이것에 저항하기 위해서 원통의 세로방향 단면에는 **축방향의 인장응력** σ_x 가 발생한다.

이 전압력은 $\sigma_x \pi dt$ 이므로 평형의 식은

$$\frac{\pi d^2}{4}q = \sigma_x \pi dt$$

$$\sigma_x = \frac{qd}{4t}$$

(2-54)

이 식을 **세로응력** (longitudinal stress) 이라고 한다. 위의 두 식에서 원주응력 (가로방향의 응력) σ_y 는 축방향의 응력 (세로방향의 응력) σ_x 의 2 배의 크기 ($\sigma_y = 2\sigma_x$) 가 된다.

따라서 종단면은 횡단면의 2배의 강도가 필요하며, 내압에 의한 원통의 파괴는 종단면을 따라 일어나므로 원통관 등을 리벳이음 또는 용접이음에 의해 제작할 경우 세로이음의 강도는 가로이음의 2 배가 되도록 설계하여야 한다.

내압을 받는 얇은 속이 빈 구(spherical shell)에 생기는 응력을 구할 때는 반구부분에 작용하는 압력의 크기 $\dfrac{\pi d^2}{4}q$ 와 이것에 대응하는 원환의 단면에 수직으로 인장응력 σ 가 생겨서 저항력 $\pi dt\sigma$ 와 평형이 된다고 보면 $\pi dt\sigma = \dfrac{\pi d^2}{4}q$, 즉 $\sigma = \dfrac{qd}{4t}$ 가 되어 축응력의 경우와 같다.

예제 2-14 두께 5 mm, 안지름 60 cm 인 얇은 원통에 내압 $15\,\mathrm{kgf/cm^2}$ 이 작용할 때 원주방향과 축방향에 생기는 응력을 구하여라.

풀이 축방향의 응력
$$\sigma_x = \frac{qd}{4t} = \frac{15 \times 60}{4 \times 0.5} = 450\,\mathrm{kgf/cm^2}$$
원주방향의 응력
$$\sigma_y = \frac{qd}{2t} = \frac{15 \times 60}{2 \times 0.5} = 900\,\mathrm{kgf/cm^2}$$

2-2-1　그림과 같은 길이가 3 m 이고 지름이 2 cm 의 원형단면봉에 $P = 3000\,\mathrm{kgf}$ 의 축하중이 작용하여 $\delta = 2\,\mathrm{mm}$ 의 신장이 생겼다. 이때 이 봉에 발생하는 인장응력과 이 재료의 종탄성계수 E 를 구하여라. 그리고 이 값을 psi 단위로 고쳐라.

3000 kgf

$\phi 2$

300

3000 kgf

○ $\sigma = 954.93\,\mathrm{kgf/cm^2}$,
$E = 1.43 \times 10^6\,\mathrm{kgf/cm^2}$,
$\sigma = 13583.9\,\mathrm{lb/in^2}$,
$E = 2.0 \times 10^7\,\mathrm{lb/in^2}$

2-2-2　그림과 같이 길이가 3 m 인 알루미늄봉이 있다. 이 봉의 전체 길이 중 위의 1 m 부분은 한 변이 2 cm 의 정사각형 단면이고, 나머지 2 m 부분은 지름이 2 cm 인 원형단면이다. 이 봉에 인장하중 $P = 2000\,\mathrm{kgf}$ 을 작용시키면 얼마나 늘어나는가? 단, 이 봉의 탄성계수 $E = 0.72 \times 10^6\,\mathrm{kgf/cm^2}$ 이다.

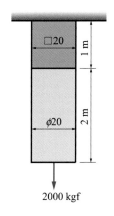

2000 kgf

😀 $\delta = 0.2464\,\mathrm{cm}$

2-2-3 그림과 같은 길이 4 m 인 강봉이 있다. 이 봉의 상단 2 m 는 지름 4 cm 의 원형단면이고, 하단 2 m 는 지름이 2 cm 인 원형단면으로 되어 있다. 이 재료의 탄성계수 $E = 2.1 \times 10^6\,\mathrm{kgf/cm^2}$ 일 때 (a) 이 봉에 인장하중 $P = 4$ 가 작용할 때의 신장량, (b) 이 봉과 똑같은 체적으로 길이가 4 m 이고 지름이 d 인 균일원형 단면봉을 만들었다면 그 봉에 동일인장하중 4000 kgf 가 작용할 때의 신장량을 구하여라.

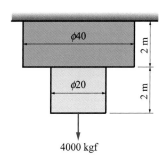

4000 kgf

● (a) $\delta = 0.1515\,\mathrm{cm}$,
(b) $\delta = 0.097\,\mathrm{cm}$

2-2-4 외경 30 cm, 두께 3 cm, 길이 50 cm 의 주철제 속의 빈원통이 그림과 같이 축방향으로 압축하중을 받아 600 kgf/cm² 의 압축응력이 생겼다. 이때, 원통에 작용한 압축하중과 수축량을 구하여라. 단, 주철의 탄성계수는 $E = 8 \times 10^6\,\mathrm{kgf/cm^2}$ 이다.

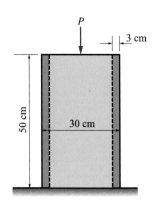

$P= 152681.4\ \mathrm{kgf}$,
$\delta = 0.0038\ \mathrm{cm}$

2-2-5 그림과 같은 길이 50cm, 한 변의 길이 3 cm 인 정사각형 단면의 봉에 3000 kgf 의 인장하중을 가했다. 이 봉의 종탄성계수 $E= 2.1\times 10^6\ \mathrm{kgf/cm^2}$ 이며, 푸아송 비 $\nu = 1/3$ 일 때, (a) 수직응력 σ, (b) 길이방향의 변형률 ε, (c) 길이방향의 변형량 δ, (d) 폭방향의 변형률 ε', (e) 단면 한 변의 수축량 λ 는 얼마인가?

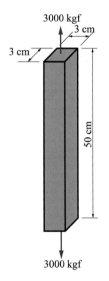

(a) $\sigma = 333\ \mathrm{kgf/cm^2}$, (b) $\varepsilon = 1.59\times 10^{-4}$, (c) $\delta = 7.95\times 10^{-3}\ \mathrm{cm}$, (d) $\varepsilon' = 5.3\times 10^{-5}$, (e) $\lambda = 1.59\times 10^{-4}\ \mathrm{cm}$

2-2-6 그림과 같은 한 변이 5 cm 인 정사각형 단면을 가진 봉에 부분적으로 다른 하중이 작용할 때, 하중의 작용점 근처에서의 응력집중을 무시하고 이 봉의 전 길이에 대한 신장량 δ 을 구하여라. 단, 탄성계수 $E= 2.1\times 10^6\ \mathrm{kgf/cm^2}$ 이다.

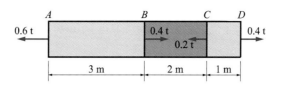

● $\delta = 0.005$ cm

2-2-7 그림과 같은 길이가 $l = 90$ cm 인 강봉 AD 가 힘 $Q = 5000$ kgf 과 $P = 2500$ kgf 을 받을 때 이 봉의 전 신장량을 구하여라. 단, 이 봉의 단면적은 $A = 10$ cm^2 이고 $E = 2.1 \times 10^6$ kgf/cm^2 이다.

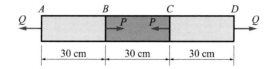

● $\delta = 0.0179$ cm

2-2-8 그림과 같이 횡단면적이 $A_c = 2$ in^2 인 두 개의 동봉 C 와 횡단면적이 $A_s = 1$ in^2 인 1개의 강봉 S 로 이루어진 조합봉재가 있다. 동과 강의 탄성계수를 각각 $E_c = 16 \times 10^6$ psi 와 $E_s = 30 \times 10^6$ psi 라 가정하고, 전체 신장량이 $\delta = 0.06$ in 가 되기 위한 인장력 P 를 구하여라.

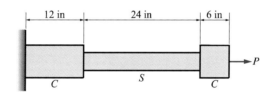

● $P = 44$ kip

2-2-9 길이 12 ft 인 강재파이프가 그림과 같이 하중을 받고 있다. 파이프의 단면적이 2.8 in^2 이고 탄성계수 $E = 30 \times 10^6$ psi 일 때 (a) 자유단의 변위 δ, (b) 왼쪽지지단으로부터 변위가 0 인 지점까지의 거리 x 를 구하여라.

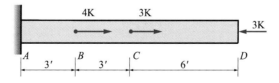

● (a) $\delta = -0.00086$ in, (b) $x = 10$ ft

2-2-10 그림과 같이 길이가 l 이고, 정사각형 단면으로 된 길고 균일하게 테이퍼진 봉재 AB 가 축하중 P를 받고 있다. 단면의 치수는 A 단에서의 $d \times d$ 로부터 B 단에서의 $2d \times 2d$ 까지 변화한다. 이 봉재의 신장량 δ 에 관한 식을 구하여라.

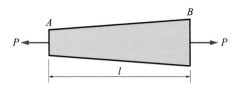

🔵 $\delta = \dfrac{Pl}{2Ed^2}$

2-3-1 그림과 같은 구조물의 부재 BC 는 지름 $d = 3\,\text{mm}$ 의 강선이고, 부재 AB 는 한 변의 길이가 $20\,\text{mm}$ 인 정사각형 단면을 가지는 나무기둥이다. B 점에서 연직 하중 $P = 80\,\text{kgf}$ 가 작용할 때 이로 인하여 B 점에 생기는 수평변위 δ_h 와 수직변위 δ_v 를 각각 구하여라.

단, 강철의 $E = 2.1 \times 10^6 \,\text{kgf}/\text{cm}^2$, 나무의 $E = 0.9 \times 10^6 \,\text{kgf}/\text{cm}^2$ 이다.

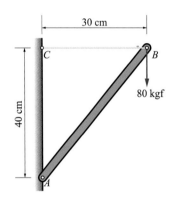

🔵 $\delta_h = 0.0159\,\text{cm}$, $\delta_v = 0.0108\,\text{cm}$

2-3-2 그림에 보인 트러스 ABC 는 길이 l, 단면적 A, 탄성계수 E 인 두 개의 같은 봉재로 이루어져 있다. 수직하중 P 에 의한 절점 B 의 수평변위 δ_h 와 수직변위 δ_v 를 각각 구하여라.

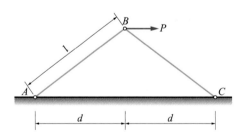

🔵 $\delta_h = \dfrac{Pl^3}{2d^2EA}$, $\delta_v = 0$

2-3-3 같은 재료로 된 두 봉재 AC와 BC가 그림과 같이 같은 트러스를 형성하고 있다. 봉재 AC는 길이 l_1, 단면적 A_1이고, 봉재 BC는 길이 l_2, 단면적 A_2이다. 하중 P_1과 P_2가 절점 C에서 각각 부재 AC와 BC 방향으로 작용할 때 절점 C의 연직변위가 발생하지 않으려면 하중비 P_1/P_2는 얼마이어야 하는가?

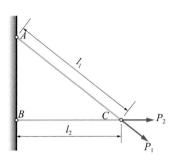

$$ \text{🖐} \quad \frac{P_1}{P_2} = \frac{A_1 l_2{}^2}{A_2 l_1{}^2} $$

2-3-4 그림에 보인 트러스에서 수직하중 P의 작용으로 인한 절점 C의 수평변위 δ_h와 수직변위 δ_v를 구하여라. 단, 각 봉재의 길이는 l, 단면적은 A, 탄성계수는 E이다.

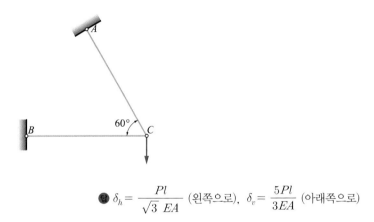

$$ \text{🖐} \quad \delta_h = \frac{Pl}{\sqrt{3}\ EA} \text{ (왼쪽으로)}, \quad \delta_v = \frac{5Pl}{3EA} \text{ (아래쪽으로)} $$

※ 문제 2-4-1부터 문제 2-4-7까지의 문제는 유연도법으로 풀어라.

2-4-1 그림과 같이 길이가 l인 강체봉 AB를 2개의 서로 다른 수직강선에 의하여 수평으로 매단 후 한 끝 A를 힌지로 지지하였다. 이 봉의 다른 끝 B에 연직하중 P가 작용할 때 이 두 강선에 생기는 인장력 S_1과 S_2를 구하여라.

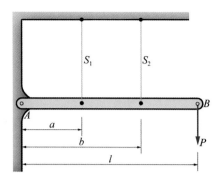

$$S_1 = \frac{Pal}{a^2 + b^2}, \quad S_2 = \frac{Pbl}{a^2 + b^2}$$

2-4-2 두 개의 다른 단면적 A_1 과 A_2 를 갖는 강봉 AB 가 그림에 보인 바와 같이 강성지지물 사이에 지지된 채 C 점에 하중 P 를 받고 있다. 지점들에서의 반력 R_A 와 R_B 를 구하여라.

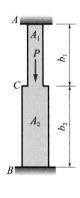

$$R_A = \frac{b_2 A_1 P}{b_1 A_2 + b_2 A_1}, \quad R_B = \frac{b_1 A_2 P}{b_1 A_2 + b_2 A_1}$$

2-4-3 그림과 같이 정사각형 단면의 철근콘크리트 기둥이 축력 P 에 의하여 압축을 받는다. 만약 강봉들의 총 단면적이 콘크리트 단면적의 1/10 이고, 강재의 탄성계수가 콘크리트의 10 배라 하면, 얼마의 하중비율이 콘크리트에 의하여 지지될 것인가?

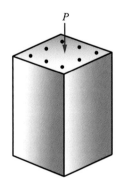

$$\frac{P_c}{P} = \frac{1}{2}$$

2-4-4 그림과 같이 강체기둥 AB 가 A 에는 힌지로 연결되어 있고 B 점과 C 점에서 동일재료의 강선에 의해 D 점에 연결되어 있다. 자유단 B 에서 수직하중 P 가 작용할 때, 강선에 발생되는 장력 T_1 과 T_2 를 구하여라.

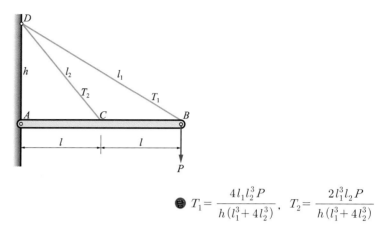

● $T_1 = \dfrac{4 l_1 l_2^3 P}{h (l_1^3 + 4 l_2^3)}$, $T_2 = \dfrac{2 l_1^3 l_2 P}{h (l_1^3 + 4 l_2^3)}$

2-4-5 그림과 같이 길이가 l 인 강성봉재 AB 가 A 점에서 벽에 힌지로 지지되고, 점 C 와 D 에서 두 개의 연직줄들에 의해 지지되어 있다. 이 줄들은 단면적이 같으며 같은 재료로 되어 있다. 그러나 D 점에 연결된 줄은 C 점에 연결된 줄보다 길이가 2 배 길다. B 점에 작용하는 수직하중 P 로 인한 줄들의 인장력 T_C 와 T_D 를 구하여라.

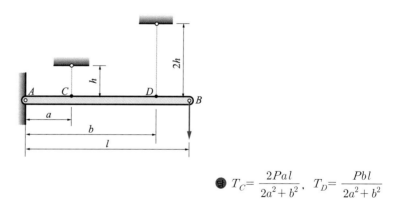

● $T_C = \dfrac{2Pal}{2a^2 + b^2}$, $T_D = \dfrac{Pbl}{2a^2 + b^2}$

2-4-6 그림에 보인 트러스 $ABCD$ 는 같은 길이 l 인 3 개의 부재로 구성되어 수직하중 P 를 받고 있다. 세 부재 모두가 같은 탄성계수 E 와 단면적 A 를 가진다고 가정할 때, 부재들의 축력 F_A, F_B, F_C 와 절점 D 의 수직변위 δ 를 구하여라.

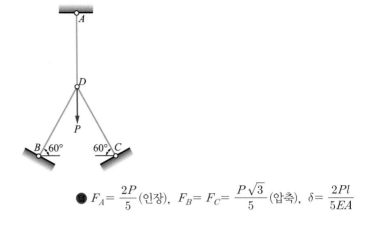

$$\textcircled{\raisebox{-1pt}{답}}\ F_A = \frac{2P}{5}\,(인장),\quad F_B = F_C = \frac{P\sqrt{3}}{5}\,(압축),\quad \delta = \frac{2Pl}{5EA}$$

2-4-7 같은 축강도 EA 를 갖는 3 개의 부재 $AD,\ BD,\ CD$ 가 그림과 같이 트러스를 형성한다. 하중 P 의 작용으로 인한 세 부재의 축력과 절점 D 의 변위의 수평 및 수직성분을 구하여라.

[Hint P 를 수평과 수직성분으로 분해하고 식 (2-12), (2-13), (2-14) 를 이용한다.]

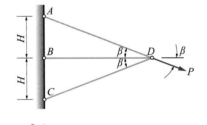

$$\textcircled{\raisebox{-1pt}{답}}\ F_{AD} = \frac{P(1+4\cos^3\beta)}{2(1+2\cos^3\beta)}\,(인장),\quad F_{BD} = \frac{P\cos\beta}{1+2\cos^3\beta}\,(인장),\quad F_{CD} = -\frac{P}{2(1+2\cos^3\beta)}\,(압축)$$

$$\delta_h = \frac{PH\cos^2\beta}{EA(\sin\beta)(1+2\cos^3\beta)}\,(오른쪽으로),\quad \delta_v = \frac{PH}{2EA\sin^2\beta}\,(아래\ 방향)$$

※ 문제 2-4-8부터 문제 2-4-11까지의 문제는 강성도법으로 풀어라.

2-4-8 문제 2-4-2 를 강성도법으로 풀어라.

2-4-9 그림과 같이 같은 길이 l, 같은 단면적 A 및 같은 탄성계수 E 를 가지는 세 개의 부재로 구성된 트러스 $ABCD$ 가 연직력 P 를 받는다. 절점 D 의 연직 처짐 δ 와 부재들의 축력 F_A, F_B 및 F_C 를 구하여라.

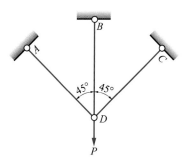

$$\text{답}\quad \delta = \frac{Pl}{2EA}, \quad F_A = F_C = \frac{P}{2\sqrt{2}}, \quad F_B = \frac{P}{2}$$

2-4-10 문제 2-4-6 을 강성도법으로 풀어라.

2-4-11 그림과 같이 다섯 개의 부재로 구성된 대칭트러스가 절점 F 에 작용하는 수직력 P 를 받는다. 모든 부재들은 같은 길이 l, 단면적 A 및 같은 탄성계수 E 를 갖는다. 절점 D 의 처짐 δ 와 부재들의 축력을 결정하여라.

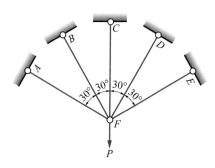

$$\text{답}\quad \delta = \frac{Pl}{3EA}, \quad F_A = F_E = \frac{P}{6}, \quad F_B = F_D = \frac{P\sqrt{3}}{6}, \quad F_C = \frac{P}{3}$$

2-5-1 높이가 20 cm 이고 단면이 10 cm × 10 cm 의 정사각형 단면의 콘크리트 기둥 속에 그림과 같이 지름 $d = 1$ cm 의 원형단면을 가진 강봉을 4개 넣어 보강하였다. 강과 콘크리트에 대한 허용응력을 각각 $\sigma_s = 1200$ kgf/cm^2, $\sigma_c = 120$ kgf/cm^2, 탄성계수를 $E_s = 2.1 \times 10^6$ kgf/cm^2, $E_c = 0.84 \times 10^5$ kgf/cm^2 이라 하면, 이 기둥이 안전하게 받을 수 있는 압축하중 P 를 구하여라.

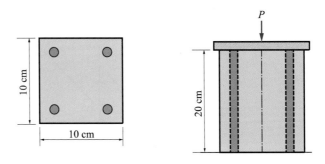

답 $P = 15392\,\mathrm{kgf}$

2-5-2 그림에서와 같이 내경 100 mm, 두께 10 mm, 길이 200 mm 인 강의 원통 바깥쪽에 같은 길이, 같은 두께의 내경 130 mm 의 황동관을 끼우고 양단에 두꺼운 판을 놓고 $P = 20$ 의 압축하중을 가할 때 각 원통에 받는 하중과 변형량은 얼마인가? 단, 강과 동의 탄성계수는 각각 $E_s = 2.1 \times 10^6\,\mathrm{kgf/cm}$, $E_c = 0.7 \times 10^6\,\mathrm{kgf/cm^2}$ 이다.

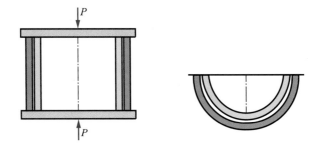

답 $P_s = 14050\,\mathrm{kgf}$, $P_c = 5950\,\mathrm{kgf}$, $\delta = 0.0038\,\mathrm{cm}$

2-5-3 그림과 같이 지름 25 mm 의 동봉을 두께 5 mm 의 강관 안에 빈틈없이 끼운 재료에 축방향으로 2000 kgf 의 압축하중을 가했다면, 강관과 동봉에 각각 얼마의 응력이 생기는가? 강의 종탄성계수 $E_s = 2.1 \times 10^6\,\mathrm{kgf/cm^2}$ 이며, 동의 종탄성계수 $E_c = 1.05 \times 10^6\,\mathrm{kgf/cm^2}$ 이다.

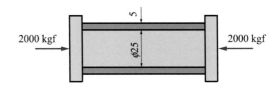

답 $\sigma_s = 280\,\mathrm{kgf/cm^2}$, $\sigma_c = 140\,\mathrm{kgf/cm^2}$

2-5-4 그림과 같이 길이가 $l = 60\,\mathrm{mm}$ 이고 지름 $d = 15\,\mathrm{mm}$ 의 강봉을 두께 $t = 2.5\,\mathrm{mm}$ 의 동관에 밀착시키고 축방향에 $P = 1600\,\mathrm{kgf}$ 의 압축하중을 작용시킬 때 강봉과 동관에 발생하는 응력과 전체 변형량을 구하여라. 단, 강의 $E_s = 2.1 \times 10^6\,\mathrm{kgf/cm^2}$, 동의 $E_c = 1.05 \times 10^6\,\mathrm{kgf/cm^2}$ 이다.

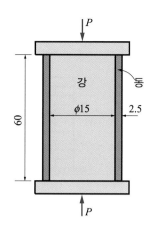

$$\textbf{₩}\ \sigma_c = 326.115\ \mathrm{kgf/cm^2},\ \ \sigma_s = 652.23\ \mathrm{kgf/cm^2},\ \ \delta = 0.00186\ \mathrm{cm}$$

2-6-1 길이 5 m, 단면의 직경이 4 m 인 긴 강봉에 하중 $P = 2000\,\mathrm{kgf}$ 가 작용한다. 이 봉의 자체무게를 고려한 처짐량은 얼마인가? 이 강의 $E = 2 \times 10^6\,\mathrm{kgf/cm^2}$ 이며 비중량 $\gamma = 10\,\mathrm{gf/cm^3}$ 이다.

$$\textbf{₩}\ \delta = 0.0398\ \mathrm{cm}$$

2-6-2 긴 강선을 연직 방향으로 매달려고 할 때, 이 재료의 비중량 $\gamma = 7.85\,\mathrm{gf/cm^3}$ 이고 허용 인장응력 $\sigma_w = 1200\,\mathrm{kgf/cm^2}$ 이라고 하면, 강선의 자체무게를 고려할 때 얼마나 긴 강선을 매달 수 있는지 그 길이를 구하여라.

$$\textbf{₩}\ l = 1528.6\ \mathrm{m}$$

2-6-3 그림과 같이 길이가 같은 2개의 기둥상단에 중심압축하중 $P = 25000\,\mathrm{kgf}$ 가 작용하고 있다. 이 기둥은 석재이며 비중이 $\gamma = 1.6\,\mathrm{gf/cm^3}$ 이고 높이가 30 m 이다. 이 기둥의 각 부분에 생기는 최대압축응력이 $\sigma_{\max} = 12\,\mathrm{kgf/cm^2}$ 일 때 이 기둥의 체적을 구하여라. 그리고 동일조건으로 설계된 단일 단면의 기둥의 체적과 비교하여라.

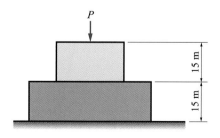

$$\textbf{₩}\ V = 8.79\ \mathrm{m^3},\ 10.416\ \mathrm{m^3}$$

2-6-4 벽돌을 쌓아서 담을 만들 때 담의 가장 밑부분에 있는 벽돌이 안전계수가 20 이 되도록 쌓아올리려고 한다. 벽돌의 비중량 $\gamma = 1600\,\mathrm{kgf}\,/\mathrm{m}^3$, 파괴압축응력 $\sigma_y = 110\,\mathrm{kgf}\,/\mathrm{cm}^2$ 으로 할 때 담의 높이를 구하여라.

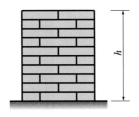

🖑 $h = 34.375\,\mathrm{m}$

2-6-5 그림과 같이 강선과 알루미늄선이 수직으로 매달려 있을 때, 자중에 의한 선의 응력이 그 선의 최대 강도와 같게 될 때 선의 길이를 구하여라. 단, 강선의 $\sigma_s = 2200\,\mathrm{kgf}\,/\mathrm{cm}^2$, $\gamma_s = 7.85\,\mathrm{gf}\,/\mathrm{cm}^3$, 알루미늄의 $\sigma_a = 400\,\mathrm{kgf}\,/\mathrm{cm}^2$, $\gamma_a = 2.7\,\mathrm{gf}\,/\mathrm{cm}^3$ 이다.

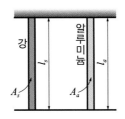

🖑 $l_s = 2.8 \times 10^5\,\mathrm{cm}$, $l_a = 1.48 \times 10^5\,\mathrm{cm}$

2-6-6 그림과 같이 길이 l, 단위체적당 무게가 γ, 탄성계수 E 인 원형단면을 갖는 원추형봉재가 자중을 받고 있을 때, 신장량 δ 에 관한 식을 구하여라.

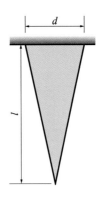

🖑 $\delta = \dfrac{\gamma l^2}{6E}$

2-7-1 그림과 같이 재료의 비중량이 $1730 \, \mathrm{kgf/m^3}$ 이고 높이가 $10 \, \mathrm{m}$ 인 균일 강도의 벽돌로 쌓아올린 기둥이 있다. 이 기둥 위에 $100 \, \mathrm{ton}$ 의 압축하중을 가할 때 균일강도 $10 \, \mathrm{kgf/cm^2}$ 이 발생하였다면 이 기둥의 총 중량은 얼마인가?

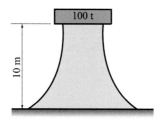

       🟤 $W = 18 \, \mathrm{ton}$

2-7-2 그림과 같은 콘크리트로 만든 급수탑이 있다. 최대 저수량이 $100 \, \mathrm{ton}$, 높이가 $50 \, \mathrm{m}$ 일 때 이것을 안전하게 지탱할 수 있는 매 $10 \, \mathrm{m}$ 마다의 단면적을 구하여라. 단, 콘크리트의 비중량 $\gamma = 2.2 \, \mathrm{gf/cm^3}$, 파괴 압축응력 $200 \, \mathrm{kgf/cm^2}$, 안전율은 20 이다.

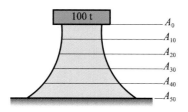

       🟤 $A_0 = 1 \, \mathrm{m^2}$, $A_{10} = 1.242 \, \mathrm{m^2}$, $A_{20} = 1.55 \, \mathrm{m^2}$, $A_{30} = 1.934 \, \mathrm{m^2}$, $A_{40} = 2.41 \, \mathrm{m^2}$, $A_{50} = 3 \, \mathrm{m^2}$

2-7-3 높이 $h = 30 \, \mathrm{m}$ 의 석조교량의 상면에 $300 \, \mathrm{ton}$ 의 압축력이 작용할 때 교량에는 균일강도의 응력 $\sigma_a = 10 \, \mathrm{kgf/cm^2}$ 이 되도록 하단, 중앙 및 상단의 면적과 소요되는 석재의 중량과 체적을 구하여라. 단, 석재의 비중량 $\gamma = 2500 \, \mathrm{kgf/m^3}$ 이다.

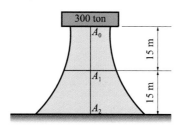

       🟤 $A_0 = 3 \, \mathrm{m^2}$, $A_1 = 4.365 \, \mathrm{m^2}$, $A_2 = 6.351 \, \mathrm{m^2}$,
           $W = 335100 \, \mathrm{kgf}$, $V = 134 \, \mathrm{m^3}$

2-8-1 양단이 고정된 단면적 $20\,\mathrm{cm^2}$, 길이 $1\,\mathrm{m}$ 의 봉이 있다. 온도를 $80\,℃$ 만큼 상승시켰을 때 이 봉이 고정단을 누르는 힘은 얼마인가? 단, 이 봉의 탄성계수는 $E=2\times10^6\,\mathrm{kgf/cm^2}$ 이며, 이 재료는 온도를 $100\,℃$ 상승시키면 $1.2\,\mathrm{mm}$ 늘어난다.

● $P=38400\,\mathrm{kgf}$

2-8-2 지름 $d=7\,\mathrm{cm}$ 의 연강원형단면봉에 온도를 $26\,℃$ 상승시키더라도 길이가 변하지 않게 하기 위하여 $24\,\mathrm{ton}$ 이 필요하였다. 이 봉의 선팽창계수를 구하여라. 단, $E=2.1\times10^6\,\mathrm{kgf/cm^2}$ 이다.

● $\alpha=11.45\times10^{-6}/℃$

2-8-3 동판이 두 강판 사이에 납땜되어 있다. 전체온도가 $100\,℃$ 올라갈 때 생기는 열응력을 계산하여라. 강판의 두께는 모두 같고 동판과 강판의 열팽창계수는 각각 $\alpha_c=1.65\times10^{-5}/℃$, $\alpha_s=1.12\times10^{-5}/℃$, $E_c:E_s=5:12$ 이다.

● $\sigma_s=327\,\mathrm{kgf/cm^2}$ (인장), $\sigma_c=327\,\mathrm{kgf/cm^2}$ (압축)

2-8-4 길이 $10\,\mathrm{m}$, 단면적 $2\,\mathrm{cm^2}$, 탄성계수 $2\times10^6\,\mathrm{kgf/cm^2}$, 선팽창계수 $\alpha=1.2\times10^{-5}/℃$ 인 강봉을 $100\,℃$ 로 가열한 뒤 그림과 같이 양단을 고정하였다. 이 봉의 온도가 $20\,℃$ 로 내려갈 때,

(a) 봉의 양단이 완전히 고정되어 있을 때

(b) 봉이 항복되어 한쪽 끝이 $1.5\,\mathrm{mm}$ 만큼 이동되었을 때

이 봉에 작용하는 인장력을 구하여라.

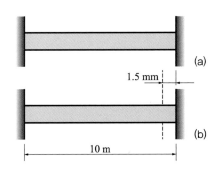

● (a) $P=3840\,\mathrm{kgf}$, (b) $P=3240\,\mathrm{kgf}$

2-8-5 어떤 알루미늄 파이프의 길이가 온도 $18\,℃$ 에서 $50\,\mathrm{m}$ 이며, 이웃하고 있는 강체 파이프의 길이는 같은 온도에서 알루미늄 파이프보다 $10\,\mathrm{mm}$ 더 길다. 어떤 온도가 되면 두 파이프의 길이 차이가 $15\,\mathrm{mm}$ 가 되겠는가? 단, 알루미늄의 선팽창계수는 $\alpha_a=23\times10^{-6}/℃$ 이며 강의 선팽창계수는 $\alpha_s=12\times10^{-6}/℃$ 이다.

● $T=63.5\,℃$ 와 $8.9\,℃$

2-8-6 길이가 1 m인 동봉 AB가 실온에서 강체 벽과 0.1 mm의 간격을 두고 그림과 같이 놓여 있다. 온도가 40℃ 만큼 상승했을 때 봉재 내의 축압축응력은 얼마인가? 단, 이 재료의 선팽창계수 $\alpha = 17 \times 10^{-6}/℃$ 이며, 탄성계수 $E = 110\,\text{GPa}$ 이다.

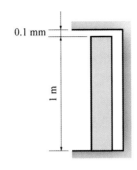

0.1 mm

1 m

● $\sigma = 63.8\,\text{MPa}$

2-8-7 길이가 l인 봉 ABC가 고정벽 사이에 지지되어 있다. 그림과 같이 봉의 왼쪽 반은 단면적이 A_1, 오른쪽 반은 단면적이 A_2이며 탄성계수 E와 선팽창계수 α는 같다. 봉이 균일온도변화 ΔT를 받고 $A_2 > A_1$이라 가정할 때 다음을 구하여라.

(a) 봉 내의 최대축응력 σ

(b) 점 B의 변위 δ

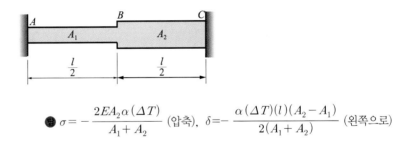

A A_1 B A_2 C

$\dfrac{l}{2}$ $\dfrac{l}{2}$

● $\sigma = -\dfrac{2EA_2\alpha(\Delta T)}{A_1 + A_2}$ (압축), $\delta = -\dfrac{\alpha(\Delta T)(l)(A_2 - A_1)}{2(A_1 + A_2)}$ (왼쪽으로)

2-8-8 그림에 보인 대칭 트러스에서, 두 개의 바깥쪽 봉재는 온도 변화를 일으키지 않고 가운데 봉재만 온도를 ΔT만큼 상승시켰을 때, 봉재들의 축력 F_1과 F_2를 구하여라. 여기서 이 재료들의 탄성계수 E, 선팽창계수 α 및 단면적 A는 모두 같다고 가정한다.

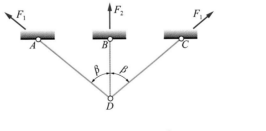

F_1 F_2 F_1

A B C

β β

D

● $F_1 = \dfrac{EA\alpha(\Delta T)\cos^2\beta}{1 + 2\cos^3\beta}$ (인장), $F_2 = -\dfrac{2EA\alpha(\Delta T)\cos^3\beta}{1 + 2\cos^3\beta}$ (압축)

2-9-1 직경이 15 mm 이고, 길이가 76 cm 인 연강봉이 축하중을 받아 0.5 mm 늘어났다. 이 봉의 탄성계수 $E = 2.1 \times 10^6 \, \text{kgf} / \text{cm}^2$ 일 때, 이 봉에 저장할 수 있는 탄성변형에너지 U 를 구하여라.

🎯 $U = 61 \, \text{kgf} \cdot \text{cm}$

2-9-2 탄성한도 1500 kgf /cm², 종탄성계수 $2.1 \times 10^6 \, \text{kgf} / \text{cm}^2$ 의 연강재가 압축하중을 받아 2000 kgf ·cm 의 탄성변형에너지를 저축하려고 할 때 필요한 체적 V 를 구하여라.

🎯 $V = 3733.3 \, \text{cm}^3$

2-9-3 길이가 l 이고 단면적이 A 인 균일단면봉이 자중체무게만으로 매달려 있다. 그 재료의 단위체적당 중량이 γ 일 때, 그 봉 속에 저장된 변형에너지 U 를 구하여라.

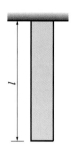

🎯 $U = \dfrac{A\gamma^2 l^3}{6E}$

2-9-4 단면적이 모두 4 cm² 인 두 개의 부재로 되어 있는 트러스가 그림과 같이 C 점에서 1000 kgf 의 하중을 받을 때 부재 AC 에 저장될 수 있는 탄성변형에너지를 구하여라. 단 $E = 2.1 \times 10^6 \, \text{kgf} / \text{cm}^2$ 이다.

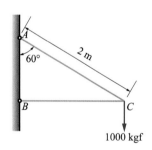

🎯 $U = 47.62 \, \text{kgf} \cdot \text{cm}$

2-9-5 코일스프링에 60 kgf 의 힘이 작용되어 3 cm 의 변형을 일으켰다. 이때 이 스프링에 저장된 탄성에너지를 구하여라.

🎯 $U = 90 \, \text{kgf} \cdot \text{cm}$

2-9-6   그림과 같은 부재의 단면적이 A 이고 탄성계수가 E 일 때, 이 부재에 저장되는 탄성변형에너지는 얼마인가?

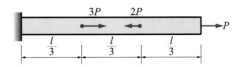

🔵 $U = \dfrac{P^2 l}{EA}$

2-9-7   연강과 고무의 종탄성계수를 각각 $E_s = 2.1 \times 10^6 \, \mathrm{kgf/cm^2}$, $E_g = 1 \, \mathrm{kgf/cm^2}$, 연강과 고무의 탄성한도를 각각 $\sigma_s = 2000 \mathrm{kgf/cm^2}$, $\sigma_g = 80 \mathrm{kgf/cm^2}$ 또한 연강과 고무의 비중은 각각 $7.8 \, \mathrm{gf/cm^3}$, $0.93 \, \mathrm{gf/cm^3}$ 일 때 연강과 고무의 최대탄성에너지를 비교하여라.

🔵 고무 : 연강 = 28205 : 1

2-9-8   지지점에서의 지름이 d 이고 길이가 l 인 원추형 봉재가 그림과 같이 그 자중하에 수직으로 매달려 있다. 이 재료의 비중량을 γ, 탄성계수를 E 라 할 때, 이 봉에 저장할 수 있는 변형에너지를 구하는 식을 유도하여라.

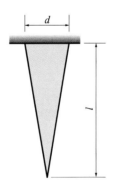

🔵 $U = \dfrac{\pi d^2 \gamma^2 l^3}{360 E}$

2-9-9   그림과 같이 원형단면으로된 균일 테이퍼 봉재 AB 가 그 자유단에 하중 P 를 받는다. 양단의 지름은 d_1 과 d_2 이고 길이는 l, 탄성계수는 E 이다 (자체무게는 무시).

(a) 봉재의 변형에너지 U 를 구하는 식을 유도하여라.

(b) 하중 P 로 인한 봉재의 신장량 δ 를 구하여라.

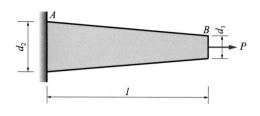

$$\text{답} \quad \delta = \frac{4Pl}{\pi Ed_1 d_2}$$

2-10-1 길이가 350 cm 이고 단면적이 5 cm² 인 재료의 상부를 고정하고 $W = 50\ \mathrm{kgf}$ 의 추를 $h = 20\ \mathrm{cm}$ 의 높이에서 낙하시킬 때 충격에 의한 응력 및 최대 늘어난 길이를 구하여라. 단, $E = 2.1 \times 10^6\ \mathrm{kgf/cm^2}$ 이다.

$$\text{답} \quad \sigma = 1549\ \mathrm{kgf/cm^2}, \quad \delta = 0.26\ \mathrm{cm}$$

2-10-2 그림과 같이 강선의 한 끝에 달려 있는 중량 $W = 400\ \mathrm{kgf}$ 의 물체가 C 점에서 자유로이 낙하하여 갑자기 강선의 운동을 정지시킬 때 강선에 생기는 최대인장응력을 구하여라. 단, 낙하 높이 $h = 12\ \mathrm{m}$, 강선의 단면적 $A = 2\ \mathrm{cm^2}$, 낙하 속도 $v = 1\ \mathrm{m/sec}$, 강의 탄성계수 $E = 2.1 \times 10^6\ \mathrm{kgf/cm^2}$ 이다.

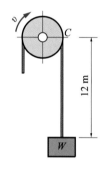

$$\text{답} \quad \sigma = 2090.5\ \mathrm{kgf/cm^2}$$

2-10-3 길이 6 m, 직경 30 cm 의 기둥에 그림과 같이 중량 $W = 500\ \mathrm{kgf}$ 의 추를 높이 1 m 로부터 자유낙하시켜 그 기둥의 상단을 가격하였다. 이 기둥의 탄성계수는 $E = 0.9 \times 10^5\ \mathrm{kgf/cm^2}$ 이고 이 기둥의 하단이 고정되어 있다고 가정할 때, 이 기둥에 발생하는 최대압축응력을 구하여라.

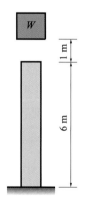

$$\text{답} \quad \sigma = 146.3\ \mathrm{kgf/cm^2}$$

2-10-4 그림과 같은 단면적 $3\,\mathrm{cm}^2$, 길이 $2\,\mathrm{m}$ 의 강봉에 $W = 50\,\mathrm{kgf}$ 의 추를 낙하시킨다. 이 봉 속에 최대응력 $\sigma = 3000\,\mathrm{kgf/cm}^2$ 를 발생시키려면 낙하 높이 h 는 얼마로 하여야 하는가? 단, 이 봉의 탄성계수 $E = 2.1 \times 10^6\,\mathrm{kgf/cm}^2$ 이다.

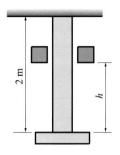

🔴 $h = 25.7\,\mathrm{cm}$

2-10-5 $5\,\mathrm{ton}$ 의 정하중으로 $0.4\,\mathrm{cm}$ 늘어나는 봉이 있다. 그림과 같이 $5\,\mathrm{ton}$ 의 추를 $16\,\mathrm{cm}$ 의 높이에서 낙하시켰을 때, 이 봉은 얼마나 늘어나는가?

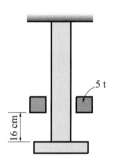

🔴 $\delta = 4\,\mathrm{cm}$

2-10-6 그림과 같은 직경이 $2.3\,\mathrm{cm}$, 길이 $l = 2.5\,\mathrm{m}$ 인 원형단면의 강봉에 중량 $W = 42\,\mathrm{kgf}$ 의 물체가 속도 $v = 1.2\,\mathrm{m/sec}$ 로 낙하하여 떨어질 때 이 강봉에 생기는 충격응력을 구하여라. 단, 이 재료의 $E = 2.0 \times 10^6\,\mathrm{kgf/cm}^2$ 이다.

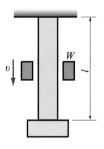

🔴 $\sigma = 1100\,\mathrm{kgf/cm}^2$

2-11-1 내경 50 cm 의 원형 용기에 $100\,\mathrm{kgf/cm^2}$ 의 가스를 넣어서 견디게 하려면 용기 벽의 두께는 얼마로 하면 좋은가? 단, 허용응력은 $600\,\mathrm{kgf/cm^2}$ 이다.

🅐 $t = 4.17\,\mathrm{cm}$

2-11-2 평균 지름 $d = 60\,\mathrm{cm}$ 의 동관이 $q = 10\,\mathrm{kgf/cm^2}$ 의 내압을 받고 있다. 이 벽 속에 발생하는 원환응력의 크기와 지름의 증가량을 구하여라. 단, $E = 2.1 \times 10^6\,\mathrm{kgf/cm^2}$ 이며, 벽두께 $t = 3\,\mathrm{cm}$ 이다.

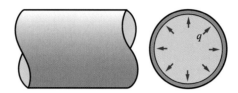

🅐 $\sigma = 100\,\mathrm{kgf/cm^2}$, $\epsilon = 0.477 \times 10^{-3}$, $\Delta d = 28.6 \times 10^{-3}\,\mathrm{cm}$

2-11-3 안지름 40 cm, 두께 10 mm 인 원통의 허용응력이 $500\,\mathrm{kgf/cm^2}$ 이면 이 원통에 얼마의 내압을 가할 수 있는가?

🅐 $q = 25\,\mathrm{kgf/cm^2}$

2-11-4 두께가 8 m 인 가죽벨트가 $n = 1200\,\mathrm{rpm}$ 으로 회전하는 $d = 40\,\mathrm{cm}$ 의 풀리에 감겨 있다. 가죽의 비중이 $\gamma = 1.0 \times 10^{-3}\,\mathrm{kgf/cm^3}$ 일 때 원심력으로 인하여 그 벨트 속에 발생하는 인장응력을 구하여라. 단, $g = 980\,\mathrm{cm/sec^2}$ 이다.

🅐 $\sigma = 6.44\,\mathrm{kgf/cm^2}$

2-11-5 사용기압 $20\,\mathrm{kgf/cm^2}$, 지름 1 m 의 보일러 두께를 구하여라. 단, 이 재료의 허용응력은 $900\,\mathrm{kgf/cm^2}$, 이음효율은 70% 이다.

🅐 $t = 1.6\,\mathrm{cm}$

2-11-6 내경 100 mm 의 원통에 내압 $q = 900\,\mathrm{kgf/cm^2}$ 이 작용한다. 이 재료의 허용인장응력이 $\sigma_a = 1500\,\mathrm{kgf/cm^2}$ 이라면 이 원통의 바깥 지름을 얼마로 하면 되는가?

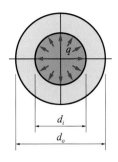

2-11-7 평균 반지름 r, 반지름 방향의 두께가 t 인 얇은 원환이 중심축 O 를 중심으로 하여 각속도 $\omega \, (\text{rad/sec})$ 로 회전하고 있을 때 이 원환의 원주응력을 구하고, 이 재료의 비중 $\gamma = 7.8 \times 10^{-3} \, \text{kgf} /\text{cm}^3$, 중력 가속도 $g = 980 \, \text{cm/sec}^2$, 사용응력 $\sigma_w = 5 \, \text{kgf} /\text{cm}^2$ 일 때 원주속도 v를 구하여라. 또한 원환의 평균 반지름이 $r = 24 \, \text{cm}$ 일 때 허용분당 회전수 N 을 구하여라.

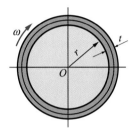

답 $\sigma = \dfrac{\gamma}{g} v^2$, $v = 792.6 \, \text{cm/sec}$, $N = 315 \, \text{rpm}$

2-11-8 얇은 두께 t 를 가진 강관을 가열하여 그림과 같은 지름 d 의 중심축에 끼우려고 한다. 냉각 수축으로 인하여 이 강관 속에 발생하는 원환응력이 그 재료의 사용응력 σ_w 을 넘지 않게 하려면 이 강관의 초기 안지름을 얼마로 하면 좋은가? 단, 축의 변형은 무시하기로 하며, $\sigma_w = 2100 \, \text{kgf} /\text{cm}^2$, $E = 2.1 \times 10^6 \, \text{kgf} /\text{cm}^2$, $d = 20 \, \text{cm}$ 이다.

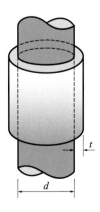

답 $d = 19.98 \, \text{cm}$ 보다 작지 않아야 함.

2-11-9 그림과 같은 지름이 d_2 인 강재 원환에 지름 d_1 인 원환을 가열하여 열끼워맞춤을 하려고 할 때 안쪽 원환이 받는 압력의 크기를 구하여라.

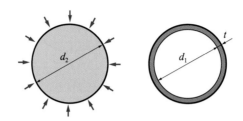

$$q = \frac{2tE(d_2 - d_1)}{d_2 d_1}$$

응력과 변형률의 해석

STRENGTH OF MATERIALS

경사진 단면 위의 단순응력

그림 3-1 (a) 와 같은 균일단면봉에 축하중 P 가 x 축을 따라 작용하면 수직단면 mn 상에는 균일한 수직응력 $\sigma_x = \dfrac{P}{A}$ 가 발생한다. 이제 mn 단면과 반시계방향으로 θ 만큼 경사진 $m'n'$ 단면의 응력상태를 고찰하기로 하자.

축방향의 힘 P 를 $m'n'$ 단면의 법선방향의 힘 N 과 접선방향의 힘 T 로 분해하면, N 은 $m'n'$ 단면에 대한 법선력이 되고 T 는 전단력이 된다. mn 단면과 $m'n'$ 단면이 이루는 각도가 θ 이므로

$$N = P\cos\theta \qquad T = P\sin\theta$$

mn 과 $m'n'$ 단면적을 각각 A, A' 라 하면

$$A' = \frac{A}{\cos\theta}$$

따라서 경사단면 $m'n'$ 상의 수직응력, 즉 **법선응력** (normal stress) σ_θ 는 다음과 같다.

$$\sigma_\theta = \frac{N}{A'} = \frac{P\cos\theta}{\dfrac{A}{\cos\theta}} = \frac{P}{A}\cos^2\theta = \sigma_x\cos^2\theta \tag{3-1}$$

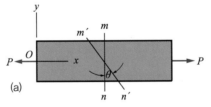

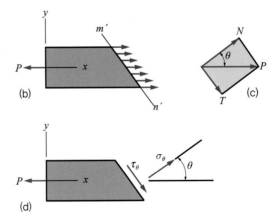

그림 3-1

또한 경사단면상의 전단응력(shearing stress) τ_θ 는

$$\tau_\theta = \frac{T}{A'} = \frac{P\sin\theta}{\dfrac{A}{\cos\theta}} = \frac{P}{A}\sin\theta\cos\theta = \frac{1}{2}\sigma_x \sin 2\theta \tag{3-2}$$

횡단면 mn 위에는 수직응력만 작용하지만 경사면상에는 수직응력과 전단응력이 동시에 작용한다.

식 (3-1)에서 수직응력 σ_θ는 $\theta = 0°$ 에서 최댓값 σ_x 가 되며 90° 에서는 0, $\theta = 45°$ 에서는 $\frac{1}{2}\sigma_x$ 가 된다. 즉,

$$(\sigma_\theta)_{\max} = \sigma_x$$

$$(\tau_\theta)_{\max} = \frac{1}{2}\sigma_x \tag{3-3}$$

최대전단응력은 최대수직응력의 $\frac{1}{2}$ 에 불과하지만 인장 또는 압축보다 전단에 약한 재료에 있어서는 최대전단응력으로 인하여 파괴된다. 그러한 전단파괴의 한 예가 그림 3-2에 나타나 있다. 이 그림은 짧은 나무토막이 축 압축력을 받고 있을 때 전단력에 의하여 45°의 평면을 따라 파괴되는 것을 보여주고 있다. 이러한 형태의 거동은 인장의 경우에도 비슷하게 일어난다.

한편 그림 3-3에서와 같이 경사단면 $m'n'$ 와 직교하는 경사단면 $m''n''$ 위에 작용하는 응력 $\sigma_\theta{'}$와 $\tau_\theta{'}$을 구하려면, 식 (3-1)과 (3-2)에서 θ 대신 $\theta + 90°$ 를 대입하면

$$\sigma_\theta{'} = \sigma_x \cos^2(\theta + 90°) = \sigma_x \sin^2\theta \tag{3-4}$$

$$\tau_\theta{'} = \frac{1}{2}\sigma_x \sin 2(\theta + 90°) = -\frac{1}{2}\sigma_x \sin 2\theta \tag{3-5}$$

식 (3-1)과 (3-4), 그리고 식 (3-2)와 (3-5)를 합하면

그림 3-2 압축을 받는 나무토막에 45°의 평면에 따라 일어나는 파괴

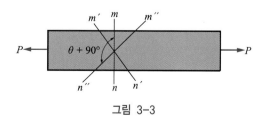

그림 3-3

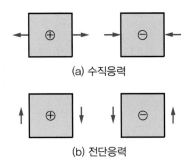

(a) 수직응력

(b) 전단응력

그림 3-4   수직응력과 전단응력의 부호규약

$$\sigma_\theta + \sigma_\theta{}' = \sigma_x(\cos^2\theta + \sin^2\theta) = \sigma_x$$

(3-6)

$$\tau_\theta = -\tau_\theta{}'$$

(3-7)

이것은 축인장을 받는 봉의 두 직교단면 위에 작용하는 σ_θ 와 $\sigma_\theta{}'$ 의 합은 항상 일정하며 수직단면 mn 위에 작용하는 σ_x 와 같다. 또 τ_θ 와 $\tau_\theta{}'$ 는 크기는 같고 방향만 반대이다. 이들 σ_θ와 $\sigma_\theta{}'$ 및 τ_θ 와 $\tau_\theta{}'$ 는 서로 직교하는 두 평면 위에 있으므로 **공액응력**(complementary stress)이라 한다.

그림 3-4는 수직응력과 전단응력에 대한 부호규약을 나타낸다.

예제 3-01 $4\,\mathrm{cm} \times 5\,\mathrm{cm}$ 의 직사각형 단면의 봉에 축방향으로 $3000\,\mathrm{kgf}$ 의 인장하중이 작용할 때, 축에 직각인 단면과 반시계방향으로 $60°$ 의 각도를 이루는 단면에서의 수직응력 (σ_θ) 및 전단응력 (τ_θ) 과 이에 직각인 단면에서의 공액응력들 $(\sigma_\theta{}',\ \tau_\theta{}')$ 을 각각 구하여라.

풀이 $\sigma_x = \dfrac{P}{A} = \dfrac{3000}{4 \times 5} = 150\,\mathrm{kgf/cm^2}$

$\sigma_\theta = \sigma_x\cos^2\theta = 150 \times \cos^2 60° = 150 \times \left(\dfrac{1}{2}\right)^2 = 37.5\,\mathrm{kgf/cm^2}$

$\sigma_\theta{}' = \sigma_x\sin^2\theta = 150 \times \sin^2 60° = 150 \times \left(\dfrac{\sqrt{3}}{2}\right)^2 = 112.5\,\mathrm{kgf/cm^2}$

$\tau_\theta = \dfrac{1}{2}\sigma_x\sin 2\theta = \dfrac{1}{2} \times 150 \times \sin 120° = 64.95\,\mathrm{kgf/cm^2}$

$\tau_\theta{}' = -\tau_\theta = -64.95\,\mathrm{kgf/cm^2}$

■ ■ ■

Mohr의 응력원은 임의 요소에 작용하는 응력을 도해적으로 나타내는 방법으로 독일의 Otto Mohr에 의해 개발되었다.

모어의 응력원을 이용하여 축방향과 수직인 단면과 θ 의 각도를 이루는 경사진 면에서의 수직응력 σ_θ 와 τ_θ 를 구하는 방법은 다음과 같다.

① 그림 3-5와 같이 O 를 원점으로 하는 직교좌표를 그리고 x 축을 σ 로, y축을 τ 로 잡는다.

② σ 축에 σ_x 의 값을 A 점으로 잡아 OA 를 지름으로 하여 원을 그린다.

③ 원의 중심점 C 를 잡아 경사각의 두 배인 2θ 를 반시계방향으로 회전하여 원주상에 잡아 D 라 하고 원의 중심점 C와 연장하여 D_1 을 잡는다.

④ 원주상의 D 점과 D_1 점에서 x 축에 수직선을 그어 σ 축과의 교점을 F, F_1 점이라 한다.

⑤ 그림에서 $\sigma_\theta = \overline{OF}$, $\sigma_\theta' = \overline{OF_1}$, $\tau_\theta = \overline{DF}$, $\tau_\theta' = \overline{D_1F_1}$ 이 된다.

그림에서

$$\sigma_\theta = \overline{OF} = \overline{OC} + \overline{CF} = \frac{1}{2}\sigma_x + \frac{1}{2}\sigma_x \cos 2\theta = \sigma_x \cos^2 \theta$$

$$\sigma_\theta' = \overline{OF_1} = \overline{OC} - \overline{F_1C} = \frac{1}{2}\sigma_x - \frac{1}{2}\sigma_x \cos 2\theta = \sigma_x \sin^2 \theta$$

$$\tau_\theta = \overline{DF} = \overline{CD}\sin 2\theta = \frac{1}{2}\sigma_x \sin 2\theta$$

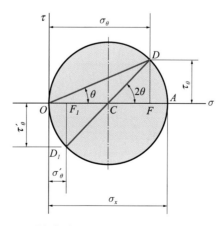

그림 3-5 단순응력에 대한 Mohr 응력원

$$\tau_\theta' = -\overline{D_1 F_1} = -\overline{CD_1} \sin 2\theta = -\frac{1}{2}\sigma_x \sin 2\theta$$

이러한 방법으로 얻은 결과는 식 (3-1), (3-2), (3-4) 및 식 (3-5) 의 결과와 같아지므로 Mohr의 원을 사용하면 임의 단면에 대한 응력의 값을 쉽게 구할 수 있다.

예제 3-02 $\sigma_x = 15000\,\mathrm{kgf/cm^2}$ 일 때 $\theta = 30°$ 인 면의 응력들을 해석적인 방법과 Mohr의 응력원을 이용하여 구하여라. 그리고 미소응력 요소를 취하여 이 요소에 작용하는 응력들을 표시하여라.

풀이 해석적 방법

$$\sigma_\theta = \sigma_x \cos^2\theta = 15000 \times \cos^2 30° = 15000 \times \left(\frac{\sqrt{3}}{2}\right)^2 = 11250\,\mathrm{kgf/cm^2}$$

$$\tau_\theta = \frac{1}{2}\sigma_x \sin 2\theta = \frac{1}{2} \times 15000 \times \sin 60° = 6495.2\,\mathrm{kgf/cm^2}$$

$$\sigma_\theta' = \sigma_x \sin^2\theta = 15000 \times \sin^2 30° = 15000 \times \left(\frac{1}{2}\right)^2 = 3750\,\mathrm{kgf/cm^2}$$

$$\tau_\theta' = -\frac{1}{2}\sigma_x \sin 2\theta = -\frac{1}{2} \times 15000 \times \sin 60° = -6495.2\,\mathrm{kgf/cm^2}$$

도해적 방법 [그림 3-6 (a)]

$$\sigma_\theta = \overline{OF} = \overline{OC} + \overline{CF} = \frac{1}{2}\sigma_x + \frac{1}{2}\sigma_x \cos 60° = \frac{1}{2} \times 15000 + \frac{1}{2} \times 15000 \times \frac{1}{2}$$
$$= 11250\,\mathrm{kgf/cm^2}$$

$$\tau_\theta = \overline{DF} = \overline{CD} \sin 60° = 7500 \times \sin 60° = 6495.2\,\mathrm{kgf/cm^2}$$

$$\sigma_\theta' = \overline{OF_1} = \overline{OC} - \overline{CF_1} = 7500 - 7500 \times \cos 60° = 3750\,\mathrm{kgf/cm^2}$$

$$\tau_\theta' = -\overline{D_1 F_1} = -\overline{CD_1} \sin 60° = -6495.2\,\mathrm{kgf/cm^2}$$

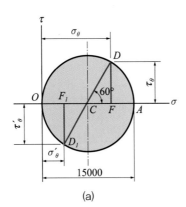

(a)

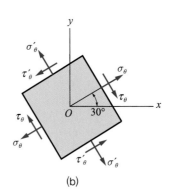

(b)

그림 3-6

지금까지는 인장, 압축, 전단 등의 단순응력을 취급하였다. 그러나 압력용기, 보, 축, 구조물 등의 한 요소에 작용하는 응력은 일반적으로 직각방향에 인장력 또는 압축력이 동시에 작용하므로 이에 대응한 인장응력 또는 압축응력이 같은 면 위에 동시에 작용한다. 이와 같이 여러 단순응력이 합성된 응력을 **조합응력**(combined stress)이라 한다. 특히 두 축방향으로 작용하는 응력을 **2축응력**(biaxial stress), 세 축방향으로 작용하는 응력을 **3축응력**(triaxial stress)이라 하며, 응력이 모두 한 평면 위에 작용하는 상태를 **평면응력**(plane stress)이라 한다.

이 절에서는 그림 3-7과 같이 재료의 한 요소에 두 직각방향으로 수직응력 σ_x 와 σ_y 가 작용하는 2축응력상태에 대하여 고찰하기로 한다. 이때 $\sigma_x > \sigma_y$ 라고 가정한다.

먼저 그림에서와 같이 그 법선이 x 축과 θ 의 각도를 이루는 경사 평면 AC 위에 작용하는 수직응력 σ_θ 및 전단응력 τ_θ 를 구하기 위하여 그림 3-7 (b) 와 같이 삼각형 ABC 로 분리하여 단면 AB, BC, AC 의 면적을 각각 A_x, A_y, A_θ 라 하면 AB 와 BC 단면상에는 각각 $\sigma_x A_x$ 및 $\sigma_y A_y$ 의 힘이 작용하게 되고 AC 단면에는 수직력 $\sigma_\theta A_\theta$ 및 전단력 $\tau_\theta A_\theta$ 가 작용한다. 이 요소에 작용하는 모든 힘의 평형조건을 고려하면 다음과 같다.

경사면의 수직응력은

$$\sigma_\theta A_\theta = \sigma_x A_x \cos\theta + \sigma_y A_y \sin\theta$$

$$= \sigma_x (A_\theta \cos\theta)\cos\theta + \sigma_y (A_\theta \sin\theta)\sin\theta$$

$$\begin{aligned}
\sigma_\theta &= \sigma_x \cos^2\theta + \sigma_y \sin^2\theta \\
&= \sigma_x \left(\frac{1+\cos 2\theta}{2}\right) + \sigma_y \left(\frac{1-\cos 2\theta}{2}\right) \\
&= \frac{1}{2}(\sigma_x + \sigma_y) + \frac{1}{2}(\sigma_x - \sigma_y)\cos 2\theta
\end{aligned}$$

(3-8)

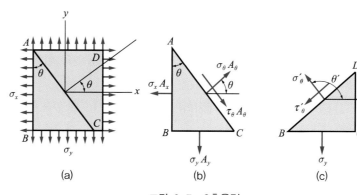

(a) (b) (c)

그림 3-7 2축응력

경사면의 전단응력은

$$\tau_\theta \, A_\theta = \sigma_x \, A_x \sin\theta - \sigma_y \, A_y \cos\theta$$
$$= \sigma_x (A_\theta \cos\theta) \sin\theta - \sigma_y (A_\theta \sin\theta) \cos\theta$$

$$\tau_\theta = \sigma_x \cos\theta \cdot \sin\theta - \sigma_y \sin\theta \cdot \cos\theta$$
$$= (\sigma_x - \sigma_y)\sin\theta \cdot \cos\theta = \frac{1}{2}(\sigma_x - \sigma_y)\sin 2\theta \qquad\qquad (3\text{-}9)$$

식 (3-8)과 (3-9)는 그 법선이 x 축과 각 θ 를 이루는 임의 경사면에 작용하는 수직응력 σ_θ 와 전단응력 τ_θ 를 구하는 식이다.

한편 경사평면 AC에 직교하는 평면상에 작용하는 수직응력 $\sigma_\theta{}'$ 와 전단응력 $\tau_\theta{}'$ 는 그림 3-7 (c) 에서 $\theta' = \theta + 90°$ 이므로 식 (3-8), (3-9) 의 θ 대신 $\theta + 90°$ 를 대입하면 다음과 같이 된다.

$$\sigma_\theta{}' = \sigma_x \sin^2\theta + \sigma_y \cos^2\theta$$
$$= \frac{1}{2}(\sigma_x + \sigma_y) - \frac{1}{2}(\sigma_x - \sigma_y)\cos 2\theta \qquad\qquad (3\text{-}10)$$

$$\tau_\theta{}' = -(\sigma_x - \sigma_y)\sin\theta \cdot \cos\theta$$
$$= -\frac{1}{2}(\sigma_x - \sigma_y)\sin 2\theta \qquad\qquad (3\text{-}11)$$

식 (3-10), (3-11)과 식 (3-8), (3-9)를 비교하면 다음과 같은 관계가 있음을 알 수 있다.

$$\sigma_\theta + \sigma_\theta{}' = \sigma_x + \sigma_y \qquad\qquad (3\text{-}12)$$

$$\tau_\theta = -\tau_\theta{}' \qquad\qquad (3\text{-}13)$$

따라서 임의의 두 직교평면 위에 작용하는 수직응력의 합은 일정하며, 전단응력은 크기가 같고 방향이 반대이다.

식 (3-8)에서 σ_θ 의 최대치와 최소치는 $\theta = 0°$ 및 $\theta = 90°$ 의 면에서 발생하며 그 크기는 다음과 같다.

$$(\sigma_\theta)_{\max} = \frac{\sigma_x + \sigma_y}{2} + \frac{\sigma_x - \sigma_y}{2} = \sigma_x$$

$$(\sigma_\theta)_{\min} = \frac{\sigma_x + \sigma_y}{2} - \frac{\sigma_x - \sigma_y}{2} = \sigma_y \tag{3-14}$$

이들 σ_x 와 σ_y 는 각각 최대, 최소의 수직응력임을 알 수 있고, $\theta = 0°$ 및 $\theta = 90°$ 인 직교평면을 **주면** (principal plane) 이라 하고 수직응력의 최대, 최소치 σ_x, σ_y 를 **주응력** (principal stress) 이라 한다. 이들 면상에는 식 (3-9), (3-11) 에 의하여 $\tau_\theta = 0$, $\tau_\theta{}' = 0$ 이므로 주면 위에는 전단응력이 없다. 식 (3-9) 에서 전단응력의 최대치와 최소치는 $\theta = 45°$ 및 $\theta = 45° + 90°$ 인 면에서 발생하며 크기는 다음과 같다.

$$(\tau_\theta)_{\max} = \frac{1}{2}(\sigma_x - \sigma_y)$$

$$(\tau_\theta)_{\min} = -\frac{1}{2}(\sigma_x - \sigma_y) \tag{3-15}$$

이 결과는 최대전단응력이 두 주응력 차이의 $\frac{1}{2}$ 과 같다는 것을 보여주고 있다. 따라서 두 주응력의 크기가 서로 같은 경우 ($\sigma_x = \sigma_y$) 에는 그림 3-7 (b) 의 AC 와 같은 어떤 경사평면에도 전단응력은 작용하지 않는다. 또한 $\sigma_x = -\sigma_y$ 인 경우에는, $\theta = 45°$ 일 때 $\sigma_\theta = \sigma_\theta{}' = 0$ 이 되고 $\tau_{\max} = \sigma_x = -\sigma_y$ 가 되어 순수전단을 뜻한다.

이번에는 그림 3-7과 같은 요소에 대한 변형상태를 생각한다. 그림 (a) 에서 x 방향의 전변형률은 x 방향의 인장응력 σ_x 로 인한 양의 변형률 $\varepsilon_x = \sigma_x / E$ 와 y 방향의 인장응력 σ_y 로 인한 횡수축에서 오는 음의 변형률 $\varepsilon_x = -\nu\sigma_y / E$ 의 합과 같을 것이다. 이와 같은 이론은 y 방향의 전변형률에 대해서도 성립한다.

$$\varepsilon_x = \frac{1}{E}(\sigma_x - \nu\sigma_y)$$

$$\varepsilon_y = \frac{1}{E}(\sigma_y - \nu\sigma_x) \tag{3-16}$$

또한 z 방향의 변형률은

$$\varepsilon_z = -\frac{\nu}{E}(\sigma_x + \sigma_y) \tag{3-17}$$

변형률 ε_x 와 ε_y 는 스트레인 게이지 (strain gauge) 에 의해 측정할 수 있으며, 다음의 식으로 그 면에 작용하는 응력들을 구할 수 있다.

$$\sigma_x = \frac{(\varepsilon_x + \nu\varepsilon_y)E}{1 - \nu^2} = \frac{m(m\varepsilon_x + \varepsilon_y)E}{m^2 - 1}$$

$$\sigma_y = \frac{(\nu \varepsilon_x + \varepsilon_y)E}{1 - \nu^2} = \frac{m(\varepsilon_x + m\varepsilon_y)E}{m^2 - 1} \qquad (3\text{-}18)$$

3-4 2축응력에 대한 Mohr 응력원

2축에 응력이 작용하는 경우 임의의 각 θ 만큼 경사진 면에 작용하는 응력상태는 Mohr의 원으로 나타내면 그림 3-8과 같다.

먼저 그림의 x 축, 즉 σ 축에서 $\sigma_x = \overline{OA}$, $\sigma_y = \overline{OB}$ 로 표시할 수 있고 이것은 주응력이 된다. 다음 $\overline{AB}$ 를 직경으로 하고, C 점을 중심으로 하여 원을 그린 다음, 중심점 C 점에서 2θ 되게 그려서 연장하여 원주상에 점 D, D_1 을 잡는다. 원주상의 점 D, D_1 에서 σ 축에 수직선을 그어 F, F_1 을 잡는다.

여기서 $\overline{OF}$, $\overline{OF_1}$ 은 수직응력 σ_θ, $\sigma_\theta{}'$ 가 되며, $\overline{DF}$, $\overline{D_1F_1}$ 은 전단응력 τ_θ, $\tau_\theta{}'$ 가 된다. 이들은 그림에서 다음과 같은 관계를 얻을 수 있다.

$$
\begin{aligned}
\sigma_\theta &= \overline{OF} = \overline{OC} + \overline{CF} \\
&= \frac{1}{2}(\overline{OA} + \overline{OB}) + \frac{1}{2}(\overline{OA} - \overline{OB})\cos 2\theta \\
&= \frac{1}{2}(\sigma_x + \sigma_y) + \frac{1}{2}(\sigma_x - \sigma_y)\cos 2\theta
\end{aligned}
\qquad (a)
$$

$$
\tau_\theta = \overline{DF} = \overline{CD}\sin 2\theta = \frac{1}{2}(\sigma_x - \sigma_y)\sin 2\theta \qquad (b)
$$

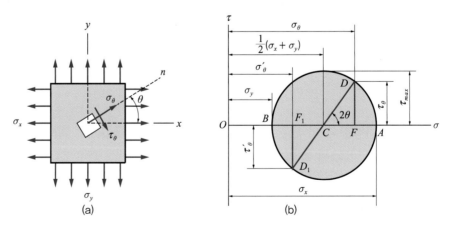

그림 3-8 2축응력 상태의 Mohr 응력원

위 식들은 식 (3-8), (3-9)와 일치하므로 각 θ 인 경사면상의 응력변화를 Mohr 응력원을 이용하여 쉽게 구할 수 있다.

그림 3-8 (b)와 같이 Mohr 응력원의 중심 C는 응력상태에 따라 원점 O의 좌우 어느쪽에도 놓일 수 있다. 즉, 압축응력의 경우에는 인장응력의 경우를 (+) 방향으로 잡았으므로 중심 O점의 왼쪽에 놓여진다.

예제 3-03 $\sigma_x = 1600\,\mathrm{kgf/cm^2},\ \sigma_y = 600\,\mathrm{kgf/cm^2}$ 의 응력이 서로 직각으로 작용할 때 이 응력들이 작용하는 면과 $30°$ 의 경사각을 이루는 단면상의 응력 $\sigma_\theta,\ \sigma_\theta{}',\ \tau_\theta,\ \tau_\theta{}'$ 를 Mohr의 응력원을 이용하여 구하여라.

풀이

$$\sigma_\theta = \frac{1}{2}(\sigma_x + \sigma_y) + \frac{1}{2}(\sigma_x - \sigma_y)\cos 2\theta$$

$$= \frac{1}{2}(1600 + 600) + \frac{1}{2}(1600 - 600)\cos 60°$$

$$= 1350\,\mathrm{kgf/cm^2}$$

$$\tau_\theta = \frac{1}{2}(\sigma_x - \sigma_y)\sin 2\theta$$

$$= \frac{1}{2}(1600 - 600)\sin 60° = 433.01\,\mathrm{kgf/cm^2}$$

$$\sigma_\theta{}' = \frac{1}{2}(\sigma_x + \sigma_y) - \frac{1}{2}(\sigma_x - \sigma_y)\cos 2\theta$$

$$= \frac{1}{2}(1600 + 600) - \frac{1}{2}(1600 - 600)\cos 2\theta$$

$$= 850\,\mathrm{kgf/cm^2}$$

$$\tau_\theta{}' = -\frac{1}{2}(\sigma_x - \sigma_y)\sin 2\theta$$

$$= -\frac{1}{2}(1600 - 600)\sin 60° = -433.01\,\mathrm{kgf/cm^2}$$

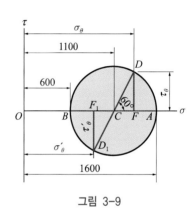

그림 3-9

예제 3-04   강재표면의 주변형률을 측정한 결과 $\varepsilon_x = 270 \times 10^{-6},\ \varepsilon_y = -180 \times 10^{-6}$ 이었다. 이에 대응되는 주응력 σ_x 와 σ_y 를 구하여라. 단, 이 재료의 $E = 2.1 \times 10^6\,\mathrm{kgf/cm^2},\ \nu = 0.3$ 이다.

풀이

$$\sigma_x = \frac{(\varepsilon_x + \nu\varepsilon_y)E}{1 - \nu^2} = \frac{(270 - 0.3 \times 180) \times 10^{-6} \times 2.1 \times 10^6}{1 - 0.3^2}$$

$$= 498.5\,\mathrm{kgf/cm^2}$$

$$\sigma_y = \frac{(\nu\varepsilon_x + \varepsilon_y)E}{1 - \nu^2} = \frac{(0.3 \times 270 - 180) \times 10^{-6} \times 2.1 \times 10^6}{1 - 0.3^2}$$

$$= -228.5\,\mathrm{kgf/cm^2}$$

축하중을 받는 봉, 비틀림을 받는 축 및 보 속의 한 요소가 받을 수 있는 응력의 일반적인 상태는 3차원의 형태로 나타낼 수 있지만 얇은 판과 같이 z 축의 응력을 고려하지 않을 경우 이것을 간단한 평면응력인 2차원의 응력요소로 단순화하여 해석할 수 있다.

먼저 그림 3-10 (a) 와 같은 일반적인 평면응력 상태에 있는 한 요소는 x 와 y 면만 응력을 받고, 모든 응력은 x 와 y 축에 평행하게 작용한다. 그림에서 수직응력 σ 의 첨자는 응력이 작용하는 면을 나타낸다. 전단응력 τ 는 두 개의 첨자를 갖고 있는데, 첫 번째 첨자는 응력이 작용하는 면을 표시하며, 두 번째의 첨자는 작용하는 방향을 나타낸다. 그러므로 응력 τ_{xy} 는 x 면 위에서 y 축 방향으로 작용하는 응력을 말하며, τ_{yx} 는 y 면 위에서 x 축 방향으로 작용하는 응력을 나타낸다.

그림 3-10 (b) 와 같은 평면응력의 상태에서 그 법선이 x 축과 θ 의 각을 이루는 평면 위에 작용하는 수직응력 σ_θ 와 전단응력 τ_θ 는 식 (3-8), (3-9) 와 같은 방법으로 평형조건의 식에서 구할 수 있다.

$$\sigma_\theta\, A_\theta = \sigma_x\, A_\theta \cos^2\theta + \sigma_y\, A_\theta \sin^2\theta - 2\tau_{xy}\, A_\theta \cos\theta \sin\theta$$

$$\boxed{\begin{aligned} \sigma_\theta &= \sigma_x \cos^2\theta + \sigma_y \sin^2\theta - 2\tau_{xy} \cos\theta \sin\theta \\ &= \frac{1}{2}(\sigma_x + \sigma_y) + \frac{1}{2}(\sigma_x - \sigma_y)\cos 2\theta - \tau_{xy} \sin 2\theta \end{aligned}}$$

(3-19)

$$\tau_\theta A_\theta = \sigma_x\, A_\theta \cos\theta \sin\theta - \sigma_y\, A_\theta \sin\theta \cos\theta + \tau_{xy}\, A_\theta (\cos^2\theta - \sin^2\theta)$$

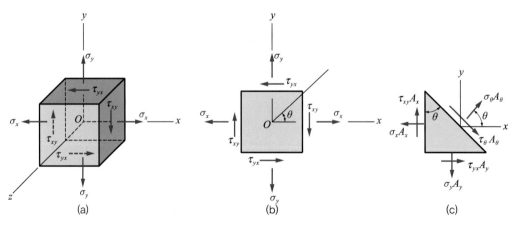

그림 3-10 평면응력상태의 요소

$$\tau_\theta = (\sigma_x - \sigma_y)\sin\theta\cos\theta + \tau_{xy}(\cos^2\theta - \sin^2\theta)$$

$$= -\frac{1}{2}(\sigma_x - \sigma_y)\sin 2\theta + \tau_{xy}\cos 2\theta \tag{3-20}$$

수직응력 σ_θ 가 최대, 최소치를 가지는 평면의 경사각 θ 값을 구하려면 식 (3-19) 를 미분하여 $\dfrac{d\sigma_\theta}{d\theta} = 0$ 으로 놓으면

$$-(\sigma_x - \sigma_y)\sin 2\theta - 2\tau_{xy}\cos 2\theta = 0 \tag{a}$$

따라서

$$\tan 2\theta = -\frac{2\tau_{xy}}{\sigma_x - \sigma_y} \tag{3-21}$$

이 조건을 만족하는 2θ 의 값은 두 개이며, 이들 사이에는 $180°$ 의 차이가 있으므로 결국 $90°$ 의 차를 가지는 두 개의 θ 값을 얻게 된다. 이 두 개의 값 중 하나는 σ_θ 의 최댓값이고 다른 하나는 최솟값이 된다.

한편, 식 (3-20) 에서 전단응력 τ_θ 를 0 으로 놓으면 식 (a) 와 같게 되며, 이것은 수직응력 σ_θ 의 값이 최댓값이나 최솟값이 되는 평면 상에서는 전단응력 τ_θ 가 작용하지 않는다는 것을 의미한다. 이와 같은 수직응력의 최댓값 $(\sigma_\theta)_{\max} = \sigma_1$ 과 최솟값 $(\sigma_\theta)_{\min} = \sigma_2$ 를 각각 **주응력**이라 부르고, 이 응력이 작용하는 면을 **주면**이라 한다.

따라서 주응력의 최댓값 $(\sigma_\theta)_{\max}$ 과 최솟값 $(\sigma_\theta)_{\min}$ 은 식 (3-21) 에서 $\sin 2\theta$ 와 $\cos 2\theta$ 의 값을 구하여 식 (3-19) 에 대입하면 다음과 같이 된다.

$$\sigma_1 = (\sigma_\theta)_{\max} = \frac{1}{2}(\sigma_x + \sigma_y) + \frac{1}{2}\sqrt{(\sigma_x - \sigma_y)^2 + 4\tau_{xy}^2}$$

$$\sigma_2 = (\sigma_\theta)_{\min} = \frac{1}{2}(\sigma_x + \sigma_y) - \frac{1}{2}\sqrt{(\sigma_x - \sigma_y)^2 + 4\tau_{xy}^2} \tag{3-22}$$

또, 최대전단응력이 작용하는 면의 경사각 θ 의 값을 구하려면 식 (3-20) 을 미분하여 $\dfrac{d\tau_\theta}{d\theta} = 0$ 으로 놓으면 다음과 같다.

$$-(\sigma_x - \sigma_y)\cos 2\theta - 2\tau_{xy}\sin 2\theta = 0$$

따라서

$$\tan 2\theta = -\frac{\sigma_x - \sigma_y}{2\tau_{xy}} \tag{3-23}$$

최대 및 최소전단응력의 값은 식 (3-23) 에서 $\sin 2\theta$ 와 $\cos 2\theta$ 의 값을 구하여 식 (3-20) 에 대입하면 다음과 같이 된다.

$$(\tau_\theta)_{\max} = \frac{1}{2}\sqrt{(\sigma_x - \sigma_y)^2 + 4\tau_{xy}{}^2}$$

$$(\tau_\theta)_{\min} = -\frac{1}{2}\sqrt{(\sigma_x - \sigma_y)^2 + 4\tau_{xy}{}^2} \tag{3-24}$$

3-6 평면응력에 대한 Mohr 응력원

그림 3-11 (a) 와 같은 요소에 두 직각방향으로 수직응력 σ_x 와 σ_y 가 작용하는 동시에 전단응력 τ_{xy}, τ_{yx} 가 작용할 때, 임의 경사면에 발생하는 응력상태에 대한 Mohr의 응력원을 그리는 과정은 다음과 같다.

먼저 원점 O 를 정하고 σ 축과 τ 축을 잡는다. 다음 D 점과 D_1 점을 잡는다. 여기서 D 점은 수직응력 σ_x 와 전단응력 τ_{xy} 의 만나는 점에 잡고, D_1 점은 수직응력 σ_y 와 전단응력 $-\tau_{xy}$ 의 만나는 점에 잡는다. 다음 $\overline{DD_1}$ 을 그어 σ 축과의 만나는 점 C 를 중심으로 하여 반지름 $\overline{CD}$ (또는 $\overline{CD_1}$) 의 원을 그리면 그림 3-11 (b) 와 같은 Mohr의 응력원을 얻게 된다. 그림에서 최대와 최소수직응력의 값은 각각 $\overline{OA}$ 과 $\overline{OB}$ 로부터 얻을 수 있으며 이들 주응력 은 그림에서 $(\sigma_\theta)_{\max} = \sigma_1$ 및 $(\sigma_\theta)_{\min} = \sigma_2$ 로 표시된다.

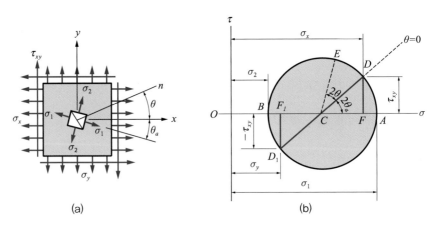

(a)   (b)

그림 3-11 평면응력에 대한 Mohr 응력원

이번에는 두 주응력의 방향을 결정하려면, 이 요소에서 x 축을 기준으로 하여 각 θ 를 측정하면 Mohr의 응력원 위에서는 그 요소의 법선이 x 축인 면에 대응되는 점 D 가 기준이 되는 $\theta = 0°$ 이므로 그림 (a)에서 σ_1 의 방향은 x 축으로부터 시계방향으로 각 θ_a 만큼 돌아간 직선과 일치하며, σ_2 의 방향은 σ_1 과 직각을 이룬다.

일반적으로 그 법선 n 이 x 축에 대하여 각 θ 를 이루는 평면과 이 평면 위의 응력상태를 표시하는 원주 위의 점 E 와의 사이에도 그와 같은 각도관계가 성립된다.

그림 (b)에서 기하학적인 관계를 살펴보면 주응력 σ_1 과 σ_2 는 다음과 같이 된다.

$$\sigma_1 = \overline{OA} = \overline{OC} + \overline{CD}$$

$$= \frac{\sigma_x + \sigma_y}{2} + \sqrt{\left(\frac{\sigma_x - \sigma_y}{2}\right)^2 + {\tau_{xy}}^2}$$

$$\sigma_2 = \overline{OB} = \overline{OC} - \overline{CD}$$

$$= \frac{\sigma_x + \sigma_y}{2} - \sqrt{\left(\frac{\sigma_x - \sigma_y}{2}\right)^2 + {\tau_{xy}}^2} \tag{3-25}$$

이 식들은 식 (3-22)와 같다.

3-7   평면응력에 대한 Hooke의 법칙

앞 절에서는 평면응력상태에 있는 어떤 요소에 대한 경사평면 위에 작용하는 응력을 분석하였다. 이 절에서는 응력과 변형률 사이의 관계를 얻기 위하여, 재료는 균질이고 선형적 탄성거동을 하여 Hooke의 법칙이 성립된다고 가정하면,

$$\varepsilon_x = \frac{1}{E}(\sigma_x - \nu\sigma_y) \tag{3-26 a}$$

$$\varepsilon_y = \frac{1}{E}(\sigma_y - \nu\sigma_x) \tag{3-26 b}$$

$$\varepsilon_z = -\frac{\nu}{E}(\sigma_x + \sigma_y) \tag{3-26 c}$$

한편, 전단응력 τ_{xy} 는 그림 3-12처럼 요소를 찌그러지게 하여 z 면이 마름모꼴이 되게 하며, 이때 전단변형률 γ_{xy} 는 요소의 양 (혹은 음)의 x 면과 y 면 사잇각이 감소한 것을 나타낸다. 그림 3-10 (a)의 평면응력요소에서는 다른 전단응력이 작용하지 않으므로 x 면과 y

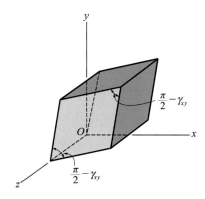

그림 3-12 전단변형률 γ_{xy}

면은 찌그러지지 않은 채 정사각형으로 남아 있다. 전단변형률은 전단에 관한 Hooke 법칙에 따라 다음과 같다.

$$\gamma_{xy} = \frac{\tau_{xy}}{G} \tag{3-27}$$

물론, 수직응력 σ_x 와 σ_y 는 전단변형률 γ_{xy} 에는 아무런 영향을 끼치지 않는다. 그러므로 식 (3-26) 과 (3-27) 은 동시에 작용하는 모든 응력 (σ_x, σ_y, τ_{xy}) 에 의한 변형률을 나타낸다. 수직변형률에 대한 두 개의 식 (3-26 a, b) 을 응력에 대하여 표시하면 다음과 같이 된다.

$$\sigma_x = \frac{E}{1-\nu^2}(\varepsilon_x + \nu\varepsilon_y) \tag{3-28 a}$$

$$\sigma_y = \frac{E}{1-\nu^2}(\varepsilon_y + \nu\varepsilon_x) \tag{3-28 b}$$

평면응력을 받는 물체내의 어떤 요소의 단위체적변화는 그림 3-13의 요소에서, 변형된 후의 체적이

$$V_f = (1+\varepsilon_x)(1+\varepsilon_y)(1+\varepsilon_z)$$

이므로

$$\frac{\Delta V}{V_0} = \frac{V_f - V_0}{V_0} \approx \varepsilon_x + \varepsilon_y + \varepsilon_z = \varepsilon_v \tag{3-29}$$

이 재료가 Hooke의 법칙을 따를 때 식 (3-26) 을 식 (3-29) 에 대입하면 다음과 같다.

$$\varepsilon_v = \frac{\Delta V}{V_0} = \frac{1-2\nu}{E}(\sigma_x + \sigma_y) \tag{3-30}$$

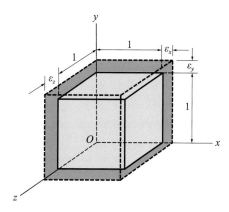

그림 3-13 수직변형률 ε_x, ε_y 및 ε_z

만약 이 식에서 $\sigma_y = 0$ 이면 이 식은 단순응력의 단위체적변화에 대한 식 (1-10) 과 같게 될 것이다.

예제 3-05

그림 3-14와 같은 요소에서 $\sigma_x = 1750 \, \text{kgf}/\text{cm}^2$, $\sigma_y = 350 \, \text{kgf}/\text{cm}^2$, $\tau_{xy} = -600 \, \text{kgf}/\text{cm}^2$ 이 작용할 때, 두 주응력 σ_1 과 σ_2 의 크기와 방향을 구하여라. 그리고 Mohr의 응력원을 이용하여 최대전단응력과 그 방향을 구하여라.

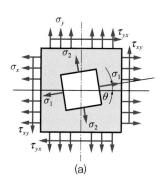

(a)

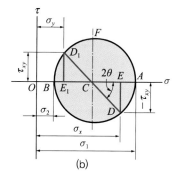

(b)

그림 3-14

풀이

$$\sigma_1 = \frac{\sigma_x + \sigma_y}{2} + \sqrt{\left(\frac{\sigma_x - \sigma_y}{2}\right)^2 + \tau_{xy}^2}$$

$$= \frac{1750 + 350}{2} + \sqrt{\left(\frac{1750 - 350}{2}\right)^2 + (-600)^2}$$

$$= 1972 \, \text{kgf}/\text{cm}^2$$

$$\sigma_2 = \frac{\sigma_x + \sigma_y}{2} - \sqrt{\left(\frac{\sigma_x - \sigma_y}{2}\right)^2 + \tau_{xy}^2}$$

$$= \frac{1750 + 350}{2} - \sqrt{\left(\frac{1750 - 350}{2}\right)^2 + (-600)^2}$$

$$= 128 \, \text{kgf}/\text{cm}^2$$

$$\tan 2\theta = -\frac{2\,\tau_{xy}}{\sigma_x - \sigma_y} = -\frac{2 \times (-600)}{1750 - 350} = 0.8571$$

$$2\theta = 40°\,35'\,6'' \qquad \theta = 20°\,17'\,6''$$

Mohr의 응력원에 의한 해석

원점 O 에서 σ 축상에 $\sigma_x = 1750 \, \text{kgf}/\text{cm}^2 = \overline{OE}$, $\sigma_y = 350 \, \text{kgf}/\text{cm}^2 = \overline{OE_1}$ 이 되게 잡고, τ축에 평행하게 E 점에서 $\overline{DE} = -600 \, \text{kgf}/\text{cm}^2$, E_1 점에서 $\overline{D_1 E_1} = 600 \, \text{kgf}/\text{cm}^2$ 을 잡아서 $\overline{DD_1}$ 을 지름으로 원을 그리면 된다.

여기서 σ 축과 원이 만나는 점을 A, B 라 하면 $\sigma_1 = \overline{OA} = 1972 \, \text{kgf}/\text{cm}^2$, $\sigma_2 = \overline{OB} = 128 \, \text{kgf}/\text{cm}^2$ 이며, $\angle DCE = 40°\,35'\,6'' = 2\theta$ 이므로 $\theta = 20°\,17'\,6''$ 이다.

최대전단응력 $\tau_{\max} = \overline{CF} = \overline{CD} = 922 \, \text{kgf}/\text{cm}^2$ 이고 최대전단응력이 작용하는 면의 법선방향은 σ_x 의 방향에서 $20°17'6'' + 245° = 265°17'6''$ 만큼 반시계방향으로 회전한 방향이다. ■ ■ ■

3·8 3축응력

그림 3-15 (a) 와 같이 서로 직교하는 방향의 응력 σ_x, σ_y 및 σ_z 를 받고 있는 재료의 한 요소를 3축응력(triaxial stress) 상태에 있다고 한다. 이 요소에서 그림 (b) 처럼 z 축에 평행한 경사면을 잘라내면, 그 경사면 위에 작용하는 응력들은 σ_θ 와 τ_θ 뿐이며 이들은 앞에서 2축응력에 대하여 해석했던 응력들과 같은 응력들이다. 이들 응력은 xy 평면에서의 평형조건 식으로 구해지므로 응력 σ_z 와는 무관하다.

그러므로 응력 σ_θ 및 τ_θ 를 결정할 때 Mohr의 응력원은 물론 평면응력의 식들을 사용할 수 있다. 그 요소에서 x 및 y 축에 평행하게 잘라낸 경사평면 위에 작용하는 수직 및 전단응력에 대해서도 같은 결론이 적용된다.

앞에서 설명한 것처럼 σ_x, σ_y 및 σ_z 는 이 요소의 주응력이라는 것을 알 수 있다. 따라서 최대전단응력은 한 좌표축에 평행하도록 그 요소에서 잘라낸 45° 평면 위에 존재할 것이며, σ_x, σ_y 및 σ_z 의 크기에 의하여 좌우될 것이다. 예를 들어, 그림 (b) 처럼 z 축에 평행한 평면만을 생각한다면 최대전단응력의 식은 다음과 같다.

$$(\tau_{\max})_z = \frac{\sigma_x - \sigma_y}{2} \tag{3-31 a}$$

마찬가지로 x 및 y 축에 평행한 평면 위의 최대전단응력들은 다음과 같이 된다.

$$(\tau_{\max})_x = \frac{\sigma_y - \sigma_z}{2} \tag{3-31 b}$$

$$(\tau_{\max})_y = \frac{\sigma_x - \sigma_y}{2} \tag{3-31 c}$$

절대 최대전단응력은 식 (3–31) 로부터 결정된 응력 중 가장 큰 값이다. 이 응력은 세 주응력 중 대수적으로 가장 큰 것과 가장 작은 것과의 차이의 절반과 같다.

이와 똑같은 결과를 Mohr 응력원에 의하여 편리하게 나타낼 수도 있다. z 축에 평행한 평면에 대하여 σ_x 및 σ_y 는 모두 인장이고 $\sigma_x > \sigma_y$ 라고 가정하면, 이 원은 그림 3–16의 원 A 가 될 것이다.

마찬가지로 x 및 y 축에 평행한 평면들에 대하여는 각각 원 B 및 원 C 를 얻게 된다. 이세 원의 반지름들은 식 (3–31) 로 주어지는 최대전단응력들을 나타내며, 절대 최대전단응력들은 가장 큰 원의 반지름과 같다.

그림 3–15 (a) 의 요소로부터 비대칭방향으로 절단해낸 평면 위의 전단 및 수직응력은 좀더 복잡한 3차원해석에 의하여 구해진다. 비대칭평면 위의 수직응력은 항상 대수적으로 최대인 주응력과 최소인 주응력 사이의 값을 가지며, 전단응력은 식 (3–31) 에 얻어지는 수치적으로 최대인 전단응력보다 항상 작다.

3축응력에서의 변형률 3축응력에 대한 x, y 및 z 방향의 변형률은 그 재료가 Hooke의 법칙을 따른다고 하면 2축응력에 대하여 사용했던 것과 똑같은 방법으로 구할 수 있다. 따라서 다음과 같이 된다.

$$\varepsilon_x = \frac{\sigma_x}{E} - \frac{\nu}{E}(\sigma_y + \sigma_z) \tag{3-32 a}$$

$$\varepsilon_y = \frac{\sigma_y}{E} - \frac{\nu}{E}(\sigma_z + \sigma_x) \tag{3-32 b}$$

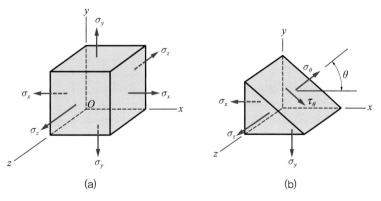

(a)   (b)

그림 3–15 3축응력을 받는 요소

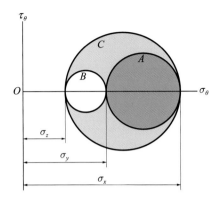

그림 3-16 3축응력에 대한 Mohr 응력원

$$\varepsilon_z = \frac{\sigma_z}{E} - \frac{\nu}{E}(\sigma_x + \sigma_y) \tag{3-32 c}$$

이 식에서 σ 와 ε 에 대한 부호규약은 일반적인 경우와 같이 인장응력 σ 와 늘어나는 변형률 ε 을 양 $(+)$ 으로 잡는다.

앞의 식들을 응력에 대하여 정리하면 다음과 같다.

$$\sigma_x = \frac{E}{(1+\nu)(1-2\nu)} \ [(1-\nu)\varepsilon_x + \nu(\varepsilon_y + \varepsilon_z)] \tag{3-33 a}$$

$$\sigma_y = \frac{E}{(1+\nu)(1-2\nu)} \ [(1-\nu)\varepsilon_y + \nu(\varepsilon_z + \varepsilon_x)] \tag{3-33 b}$$

$$\sigma_z = \frac{E}{(1+\nu)(1-2\nu)} \ [(1-\nu)\varepsilon_z + \nu(\varepsilon_x + \varepsilon_y)] \tag{3-33 c}$$

이 요소의 체적변형률은 변형된 후의 체적이 V_f 이므로 다음과 같다.

$$V_f = (1+\varepsilon_x)(1+\varepsilon_y)(1+\varepsilon_z) \tag{3-34 a}$$

$$\frac{\Delta V}{V_0} = \frac{V_f - V_0}{V_0} \approx \varepsilon_x + \varepsilon_y + \varepsilon_z = \varepsilon_v \tag{3-34 b}$$

이 ε_x, ε_y, ε_z 의 합은 **팽창률**(dilatation)이라고도 하며, ε_v 혹은 e 로 표시된다. 변형률 ε_x, ε_y, ε_z 의 값을 식 (3-34 b)에 대입하면 다음과 같다.

$$\varepsilon_v = \frac{\Delta V}{V_0} = \frac{1-2\nu}{E}(\sigma_x + \sigma_y + \sigma_z) \tag{3-35}$$

3-1-1 축하중 3000 kgf 을 받는 지름 4 cm 의 원형단면봉에 발생하는 최대전단응력 $\tau_{\max}$ 은 얼마인가?

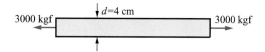

😀 $\tau_{\max} = 119.37\ \text{kgf}/\text{cm}^2$

3-1-2 한 변이 2 cm 인 정사각형 단면을 가진 봉이 그림과 같이 축인장력 $P = 4000\ \text{kgf}$ 을 받고 있다. 횡단면과 30° 경사진 면에 작용하는 응력과 공액응력들을 구하여라.

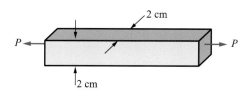

😀 $\sigma_\theta = 750\ \text{kgf}/\text{cm}^2$, $\tau_\theta = 433\ \text{kgf}/\text{cm}^2$, $\sigma_\theta' = 250\ \text{kgf}/\text{cm}^2$, $\tau_\theta' = -433\ \text{kgf}/\text{cm}^2$

3-1-3 연강을 인장시험할 때 시험편의 표점거리 10 cm 에서 0.02 cm 의 신장량을 나타냈다. 이 재료의 탄성계수가 $E = 2.1 \times 10^6\ \text{kgf}/\text{cm}^2$ 이라고 할 때 최대전단응력 $\tau_{\max}$ 을 구하여라.

😀 $\tau_{\max} = 2100\ \text{kgf}/\text{cm}^2$

3-1-4 1축응력상태에 있는 부재로부터 절단된 요소의 각 면에 작용하는 수직응력이 $37.5\,\mathrm{kgf/cm^2}$ 과 $112.5\,\mathrm{kgf/cm^2}$ 이었다 (그림 참조). 이때 경사면의 각 θ 와 전단응력 τ_θ 를 구하여라. 또 최대수직응력 σ_x 와 최대전단응력 $\tau_{\max}$ 을 구하여라.

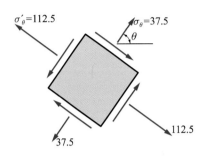

$\bullet$ $\theta = 60°$, $\tau_\theta = 64.95\,\mathrm{kgf/cm^2}$, $\sigma_x = 150\,\mathrm{kgf/cm^2}$, $\tau_{\max} = 75\,\mathrm{kgf/cm^2}$

3-1-5 그림과 같은 두 단면 mn 과 $m'n'$ 사이의 거리가 $l = 12\,\mathrm{mm}$ 이고, 단면적 $4\,\mathrm{cm^2}$, 경사각 $\theta = 45°$ 일 때 축하중 $P = 12000\,\mathrm{kgf}$ 로 인한 단면 mn 과 $m'n'$ 면 사이의 거리 변화를 구하여라. 단, $E = 2.1 \times 10^6\,\mathrm{kgf/cm^2}$ 이다.

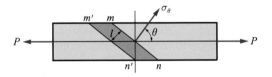

$\bullet$ $\delta = 8.57 \times 10^{-4}\,\mathrm{cm}$

3-1-6 그림과 같이 길이 $50\,\mathrm{cm}$, 지름 $d = 10\,\mathrm{mm}$ 인 강봉의 양단을 $t_0 = 25℃$ 에서 고정시켰다. 온도가 $t = -35℃$ 로 떨어졌을 때 경사면 mn 에 발생하는 응력 σ_θ 와 τ_θ 을 구하여라. 단, $E_s = 2.1 \times 10^6\,\mathrm{kgf/cm^2}$ 이며 $\alpha_s = 1.12 \times 10^{-5}/℃$ 이다.

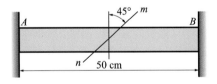

$\bullet$ $\sigma_\theta = 705.6\,\mathrm{kgf/cm^2}$, $\tau_\theta = -705.6\,\mathrm{kgf/cm^2}$

3-1-7 한 변이 $50\,\mathrm{mm}$ 의 정사각형 단면으로 된 목재 2개를 그림과 같이 접착제로 접착하여 인장하중을 받는 봉을 만들고자 한다. 접착제의 인장과 전단에 대한 허용사용응력을 각각 $\sigma_w = 600\,\mathrm{kgf/cm^2}$ 과 $\tau_w = 360\,\mathrm{kgf/cm^2}$ 이라고 할 때, 이 봉이 가장 안전하게 받을 수 있는 인장하중 P_w 를 구하여라. 그리

고 이때 접착면의 경사각 θ 를 구하여라.

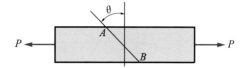

$\quad$ ◉ $\theta = 31°$, $P_w = 20424\,\mathrm{kgf}$

3-2-1 $\sigma_x = 1000\,\mathrm{kgf/cm^2}$ 일 때 $\theta = 30°$ 와 $\theta = 120°$ 에서의 σ_θ, $\sigma_\theta{}'$, τ_θ 및 $\tau_\theta{}'$ 를 해석적 방법으로 계산하고, 또 Mohr 응력원을 이용하여 구하여라. 그리고 미소 응력요소를 취하여 이 요소에 작용하는 응력들을 표시하여라.

$\quad$ ◉ $\sigma_\theta = 750\,\mathrm{kgf/cm^2}$, $\tau_\theta = 433\,\mathrm{kgf/cm^2}$, $\sigma_\theta{}' = 250\,\mathrm{kgf/cm^2}$, $\tau_\theta{}' = -433\,\mathrm{kgf/cm^2}$

3-2-2 그림과 같이 $\sigma_x = -1000\,\mathrm{kgf/cm^2}$ 일 때 $\theta = 30°$ 인 면에 생기는 응력과 공액응력들을 문제 3-2-1과 같은 방법으로 구하여라.

$\quad$ ◉ $\sigma_\theta = -750\,\mathrm{kgf/cm^2}$, $\tau_\theta = -433\,\mathrm{kgf/cm^2}$, $\sigma_\theta{}' = -250\,\mathrm{kgf/cm^2}$, $\tau_\theta{}' = 433\,\mathrm{kgf/cm^2}$

3-2-3 다음 그림과 같은 봉에서 $\sigma_\theta = 2\sigma_\theta{}'$ 로 되는 단면에 있어서 경사각 θ 를 구하여라. 그리고 그 단면에 작용하는 전단응력 τ 를 구하여라.

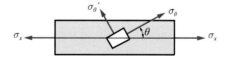

$\quad$ ◉ $\theta = 35°16'$, $\tau = 0.4714\,\sigma_x$

3-3-1 $\sigma_x = 400\,\mathrm{kgf/cm^2}$ 의 인장응력과 $\sigma_y = 200\,\mathrm{kgf/cm^2}$ 의 압축응력이 서로 직각방향으로 작용하고 있는 2축응력상태에서 인장응력이 작용하고 있는 면과 $30°$ 를 이루는 단면상의 응력을 구하여라.

$\quad$ ◉ $\sigma_\theta = 250\,\mathrm{kgf/cm^2}$, $\tau_\theta = 260\,\mathrm{kgf/cm^2}$

3-3-2 그림과 같은 요소에서 $\sigma_x = -500\,\mathrm{kgf/cm^2}$, $\sigma_y = -1000\,\mathrm{kgf/cm^2}$ 일 때 $\theta = 30°$ 인 면에 작용하는 응력들과 그 응력들의 공액응력들을 구하여라.

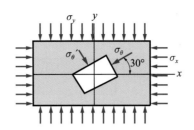

$\bigoplus$ $\sigma_\theta = -625\,\mathrm{kgf/cm^2},\ \tau_\theta = 216\,\mathrm{kgf/cm^2},\ \sigma_\theta{}' = -875\,\mathrm{kgf/cm^2},\ \tau_\theta{}' = -216\,\mathrm{kgf/cm^2}$

3-3-3 그림과 같은 요소에서 $\sigma_x = 400\,\mathrm{kgf/cm^2}$, $\sigma_y = 300\,\mathrm{kgf/cm^2}$ 이 작용하고 있을 때 전단응력 τ 가 최대로 되는 각도 θ 를 결정하고, 그 각도에서 생기는 응력 σ_θ, $\sigma_\theta{}'$ 및 τ_max 을 구하여라.

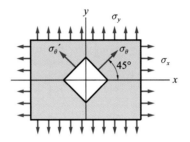

$\bigoplus$ $\sigma_\theta = 350\,\mathrm{kgf/cm^2},\ \sigma_\theta{}' = 350\,\mathrm{kgf/cm^2},\ \tau_\mathrm{max} = 50\,\mathrm{kgf/cm^2}$

3-3-4 2축응력 $\sigma_x = 1000\,\mathrm{kgf/cm^2}$, $\sigma_y = -500\,\mathrm{kgf/cm^2}$ 가 작용할 때, 변형률 ε_x 와 ε_y 를 구하여라. 이 재료의 탄성계수는 $E = 2.1 \times 10^6\,\mathrm{kgf/cm^2}$ 이며 푸아송 비 $\nu = 0.3$ 이다.

$\bigoplus$ $\varepsilon_x = 5.48 \times 10^{-4},\ \varepsilon_y = -3.8 \times 10^{-4}$

3-3-5 단면적 $5\,\mathrm{cm^2}$, 길이 $1\,\mathrm{m}$ 의 정방형단면을 가진 봉에 인장하중 $5000\,\mathrm{kgf}$ 가 작용하고, 동시에 그 둘레에서 압축 $\sigma_y = \sigma_z = -200\,\mathrm{kgf/cm^2}$ 의 압력이 작용할 때 봉은 축방향에서 얼마만큼 늘어나는가? 단, 이 강봉의 종탄성계수 $E = 2.1 \times 10^6\,\mathrm{kgf/cm^2}$ 이며 $\nu = 0.3$ 이다.

$\bigoplus$ $\delta = 0.111\,\mathrm{cm}$

3-3-6 $\sigma_x = 200\,\mathrm{kgf/cm^2}$, $\sigma_y = 300\,\mathrm{kgf/cm^2}$ 이 작용할 때, 최대전단응력의 크기와 각을 구하여라.

$\bigoplus$ $\tau_\mathrm{max} = -50\,\mathrm{kgf/cm^2},\ \theta = 45°$

3-4-1 2축응력상태에서 $\sigma_x = \sigma_y$ 일 때 Mohr 응력원을 구하여라.

$\bigoplus$ $\sigma_\mathrm{av} = \sigma_x,\ \tau_\mathrm{max} = 0$

3-4-2 2축응력 $\sigma_x = 1000\,\mathrm{kgf/cm^2}$, $\sigma_y = -500\,\mathrm{kgf/cm^2}$ 이 작용하고 경사각 $\theta = 30°$ 일 때 이 요소에 작용하는 응력 σ_θ, $\sigma_\theta{'}$ 및 τ_θ, $\tau_\theta{'}$ 를 Mohr 응력원으로부터 구하여라. 또 이 응력들을 응력요소로 표시하여라.

● $\sigma_\theta = 625\,\mathrm{kgf/cm^2}$, $\sigma_\theta{'} = -125\,\mathrm{kgf/cm^2}$, $\tau_\theta = 650\,\mathrm{kgf/cm^2}$, $\tau_\theta{'} = -650\,\mathrm{kgf/cm^2}$

3-4-3 문제 3-4-2의 요소에서 작용하는 전단응력이 최대가 되도록 각 θ 를 결정하고 그 요소에 작용하는 법선응력과 전단응력을 구하여라.

● $\theta = 45°$, $\sigma_\theta = \sigma_\theta{'} = 250\,\mathrm{kgf/cm^2}$

3-4-4 2축응력 $\sigma_x = 1000\,\mathrm{kgf/cm^2}$, $\sigma_y = -2000\,\mathrm{kgf/cm^2}$ 일 때 법선응력이 0으로 되는 평면의 경사각 θ 와 이 평면에 작용하는 전단응력 τ 를 구하여라.

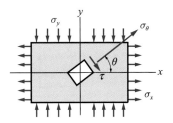

● $\theta = 35°15'$, $\tau = 1410\,\mathrm{kgf/cm^2}$

3-4-5 문제 3-3-1을 Mohr 응력원을 이용하여 풀어라.

3-4-6 문제 3-3-2를 Mohr 응력원을 이용하여 풀어라.

3-4-7 그림과 같이 강판의 두께가 $t = 10\,\mathrm{mm}$ 인 재료로 된 지름 $d = 1\,\mathrm{m}$ 의 원통형 보일러가 내압 $q = 100\,\mathrm{kgf/cm^2}$ 이 작용하고 있을 때 이 원통의 기준선에 대하여 각 $\theta = 60°$ 를 이루는 나선에 수직한 단면에 작용하는 법선응력 σ_θ 와 전단응력 τ 를 Mohr 응력원을 이용하여 구하여라.

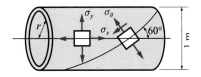

● $\sigma_\theta = 3125\,\mathrm{kgf/cm^2}$, $\sigma_\theta{'} = 4375\,\mathrm{kgf/cm^2}$, $\tau = -1082.5\,\mathrm{kgf/cm^2}$

3-5-1 $700\,\mathrm{kgf/cm^2}$ 의 인장응력과 $200\,\mathrm{kgf/cm^2}$ 의 압축응력이 서로 직각방향으로 작용하고 있을 때, 이 재료의 최대수직응력과 최대전단응력을 구하여라.

● $\sigma_{max} = 700\,\mathrm{kgf/cm^2}$, $\tau_{max} = 450\,\mathrm{kgf/cm^2}$

3-5-2 그림과 같은 평면응력상태에서 $\sigma_x = 600\,\mathrm{kgf/cm^2}$, $\sigma_y = 300\,\mathrm{kgf/cm^2}$, $\tau_{xy} = \tau_{yx} = 150\,\mathrm{kgf/cm^2}$ 일 때 주평면의 한 경사각 θ 를 구하여라.

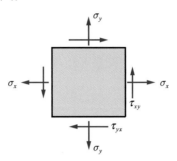

🖐 $\theta = 22.5\,^\circ$

3-5-3 그림과 같은 요소에서 작용하는 응력들이 $\sigma_x = 500\,\mathrm{kgf/cm^2}$, $\sigma_y = 300\,\mathrm{kgf/cm^2}$, $\tau_{xy} = 75\,\mathrm{kgf/cm^2}$ 일 때, 두 주응력 σ_1 및 σ_2 크기와 방향을 구하여라.

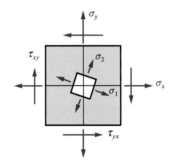

🖐 $\sigma_1 = 525\,\mathrm{kgf/cm^2}$, $\sigma_2 = 275\,\mathrm{kgf/cm^2}$, $\theta = -18^\circ 26'$

3-5-4 그림과 같은 요소에 $\sigma_x = -500\,\mathrm{kgf/cm^2}$, $\sigma_y = 1500\,\mathrm{kgf/cm^2}$, $\tau_{xy} = 1000\,\mathrm{kgf/cm^2}$ 가 작용할때, 두 주응력 σ_1 과 σ_2 의 크기와 방향을 구하여라. 또 이 요소에 대한 Mohr의 응력원을 그리고 최대전단응력과 방향을 구하여라.

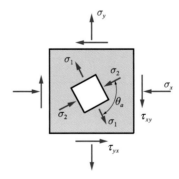

🖐 $\sigma_1 = 1910\,\mathrm{kgf/cm^2}$, $\sigma_2 = -910\,\mathrm{kgf/cm^2}$, $\theta = 22^\circ 30'$, $\theta_a = -67^\circ 30'$

3-5-5 그림과 같은 응력요소에서 $\sigma_x = \sigma_y = 300 \, \text{kgf}/\text{cm}^2$, $\tau_{xy} = 100 \, \text{kgf}/\text{cm}^2$ 일 때 $\theta = 45°$ 평면 ab 위에 작용하는 수직응력 $\sigma_\theta{'}$ 와 $\tau_\theta{'}$ 를 구하여라.

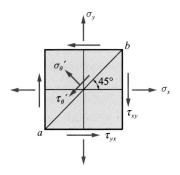

● $\sigma_\theta{'} = 400 \, \text{kgf}/\text{cm}^2$, $\tau_\theta{'} = 0$

3-5-6 그림과 같은 요소에 $\sigma_x = -500 \, \text{kgf}/\text{cm}^2$, $\sigma_y = 300 \, \text{kgf}/\text{cm}^2$, $\tau_{xy} = 100 \, \text{kgf}/\text{cm}^2$ 이 작용할때, 주 응력 σ_1 과 σ_2 의 크기와 방향을 구하여라.

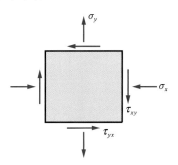

● $\sigma_1 = 312 \, \text{kgf}/\text{cm}^2$, $\sigma_2 = -512 \, \text{kgf}/\text{cm}^2$, $\theta = -82°\,59'$

3-5-7 그림과 같은 요소에 $\sigma_x = 1750 \, \text{kgf}/\text{cm}^2$, $\sigma_y = 350 \, \text{kgf}/\text{cm}^2$, $\tau_{xy} = -600 \, \text{kgf}/\text{cm}^2$ 이 작용할 때, 두 주응력 σ_1 과 σ_2 의 크기와 방향을 구하여라.

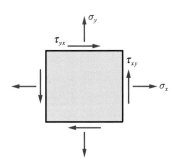

● $\sigma_1 = 1972 \, \text{kgf}/\text{cm}^2$, $\sigma_2 = 128 \, \text{kgf}/\text{cm}^2$, $\theta = 20°\,18'$

3-5-8 그림과 같은 요소에 $\sigma_x = \sigma_y = 0$, $\tau_{xy} = 1000\,\mathrm{kgf/cm^2}$ 이 작용할 때, 두 주응력 σ_1, σ_2 의 크기와 방향을 구하여라.

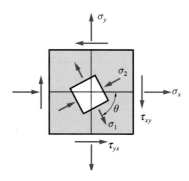

⚫ $\sigma_1 = 1000\,\mathrm{kgf/cm^2}$, $\sigma_2 = -1000\,\mathrm{kgf/cm^2}$, $\theta = -45°$

3-5-9 그림과 같은 $\nu = 0.5$ 인 경질고무로 된 입방체를 두 수직벽 사이의 홈 속에 넣고 그 윗면에 균일압축응력 $\sigma_y = -1000\,\mathrm{kgf/cm^2}$ 을 작용시킬 때 이 입방체는 x 방향으로는 전혀 늘어날 수 없으나 y 방향과 z 방향으로는 자유로이 신축한다면, 최대전단응력의 크기와 방향을 결정하여라.

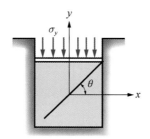

⚫ $\theta = 45°$, $\tau = 250\,\mathrm{kgf/cm^2}$

3-5-10 그림과 같은 요소에 $\sigma_x = -92\,\mathrm{MPa}$, $\sigma_y = -47\,\mathrm{MPa}$, $\tau_{xy} = 31\,\mathrm{MPa}$ 이 작용한다. x 축으로부터 $\theta = -40°$ 회전한 요소에 작용하는 응력들을 결정하여라.

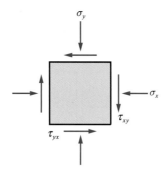

⚫ $\sigma_{x_1} = -104\,\mathrm{MPa}$, $\sigma_{y_1} = -35\,\mathrm{MPa}$, $\tau_{x_1 y_1} = -17\,\mathrm{MPa}$

3-5-11 평면응력상태에 있는 요소가 $\sigma_x = 16000 \, \text{psi}$, $\sigma_y = 6000 \, \text{psi}$, $\tau_{xy} = 4000 \, \text{psi}$ 를 받고 있을 때 주응력 σ_1 과 σ_2 의 크기와 방향을 구하여라.

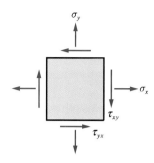

🔴 $\sigma_1 = 17400 \, \text{psi}$, $\sigma_2 = 4600 \, \text{psi}$, $\theta = 19.3°$, $\tau_{max} = 6400 \, \text{psi}$

3-6-1 그림과 같이 1축응력상태에 있는 요소에 대한 Mohr 응력원을 그려라.

(a) 원으로부터 다음의 응력변환 공식을 유도하여라.

$$\sigma_{x_1} = \frac{\sigma_x}{2}(1 + \cos 2\theta) \qquad \tau_{x_1} = -\frac{\sigma_x}{2}\sin 2\theta$$

(b) 원으로부터 주응력이 $\sigma_1 = \sigma_x$, $\sigma_2 = 0$ 가 됨을 보여라.

(c) 원으로부터 최대전단응력을 구하고 그들을 적당히 회전시킨 요소의 그림에 그려 보여라.

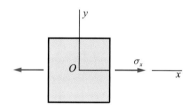

3-6-2 그림과 같이 순수전단상태에 있는 요소에 대하여 Mohr 응력원을 그려라.

(a) 원으로부터 다음의 응력변환공식을 유도하여라.

$$\sigma_{x_1} = \tau_{xy}\sin 2\theta, \qquad \tau_{x_1 y_1} = \tau_{xy}\cos 2\theta$$

(b) 원으로부터 주응력을 구하고 그들을 적당히 회전시킨 요소의 그림에 그려 보여라.

(c) 원으로부터 최대와 최소전단응력이 $\pm\tau_{xy}$ 임을 보여라.

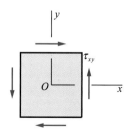

3-6-3 그림과 같이 2축응력상태에 있는 요소에 대하여 Mohr 응력원을 그려라. $\sigma_x > \sigma_y$ 라고 가정하라.

(a) 원으로부터 다음의 응력변환 공식을 유도하여라.

$$\sigma_{x_1} = \frac{\sigma_x + \sigma_y}{2} + \frac{\sigma_x - \sigma_y}{2}\cos 2\theta$$

$$\tau_{x_1 y_1} = -\frac{\sigma_x - \sigma_y}{2}\sin 2\theta$$

(b) 주응력이 $\sigma_1 = \sigma_x$, $\sigma_2 = \sigma_y$ 임을 보여라.

(c) 최대전단응력을 구하고 그들을 적당히 회전시킨 요소의 그림에 그려 보여라.

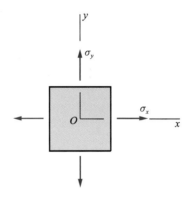

3-6-4 그림에서 보는 바와 같이 동일한 두 응력을 받고 있는 2축응력상태에 있는 요소에 대하여 Mohr 응력원을 그려라($\sigma_x = \sigma_y = \sigma_0$). 경사면에 작용하는 수직응력과 전단응력, 주응력, 그리고 최대전단응력에 대한 공식을 구하여라.

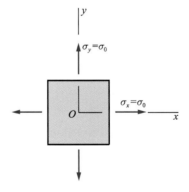

3-6-5 문제 3-5-2를 Mohr 응력원을 이용하여 풀어라.

3-6-6 문제 3-5-3을 Mohr 응력원을 이용하여 풀어라.

3-6-7 문제 3-5-4를 Mohr 응력원을 이용하여 풀어라.

3-6-8 문제 3-5-6을 Mohr 응력원을 이용하여 풀어라.

3-6-9 문제 3-5-7을 Mohr 응력원을 이용하여 풀어라.

3-6-10 문제 3-5-8을 Mohr 응력원을 이용하여 풀어라.

3-6-11 문제 3-5-9를 Mohr 응력원을 이용하여 풀어라.

3-6-12 문제 3-5-10을 Mohr 응력원을 이용하여 풀어라.

3-6-13 문제 3-5-11을 Mohr 응력원을 이용하여 풀어라.

3-7-1 얇은 사각형 강판이 그림에서와 같이 균일한 수직응력 σ_x 와 σ_y 를 받고 있다. x 와 y 방향으로 된 스트레인게이지가 강판의 점 A 에 부착되어 있다. 게이지가 수직변형률 $\varepsilon_x = 0.001$, $\varepsilon_y = -0.0007$ 을 나타내며, $E = 2.1 \times 10^6 \, \text{kgf}/\text{cm}^2$, $\nu = 0.3$ 일 때 응력 σ_x 와 σ_y 를 구하여라.

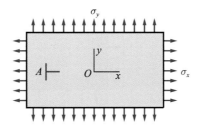

🖐 $\sigma_x = 1823.08 \, \text{kgf}/\text{cm}^2$, $\sigma_y = -923.08 \, \text{kgf}/\text{cm}^2$

3-7-2 x 와 y 방향으로 된 스트레인게이지가 위 그림과 같이 얇은 사각형 강판에 부착되어 있다. 강판은 균일한 수직응력 σ_x 와 σ_y 를 받고 있다. 게이지가 수직변형률 $\varepsilon_x = 500 \times 10^{-6}$, $\varepsilon_y = 100 \times 10^{-6}$ 을 가리킨다. $E = 200 \, \text{GPa}$, $\nu = 0.3$ 이라고 할 때 응력 σ_x 와 σ_y 를 구하여라.

🖐 $\sigma_x = 116 \, \text{MPa}$, $\sigma_y = 55 \, \text{MPa}$

3-7-3 어떤 강판의 한 점에 $\varepsilon_x = 0.0005$, $\varepsilon_y = 0.00014$, $\gamma_{xy} = 0.00036$ 의 응력들을 받고 있다. Mohr 응력원을 그리고, 두 주변형률의 크기와 방향을 구하여라.

🖐 $\varepsilon_1 = 575 \times 10^{-6}$, $\varepsilon_2 = 65 \times 10^{-6}$, $\theta_1 = -22°30'$

3-7-4 강판의 한 점의 평면상태에 대한 $\varepsilon_x = 500 \times 10^{-6}$, $\varepsilon_y = 300 \times 10^{-6}$, $\gamma_{xy} = -1050 \times 10^{-6}$ 일 때, 두 주변형률의 크기와 방향을 구하여라.

🖐 $\varepsilon_1 = 935 \times 10^{-6}$, $\varepsilon_2 = -135 \times 10^{-6}$, $\theta_1 = 39°36'$

3-7-5 균일수직응력 σ_x 와 σ_y 가 그림에서 보는 바와 같이 얇은 강판에 작용하고 있다. 여기서 $E = 200\,\mathrm{GPa}$, $\nu = 0.3$, $\sigma_x = 90\,\mathrm{MPa}$, $\sigma_y = -20\,\mathrm{MPa}$ 이라고 할 때, 강판의 최대전단변형률 γ_{max} 을 구하여라.

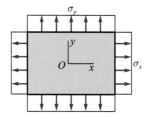

🔴 $\gamma_{\mathrm{max}} = 715 \times 10^{-6}$

3-7-6 두께 $t = 20\,\mathrm{mm}$, 폭 $b = 800\,\mathrm{mm}$, 높이 $h = 400\,\mathrm{mm}$ 인 사각형단면의 판이 그림에서와 같이 수직응력 $\sigma_x = 60\,\mathrm{MPa}$, $\sigma_y = -18\,\mathrm{MPa}$ 을 받고 있다. 두께변화 Δt 와 체적변화 ΔV 를 구하여라. 단, 재료의 $E = 200\,\mathrm{GPa}$, $\nu = 0.3$ 이다.

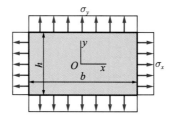

🔴 $\Delta t = -0.00126\,\mathrm{mm}$, $\Delta V = 538\,\mathrm{mm}^3$

3-7-7 폭 $b = 600\,\mathrm{mm}$, 두께 $t = 40\,\mathrm{mm}$ 인 정사각형판이 그림에서 보는 바와 같이 수직하중 P_x, P_y, 그리고 전단력 V 를 받고 있다. 힘은 판의 각 면에 균일 분포응력을 작용하게 한다. $P_x = 480\,\mathrm{kN}$, $P_y = 180\,\mathrm{kN}$, $V = 120\,\mathrm{kN}$, $E = 45\,\mathrm{GPa}$, $\nu = 0.35$ 일 때, 판의 체적변화 ΔV 와 판에 저장된 전변형에너지 U 를 계산하여라.

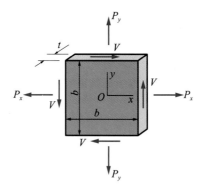

🔴 $\Delta V = 2640\,\mathrm{mm}^3$, $U = 67\mathrm{J}$

3-7-8 그림과 같이 얇은 판이 $x-y$ 평면에 놓여 있고 균일한 응력 $\sigma_x = -\sigma_o$ 가 작용하고 있다. 판은 구속되어 y 축 방향으로는 변화되지 않고 x, z 축 방향으로만 균일하게 변화된다. $\sigma_z = 0$ 일 때 판의 σ_y, ϵ_x 및 ε_z 를 구하여라.

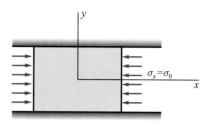

답 $\sigma_y = -\nu\sigma_o$, $\varepsilon_x = \dfrac{1-\nu^2}{E}\sigma_o$, $\varepsilon_z = \dfrac{\nu(1+\nu)}{E}\sigma_o$

3-7-9 문제 3-7-8과 같은 조건에서 온도변화 ΔT 가 발생될 때 판의 σ_y, ε_x 및 ε_z 값을 구하여라.

답 $\sigma_y = -\nu\sigma_o - E\alpha\Delta T$, $\varepsilon_x = -\dfrac{1-\nu^2}{E}\sigma_o + (1+\nu)\alpha\Delta T$, $\varepsilon_z = \dfrac{\nu(1+\nu)}{E}\sigma_o + (1+\nu)\alpha\Delta T$

3-8-1 $a = 6\,\text{in}$, $b = 4\,\text{in}$, $c = 3\,\text{in}$ 인 그림과 같은 육면체 모양의 알루미늄 블록이 x, y 및 z 면에 각각 $\sigma_x = 12000\,\text{psi}$, $\sigma_y = -4000\,\text{psi}$, $\sigma_z = -1000\,\text{psi}$ 의 3축응력을 받고 있을 때 (a) 재료 내의 최대전단응력 $\tau_{\max}$, (b) 블록의 치수변화 Δa, Δb 및 Δc, (c) 체적변화 ΔV, (d) 블록 내에 저장된 전변형에너지 U 를 구하여라. 단, $E = 10400\,\text{ksi}$, $\nu = 0.33$ 이다.

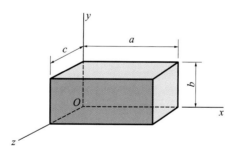

답 (a) $\tau_{\max} = 8000\,\text{psi}$, (b) $\Delta a = 0.0079\,\text{in}$, $\Delta b = -0.0029\,\text{in}$, $\Delta c = -0.0011\,\text{in}$, (c) $\Delta V = 0.0165\,\text{in}^3$, (d) $U = 685\,\text{in-lb}$

3-8-2 문제 3-8-1에서 치수를 $a = 300\,\text{mm}$, $b = 150\,\text{mm}$, $c = 150\,\text{mm}$ 이고 응력 $\sigma_x = -60\,\text{MPa}$, $\sigma_y = -40\,\text{MPa}$, $\sigma_z = -40\,\text{MPa}$ 인 강블록에 대하여 풀어라.

답 (a) $\tau_{\max} = 10\,\text{MPa}$, (b) $\Delta a = -0.054\,\text{mm}$, $\Delta b = -0.0075\,\text{mm}$, $\Delta c = -0.0075\,\text{mm}$, (c) $\Delta V = -189\,\text{mm}^3$, (d) $U = 50\,\text{J}$

3-8-3 각 변의 길이가 $a = 4\,\text{in}$ 인 주철제 입방체가 3축응력을 받고 있다. 각 면에 부착된 스트레인게이지가 $\varepsilon_x = -225 \times 10^{-6}$, $\varepsilon_y = \varepsilon_z = -37.5 \times 10^{-6}$ 의 변형률을 가리킬 때, (a) 요소의 x, y 및 z 면에 작용하는 수직응력 σ_x, σ_y 및 σ_z, (b) 재료 내의 최대전단응력 $\tau_{\max}$, (c) 블록의 체적변화 ΔV, (d) 블록에 저장된 전변형에너지 U 를 구하여라. 단, 이 재료의 $E = 14000\,\text{ksi}$, $\nu = 0.25$ 라 가정한다.

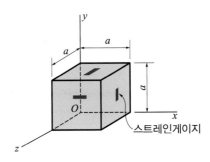

🖱 (a) $\sigma_x = -4200\,\text{psi}$, $\sigma_y = -2100\,\text{psi}$, $\sigma_z = -2100\,\text{psi}$, (b) $\tau_{\max} = 1050\,\text{psi}$,
(c) $\Delta V = -0.0192\,\text{in}^3$, (d) $U = 35.3\,\text{in-lb}$

3-8-4 문제 3-8-3에서 한 변 $a = 75\,\text{mm}$, 측정된 변형률 $\varepsilon_x = -720 \times 10^{-6}$, $\varepsilon_y = \varepsilon_z = -270 \times 10^{-6}$, $E = 60\,\text{MPa}$, $\nu = 0.25$ 인 재료에 대하여 풀어라.

🖱 (a) $\sigma_x = -64.8\,\text{MPa}$, $\sigma_y = -43.2\,\text{MPa}$, $\sigma_z = -43.2\,\text{MPa}$, (b) $\tau_{\max} = 10.8\,\text{MPa}$,
(c) $\Delta V = -532\,\text{mm}^3$, (d) $U = 14.8\,\text{J}$

3-8-5 지름 $d = 22\,\text{cm}$ 의 강구가 $q = 600\,\text{kgf/cm}^2$ 의 균일한 유체압을 받고 있다. 이 강구의 체적감소량 ΔV 를 구하여라. 단, $E = 2.1 \times 10^6\,\text{kgf/cm}^2$, $\nu = 0.3$ 이다.

🖱 $\Delta V = -1.91\,\text{cm}^3$

3-8-6 두께가 일정한 속이 빈 구가 같은 세기의 균일한 압력 q를 받고 있다. 이때 안지름의 감소 δ 를 구하고, 3축응력에 대한 Mohr 응력원을 구하여라.

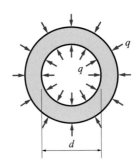

🖱 $\delta = \dfrac{-dP(1-2\nu)}{E}$

3-8-7 지름 $d = 25\,\mathrm{cm}$ 의 강구를 $60\,\mathrm{atm}$ 의 액체 내에 넣었을 때 강구의 체적변형률 ϵ_v와 체적변화량 ΔV 를 구하여라. 단, 이 강재의 $E = 2.1 \times 10^6\,\mathrm{kgf/cm^2}$, $\nu = 0.3$ 이다.

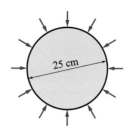

$\blacktriangleright$ $\epsilon_v = -3.43 \times 10^{-5}$, $\Delta V = -0.281\,\mathrm{cm^3}$

3-8-8 한 변이 a 인 콘크리트 입방체가 서로 상대되는 4면이 균일압축응력 $\sigma = 150\,\mathrm{kgf/cm^2}$ 을 받고 있을 때, 단위체적당의 체적의 감소를 구하여라. 단, 이 재료의 $E = 1.4 \times 10^5\,\mathrm{kgf/cm^2}$, $\nu = \dfrac{1}{6}$ 이다.

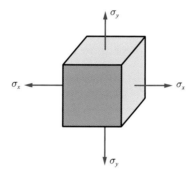

$\blacktriangleright$ $\Delta V = -a^3 \times 1.43 \times 10^{-3}\,\mathrm{cm^3}$

단면의 기하학적 성질

STRENGTH OF MATERIALS

4-1 단면 1차 모멘트와 도심

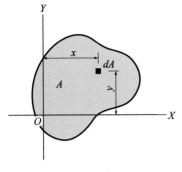

그림 4-1

그림 4-1과 같은 임의 단면적 A 인 평면도형상에 미소면적 dA 를 취하여 그의 좌표를 x, y 라고 하면, X 축에 대한 단면 A 의 **1차 모멘트**(first moment of area)는 다음과 같은 적분식으로 정의된다.

$$Q_x = \int_A y\,dA \tag{4-1}$$

마찬가지로 Y 축에 대한 단면 A 의 1차 모멘트는 다음과 같은 적분식으로 정의된다.

$$Q_y = \int_A x\,dA \tag{4-2}$$

좌표축의 위치에 따라서 이들의 적분 부호가 양$(+)$, 음$(-)$, 또는 영(0)이 될 수 있으며, 단위는 m^3 또는 cm^3 으로 표시된다.

단면 A 의 **도심**(centroid)은 다음 관계를 만족시키는 좌표 $\bar{x}$ 와 $\bar{y}$ 에 위치한 점 C 로 정의된다(그림 4-2).

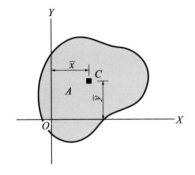

그림 4-2

$$\int_A x\,dA = A\bar{x} = Q_Y \qquad \int_A y\,dA = A\bar{y} = Q_X \tag{4-3}$$

위 식에서 단면 A 의 1차 모멘트는 그 단면적과 단면의 도심좌표의 곱으로 표시될 수 있다. 그러므로 단면의 도심좌표 $\bar{x}$ 와 $\bar{y}$ 는 다음과 같이 된다.

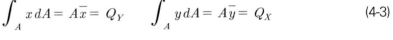
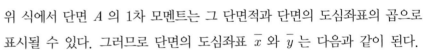

$$\bar{x} = \frac{\int_A x\,dA}{\int_A dA} = \frac{Q_Y}{A} \qquad \bar{y} = \frac{\int_A y\,dA}{\int_A dA} = \frac{Q_X}{A} \tag{4-4}$$

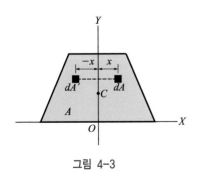

그림 4-3

만일 단면이 대칭축을 가지고 있을 때, 그 대칭축에 관한 단면 1차 모멘트는 0 이다. Y 축에 관하여 대칭인 그림 4-3 의 단면 A 를 고려해 보면, 횡좌표 x 의 미소면적 dA 에 대하여 횡좌표 $-x$ 의 미소면적 dA' 가 대응하고 있다. 따라서 식(4-2)의 적분은 0 이 되며, $Q_Y = 0$ 이다. 또한 식(4-3)의 첫 번째 식으로부터 $\bar{x} = 0$ 이 되어야 한다. 그러므로 단면 A 가 한 개의 대칭축을 가지고 있다면, 그 도심 C 는 그 축상에 위치해 있게 된다.

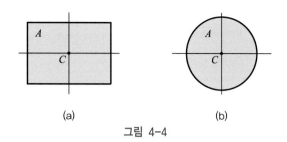

(a)   (b)

그림 4-4

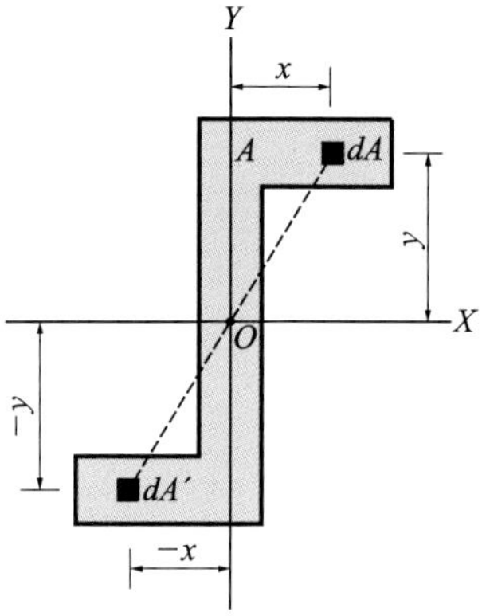

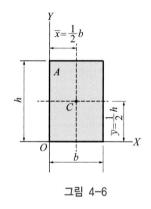

그림 4-5

직사각형은 두 개의 대칭축을 가지고 있으므로 [그림 4-4 (a)], 직사각형 단면의 도심 C는 그 기하학적 중심과 일치한다. 마찬가지로 원형단면의 도심도 원의 중심과 일치한다[그림 4-4 (b)].

한 단면이 대칭중심 O를 가지고 있다면, O를 통하는 모든 축에 관한 단면 1차 모멘트는 0이다. 그림 4-5의 단면 A를 고려해 보면, 좌표 x, y인 미소면적 dA에 좌표 $-x, -y$인 미소면적 dA'가 대응하고 있음을 알 수 있다. 따라서 식 (4-1)과 (4-2)의 적분은 둘다 0이고 $Q_X = Q_Y = 0$이 된다. 또한 식 (4-3)으로부터 $\bar{x} = \bar{y} = 0$이 된다. 즉, 이 단면의 도심은 대칭 중심과 일치한다.

단면이 대칭이므로 도심 C의 위치를 알 수 있을 때, 어느 주어진 축에 관한 이 단면의 1차 모멘트는 식 (4-4)로부터 쉽게 구할 수 있다. 예를 들면 그림 4-6의 직사각형 단면의 경우에 다음과 같이 계산할 수 있다.

$$Q_X = A\,\bar{y} = (b\,h)\left(\frac{1}{2}h\right) = \frac{1}{2}b\,h^2 \quad Q_Y = A\,\bar{x} = (b\,h)\left(\frac{1}{2}b\right) = \frac{1}{2}b^2\,h$$

그러나 대부분의 경우에 주어진 단면의 1차 모멘트와 도심을 결정하기 위하여 식 (4-1)에서 식 (4-3)까지에 표시된 적분을 수행할 필요가 있다. 각 적분은 실제로는 이중적분이지만, 많은 응용과정에서 미소면적 dA를 수평 또는 수직인 얇은 조각으로 취하여 단일변수로 적분을 할 수 있도록 한다. 일반적인 도형의 성질 및 도심은 책 뒤의 부록 8에 실었다.

그림 4-6

(그림 4-6 주석) $\bar{x} = \frac{1}{2}b$, $\bar{y} = \frac{1}{2}h$

예제 4-01 그림 4-7과 같이 밑변이 b이고 높이가 h인 삼각형 단면에 대하여,

(1) X축에 관한 단면 1차 모멘트 Q_X

(2) 단면의 도심 $\bar{y}$를 구하여라.

풀이 (1) 단면 1차 모멘트 Q_X : 그림 4-8에서 길이가 u이고 두께 dy인 수평조각을 미소면적으로 택한다. 이 미소면적내의 모든 점들은 X축으로부터 같은 거리 y에 있다.

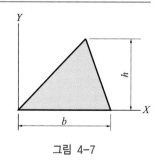

그림 4-7

$$\frac{u}{b} = \frac{h-y}{h} \qquad u = b\,\frac{h-y}{h}$$

$$dA = u\,dy = b\,\frac{h-y}{h}\,dy$$

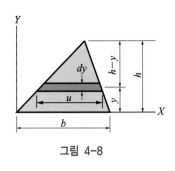

그림 4-8

X 축에 관한 1차 모멘트는

$$Q_X = \int_A y\,dA = \int_0^h y b\,\frac{h-y}{h}\,dy = \frac{b}{h}\int_0^h (h\,y - y^2)\,dy$$

$$= \frac{b}{h}\left[h\,\frac{y^2}{2} - \frac{y^3}{3}\right]_0^h$$

$$= \frac{1}{6}\,b\,h^2$$

(2) 도심의 $\bar{y}$ 좌표 : 식 (4-4) 에서 $A = \dfrac{1}{2}\,b\,h$ 를 대입하면

$$Q_X = A\,\bar{y} \qquad \frac{1}{6}\,b\,h^2 = \left(\frac{1}{2}\,b\,h\right)\bar{y} \qquad \bar{y} = \frac{1}{3}\,h$$

4-2 합성단면의 1차 모멘트와 도심

그림 4-9 (a) 에 표시된 단면 A 를 고려할 때, 이 도형은 그림 4-9 (b) 와 같이 단순한 몇 개의 도형으로 나눌 수 있다. 앞 절에서 본 바와 같이 X 축에 관한 단면 1차 모멘트 Q_X는 적분 $\displaystyle\int_A y\,dA$ 로 나타나며, 이 적분은 단면적 A 전체에 걸친 것이다. 단면적 A 를 A_1, A_2, A_3 부분으로 나누면 다음과 같이 쓸 수 있다.

$$Q_X = \int_A y\,dA = \int_{A_1} y\,dA + \int_{A_2} y\,dA + \int_{A_3} y\,dA$$

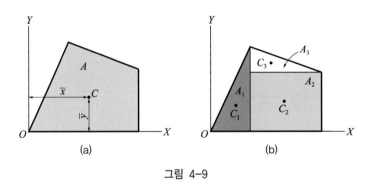

그림 4-9

또는 식 (4-3) 으로부터

$$Q_X = A_1 \overline{y_1} + A_2 \overline{y_2} + A_3 \overline{y_3}$$

여기서 $\overline{y_1}$, $\overline{y_2}$ 및 $\overline{y_3}$ 는 나누어진 면적 A_1, A_2, A_3 각 도심의 Y축의 좌표이다.

임의 개수의 단면성분일 때는 다음과 같이 쓸 수 있다.

$$Q_X = \sum_i A_i \overline{y_i} \qquad Q_Y = \sum_i A_i \overline{x_i} \tag{4-5}$$

여기서

$$\overline{x} = \frac{\sum_i A_i \overline{x_i}}{\sum_i A_i} \qquad \overline{y} = \frac{\sum_i A_i \overline{y_i}}{\sum_i A_i} \tag{4-6}$$

예제 4-02 그림 4-10에 있는 단면의 도심 C 의 좌표를 구하여라. (단위 mm)

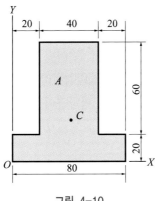

그림 4-10

풀이 다음 그림 4-11과 같이 전체 도형을 A_1, A_2 로 나누어 생각하면, 도형은 좌, 우 대칭이므로

$$\overline{x} = 40\,\text{mm}$$

$$\overline{y} = \frac{\sum_i A_i \overline{y_i}}{\sum_i A_i} = \frac{A_1 \overline{y_1} + A_2 \overline{y_2}}{A_1 + A_2} = \frac{1600 \times 10 + 2400 \times 50}{20 \times 80 + 40 \times 60} = 34\,\text{mm}$$

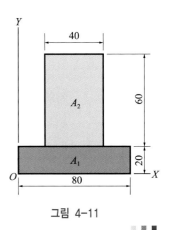

그림 4-11

4-3 단면의 관성모멘트(2차 모멘트)

그림 4-12와 같이 임의 평면도형상의 미소면적 dA에서 X, Y축까지의 거리 x 및 y의 제곱을 서로 곱한 것을 X, Y축에 관한 미소단면의 2차 모멘트라 하고, 그 도형 전체면적 A에 걸쳐 적분한 값을 각각 X, Y축에 대한 **단면 2차 모멘트**(second moment of area) 또는 **관성모멘트**(moment of inertia)라 하며, 다음과 같이 표시한다.

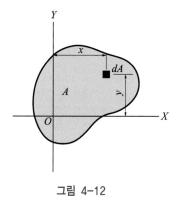

그림 4-12

$$I_X = \int_A y^2 dA$$

$$I_Y = \int_A x^2 dA \qquad\qquad (4\text{-}7)$$

주어진 도형이 몇 개의 부분으로 나눌 수 있는 경우에는, 각 부분 도형의 관성모멘트를 합하여 전체도형의 관성모멘트를 구할 수 있다(4-5절 참조).

또한 **단면 2차중심**(center of gyration of area)은 도형의 전면적이 어떤 점에 집중되었다고 생각하고, 주어진 축에 대한 이 도형의 관성모멘트의 크기가 주어진 축에 대한 분포된 면적의 관성모멘트와 같은 경우 이 점을 말한다. 주어진 축까지의 거리를 **단면 2차반경**(radius of gyration of area), **회전반경** 또는 **관성반경**이라 하고 k로 표시하며 단위는 cm이다. 즉 관성모멘트를 그 단면적으로 나눈 값의 평방근이 그 단면적의 회전반경이다.

$$k_X = \sqrt{\frac{I_X}{A}}$$

$$k_Y = \sqrt{\frac{I_Y}{A}} \qquad\qquad (4\text{-}8)$$

그림 4-13에서 도심 C를 지나는 축에서 도형의 끝단까지의 거리를 e_1, e_2라 하면, 그 축에 대한 관성모멘트 I를 e로 나눈 값을 그 축에 대한 **단면계수**라 하고 Z로 표시한다.

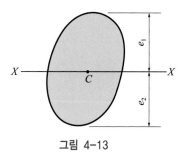

그림 4-13

$$Z_{X_1} = \frac{I_X}{e_1}$$

$$Z_{X_2} = \frac{I_X}{e_2} \qquad\qquad (4\text{-}9)$$

만일 도형이 어떤 축에 대해 대칭이면, 그 축에 대한 단면계수는 $Z_1 = Z_2 = Z$ 하나만 존재하고 대칭이 아닐 때는 2개의 단면계수가 존재한다.

관성모멘트, 회전반경 및 단면계수 등은 보 또는 기둥의 설계에 있어서 매우 중요하다.

예제 4-03 그림 4-14와 같이 밑변이 b 이고 높이가 h 인 직사각형 단면에서 도심축 X 에 관한

(1) 단면 2차 모멘트 I_X,

(2) 회전반경 k_X,

(3) 단면계수 Z_X 를 구하여라.

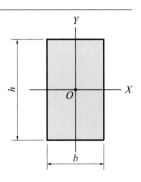

그림 4-14

풀이 (1) 관성모멘트 I_X : 그림 4-15와 같이 가로 b, 세로 dy 를 미소면적 dA 로 잡는다. 식 (4-7) 로부터

$$I_X = \int_A y^2 dA = \int_{-\frac{h}{2}}^{\frac{h}{2}} y^2 \, b \, dy = \frac{bh^3}{12}$$

(2) 회전반경 k_X : 식 (4-8) 로부터

$$k_X = \sqrt{\frac{I_X}{A}} = \frac{h}{2\sqrt{3}}$$

(3) 단면계수 Z : 식 (4-9) 로부터 $Z_X = \dfrac{I_X}{e}$ 에서 $e = \dfrac{h}{2}$ 이므로

$$Z_X = \frac{bh^2}{6}$$

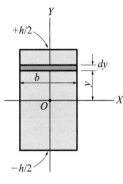

그림 4-15

예제 4-04 다음 그림 4-16에서 보는 바와 같이 반지름 r 인 원의 도심을 통과하는 축에 대한 관성모멘트 I_X 와 단면계수 Z 를 구하여라.

풀이 가로 $2x$, 세로 dy 를 미소면적 dA 로 잡으면

$$x = r\cos\theta$$
$$y = r\sin\theta$$
$$dy = r\cos\theta \, d\theta$$
$$dA = 2x \, dy$$
$$= 2r\cos\theta \cdot r\cos\theta \, d\theta$$
$$= 2r^2 \cos^2\theta \, d\theta$$

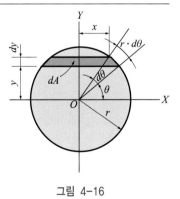

그림 4-16

관성모멘트 I_X : 식 (4-7) 로부터

$$I_X = \int_A y^2 dA = 2 \int_0^{\frac{\pi}{2}} y^2 dA = 2 \int_0^{\frac{\pi}{2}} (r^2 \sin^2 \theta)(2r^2 \cos^2 \theta \, d\theta)$$

$$= r^4 \int_0^{\frac{\pi}{2}} 4 \cos^2 \theta \cdot \sin^2 \theta \, d\theta = r^4 \int_0^{\frac{\pi}{2}} (2 \sin \theta \cos \theta)^2 d\theta$$

$$= r^4 \int_0^{\frac{\pi}{2}} \sin^2 2\theta \, d\theta$$

$$= r^4 \left[\frac{1}{2} \theta - \frac{1}{4 \times 2} \sin 4\theta \right]_0^{\frac{\pi}{2}}$$

$$= \frac{1}{4} \pi r^4 = \frac{1}{64} \pi d^4$$

단면계수 $Z : Z = \dfrac{I_X}{e}$ 에서 도심에서 도형의 끝단까지의 거리는 $e = r$ 또는 $\dfrac{d}{2}$ 이므로

$$Z_X = \frac{\pi d^3}{32}$$

■ ■ ■

4-4 평행축정리

평면도형의 도심을 지나는 축 X, Y와 각각 거리가 D_1, D_2 만큼 떨어진 동일평면 내의 평행축 X', Y' 에 대한 관성모멘트는 다음과 같이 된다.

$$I_{X'} = \int_A (y + D_1)^2 dA$$
$$= \int_A y^2 dA + 2D_1 \int_A y \, dA + \int_A D_1^2 \, dA$$

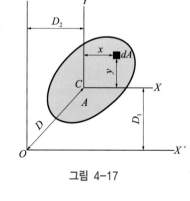

그림 4-17

여기에서 $\displaystyle\int_A y^2 dA$ 는 도심을 지나는 X 축에 대한 관성모멘트 I_X이며, $\displaystyle\int_A y \, dA$ 는 도심을 지나는 X 축에 대한 단면 1차 모멘트이므로 $\displaystyle\int_A y \, dA = 0$ 이 된다. 또 $\displaystyle\int_A dA$ 는 도형의 전단면적 A 이다.

그러므로 위 식에서 X축과 D_1 거리만큼 떨어져 있는 X'축에 관한 관성모멘트는 다음과 같이 된다.

$$I_{X'} = I_X + D_1{}^2 A \qquad (4\text{-}10)$$

같은 방법으로 Y'축에 관한 관성모멘트는 다음과 같이 된다.

$$I_{Y'} = I_Y + D_2{}^2 A \qquad (4\text{-}11)$$

이를 **평행축정리**(parallel axis theorem) 라 한다. 평행축정리는 도심축에 관한 관성모멘트를 알고 있을 때 같은 방향의 주어진 임의 축에 관한 관성모멘트를 결정할 수 있게 한다.

예제 4-05 밑변이 b 이고 높이가 h 인 직사각형의 밑변에 관한 관성모멘트 $I_{X'}$를 평행축정리로 구하여라.

풀이 $I_{X'} = I_X + D_1{}^2 A$

$$= \frac{bh^3}{12} + \left(\frac{h}{2}\right)^2 bh = \frac{bh^3}{3}$$

예제 4-06 그림 4-18과 같은 지름이 d 인 원의 접선에 대한 관성모멘트를 평행축정리를 이용하여 구하여라.

풀이 $I_{X'} = I_X + D_1{}^2 A$

$$= \frac{\pi d^4}{64} + \left(\frac{d}{2}\right)^2 \times \frac{\pi d^2}{4} = \frac{5\pi d^4}{64}$$

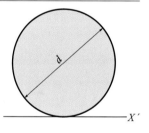

그림 4-18

4-5 합성단면의 관성모멘트

주어진 도형이 나눌 수 있는 몇 개의 도형으로 구성되어 있는 합성단면의 경우에는, 나누어진 각각의 도형에 관한 관성모멘트들을 원하는 축까지 평행축정리로 이동시킨 후 모두 합해줌으로써 합성단면의 관성모멘트를 구할 수 있다. 또한, 평행축정리의 식 $I_{X'} = I_X + D^2 A$에서 이동하는 거리 D 의 항은 D^2 이므로 이동하는 방향이 $(-)$ 방향이라도 항상 양$(+)$ 이된다.

다음 그림 4-19에 주어진 단면의 도심축 X에 대한 관성모멘트 I_X를 구하여라.

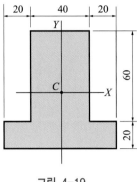

그림 4-19

도심의 위치 우선 주어진 단면의 도심 위치를 결정하여야 한다. 그러나 이 단면의 도심은 이미 예제 4-02에서 구하였다. 여기에서 도심 C는 단면 A의 하단에서 34 mm 위 쪽에 놓여 있다.

관성모멘트의 계산 단면 A를 두 개의 직사각형 A_1과 A_2로 나누고 (그림 4-20), 각 단면을 구하고자 하는 전체단면의 도심 X축에 관한 관성모멘트로 계산한다.

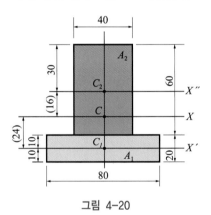

그림 4-20

직사각형 A_1 X축에 관한 A_1의 관성모멘트 $(I_X)_1$을 구하기 위해서 우선 A_1 자체의 도심축 X'에 관한 관성모멘트를 계산하여야 한다.

$$(I_{X'})_1 = \frac{1}{12}bh^3 = \frac{1}{12}\times 80 \times 20^3 = 53.3 \times 10^3 \, \mathrm{mm}^4$$

평행축정리를 이용하여 도심 X축에 관한 A_1의 관성모멘트를 구한다. 여기서 $D_1 = 24 \, \mathrm{mm}$ 이다.

$$(I_X)_1 = (I_{X'})_1 + D_1{}^2 A = 53.3\times 10^3 + (24)^2(87\times 20)$$
$$= 975\times 10^3 \, \mathrm{mm}^4$$

직사각형단면 A_2 A_2 자체의 도심축 X''에 관한 A_2의 관성모멘트를 계산하고, 이를 X축에 전환시키기 위해 평행축정리를 사용하면 다음과 같다.

$$(I_{X''})_2 = \frac{1}{12}bh^3 = \frac{1}{12}\times 40\times 60^3 = 720\times 10^3 \, \mathrm{mm}^4$$

X축에 관한 A_2 의 관성모멘트를 구한다. 여기서 이 $D_1 = 16\,\text{mm}$ 다.

$$(I_X)_2 = (I_{X''})_2 + D_1^{\,2} A_2 = 720 \times 10^3 + (16)^2 (40 \times 60)$$
$$= 1333.4 \times 10^3 \, \text{mm}^4$$

전단면적 A X축에 관한 A_1 과 A_2 의 관성모멘트를 합하면 전단면적 A 의 도심 C 에 관한 관성모멘트 I_X 를 얻게 된다.

$$I_X = (I_X)_1 + (I_X)_2 = 975 \times 10^3 + 1333.4 \times 10^3$$
$$= 2.3 \times 10^6 \, \text{mm}^4$$

풀이 2   풀이 1과 다른 방법으로, 단면적 A 를 밑변 X'축에 공유하게 A_1, A_2, A_3 로 나누어 (그림 4–21) 각각의 밑변에 관한 관성모멘트를 구하여 합하면 전단면적 A의 밑변 X' 축에 관한 관성모멘트 I_X 가 나온다. 이것을 단면 A 의 도심까지 평행축정리로 이동시키면 전단면적 A의 관성모멘트 I_X 를 얻을 수 있다.

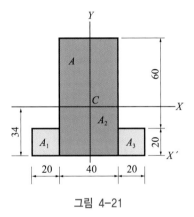

그림 4–21

밑변 X'축에 관한 관성모멘트   단면적 A 를 A_1, A_2, A_3 로 나누어 각각의 X' 축에 관한 관성모멘트를 $(I_X)_1$, $(I_X)_2$, $(I_X)_3$ 라 한다. 밑변이 b이고 높이가 h인 직사각형의 밑변에 관한 관성모멘트는 예제 4–05에서 $I_{X'} = \dfrac{bh^3}{3}$ 이 되므로

$$(I_X)_1 = \frac{1}{3}bh^3 = \frac{1}{3} \times 20 \times 20^3 = 53.3 \times 10^3 \, \text{mm}^4$$
$$(I_X)_2 = \frac{1}{3}bh^3 = \frac{1}{3} \times 40 \times 80^3 = 6.83 \times 10^6 \, \text{mm}^4$$
$$(I_X)_3 = \frac{1}{3}bh^3 = \frac{1}{3} \times 20 \times 20^3 = 53.3 \times 10^3 \, \text{mm}^4$$

전단면적 A 의 밑변에 관한 관성모멘트 $I_{X'}$ 는

$$I_{X'} = (I_X)_1 + (I_X)_2 + (I_X)_3$$
$$= 53.3 \times 10^3 + 6.83 \times 10^6 + 53.5 \times 10^3$$
$$= 6.93 \times 10^6 \, \text{mm}^4$$

전단면적 A 의 도심에 관한 관성모멘트 I_X 는 평행축정리에 의해 $I_X = I_X + D_1{}^2 A$ 에서 $D_1 = 34$ 이고 전체면적 A 는 $4000\,\mathrm{mm}^2$ 이므로 $6.93 \times 10^6 = I_X + (34)^2 \times 4000$ 에서 $I_X = 2.31 \times 10^6\,\mathrm{mm}^4$ 이 된다.

                                                             ■ ■ ■

4-6 　극관성모멘트

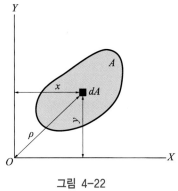

그림 4-22

그림 4-22 에서와 같이 임의 평면도형상의 미소면적 dA 에서 좌표 원점 O 까지의 거리를 ρ 라고 할 때, 이 단면의 원점 O (극)에 관한 관성모멘트를 극관성모멘트 (polar moment of inertia) I_P 라 하며 다음과 같이 표시한다.

$$I_P = \int_A \rho^2 dA \qquad (4\text{-}12)$$

그림 4-22 에서 $\rho^2 = x^2 + y^2$ 이므로

$$I_P = \int_A \rho^2 dA = \int_A (x^2 + y^2)\,dA$$
$$= \int_A x^2\,dA + \int_A y^2\,dA$$

여기에서 $\displaystyle\int_A x^2 dA = I_Y$, $\displaystyle\int_A y^2 dA = I_X$ 이므로

$$I_P = I_X + I_Y \qquad (4\text{-}13)$$

식 (4-13)에서 I_P 는 X 축과 Y 축에 대한 두 관성모멘트를 합한 것과 같다는 것을 알 수 있으며, 특히 원, 정방형과 같은 직교축이 대칭일 때는 $I_X = I_Y$ 가 되므로 $I_P = 2I_X = 2I_Y$, 즉 극관성모멘트는 관성모멘트의 2배가 됨을 알 수 있다.

극관성모멘트의 평행축정리　　그림 4-23 에서 단면의 도심 C 를 통과하는 극관성모멘트를 I_P, X 축과 Y 축으로부터 D_1, D_2 만큼 떨어져 있는 X', Y' 축의 원점 O 에 관한 극관성모멘트를 $I_{P'}$ 라 하면

$$I_{P'} = I_{X'} + I_{Y'} \quad\quad I_P = I_X + I_Y$$

식 (4-10), 식 (4-11) 에서

$$I_{X'} = I_X + D_1{}^2 A \qquad I_{Y'} = I_Y + D_2{}^2 A$$

두 식을 더하면

$$I_{X'} + I_{Y'} = I_X + I_Y + (D_1{}^2 + D_2{}^2) A$$

그림 4-23 에서 $D^2 = D_1{}^2 + D_2{}^2$ 이므로

$$I_{P'} = I_P + D^2 A \qquad\qquad (4\text{-}14)$$

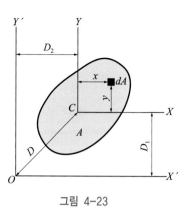

그림 4-23

예제 4-08 그림 4-24 와 같이 지름 d 인 원형단면에서 중심 O 점에 대한

(1) 극관성모멘트

(2) 극단면계수

(3) 관성모멘트

(4) 단면계수를 구하여라.

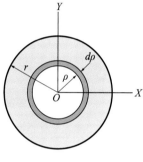

그림 4-24

풀이 빗금친 부분의 미소면적을 dA 라 하면 $dA = 2\pi\rho d\rho$ 가 되므로

(1) $I_P = \displaystyle\int_A \rho^2 \, dA = \int_0^{\frac{d}{2}} 2\pi \rho^3 \, d\rho = \dfrac{\pi d^4}{32}$

(2) $Z_P = \dfrac{I_P}{e} = \dfrac{\dfrac{\pi d^4}{32}}{\dfrac{d}{2}} = \dfrac{\pi d^3}{16}$

(3) $I = \dfrac{I_P}{2} = \dfrac{\dfrac{\pi d^4}{32}}{2} = \dfrac{\pi d^4}{64}$
    (4) $Z = \dfrac{I}{e} = \dfrac{\dfrac{\pi d^4}{64}}{\dfrac{d}{2}} = \dfrac{\pi d^3}{32}$

4-7 관성상승모멘트

평면도형 내의 미소면적 dA 에 X, Y 축까지의 거리 x, y 의 상승적을 곱하여 전단면에 관해 적분한 것을 그 단면의 **관성상승모멘트** (product of inertia) I_{XY} 라 한다.

$$I_{XY} = \int_A xy\,dA \qquad\qquad (4\text{-}15)$$

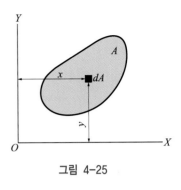

그림 4-25

여기서 두 축 중 어느 한 축이라도 대칭이 있으면, 그 축에 대한 상승모멘트는 0이 된다.

그림 4-26에서와 같이 임의 미소단면적 dA 에 대하여 대칭위치의 미소면적 dA 가 반드시 존재하므로 각 요소의 상승모멘트는 상쇄되기 때문이다.

$$I_{XY} = \int_A xy\,dA = \int_0^{+x} xy\,dA + \int_{-x}^0 -xy\,dA = 0$$

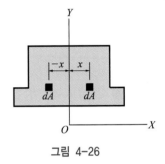

그림 4-26

이와 같이 도형의 도심을 지나고 $I_{XY} = 0$ 이 되는 직교축을 그 단면의 **주축**(principal axis)이라 한다. 그러므로 도형의 대칭축에 대한 상승모멘트는 반드시 0이 되고, 그 축은 주축이 된다. 또한 도심을 지나고 대칭축에 직각인 축도 주축이 된다.

관성상승모멘트의 평행축정리　　그림 4-27에서 다음과 같이 된다.

$$I_{X'Y'} = \int_A (x+a)(y+b)\,dA$$

$$= \int_A xy\,dA + b\int_A x\,dA + a\int_A y\,dA + ab\int_A dA$$

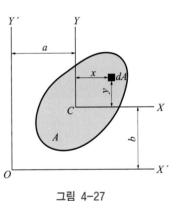

그림 4-27

여기서 $\int_A xy\,dA$ 는 도심축에 관한 면적의 관성상승모멘트이고 $\int_A y\,dA$ 및 $\int_A x\,dA$ 는 도심축에 대한 면적 A 의 단면 1차 모멘트이므로 0이 된다. 따라서

$$I_{X'Y'} = I_{XY} + abA \qquad\qquad (4\text{-}16)$$

즉, 도심축 X, Y 축에 각각 평행하게 b, a 만큼 떨어져 있는 X', Y' 축에 대한 관성상승모멘트를 구하려면, 그 단면의 도심축에 관한 관성상승모멘트와 이 면적에 도심축으로부터 이동된 거리인 b, a 를 곱한 것의 합과 같다.

평면도형의 도심을 지나는 X, Y축에 대한 관성모멘트 및 상승모멘트는 다음과 같다.

$$I_X = \int_A y^2 \, dA$$

$$I_Y = \int_A x^2 \, dA \qquad \text{(a)}$$

$$I_{XY} = \int_A x \, y \, dA$$

이번에는 그림 4-28과 같이 원래축 X, Y를 점 O를 중심으로 θ 만큼 회전한 X', Y'축에 대한 관성모멘트 및 관성상승모멘트를 구하여 보자.

미소면적 dA의 회전축에 대한 좌표는 다음과 같이 표시할 수 있다.

$$x_1 = x \cos \theta + y \sin \theta \qquad \text{(b)}$$
$$y_1 = y \cos \theta - x \sin \theta$$

X'축에 관한 관성모멘트는

$$I_{X'} = \int_A y_1{}^2 \, dA = \int_A (y \cos \theta - x \sin \theta)^2 \, dA$$

$$= \cos^2 \theta \int_A y^2 \, dA + \sin^2 \theta \int_A x^2 \, dA - 2 \sin\theta \cos\theta \int_A xy \, dA$$

$$= I_X \cos^2 \theta + I_Y \sin^2 \theta - 2 I_{XY} \sin\theta \cos\theta \qquad \text{(c)}$$

다음 가법정리를 사용하면

$$\cos^2 \theta = \frac{1}{2}(1 + \cos 2\theta)$$

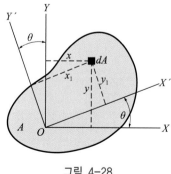

그림 4-28

$$\sin^2\theta = \frac{1}{2}(1 - \cos 2\theta)$$

$$2\sin\theta\cos\theta = \sin 2\theta$$

그러므로 식 (c) 는 다음과 같이 된다.

$$I_{X'} = \frac{I_X + I_Y}{2} + \frac{I_X - I_Y}{2}\cos 2\theta - I_{XY}\sin 2\theta \tag{4-17}$$

$$I_{Y'} = \frac{I_X + I_Y}{2} - \frac{I_X - I_Y}{2}\cos 2\theta + I_{XY}\sin 2\theta \tag{4-18}$$

여기서 $I_{X'}$ 와 $I_{Y'}$ 의 합은 다음과 같이 된다.

$$I_{X'} + I_{Y'} = I_X + I_Y \tag{4-19}$$

같은 방법으로 상승모멘트를 구하면

$$I_{X'Y'} = \int_A x'y'\,dA$$

$$= \int_A (x\cos\theta + y\sin\theta)(y\cos\theta - x\sin\theta)\,dA$$

$$= (I_X - I_Y)\sin\theta\cos\theta + I_{XY}(\cos^2\theta - \sin^2\theta)$$

$$I_{X'Y'} = \frac{I_X - I_Y}{2}\sin 2\theta + I_{XY}\cos 2\theta \tag{4-20}$$

식 (4-20) 에서 상승모멘트는 회전각 θ 에 따라 변함을 알 수 있으며, $\theta = 0°$ 일 때 $I_{X'Y'} = I_{XY}$ 이 되고 $\theta = 90°$ 일 때 $I_{X'Y'} = -I_{XY}$ 가 된다. 따라서 그 중간각에서 $I_{X'Y'} = 0$ 으로 되는 각 θ 가 있다. 바로 이 위치에 있는 회전축을 단면의 **주축** (principal axis of area) 이라 한다. 또 회전축이 도심에 원점을 가지면 **도심주축** (centroidal principal axis) 이라 한다.

주축에 대한 상승모멘트는 0 이므로, 주축의 방향을 구하려면 $I_{X'Y'} = 0$ 으로 놓고 다음과 같이 구한다.

$$\frac{I_X - I_Y}{2}\sin 2\theta + I_{XY}\cos 2\theta = 0$$

$$\tan 2\theta = -\frac{2I_{XY}}{I_X - I_Y} \tag{4-21}$$

여기서 θ 는 주축의 각을 말하며, $180°$ 의 간격을 두고 2θ 의 두 값이 계산되므로 θ 의 값은 $90°$ 의 간격을 두고 두 개가 있게 된다. 따라서 식 (4-21) 에서 θ 의 값을 갖는 두 직교축에 관한 관성모멘트는 최대 또는 최소가 된다. 즉 주축은 관성모멘트를 최대 또는 최소로 하는 축으로 결정된다. 이상 주축에 관한 사항을 요약하면

1) 주축은 식 (4-21) 로 정해지는 한 쌍의 직교축이 된다.
2) 주축에 대한 상승모멘트는 0 이다.
3) 주축에 대한 관성모멘트는 하나가 최대이고 또 하나가 최소이다.
4) 대칭축은 언제나 주축이 된다.

주관성모멘트를 얻기 위하여 식 (4-17) 및 식 (4-18) 의 $\sin 2\theta$, $\cos 2\theta$ 를 $\tan 2\theta$ 로 나타내고 식 (4-21) 을 대입하면

$$
\sin 2\theta = \frac{\tan 2\theta}{\sqrt{1 + \tan^2 2\theta}} = \frac{2I_{XY}}{\sqrt{(I_X - I_Y)^2 + 4I_{XY}^2}}
$$

$$
\cos 2\theta = \frac{1}{\sqrt{1 + \tan^2 2\theta}} = \frac{I_X I_Y}{\sqrt{(I_X - I_Y)^2 + 4I_{XY}^2}}
$$

(4-22)

식 (4-22)를 식 (4-17) 및 식 (4-18)에 대입하면

$$
I_{\max} = \frac{I_X + I_Y}{2} + \frac{\sqrt{(I_X - I_Y)^2 + 4I_{XY}^2}}{2}
$$

$$
I_{\min} = \frac{I_X + I_Y}{2} - \frac{\sqrt{(I_X - I_Y)^2 + 4I_{XY}^2}}{2}
$$

(4-23)

식 (4-23) 은 식 (4-22) 의 σ_x, σ_y, τ_{xy} 대신 I_X, I_Y, I_{XY} 를 대입한 결과와 일치하고, 식 (4-20) 도 식 (3-20) 과 같은 형식임을 알 수 있다.

Mohr 응력원으로도 주관성모멘트를 알 수 있다.

예제 4-09 그림 4-29와 같은 밑변이 b 이고 높이가 h인 직사각형 단면의 O 점을 지나는 주축의 방향을 표시하는 식을 구하여라.

풀이 $\tan 2\theta = \dfrac{2I_{XY}}{I_Y - I_X}$ 에서 O 점을 지나는 I_X, I_Y, I_{XY} 는

$$
I_X = \frac{bh^3}{3}, \quad I_Y = \frac{hb^3}{3}, \quad I_{XY} = bh\,\frac{b}{2}\cdot\frac{h}{2} = \frac{b^2 h^2}{4}
$$

그러므로

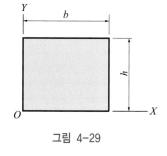

그림 4-29

$$\tan 2\theta = \frac{2\dfrac{b^2 h^2}{4}}{\dfrac{h b^3}{3} - \dfrac{b h^3}{3}} = \frac{3bh}{2(b^2 - h^2)}$$

■ ■ ■

예제 4-10 그림 4-30과 같은 도형의 도심축에 관한

(1) 관성상승모멘트,

(2) 주축의 각도,

(3) 주관성모멘트를 구하여라. 단위는 mm이다.

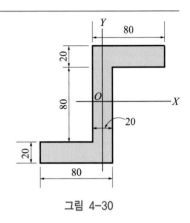

그림 4-30

풀이 그림 4-31과 같이 도형을 A_1, A_2, A_3 로 나누어 생각한다.

(1) **관성상승모멘트** 평행축정리를 이용하여 A_1, A_2, A_3 의 관성상승모멘트를 구하여 모두 합한다. 그림 4-27과 식 (4-16)을 참고한다.

면적 A_1 : A_1 도심의 I_{XY} 에서 $a = 40$, $b = 50$ 만큼 이동시킨다.

$$I_{XY} = I_{X_1 Y_1} + abA$$
$$= 0 + (40) \times (50) \times (60 \times 20) = 2.4 \times 10^6 \, \text{mm}^4$$

면적 A_2 :

$$I_{XY} = I_{X_2 Y_2} + abA$$
$$= 0 + (0) \times (0) \times (20 \times 120) = 0$$

면적 A_3 :

$$I_{XY} = I_{X_3 Y_3} + abA$$
$$= 0 + (-40) \times (-50) \times (60 \times 20)$$
$$= 2.4 \times 10^6 \, \text{mm}^4$$

전체단면적에 관한 관성상승모멘트 I_{XY} 는

$$I_{XY} = (2.5 \times 10^6) + 0 + (2.4 \times 10^6)$$
$$= 4.8 \times 10^6 \, \text{mm}^4$$

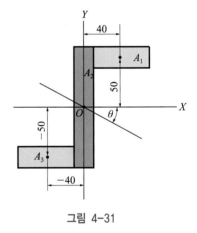

그림 4-31

(2) **주축의 각도** 식 (4-21)을 사용하기 위하여 도형 A_1, A_2, A_3 의 도심에 관한 관성모멘트

I_X, I_Y를 구하면

$$I_X = 2\left\{\frac{1}{12}(60) \times (20)^3 + (50)^2(20 \times 60)\right\} + \frac{1}{12}(20) \times (120)^3$$

$$= 8.96 \times 10^6 \, \text{mm}^4$$

$$I_Y = 2\left\{\frac{1}{12}(20)(60)^3 + (40)^2(20 \times 60)\right\} + \frac{1}{12}(120) \times (20)^3$$

$$= 4.64 \times 10^6 \, \text{mm}^4$$

$$\tan 2\theta = \frac{2I_{XY}}{I_Y - I_X} = \frac{2(4.8 \times 10^6)}{4.64 \times 10^6 - 8.96 \times 10^6} = -2.22$$

$$2\theta = -65.8° \qquad \theta = 32.9°$$

(3) **주관성모멘트**　식 (4-23)에서

$$I_{\max} = \frac{I_X + I_Y}{2} + \frac{\sqrt{(I_X - I_Y)^2 + 4I_{XY}^2}}{2}$$

$$= \frac{8.96 \times 10^6 + 4.64 \times 10^6}{2} + \frac{\sqrt{(8.96 \times 10^6 - 4.64 \times 10^6)^2 + 4(4.8 \times 10^6)^2}}{2}$$

$$= 6.8 \times 10^6 + 5.26 \times 10^6 = 12.06 \times 10^6 \, \text{mm}^4$$

$$I_{\min} = \frac{I_X + I_Y}{2} - \frac{\sqrt{(I_X - I_Y)^2 + 4I_{XY}^2}}{2}$$

$$= \frac{8.96 \times 10^6 + 4.64 \times 10^6}{2} - \frac{\sqrt{(8.96 \times 10^6 - 4.64 \times 10^6)^2 + 4(4.8 \times 10^6)^2}}{2}$$

$$= 6.8 \times 10^6 - 5.26 \times 10^6 = 1.54 \times 10^6 \, \text{mm}^4$$

4-1-1 다음 그림에서 각 축에 대한 단면 1차 모멘트 G_X, G_{X_1}, G_{X_2} 를 구하여라.

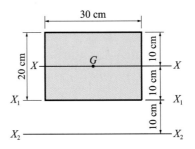

🔘 $G_X = 0$, $G_{X_1} = 6000\ \text{cm}^3$, $G_{X_2} = 12000\ \text{cm}^3$

4-1-2 다음 그림과 같은 삼각형의 밑변 X 축에 대한 단면 1차 모멘트 G_X 와 도심의 위치 $\bar{y}$ 를 구하여라.

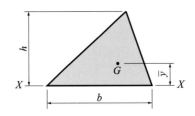

🔘 $G_X = \dfrac{bh^2}{6}$, $\bar{y} = \dfrac{h}{3}$

4-1-3 다음 그림과 같은 원의 밑변 X축에 대한 단면 1차 모멘트 G_X와 도심 $\bar{y}$를 구하여라.

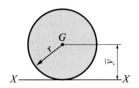

$\bullet$ $G_X = \pi r^3$, $\bar{y} = r$

4-1-4 다음 그림과 같은 사다리꼴의 도심의 위치와 X축에 대한 단면 1차 모멘트 G_X를 구하여라.

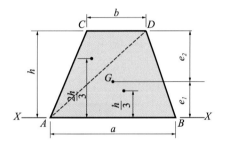

$\bullet$ $e_1 = \dfrac{h(a+2b)}{3(a+b)}$, $e_2 = \dfrac{3h(a+b) - h(a+2b)}{3(a+b)}$, $G_X = \dfrac{h^2(a+2b)}{6}$

4-2-1 다음 그림과 같은 도형의 도심의 위치를 구하여라. (단위 cm)

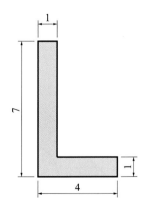

$\bullet$ $\bar{x} = 1.1$ cm, $\bar{y} = 2.6$ cm

4-2-2 다음 그림과 같은 좌우대칭의 도형에서 도심의 위치를 구하여라.(단위 mm)

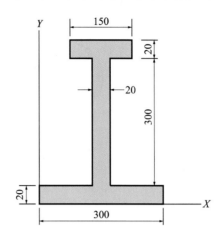

● $\bar{x} = 150\,\mathrm{mm}$, $\bar{y} = 138\,\mathrm{mm}$

4-2-3 다음 도형에서 도심의 위치를 구하여라.(단위 cm)

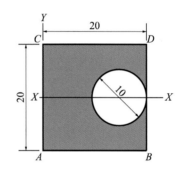

● $\bar{x} = 8.779\,\mathrm{cm}$

4-2-4 그림과 같은 도형의 도심의 위치를 구하여라.(단위 cm)

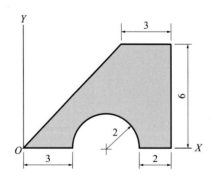

● $\bar{x} = 5.91\,\mathrm{cm}$, $\bar{y} = 2.85\,\mathrm{cm}$

4-2-5 그림과 같은 도형의 도심의 위치를 구하여라.

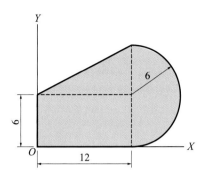

$\bullet$ $\overline{x} = 9.37 \text{ cm}$, $\overline{y} = 5.13 \text{ cm}$

4-2-6 그림과 같은 도형의 도심의 위치를 구하여라.

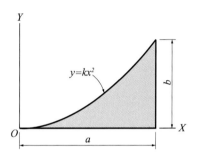

$\bullet$ $\overline{x} = \dfrac{3}{4} a$, $\overline{y} = \dfrac{3}{10} b$

4-3-1 그림과 같은 삼각형의 도심을 지나는 X 축에 관한 관성모멘트 I_X, 단면계수 Z_X 및 관성반경 k 를 구하여라.

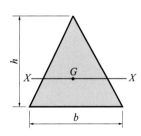

$\bullet$ $I_X = \dfrac{bh^3}{36}$, $Z_{X_1} = \dfrac{bh^2}{12}$, $Z_{X_2} = \dfrac{bh^2}{24}$, $k = \sqrt{\dfrac{1}{18}}\, h$

4-3-2 그림과 같은 반원의 도심을 지나고 직경에 나란한 축에 관한 관성모멘트 I_X 를 구하여라.

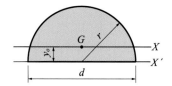

● $I_X = \dfrac{(9\pi^2 - 64)\,d^4}{1152\,\pi}$

4-3-3 폭 $10\,\mathrm{cm}$, 높이 $15\,\mathrm{cm}$인 사각형 단면의 도심에 관한 관성모멘트 I_X 및 단면계수 Z_X 의 값을 구하여라.

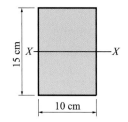

● $I_X = 2812.5\,\mathrm{cm}^4$, $Z_X = 375\,\mathrm{cm}^3$

4-3-4 직경 d 의 원형단면으로부터 얻을 수 있는 최대의 단면계수를 갖는 직사각형의 치수와 최대단면계수 $Z_{\max}$ 을 구하여라.

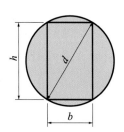

● $b = \dfrac{d}{\sqrt{3}}$, $h = \sqrt{\dfrac{2}{3}}\,d$, $Z_{\max} = \dfrac{d^3}{9\sqrt{3}}$

4-3-5 다음 그림과 같은 삼각형단면으로부터 구할 수 있는 최대의 단면계수를 가지는 직사각형단면을 구하여라. 단, $B > H$ 이다.

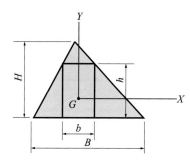

$$\bullet\; b = \frac{2}{3}B, \;\; h = \frac{H}{3}, \;\; Z_{\max} = \frac{2B^2H}{81}$$

4-4-1 밑변이 b 이고 높이가 h 인 삼각형의 밑변 X' 축에 관한 관성모멘트 $I_{X'}$ 를 구하여라.

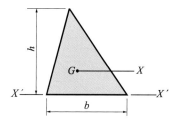

$$\bullet\; I_{X'} = \frac{bh^3}{12}$$

4-4-2 반지름 r 인 반원의 X' 축에 관한 단면 2차 모멘트 $I_{X'}$ 를 구하여라.

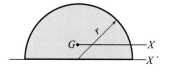

$$\bullet\; I_{X'} = \frac{\pi d^4}{128}$$

4-4-3 그림과 같은 사다리꼴 단면의 밑변 X' 축에 관한 관성모멘트 $I_{X'}$ 를 구하여라.

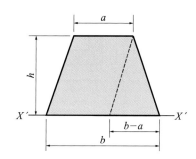

$$\bullet\; I_{X'} = \frac{h^3}{12}(b + 3a)$$

4-4-4 그림과 같은 빗금친 부분에 대한 관성모멘트 I_X 를 구하여라.

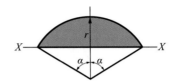

$$\bullet \; I_X = \frac{\pi d^4}{8}$$

4-4-5 다음 그림과 같은 한 변의 길이가 a 인 정사각형의 그 대각선에 대한 관성모멘트 I_X 를 구하여라.

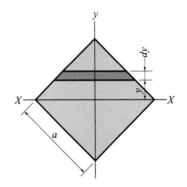

$$\bullet \; I_X = \frac{a^4}{12}$$

4-5-1 그림과 같은 속이 빈 정사각형 단면의 중립축 X 에 대한 관성모멘트 I_X 를 구하여라.

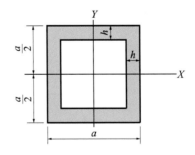

$$\bullet \; I_X = \frac{a^4}{12} - \frac{(a-2h)^4}{12}$$

4-5-2 그림과 같은 단면의 중립축 X 에 대한 관성모멘트 I_X 를 구하여라.

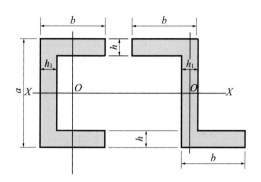

$\bullet$ $I_X = \dfrac{ba^3}{12} - \dfrac{(b-h_1)(a-2h)^3}{12}$

4-5-3 그림과 같은 빗금친 부분의 단면에서 X 축 및 Y 축에 관한 관성모멘트 I_X, I_Y 를 구하여라.(단위 cm)

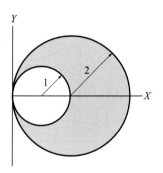

$\bullet$ $I_X = 11.8 \text{ cm}^4$, $I_Y = 59 \text{ cm}^4$

4-5-4 그림과 같은 내경 4 cm, 외경 10 cm 의 속이 빈 원형단면의 접선 X' 축에 관한 관성모멘트 $I_{X'}$ 를 구하여라.

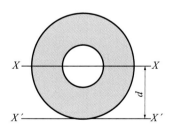

$\bullet$ $I_{X'} = 2130 \text{ cm}^4$

4-5-5 그림과 같은 단면의 도심을 통과하는 X 축에 대한 단면 2차 모멘트 I_X 를 구하여라.(단위 cm)

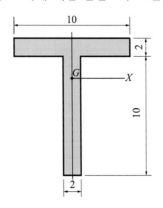

● $I_X = 533.3 \text{ cm}^4$

4-5-6 그림과 같은 단면의 도심에 관한 관성모멘트 I_X 와 밑변 X' 에 관한 관성모멘트 $I_{X'}$ 를 구하여라. (단위 cm)

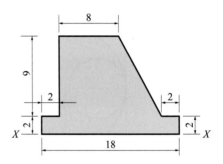

● $I_{X'} = 1347.9 \text{ cm}^4$

4-5-7 그림과 같은 도형의 도심을 지나는 축에 대한 관성모멘트 I_X 를 구하여라.(단위 cm)

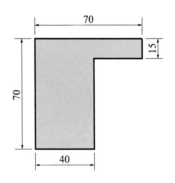

● $I_X = 1.445 \times 10^6 \text{ cm}^4$

4-5-8 그림과 같은 L 형강에서 X, Y 축에 평형하고 도심을 지나는 축들에 관한 도심축의 관성모멘트 I_{XG}, I_{YG} 를 구하여라.

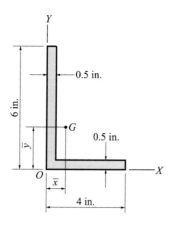

🔵 $I_{XG} = 17.4\,\text{in}^4$, $I_{YG} = 6.27\,\text{in}^4$

4-5-9 그림과 같은 단면에 관한 관성모멘트 I_X, I_Y 를 구하여라.(단위 mm)

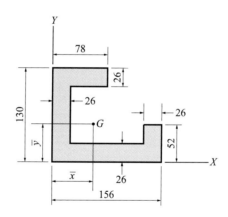

🔵 $I_X = 39.5 \times 10^6\,\text{mm}^4$, $I_Y = 51.3 \times 10^6\,\text{mm}^4$

4-5-10 그림과 같은 합성단면에서 X축에 평행하고 도심을 지나는 축에 관한 관성모멘트 I_{XG}를 구하여라. (단위 mm)

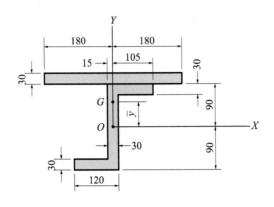

$\quad\quad$ 🏵 $I_{XG} = 105.7 \times 10^6\,\mathrm{mm}^4$

4-6-1 그림과 같은 밑변이 b이고 높이가 h인 사각형단면의 도심에 관한 극관성모멘트 I_{PG}와 밑변에 관한 극관성모멘트 $I_{PX'}$를 구하여라.

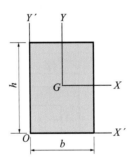

$\quad\quad$ 🏵 $I_{PG} = \dfrac{bh(h^2+b^2)}{12}$, $\quad I_{PX'} = \dfrac{bh(h^2+b^2)}{3}$

4-6-2 밑변이 b, 높이가 h인 이등변삼각형의 꼭짓점에 관한 극관성모멘트 I_P를 구하여라.

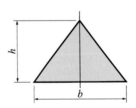

$\quad\quad$ 🏵 $I_P = \dfrac{bh}{48}(b^2+12h^2)$

4-6-3 그림과 같은 4분원의 도심 G 에 관한 극관성모멘트 I_{PG} 를 구하여라.

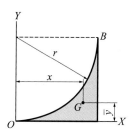

$$\bullet \; I_{PG} = \frac{(176 - 84\pi + 9\pi^2)\, r^2}{72\,(4 - \pi)}$$

4-6-4 그림과 같은 도형의 도심 G 에 관한 극관성모멘트 I_{PG} 를 구하여라.

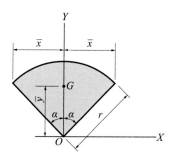

$$\bullet \; I_{PG} = \frac{(9a^2 - 8\sin^2\alpha)\, r^2}{18\alpha}$$

4-7-1 문제 4-6-1과 같은 사각형단면에서 두 축 X', Y' 축에 대한 관성상승모멘트 $I_{X'Y'}$ 를 구하여라.

$$\bullet \; I_{X'Y'} = \frac{b^2 h^2}{4}$$

4-7-2 다음 그림과 같은 도형의 X, Y 축에 관한 관성상승모멘트 I_{XY} 를 구하여라.

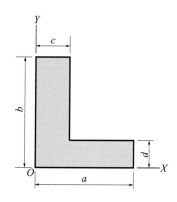

$$\bullet \; I_{XY} = \frac{1}{4}(a^2 d^2 + b^2 c^2 - c^2 d^2)$$

4-7-3 문제 4-5-8과 같은 L형강 단면에 대한 관성상승모멘트 I_{XY} 를 구하여라.

$$\text{🌑} \ I_{XY} = 3.23 \, \text{in}^4$$

4-7-4 문제 4-5-9와 같은 단면의 관성상승모멘트 I_{XY} 를 구하여라.

$$\text{🌑} \ I_{XY} = 18.85 \times 10^6 \, \text{mm}^4$$

4-7-5 문제 4-5-10과 같은 단면의 관성상승모멘트 I_{XY} 를 구하여라.

$$\text{🌑} \ I_{XY} = 24.3 \times 10^6 \, \text{mm}^4$$

4-7-6 문제 4-6-3과 같은 단면의 관성상승모멘트 I_{XY} 를 구하여라.

$$\text{🌑} \ I_{XY} = \frac{r^4}{24}$$

4-8-1 그림과 같은 정사각형단면에 대한 관성모멘트 I_{X_1}, I_{Y_1} 과 관성상승모멘트 $I_{X_1 Y_1}$ 을 구하여라. 여기서 X_1, Y_1 은 도심축 X, Y 를 도심 G 를 중심으로 하여 θ 만큼 회전한 축이다.

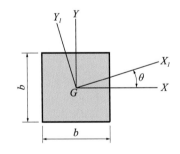

$$\text{🌑} \ I_{X_1} = I_{Y_1} = \frac{b^4}{12}, \ I_{X_1 Y_1} = 0$$

4-8-2 그림과 같은 L형 단면의 관성모멘트 I_{X_1} 과 관성상승모멘트 $I_{X_1 Y_1}$ 을 구하여라. 여기서 $a = 150\,\text{mm}$, $b = 100\,\text{mm}$, $\text{t} = 15\,\text{mm}$, $\theta = 30°$ 이다.

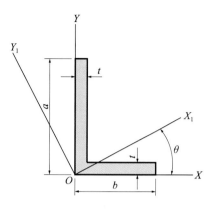

● $I_{X_1} = 12.44 \times 10^6\,\text{mm}^4$, $I_{X_1 Y_1} = 6.03 \times 10\,\text{mm}^4$

4-8-3 그림과 같은 밑변이 b 이고 높이가 h 인 직사각형에서 $b = 60\,\text{mm}$, $\text{h} = 80\,\text{mm}$ 일 때, 원점 O 를 지나는 주축의 방향을 결정하고 주관성모멘트 I_1, I_2 를 구하여라.

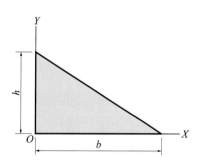

● $I_1 = 3.11 \times 10^6\,\text{mm}^4$, $I_2 = 0.89 \times 10^6\,\text{mm}^4$,
$\theta_{P_1} = 150.1°$, $\theta_{P_2} = 60.1°$

4-8-4 그림과 같은 Z 형 단면에서 $h = 200\,\text{mm}$, $b = 130\,\text{mm}$, $t = 20\,\text{mm}$ 일 때 이 단면의 도심주축의 방향과 주관성모멘트 I_1, I_2 를 구하여라.

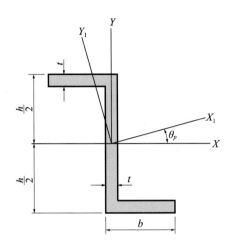

● $I_1 = 65 \times 10^6\,\text{mm}^4$, $I_2 = 7.3 \times 10^6\,\text{mm}^4$,
$\theta_{P_1} = 31.6°$, $\theta_{P_2} = 121.6°$

4-8-5 문제 4-8-2와 같은 L 형 단면에서 $a = 140\,\text{mm}$, $b = 120\,\text{mm}$, $t = 20\,\text{mm}$ 일 때, 원점 O 를 지나는 주축의 방향과 주관성모멘트 I_1, I_2 의 값을 구하여라.

● $I_1 = 20 \times 10^6\,\text{mm}^4$, $I_2 = 10.4 \times 10^6\,\text{mm}^4$,
$\theta_{P_1} = 157.5°$, $\theta_{P_2} = 67.5°$

4-8-6 그림과 같은 L 형 단면에서 $a = 50\,\text{mm}$, $b = 100\,\text{mm}$, $t = 10\,\text{mm}$ 일 때, 도심주축의 방향과 도심 주관성모멘트 I_1, I_2 를 구하여라.

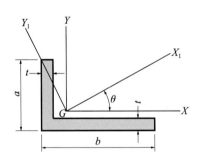

● $I_1 = 1.5 \times 10^6\,\text{mm}^4$, $I_2 = 0.16 \times 10^6\,\text{mm}^4$,
$\theta_{P_1} = 75.5°$, $\theta_{P_2} = 165.7°$

CHAPTER

05

비틀림

STRENGTH OF MATERIALS

5-1 원형단면축의 비틀림

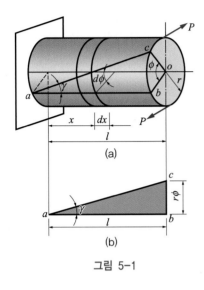

그림 5-1

그림 5-1에서와 같이 원형축의 한 쪽 끝을 고정시키고, 다른 쪽 끝의 축선과 수직한 평면에 우력 T를 작용시키면, 축선과 평행한 기준선 ab는 비틀려서 ac로 변형되고 축 내부에 **비틀림응력**(torsional stress)이 발생한다. 이때 가해진 우력을 **비틀림모멘트**(torsional moment, twisting moment) 또는 **토크**(torque)라 한다. 이때 횡단면은 비틀림각이 작은 동안에는 원형을 그대로 유지하고 단면의 직경과 축의 거리는 변하지 않는다고 가정한다. 따라서 기준선 ab는 축이 비틀림에 따라 ac로 변형되어 나선(helix)을 형성하고, 단면의 반경 ob는 oc로 변위하여 $\angle boc = \phi$의 각을 만든다. 변형은 매우 작아서 나선 ac를 전개하면 직선이 되므로 $\angle bac = \gamma$, 반경을 r이라 하면

$$\tan\gamma = \frac{bc}{ab} = \frac{r\phi}{l}$$

여기서 γ는 대단히 작은 각이므로 $\tan\gamma = \gamma$로 표시하면

$$\gamma = \frac{r\phi}{l}(\text{rad}) \tag{5-1}$$

이 γ는 비틀림모멘트에 의해서 길이 l의 원형축의 바깥둘레에 발생하는 전단변형률(shearing strain)이 된다. 따라서 전단변형으로 생기는 전단응력 τ는

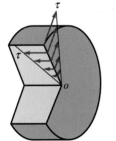

그림 5-2

$$\tau = G\gamma = G \cdot \frac{r\phi}{l} \tag{5-2}$$

γ는 전단변형률이므로 같은 원형단면 위에서는 단면의 위치에 관계없이 같은 응력이 일어난다. 여기서 ϕ/l은 θ로 표시하고 **단위길이에 대한 비틀림각**(angle of twist per unit length)으로 나타낼 수 있다.

식 (5-2)에서 전단응력은 표면에서 최대가 되며, 단면의 중심 O점에서는 0으로 이 점이 중립축이 된다.

그림 5-2는 원형축의 단면에 작용하는 전단응력의 분포를 나타낸다.

이번에는 비틀림응력 τ와 비틀림모멘트 T의 관계를 생각한다. 그림 5-3에서 임의 반경 ρ에서 폭 $d\rho$의 작은 원륜을 생각하면 표면에서와 같이 다음의 관계가 성립한다.

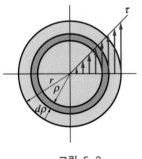

그림 5-3

$$\tau_\rho = G \frac{\rho \phi}{l} \tag{5-3}$$

이 τ_ρ 의 단면중심 O 에 관한 저항 모멘트의 총합은 외부에서 가해진 비틀림모멘트 T 와 같다. 따라서 원륜의 면적을 dA 라 하면

$$dT = \tau_\rho \rho \, dA$$

$$T = \int \tau_\rho \rho \, dA = \frac{\tau}{r} \int \rho^2 \, dA \tag{5-4}$$

여기서 $\int \rho^2 \, dA$ 는 중심 O 에 대한 단면의 극관성모멘트 I_P 이므로

$$T = \tau \frac{I_P}{r}, \quad T = \tau Z_P \text{ 또는 } \tau = \frac{Tr}{I_P} \tag{5-5}$$

이 식은 비틀림모멘트 T 를 받는 봉의 비틀림응력 τ 를 구하는 경우에 사용된다.

원형단면의 축 (solid shaft) 원형단면의 극관성모멘트 $I_P = \dfrac{\pi d^4}{32}$ 이므로 극단면계수 Z_P 의 값은 $Z_P = \dfrac{\pi d^3}{16}$ 이 된다. 따라서

$$T = \tau \frac{\pi d^3}{16}$$

$$\tau = \frac{16\,T}{\pi d^3} \tag{5-6}$$

이 식에 의하여 직경 d 의 원형축에 일어나는 최대비틀림응력 τ 를 구할 수 있다.

이번에는 비틀림모멘트 T 에 의한 비틀림각 ϕ 를 구해 보자. 그림 5-1 (a) 에서 미소거리 dx 를 취하면

$$\gamma = \frac{r\,d\phi}{dx} \quad d\phi = \frac{\gamma}{r}\,dx$$

식 (5-2) 에서 $\gamma = \dfrac{\tau}{G}$ 이므로

$$d\phi = \frac{\gamma}{r}\,dx = \frac{\tau}{G}\frac{dx}{r}$$

식 (5-5) 를 대입하면

$$d\phi = \frac{T}{GI_P}dx$$

그러므로

$$\phi = \frac{T}{GI_P}\int_0^l dx$$

$$\phi = \frac{Tl}{GI_P}(\text{rad})$$

(5-7)

여기서 직경 d 인 원형단면의 경우, 단위를 도 ($°$) 로 고치면 다음과 같이 된다.

$$\phi = \frac{Tl}{GI_P}(\text{rad}) = \frac{180}{\pi}\frac{Tl}{GI_P} ≒ 57.3 \times \frac{Tl}{GI_P}(\text{도})$$

(5-8)

여기서 GI_P 를 비틀림 강성계수 (torsional rigidity) 라 한다. 비틀림 강도는 G 값이 큰 재료를 사용하고 봉의 직경을 크게 할수록 증가한다.

속이 빈 원형단면축 (hollow shaft) 의 비틀림 축의 중앙에 구멍이 뚫린 축을 사용할 경우, 속이 찬 원형단면의 축보다 단면적에 비해 단면계수가 크므로, 속빈 축을 사용하면 중량을 줄이면서 비틀림에 잘 견딜 수 있는 축의 강도를 얻을 수 있다.

속이 빈 원형단면의 내경을 d_i, 외경을 d_o 라 하면 극관성모멘트 I_P 는

$$I_P = \frac{\pi}{32}(d_o{}^4 - d_i{}^4)$$

식 (5-5) 에서

$$T = \tau Z_P = \tau \frac{I_P}{\frac{d_o}{2}} = \frac{\tau\pi(d_o{}^4 - d_i{}^4)}{16d_o}$$

(5-9)

또는

$$\tau = \frac{16d_o T}{\pi(d_o{}^4 - d_i{}^4)}$$

(5-10)

또, 비틀림각 ϕ 는

$$\phi = \frac{Tl}{GI_P} = \frac{32Tl}{\pi(d_o{}^4 - d_i{}^4)G}$$

(5-11)

예제 5-01 지름 $4\,\mathrm{cm}$, 길이 $1\,\mathrm{m}$ 의 연강의 한 쪽 끝을 고정하고 다른 쪽 끝에 $T = 5000\,\mathrm{kgf\cdot cm}$ 의 비틀림모멘트를 작용시켰을 때, 이 봉에 생기는 최대전단응력을 구하여라.

풀이 $\tau_{\max} = \dfrac{T}{Z_P} = \dfrac{16\,T}{\pi d^3} = \dfrac{16 \times 5000}{\pi \times 4^3} = 397.89\,\mathrm{kgf/cm^2}$ ▪ ▪ ▪

예제 5-02 내경 $2\,\mathrm{cm}$, 외경 $4\,\mathrm{cm}$ 의 속이 빈 원형단면축에 $6000\,\mathrm{kgf\cdot cm}$ 의 비틀림모멘트가 작용하고 있다. 이때 이 축에 생기는 비틀림응력을 구하여라.

풀이 식 (5-10) 에서

$$\tau = \frac{16\,d_o\,T}{\pi\,(d_o{}^4 - d_i{}^4)} = \frac{16 \times 4 \times 6000}{\pi\,(4^4 - 2^4)} = 509.3\,\mathrm{kgf/cm^2}$$ ▪ ▪ ▪

예제 5-03 그림 5-4와 같이 길이와 외경이 같고, 재질이 같은 속빈 원형축과 원형단면의 축이 있다. 이 두 개의 축이 같은 비틀림을 받는 경우에 이들의 최대전단응력, 그리고 두 축의 중량과 비틀림각을 비교하여라. 단, 중공축의 내경은 $0.6\,r$ 이다.

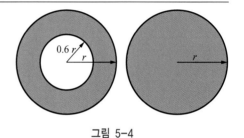

그림 5-4

풀이 $\tau = \dfrac{Tr}{I_P}$ 에서 비틀림 T 와 r 이 같으므로 최대전단

응력은 $\dfrac{1}{I_P}$ 에 비례한다.

원형단면축에서는

$$I_{P_1} = \frac{\pi d^4}{32} = \frac{\pi r^4}{2} = 0.5\,\pi r^4$$

속이 빈 축에서는

$$I_{P_2} = \frac{\pi r^4}{2} - \frac{\pi\,(0.6\,r)^4}{2} = 0.435\,\pi r^4$$

따라서 두 축의 최대전단응력의 비는

$$\frac{\tau_{P_1}}{\tau_{P_2}} = \frac{0.5}{0.435} = 1.15$$

중량비 원형단면축의 중량은 πr^2 에 비례하고 속빈 원형단면축의 중량은

$$\pi r^2 - \pi\,(0.6\,r)^2 = 0.64\,\pi r^2$$

그러므로 속빈 원형단면축의 중량은 원형단면축 중량의 64% 이다. 따라서 속빈 원형단면축은 원형단면축에 비해 응력과 비틀림각은 15% 작지만, 중량이 36% 나 작기 때문에 더 유리하다.

▪ ▪ ▪

　　원형단면축의 가장 중요한 이용은 자동차의 구동축, 기선의 프로펠러 축, 혹은 모터의 축에 있어서와 같이 동력을 한 장치로부터 다른 장치로 전달하는 것이다. 이 동력은 이 축의 회전운동을 통하여 전달되고, 전달된 동력의 양은 비트는 힘의 크기와 회전속도에 달려 있다. 이 절의 목적은 주어진 회전속도에서 주어진 동력량을 그 재료의 허용응력을 초과하지 않고 전달할 수 있도록 축의 지름을 결정하는 데 있다.

　　원동기에서 전달하는 평균 토크(torque)를 $T(\mathrm{kgf \cdot cm})$, 각속도를 $\omega(\mathrm{rad/sec})$, 1분당 회전수를 $N(\mathrm{r.p.m})$, 전달력을 $P(\mathrm{kgf})$, 원주속도를 $v(\mathrm{m/s})$ 및 전달마찰력을 H 라 하면, 1초간에 전달하는 일은 $T\omega(\mathrm{kgf \cdot cm})$ 가 된다.

　　축이 전달하는 동력 P를 마력 H로 표시하면

$$H = 1\,PS = 75\ \mathrm{kgf \cdot m/sec}, \qquad \omega = \frac{2\pi \mathrm{N}}{60}$$

$$H = \frac{Pv}{75} = \frac{Pr\omega}{75} = \frac{T\omega}{75 \times 100} = \frac{2\pi NT}{75 \times 100 \times 60} \fallingdotseq \frac{NT}{71620} \tag{5-12}$$

　　이 식에서 토크 T를 구하면

$$T = 71620\,\frac{H}{N}(\mathrm{kgf \cdot cm}) \tag{5-13}$$

　　식 (5-6)과 식 (5-13)의 토크 T를 같이 놓으면

$$\tau \frac{\pi d^3}{16} = 71620\,\frac{H}{N}$$

　　그러므로

$$d = 71.5 \sqrt[3]{\frac{H}{\tau N}}\ (\mathrm{cm}) \tag{5-14}$$

　　축이 전달하는 동력 P를 KW로 표시하면

$$H = T\omega = \frac{2\pi NT}{60}(\mathrm{kgf \cdot cm/s})$$

$$1\mathrm{KW} = 102\ \mathrm{kgf \cdot m/s} = 10200(\mathrm{kgf \cdot cm/s})$$

$$H_{\mathrm{KW}} = \frac{2\pi NT}{10200 \times 60} = \frac{NT}{97400}$$

$$T = 97400 \frac{H_{\mathrm{KW}}}{N} \ (\mathrm{kgf \cdot cm})$$

식 (5-6) 의 $T = \tau \dfrac{\pi d^3}{16}$ 에서

$$\tau \frac{\pi d^3}{16} = 97400 \frac{H_{\mathrm{KW}}}{N}$$

$$d = 79.2 \sqrt[3]{\frac{H_{\mathrm{KW}}}{\tau N}} \ (\mathrm{cm})$$ (5-15)

여기서 식 (5-14) 와 식 (5-15) 의 d 는 동력전달에 필요한 축의 직경이며, 축에 발생하는 최대전단응력이 그 재료의 허용사용응력 τ_w 을 넘지 않도록 하려면 두 식의 τ 대신 τ_w 를 대입해야 한다.

전달동력에 대한 축의 비틀림각 ϕ 와 분당회전수 N 에 대한 관계는 다음과 같다.

식 (5-8) 에서

$$\phi = \frac{Tl}{GI_P} \ (\mathrm{rad}) = 57.3 \frac{Tl}{GI_P} \ (\text{도})$$

전달마력을 H 로 나타낸 경우 위 식에 $T = 71620 \dfrac{H}{N}$ 를 대입하면

$$\phi = 71620 \frac{Hl}{GI_P N} \ (\mathrm{rad}) \fallingdotseq 4.1 \times 10^6 \frac{Hl}{GI_P N} \ (\text{도})$$ (5-16)

전달마찰력을 KW 로 나타낸 경우 $T = 97400 \dfrac{H_{\mathrm{KW}}}{N}$ 를 대입하면

$$\phi = 97400 \frac{H_{\mathrm{KW}} l}{GI_P N} \ (\mathrm{rad}) \fallingdotseq 5.58 \times 10^6 \frac{H_{\mathrm{KW}} l}{GI_P N} \ (\text{도})$$ (5-17)

예제 5-04 매분 200 회전으로 50 마력을 전달할 수 있는 동력축의 직경을 구하여라. 단, 재료의 인장강도는 4000 $\mathrm{kgf /cm}^2$ 으로 하고, 비틀림강도는 인장강도의 80% 로 한다. 또한 안전율 $S = 10$ 이다.

풀이 $\tau_a = \dfrac{4000 \times 0.8}{10} = 320 \ \mathrm{kgf /cm}^2$

$$d = 71.5\sqrt[3]{\frac{H}{\tau_a N}} = 71.5\sqrt[3]{\frac{50}{320 \times 200}} = 6.59 \text{ cm}$$

■ ■ ■

예제 5-05 직경 6 cm, 길이 2 m 의 축이 매분 400회전으로 20마력을 전달하고 있다. 이 축의 비틀림각을 구하여라. 단, $G = 0.8 \times 10^6 \text{ kgf}/\text{cm}^2$ 이다.

풀이 $\phi = 4.1 \times 10^6 \times \dfrac{Hl}{GI_P N}$ 에서

$$I_P = \frac{\pi d^4}{32} = \frac{\pi 6^4}{32} = 127.23 \text{ cm}^4$$

$$= 4.1 \times 10^6 \times \frac{20 \times 200}{0.8 \times 10^6 \times 127.23 \times 400} = 0.4 \text{도}$$

■ ■ ■

5-3 임의 단면의 비틀림

5-3-1 두께가 얇은 관의 비틀림

그림 5-5 와 같이 내경 (d_i) 과 외경 (d_o) 이 거의 같은 아주 얇은 속이 빈 원형단면이 비틀림을 받는 경우에는 내경과 외경의 중심값을 근삿값으로 계산하여 사용할 수 있다. 즉 원래의 극관성모멘트는

$$I_P = \frac{\pi (d_o{}^4 - d_i{}^4)}{32}$$

(a)

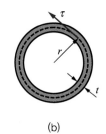

(b)

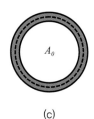

(c)

그림 5-5 얇은관의 비틀림

가 된다. 그러나 이 식보다는 내경과 외경의 지름의 차가 적기 때문에 근사식인 식 (5-18) 을
사용하여 계산하는 것이 좋다.

$$I_P = \int_A \rho^2 dA \fallingdotseq r^2 \int_A dA = 2\pi r^3 t \tag{5-18}$$

이 식에서 r 은 단면의 평균중심선의 반지름이며, t 는 관의 두께이다. 이때 이런 얇은 벽의
관에 대해 전단응력 τ 가 그 벽의 두께 위에 균일하게 작용한다면, 이 관의 비틀림으로 인한
전단응력 τ 는 다음 식으로 구할 수 있다. 여기서 $S = 2\pi r$ 로서 중심선의 길이를 나타내고,
중심선에 의한 면적은 $A_o = \pi r^2$ 이다.

$$\tau = \frac{Tr}{I_P} = \frac{T}{2\pi r^2 t} = \frac{T}{2A_o t} \tag{5-19}$$

또한, 얇은 관의 비틀림각 ϕ 는 다음 식으로 구해진다.

$$\phi = \frac{Tl}{GI_P} = \frac{Tl}{G\,2\pi r^3 t} = \frac{Tl}{2A_o rt\,G} = \frac{\tau Sl}{2A_o G} \tag{5-20}$$

5-3-2 직사각형 단면축 비틀림

그림 5-6 처럼 직사각형 단면의 축을 비틀면 모서리 부분은 변형이 없으나 각 측면의 중심
선에서 변형이 최대가 되며 응력도 최대가 된다.

응력분포는 그림 5-6 (b) 와 같다.

$$\tau_{\max} = \frac{T}{\alpha bc^2} \ (\text{점} \ C,\ D) \tag{5-21}$$

$$\tau_1 = \frac{T}{\alpha_1 bc^2} \ (\text{점} \ A, C) \tag{5-22}$$

비틀림각 ϕ 는

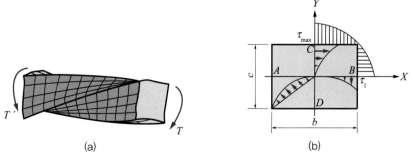

(a) (b)

그림 5-6 직사각형축의 비틀림

$$\phi = \frac{Tl}{\beta bc^3 G} \qquad\qquad (5\text{-}23)$$

여기서 α, α_1, β 는 비틀림형상계수로 표 5-1에 있으며 변의 길이에 대한 비에 따라 달라진다. 여기서 b 는 긴 변의 길이, c 는 짧은 변의 길이이다.

표 5-1 비틀림형상계수

$\dfrac{b}{c}$	1.00	1.50	2.00	2.50	3.00	4.00	6.00	8.00	10.00	∞
α	0.208	0.231	0.246	0.258	0.267	0.282	0.299	0.307	0.313	0.333
β	0.141	0.196	0.229	0.249	0.263	0.281	0.299	0.307	0.313	0.333
α_1	0.208	0.269	0.309	0.336	0.355	0.378	0.402	0.414	0.421	0.449

5-3-3 불균일분포 비틀림

불균일분포 (nonuniform torsion) 비틀림은 축의 단면이 균일하지 않고, 작용하는 토크가 축의 길이에 따라 변할 수 있는 경우를 말한다.

불균일분포 비틀림의 예를 그림 5-7에 표시하였다. 이것은 축이 서로 다른 지름을 가진 두 부분으로 되어 있으며 각각의 단면에 토크가 작용하고 있는 것으로, 작용하중 또는 단면적이 변화하는 사이에 있는 축의 각각의 부분은 순수비틀림을 받고 있다. 따라서 앞에서 유도된 식 (5-5) 와 식 (5-7) 은 각각의 부분에 적용되어 비틀림각과 최대전단응력을 계산할 수 있다. 한 끝에 대한 다른 끝의 전비틀림각은 일반적으로 다음 식을 이용하여 얻을 수 있다.

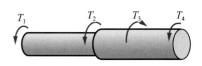

그림 5-7 불균일 비틀림을 받는 축

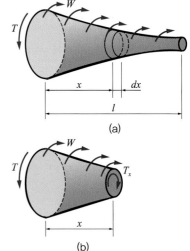

$$\phi = \sum_{i=1}^{n} \frac{T_i l_i}{G_i I_{P_i}} \qquad\qquad (5\text{-}24)$$

이 식에서 첨자 i 는 축의 각 부분의 번호이고, n 은 전체 부분의 수이다.

그림 5-8 단면과 토크가 변화하는 축

만약, 토크와 단면이 축을 따라서 연속적으로 변화한다면 위 식은 적분의 식으로 바뀌어야 한다. 이러한 경우를 그림 5-8에 나타냈다. 즉, 축의 단면이 선형변화를 한다고 가정하면, 비틀림식 식 (5-5) 로부터 그 단면의 최대전단응력을 구할 수 있다. 또한 길이가 dx 인 요소의 미소 비틀림각은 그림 5-8 에서

$$d\phi = \frac{T_x\,dx}{GI_{P_x}}$$

으로, 여기서 I_{P_x} 는 한 쪽 끝에서 거리 x 만큼 떨어진 단면의 극관성모멘트이다. 축의 두 끝 사이의 전비틀림각은 다음과 같다.

$$\phi = \int_0^l d\phi = \int_0^l \frac{T_x\,dx}{GI_{P_x}} \tag{5-25}$$

이 적분식은 어떤 경우에 있어서는 해석적인 형태로 계산될 수 있지만 그렇지 않으면 수치해법으로 계산하여야 한다. 식 (5–24) 와 식 (5–25) 는 원형단면의 축과 속이 빈 원형단면축 모두에 이용될 수 있다.

5-4   코일스프링

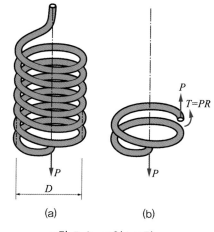

그림 5-9   코일스프링

비틀림 이론의 한 응용예로 나선형 밀착 코일스프링 (coil spring) 을 들 수 있다. 스프링은 하중의 에너지 저축용으로 자주 쓰이는 기계요소로서, 기본적인 비틀림의 개념을 이용하여 스프링의 응력과 처짐을 계산할 수 있다.

그림 5–9와 같이 코일스프링에 축방향으로 인장하중 P 가 작용할 때, 코일의 평면이 나선의 축에 거의 수직하다고 하면, 코일의 소선 위에는 수직하중 P 와 우력 $T = PR$ 이 작용한다. 스프링의 직경을 D, 스프링 소선의 직경을 d 라 하면 스프링의 최대비틀림응력 $\tau_{\max}$ 는 다음과 같다.

여기서 τ_1 은 우력에 의해 발생하는 응력이며, τ_2 는 하중 P 에 의해 스프링 소재에서 발생하는 응력이다.

$$\tau_1 = \frac{T}{Z_P} = \frac{PR}{\frac{\pi d^3}{16}} = \frac{16PR}{\pi d^3}$$

$$\tau_2 = \frac{P}{A} = \frac{P}{\frac{\pi d^2}{4}} = \frac{4P}{\pi d^2}$$

$$\tau_{\max} = \tau_1 + \tau_2 = \frac{16PR}{\pi d^3} + \frac{4P}{\pi d^2}$$

$$= \frac{16PR}{\pi d^3}\left(1 + \frac{d}{4R}\right) \tag{5-26}$$

이 식에서 d/R 의 값이 커질수록 전단응력이 증가함을 알 수 있다. 그림 5-9에서 비틀림에 의한 응력은 소재의 단면에서 중심부터 바깥쪽 둘레에 τ_1 이 발생하며, 하중 P 에 의한 전단응력 τ_2 도 소재의 전단면에 아래 방향으로 작용하기 때문에 항상 코일스프링의 내측에 최대 전단응력이 발생한다. 따라서 일반적으로 파괴도 내측에서 주로 생긴다. 이러한 우력과 전단력의 영향을 고려하여 식 (5-26) 을 다음과 같이 수정하여 사용한다.

$$\tau_{\max} = \frac{16PR}{\pi d^3}\left(\frac{4m-1}{4m-4} + \frac{0.615}{m}\right) \tag{5-27}$$

여기서 상수 $m = \frac{2R}{d}$ 로 한 값이며 특히 괄호속의 값을 **수정계수** (correction factor) 또는 Wahl 의 수정계수라 한다. 이 식에서 m 이 감소함에 따라 수정계수는 증가하며, $m = 4$ 일 때 1.14 가 된다.

스프링의 처짐 (deflection) 계산에서는 일반적으로 전단력의 영향은 무시하고 비틀림에 의한 처짐만 생각한다. 비틀림각을 ϕ, 비틀림모멘트 $T = PR$ 에 의해 생기는 수직방향의 변위량을 δ, 소재의 길이를 $l = 2\pi Rn$, 소재의 감김수를 n, 재료의 전단탄성계수를 G 라 하면 그림 5-10 (b) 에서 미소길이 dl 부분의 비틀림각 $d\phi$ 는

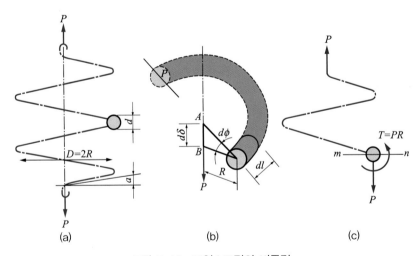

그림 5-10 코일스프링의 비틀림

$$d\phi = \frac{Tdl}{GI_P}$$

이때 미소수직변위량 $d\delta$ 는 다음과 같다.

$$d\delta = Rd\phi = R \cdot \frac{Tdl}{GI_P} = R \cdot \frac{PRdl}{GI_P} = \frac{PR^2dl}{G \cdot \frac{\pi d^4}{32}} = \frac{32PR^2}{\pi Gd^4}dl$$

스프링의 전체처짐 δ 를 구하기 위하여 전체길이 $2\pi nR$ 에 걸쳐 적분하면

$$\delta = \int_0^{2\pi nR} \frac{32PR^2}{\pi Gd^4}dl = \frac{64nPR^3}{Gd^4} = \frac{8nPD^3}{Gd^4} \qquad (5\text{-}28)$$

여기에서 구해진 처짐 δ 는 **스프링상수** (spring constant) 와 같이 쓰여지며, k 는 스프링의 강성을 나타내는 것으로 다음과 같은 관계식이 성립된다.

$$k = \frac{P}{\delta} = \frac{Gd^4}{64R^3n} = \frac{Gd^4}{8D^3n} \qquad (5\text{-}29)$$

예제 5-06 지름이 6 cm 이고 소선의 지름이 6 mm 인 코일스프링이 있다. 이 재료의 전단응력이 $6000\,\mathrm{kgf/cm^2}$ 이고 스프링상수 $k = 10\,\mathrm{kgf/cm}$ 일 때, 이 스프링의 안전하중 P 와 유효감김수 n 을 구하여라. 단, 이 재료의 전단탄성계수 $G = 8.4 \times 10^5\,\mathrm{kgf/cm^2}$ 이다.

풀이 $\tau = \dfrac{16PR}{\pi d^3}$ 에서

$$P = \frac{\pi d^3 \tau}{16R} = \frac{\pi \times 6^3 \times 6000}{16 \times 3} = 84.82\,\mathrm{kgf}$$

$$k = \frac{P}{\delta} = \frac{Gd^4}{8D^3n} \text{ 에서}$$

$$n = \frac{Gd^4}{8D^3k} = \frac{8.4 \times 10^5 \times 0.6^4}{8 \times 6^3 \times 10} = 6.3 \text{ 회}$$

5-5 비틀림 탄성에너지

탄성한도 내에서 축이 비틀림을 받으면 비틀림을 받는 축은 토크에 의하여 생긴 에너지를

축 속에 저장시킨다. 이 에너지를 **변형에너지** 또는 **탄성에너지**라 한다.

직경 d, 길이가 l 인 원형축이 비틀림모멘트 T 를 받아 ϕ 만큼 비틀려졌다면, 이때 T 가 축에 한 일과 비틀림으로 인한 탄성에너지는 그림 5-11에 나타낸 것과 같이 $\boldsymbol{T} - \boldsymbol{\phi}$ 선도로 표시할 수 있다. 이 그림에서 삼각형 AOB 의 면적은 축에 저장된 전체 탄성에너지의 양을 말하며 다음과 같이 된다.

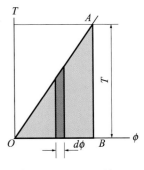

그림 5-11 $T - \phi$ 선도

$$U_t = \frac{1}{2} T \phi \tag{5-30}$$

여기서 ϕ 는 식 (5-7) 에서 $\phi = \dfrac{Tl}{GI_P}$ 이므로

$$U_t = \frac{T^2 l}{2GI_P} \tag{5-31}$$

이 축이 원형단면인 경우 $T = \dfrac{\pi d^3}{16}\tau$, $I_P = \dfrac{\pi d^4}{32}$ 을 대입하면

$$U_t = \frac{\left(\dfrac{\pi d^3}{16}\tau\right)^2 l}{2G\left(\dfrac{\pi d^4}{32}\right)} = \frac{\tau^2}{4G} \cdot \frac{\pi d^2}{4} l = \frac{\tau^2}{4G} A l \tag{5-32}$$

그러므로 단위체적당 탄성에너지 U_t 는 다음과 같이 된다.

$$U_t = \frac{\tau^2}{4G} \tag{5-33}$$

이 결과, 비틀림에 의한 탄성에너지는 인장, 압축을 받아 저장할 수 있는 탄성에너지의 $\dfrac{1}{2}$ 이 됨을 알 수 있다.

속빈 원형축의 경우   내경을 d_i, 외경을 d_o 라 하면

$$T = \frac{\pi (d_o{}^4 - d_i{}^4)}{16 d_o}\tau, \qquad I_P = \frac{\pi (d_o{}^4 - d_i{}^4)}{32}$$

를 식 (5-31) 에 대입하면

$$U_t = \frac{\left[\dfrac{\pi(d_o^4 - d_i^3)\tau}{16d_o}\right]^2 \cdot l}{2G \cdot \dfrac{\pi(d_o^4 - d_i^4)}{32}}$$

$$= \frac{(d_o{}^2 + d_i{}^2)\tau^2}{4Gd_o{}^2} \cdot \frac{\pi}{4}(d_o{}^2 - d_i{}^2)l$$

$$= \frac{\tau^2}{4G}\left[1 + \left(\frac{d_i}{d_o}\right)^2\right] \cdot \frac{\pi}{4}(d_o{}^2 - d_i{}^2)l \tag{5-34}$$

단위체적당 변형에너지는

$$U_t = \frac{\tau^2}{4G}\left[1 + \left(\frac{d_i}{d_o}\right)^2\right] \tag{5-35}$$

5-6 부정정 비틀림

앞 절에서 다룬 비틀림 예제들에서는 특수한 경우의 예로써, 부재의 전단면에 작용하는 비틀림을 정역학적 평형에 의하여 구할 수 있었다. 그러나 일반적인 비틀림 부재들은 정역학적 평형을 유지하는 데 필요한 것보다 많은 지점으로 구속되어 있기 때문에 이러한 비틀림 부재는 부정정이 될 것이다. 이런 종류의 비틀림 부재는 평형방정식에 변위를 포함하는 방정식 (적합조건식) 을 추가함으로써 해석할 수 있다. 2-4 절에서 축방향하중에 대해 설명되었던 강성도법과 유연도법은 비틀림을 받는 부재에 대해서도 사용될 수 있으나, 보통의 비틀림 부재의 형태에 있어서는 유연도법만이 필요하므로 그 방법만을 설명하기로 한다.

그림 5-12 와 같이 2단으로 된 원형단면봉의 양단이 고정된 상태에서 외력에 의한 비틀림 T_O 를 C 단부분에서 받고 있는 경우를 생각하여 보자. 이 봉은 양끝이 고정되어 있으므로 부정정이다. 해석의 목적은 양끝에서의 반력비틀림 T_A 와 T_B, 최대전단응력 T_O 가 작용하

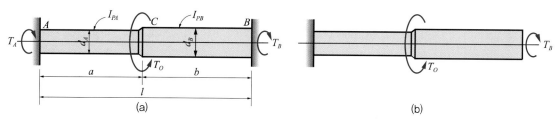

(a)   (b)

그림 5-12 비틀림을 받는 부정정봉

는 단면에서의 회전각 ϕ_c 를 구하는 것이다.

정역학적 평형으로부터 다음 식을 얻는다.

$$T_A + T_B = T_O \tag{a}$$

T_A 와 T_B 사이의 두 번째 식을 얻기 위하여 T_B 를 과잉우력으로 택하여 지점 B를 제거하면 그림 5-12 (b) 와 같은 이완구조물을 얻을 수 있다. 두 개의 우력 T_O 와 T_B 는 이 이완구조물 위에서는 하중으로 작용하며, 이 우력들은 B단에서 두 개의 부분 AC와 CB의 비틀림각의 대수합과 같은 비틀림각 ϕ_B을 일으킨다.

$$\phi_B = \frac{T_O\, a}{GI_{PA}} - \frac{T_B\, a}{GI_{PA}} - \frac{T_B\, b}{GI_{PB}}$$

여기서 I_{PA} 와 I_{PB} 는 봉의 왼쪽과 오른쪽 부분의 극관성모멘트이다. 그러나 양단이 고정되어 있으므로 B 단에서의 회전각은 0이 되며, 따라서 적합조건식은 $\phi_B = 0$ 이 된다.

$$\frac{T_O\, a}{I_{PA}} - \frac{T_B\, a}{I_{PA}} = \frac{T_B\, b}{I_{PB}} = 0 \tag{b}$$

이 식으로부터 과잉우력 T_B 를 구할 수 있으며, T_A 를 구하기 위해서는 식 (a) 에 이것을 대입하면

$$T_A = T_0 \left(\frac{b\, I_{PA}}{a I_{PB} + b I_{PA}} \right) \tag{5-36 a}$$

$$T_B = T_0 \left(\frac{a\, I_{PB}}{a I_{PB} + b I_{PA}} \right) \tag{5-36 b}$$

이 된다. 만약 봉의 단면이 일정하면 $I_{PA} = I_{PB} = I$ 가 되며, 이 식은 다음과 같이 간단하게 된다.

$$T_A = \frac{T_O\, b}{l} \qquad T_B = \frac{T_O\, a}{l} \tag{5-37 a, b}$$

이 식들은 양끝이 고정이고 축하중을 받는 봉에 관한 식 (2-10), (2-11) 과 유사하다.

이 봉 각 부분에서의 최대전단응력은 비틀림식으로부터 직접 구할 수 있으므로

$$\tau_{AC} = \frac{T_A\, d_A}{2\, I_{PA}} \qquad \tau_{CB} = \frac{T_B\, d_B}{2\, I_{PB}}$$

식 (5-36) 을 이 식에 대입하면

$$\tau_{AC} = \frac{T_O\, b\, d_A}{2\,(a I_{PB} + b I_{PA})} \tag{5-38 a}$$

$$\tau_{CB} = \frac{T_O\, a\, d_B}{2\,(a I_{PB} + b I_{PA})} \tag{5-38 b}$$

곱 $b d_A$ 와 곱 $a d_B$ 를 비교하면 이 봉의 어느 부분이 더 큰 응력을 갖게 되는지 곧 구할 수 있다.

　이번에는 하중이 작용하는 c 단면에서의 회전각 ϕ_c를 구하기로 한다. 두 부분은 c 에서 회전에 대한 적합조건을 만족하기 위하여 같은 각으로 회전해야 하므로 이 각은 봉 양쪽 부분의 회전각과 같다.

$$\phi_c = \frac{T_A\, a}{G I_{PA}} = \frac{T_B\, b}{G I_{PB}} = \frac{a\, b\, T_O}{G\,(a I_{PB} + b I_{PA})} \tag{5-39}$$

만약 $a = b = l/2$ 이고 $I_{PA} = I_{PB} = I$ 이면, 이 각은 봉 자체와 하중상태가 대칭이므로 다음 식을 얻는다.

$$\phi_c = \frac{T_O\, l}{4 G I_P} \tag{c}$$

합성봉

　일반적으로 합성봉은 단일부재로 작용하도록 견고하게 결합된 동심의 원형단면 비틀림봉으로 되어 있다. 그림 5-13은 속이 빈 관 B 와 속이 찬 심재 A 가 마치 하나의 재료로된 원형단면봉처럼 결합된 봉이다. 만일 이 봉의 두 부분이 같은 재료로 만들어져 있다면 이 봉은 마치 하나의 봉처럼 거동하며 앞 절에서 유도된 모든 식들을 그대로 적용시킬 수 있다. 그러나 속이 빈 관 B 와 심재 A 가 다른 재질이면, 이 봉은 부정정이 되며 좀더 구체적인 해석

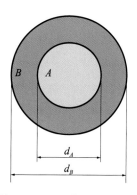

그림 5-13　두 재료로 된 합성봉

을 필요로 한다.

여기에 나오는 기호들은 다음과 같다.

G_A, G_B = 안쪽과 바깥쪽 부분의 전단탄성계수

d_A, d_B = 안쪽과 바깥쪽 부분의 지름

I_{PA}, I_{PB} = 안쪽과 바깥쪽 부분의 극관성모멘트

합성봉에 전우력 T 가 작용한다면 속빈 관 B 와 원형단면 심재 A 에 작용하는 우력은 T_B 와 T_A 이므로 다음과 같은 정역학적 평형방정식이 얻어진다.

$$T = T_A + T_B \tag{d}$$

비틀림각 ϕ 는 두 부분에 대해 같아야 하므로 다음과 같이 된다.

$$\phi = \frac{T_A l}{G_A I_{PA}} = \frac{T_B l}{G_B I_{PB}} \tag{e}$$

여기서 l 은 봉의 길이이며, 식 (d) 와 (e) 를 풀면 봉의 두 부분에 대한 우력은

$$T_A = T \left(\frac{G_A I_{PA}}{G_A I_{PA} + G_B I_{PB}} \right) \tag{5-40 a}$$

$$T_B = T \left(\frac{G_B I_{PB}}{G_A I_{PA} + G_B I_{PB}} \right) \tag{5-40 b}$$

회전각 ϕ 는

$$\phi = \frac{T l}{G_A I_{PA} + G_B I_{PB}} \tag{5-41}$$

이 된다. 이 식은 식 (5-40) 을 식 (e) 에 대입하여 얻어진다.

봉의 전단응력은 비틀림의 식들을 각 부분에 적용함으로써 구할 수 있다.

$$\tau_A = \frac{T_A(d_A/2)}{I_{PA}} \tag{5-41 a}$$

$$\tau_B = \frac{T_B(d_B/2)}{I_{PB}} \tag{5-41 b}$$

속이 빈 관 외곽경계에서의 응력 τ_B 와 원형단면 심재 외곽경계에서의 응력 τ_A 와의 비는

$$\frac{\tau_B}{\tau_A} = \frac{G_B d_B}{G_A d_A}$$ (5-42)

이며, 이 비는 1보다 작을 수도 있다.

속이 빈 관 내부경계에서의 전단응력은 원형단면 심재 외부경계에서의 전단응력 τ_A 와는 같지 않다. 밀착되어 있는 두 부분의 전단변형률의 값은 같지만 두 재료가 다른 탄성계수를 가지고 있으므로 응력은 서로 다르다.

5-1-1 $T = 2000\,\mathrm{kgf \cdot cm}$ 의 비틀림모멘트가 작용하는 지름 6 cm 인 원형단면축에 발생하는 최대전단응력 $\tau_{\max}$ 을 구하여라.

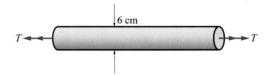

🔴 $\tau_{\max} = 47.16\,\mathrm{kgf/cm^2}$

5-1-2 바깥지름 8 cm 의 속이 빈 원형단면축이 $20000\,\mathrm{kgf \cdot cm}$ 의 비틀림모멘트를 받고 있다. 이 재료의 허용 비틀림응력을 $200\,\mathrm{kgf/cm^2}$ 라고 할 때, 이 축의 안지름은 얼마로 하면 좋은가?

🔴 $d_i = 2.15\,\mathrm{cm}$

5-1-3 지름이 4 cm, 길이가 1 m 인 연강의 한 쪽 끝을 고정하고 다른 끝에 $T = 5000\,\mathrm{kgf \cdot cm}$ 의 비틀림모멘트를 작용시켰을 때, 이 봉에 발생하는 비틀림각을 구하여라. 이 봉의 $G = 8 \times 10^5\,\mathrm{kgf/cm^2}$ 이다.

🔴 $\phi = 1.425°$

5-1-4 같은 재료로 만들어지고 같은 비틀림모멘트에 대하여 같은 강도를 가지는 속이 빈 축과 속이 찬 원형단면축의 중량을 비교하여라. 단, 속이 빈 축의 반지름은 바깥지름의 $\frac{1}{2}$ 로 한다.

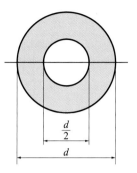

🔴 원형단면축의 경우가 1.28배 무겁다.

5-1-5 길이 12 m 의 원형단면봉이 2000 kgf·cm 의 비틀림모멘트를 받을 때 비틀림각을 3˚ 이내로 억제하기 위한 직경을 구하여라. 단, $G = 8.3 \times 10^5 \text{kgf/cm}^2$ 이다.

🔴 $d = 4.871 \text{ cm}$

5-1-6 강재 원형단면봉을 비틀림 용수철(torsion bar)로 사용할 때 비틀림각 30˚ 에서 최대비틀림응력이 1000 kgf/cm² 가 되도록 하기 위한 봉의 길이와 직경의 비를 구하여라. 단, 전단탄성계수는 $G = 8.3 \times 10^5 \text{ kgf/cm}^2$ 이다.

🔴 $\dfrac{l}{d} = 217$

5-1-7 바깥지름 d_o, 반지름 d_i, 길이 30 cm 의 강재로 속이 빈 축을 만들어 비틀림계로 사용하고자 한다. 이 축은 비틀림 300 kgf·cm 에서 비틀림각이 1° 가 되고 전단응력이 허용치 $\tau_w = 400 \text{ kgf/cm}^2$ 을 넘지 않아야 한다. 이들 조건에 적합한 d_o 와 d_i 를 구하여라.

🔴 $d_o = 16.37 \text{ mm}$, $d_i = 9.83 \text{ mm}$

5-1-8 지름 $d = 5.8\,\text{mm}$ 인 강선의 상단을 고정하고 하단에 지름 $d_1 = 100\,\text{mm}$ 의 추를 달고 접선 방향에 $F = 1\,\text{kgf}$ 의 힘을 작용시켜 비틀면 강선이 $\phi = 6.2°$ 로 비틀어진다. 이때 강선의 길이가 $l = 2\,\text{m}$ 라면 이 강선의 횡탄성계수 G 와 최대전단응력 $\tau_{\max}$ 을 구하여라.

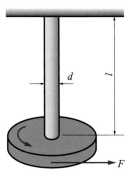

● $G = 8.32 \times 10^6\,\text{kgf}/\text{cm}^2$, $\tau_{\max} = 130.52\,\text{kgf}/\text{cm}^2$

5-1-9 길이 $2\,\text{m}$, 지름 $4\,\text{cm}$ 인 원형단면의 강봉이 끝단에 작용하는 비틀림에 의하여 비틀어졌다. 만일 다른 끝단면에 대한 한 쪽 끝단면의 회전각이 $0.05\,\text{rad}$ 이라면, 이 봉의 최대전단응력 $\tau_{\max}$ 과 최대전단변형률 $\gamma_{\max}$ 을 구하여라.

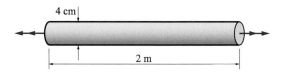

4 cm

2 m

● $\tau_{\max} = 40\,\text{MPa}$, $\gamma_{\max} = 0.0005\,\text{rad}$

5-1-10 그림과 같은 내경 $d_1 = 70\,\text{mm}$, 외경 $d_2 = 100\,\text{mm}$ 인 속이 빈 축이 있다. 비틀림우력 $T = 700\,\text{N·m}$ 에 대하여 이 요소의 내경과 외경에 작용하는 전단응력 τ_1 과 τ_2 를 계산하고 반지름에 따라 변화하는 τ 의 크기를 도시하여라.

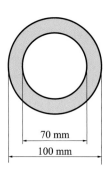

70 mm
100 mm

● $\tau_1 = 32.8\,\text{MPa}$, $\tau_2 = 46.9\,\text{MPa}$

5-1-11 그림과 같이 지름 $d = 0.5''$ 이고 길이가 $18''$ 인 소켓 렌치가 있다. 만일 허용전단응력이 $9000\,\mathrm{psi}$ 라면 렌치의 최대허용비틀림우력은 얼마인가? 또 이 최대비틀림우력의 작용하에서 축의 비틀림각은 얼마인가? 단, 이 재료의 $G = 11.8 \times 10^6\,\mathrm{psi}$ 이다.

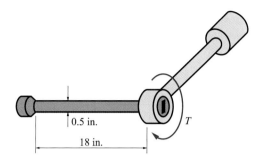

● $T = 221\,\mathrm{lb-in}$, $\phi = 3.15^\circ$

5-2-1 길이 $l = 12\,\mathrm{m}$ 의 원형단면축에 비틀림모멘트 $T = 800\,\mathrm{kgf \cdot m}$ 을 작용시키고자 할 때, 축의 지름 d 와 비틀림각을 구하여라. 단, 이 축의 재료는 허용전단응력 $\tau_w = 600\,\mathrm{kgf/cm^2}$, $G = 8.3 \times 10^5\,\mathrm{kgf/cm^2}$ 이다.

● $d = 8.8\,\mathrm{cm}$, $\phi = 11.31^\circ$

5-2-2 원형단면의 차축을 전동마력 $HP = 200$ 과 회전수 $n = 1150\,\mathrm{rpm}$ 으로 전달하고자 할 때, 이것들을 전달할 수 있는 전동축의 지름 d 를 구하여라. 단, 허용전단응력 $\tau_w = 500\,\mathrm{kgf/cm^2}$ 으로 한다.

● $d = 5.1\,\mathrm{cm}$

5-2-3 바깥지름 $d_0 = 80\,\mathrm{mm}$, 안지름 $d_i = 40\,\mathrm{mm}$ 의 속이 빈 원형단면축과 동일재료로 비틀림에 대하여 동일한 강도를 가질 수 있는 원형단면축의 지름 d 를 구하여라.

● $d = 7.84\,\mathrm{cm}$

5-2-4 지름이 $d = 3\,\mathrm{cm}$ 인 강재로 된 축이 $n = 1590\,\mathrm{rpm}$ 으로 회전하고 있다. 이 축에 발생하는 최대전단응력이 $\tau_w = 300\,\mathrm{kgf/cm^2}$ 을 넘지 않는 범위에서 이 축이 전달할 수 있는 최대전달마력을 구하여라.

● $H = 35.3\,\mathrm{ps}$

5-2-5 회전수 $150\,\mathrm{rpm}$ 에서 $200\,\mathrm{HP}$ 를 전달하고 있는 강재로 된 속이 빈 원형단면축의 내경 d_i 와 외경 d_0 을 구하여라. 여기서 내경과 외경의 비는 $\dfrac{2}{3}$ 이며, 비틀림각은 $1\,\mathrm{m}$ 에 대해 $\dfrac{1}{4}$ 도 이내로 한다. 단, $G = 8.3 \times 10^5\,\mathrm{kgf/cm^2}$ 이다.

● $d_i = 9\,\mathrm{cm}$, $d_0 = 13.5\,\mathrm{cm}$

5-2-6 그림과 같은 기어전동장치의 기어 A 로부터 기어 D 로 동력을 전달하려고 한다. 기어 B 와 C 의 피치원 지름의 비를 $1:3$ 으로 할 때, 두 축이 똑같은 최대전단응력 τ 를 받게 된다. 두 축의 지름의 비 $d_1 : d_2$ 를 구하여라.

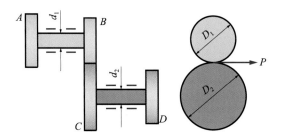

● $d_1 : d_2 = 1 : 1.44$

5-2-7 직경이 d 이고 원형단면을 가진 프로펠러 축이 같은 재료로 만들어진 이음재로서 이어져서 축의 두 부분이 그림과 같이 견고하게 부착되어 있다. 이때 그 이음부분이 속이 찬 원형단면 봉과 같은 동력을 전달하기 위하여 요구되는 이음재의 직경 d_1 을 구하여라.

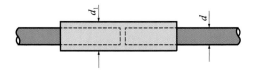

● $d_1 = 1.221\,d$

5-2-8 그림과 같은 모터가 축상의 A 점에서 $200\,\mathrm{rpm}$ 의 속도로 $275\,\mathrm{HP}$ 를 발생시킨다. 또한 기어 B 와 C 에서는 각각 $125\,\mathrm{HP}$ 와 $150\,\mathrm{HP}$ 를 소모시킨다. 허용전단응력이 $7200\,\mathrm{psi}$ 이고, 모터와 기어 C 사이의 비틀림각이 $1.5°$ 로 제한될 때 요구되는 축의 직경을 계산하여라. 여기서 $G = 11.5 \times 10^6 \, \mathrm{psi}$, $l_1 = 6\,\mathrm{ft}$, $l_2 = 4\,\mathrm{ft}$ 이다.

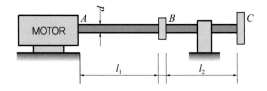

● $d = 4.12\,\mathrm{in}$

5-2-9 회전수 $n = 250\,\mathrm{rpm}$ 과 $P = 30\,\mathrm{kW}$ 를 전달할 수 있는 축의 지름 d 를 구하여라. 단, 이 재료의 $\tau_w = 300\,\mathrm{kgf/cm^2}$ 이다.

🔴 $d = 5.84\,\mathrm{cm}$

5-2-10 길이 $l = 2\,\mathrm{m}$, 지름 $d = 7\,\mathrm{cm}$ 일 때 회전수 $n = 100\,\mathrm{rpm}$, $P = 30\,\mathrm{kW}$ 를 전달할 수 있는 원형단면축의 축 끝에서의 비틀림각 ϕ 를 구하여라. 단, 이 재료의 $G = 0.83 \times 10^6\,\mathrm{kgf/cm^2}$ 이다.

🔴 $\phi = 0.0299\,\mathrm{rad}$

5-2-11 지름 $D = 30\,\mathrm{cm}$ 의 그라인더 휠이 $v = 25\,\mathrm{m/s}$ 의 원주속도로 회전하고 있다. 이 그라인더의 동력이 $P = 3.8\,\mathrm{kW}$ 라 할 때 그라인더 휠의 축지름을 구하여라. 단, 이 축재료의 허용응력은 $\tau_w = 300\,\mathrm{kgf/cm^2}$ 이다.

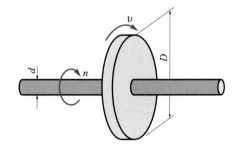

🔴 $d = 1.58\,\mathrm{cm}$

5-2-12 $500\,\mathrm{rpm}$ 으로 $10\,\mathrm{kW}$ 를 전달시키는 축에 작용하는 비틀림모멘트 T 를 구하여라.

🔴 $T = 1948\,\mathrm{kgf \cdot cm}$

5-2-13 문제 5-2-8의 그림에서와 같이 축 ABC 는 A 점에서 모터에 의하여 회전속도 $3\,\mathrm{Hz}$ 에서 $300\,\mathrm{kW}$ 의 동력을 받는다. 기어 B 와 기어 C 는 각각 $120\,\mathrm{kW}$, $180\,\mathrm{kW}$ 씩을 소모시킨다. 축에서 두 부분의 길이는 $l_1 = 1.5\,\mathrm{m}$, $l_2 = 0.9\,\mathrm{m}$ 이다. 여기서 허용전단응력이 $50\,\mathrm{MPa}$ 이고 A 점과 C 점 사이의 허용비틀림각이 $0.02\,\mathrm{rad}$, $G = 75\,\mathrm{GPa}$ 이라고 할 때 요구되는 축의 직경 d 를 계산하여라.

🔴 $d = 122\,\mathrm{mm}$

5-3-1 비틀림모멘트 $T = 80\,\mathrm{kgf \cdot cm}$ 를 안전하게 받을 수 있는 관모양의 알루미늄 부재를 만들려고 한다. 이 부재의 단면은 그림과 같이 바깥치수가 $a = 1\,\mathrm{cm}$ 인 속이 빈 정사각형으로 하려면 벽두께 t 를 얼마로 하면 좋은가? 단, 이 재료의 사용응력 $\tau_w = 400\,\mathrm{kgf/cm^2}$ 이다.

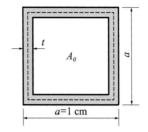

🅐 $t = 0.14\,\mathrm{cm}$

5-3-2 문제 5-3-1에서 알루미늄관이 $T = 80\,\mathrm{kgf \cdot cm}$ 의 비틀림모멘트를 받을 때 그 관의 단위길이당 비틀림각 θ 를 구하여라. 단, 이 재료의 전단탄성계수 $G = 2.8 \times 10^5\,\mathrm{kgf/cm^2}$ 이다.

🅐 $\theta = \dfrac{\phi}{l} = 0.00344\,\mathrm{rad/cm}$

5-3-3 그림과 같은 속이 빈 타원형 단면을 갖는 스테인레스강으로 된 관모양의 부재가 비틀림작용을 받고 있다. 이 재료의 허용전단응력이 $\tau_w = 700\,\mathrm{kgf/cm^2}$ 일 때, 이 관의 단위길이당 허용비틀림각을 구하여라. 여기서 관의 치수는 $a = 8\,\mathrm{cm}, b = 5\,\mathrm{cm}, \ t = 0.3\,\mathrm{cm}$ 이고 이 재료의 전단탄성계수 $G = 8.4 \times 10^5\,\mathrm{kgf/cm^2}$ 이다.

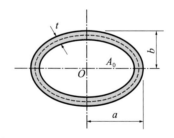

🅐 $\theta = 0.00017\,\mathrm{rad/cm}$

5-3-4 그림과 같이 속이 빈 정삼각형 단면으로 된 얇은 강관이 있다. 그 단면의 평균중심선 길이는 $S = 3a = 6\,\mathrm{cm}$ 이고, 벽두께 $t = 1.6\,\mathrm{mm}$ 이다. 여기서 이 재료의 $\tau_w = 500\,\mathrm{kgf/cm^2}$ 일 때 이 관이 안전하게 받을 수 있는 비틀림모멘트 T 를 구하여라.

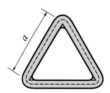

🅐 $T = 277\,\mathrm{kgf \cdot cm}$

5-3-5 그림과 같은 속이 빈 원형단면과 속이 빈 정사각형 단면을 갖는 얇은 벽으로 된 관모양의 부재 두 개가 재료, 길이, 벽두께, 중량 및 작용하는 토크 T 가 서로 같다면, 이 부재에 발생하는 전단응력 τ 의 비와 비틀림각 ϕ 의 비를 구하여라.

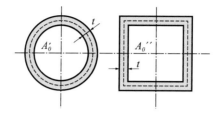

📖 $\dfrac{\tau'}{\tau''} = 0.785$, $\dfrac{\phi'}{\phi''} = 0.616$

5-3-6 그림과 같은 한 변이 50 cm 인 정사각형 파이프가 1400 kgf·m 의 비틀림모멘트를 받을 때 파이프 두께 t 와 단위길이당 비틀림각 θ 를 구하여라. 단, $\tau = 420$ kgf /cm², $G = 8 \times 10^5$ kgf /cm² 이다.

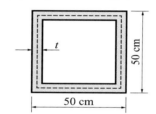

50 cm

50 cm

📖 $t = 0.666$ mm, $\theta = 2.1 \times 10^{-5}$ rad/cm

5-3-7 그림과 같은 열린 원모양 단면과 닫힌 원모양 단면을 갖는 두 개의 얇은 벽의 관에 똑같은 토크 T 가 작용될 때 각 관에 생기는 단위길이당 비틀림각 θ 의 비를 구하여라. 여기서 두 관의 재료와 치수는 같으며, 각 단면의 평균 중심선의 반지름은 r 이고 벽 두께는 t 이다.

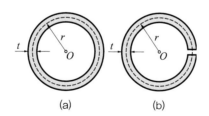

(a)   (b)

📖 $\dfrac{\theta_a}{\theta_b} = \dfrac{1}{3}\left(\dfrac{t}{r}\right)^2$

5-3-8 문제 5-3-7에서 두 관의 전단응력 τ_a 와 τ_b 의 비를 구하여라.

📖 $\dfrac{\tau_a}{\tau_b} = \dfrac{1}{3}\left(\dfrac{t}{r}\right)$

5-3-9 그림과 같은 $b = 4\,\text{cm}$, $c = 1\,\text{cm}$ 의 직사각형 단면의 강재가 양단에서 비틀림모멘트 $T = 200\,\text{kgf}\cdot\text{cm}$ 를 받고 있다. 이때 이 강재에 발생하는 최대전단응력을 구하여라.

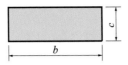

🔴 $\tau_{\text{max}} = 177\,\text{kgf}/\text{cm}^2$

5-3-10 문제 5-3-9에서 강재의 길이가 $l = 3\,\text{m}$ 이고 그것이 받는 토크 $T = 200\,\text{kgf}\cdot\text{cm}$ 이라면, 이 비틀림축에 발생하는 전 비틀림각 ϕ 를 구하여라. 단, 이 재료의 $G = 0.84 \times 10^6\,\text{kgf}/\text{cm}^2$ 이다.

🔴 $\phi = 0.0635\,\text{rad}$

5-3-11 그림과 같은 L 형강에서 단면의 치수는 $a = 10\,\text{cm}$, $c = 1.2\,\text{cm}$, 오목한 부분의 곡률반경 $r = 0.6\,\text{cm}$ 이다. 이 강재의 길이를 $l = 1.5\,\text{m}$ 라 하고 양단에 비틀림모멘트 $T = 2500\,\text{kgf}\cdot\text{cm}$ 를 작용시킬 때 이 부재의 최대전단응력 τ 와 전 비틀림각 ϕ 를 구하여라. 단, 이 재료의 $G = 0.84 \times 10^6\,\text{kgf}/\text{cm}^2$ 이다.

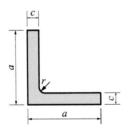

🔴 $\tau_{\text{max}} = 554\,\text{kgf}/\text{cm}^2$, $\phi = 0.412\,\text{rad}$

5-3-12 그림과 같은 U 형 단면을 갖는 알루미늄 부재가 있다. 이 단면의 두 오목한 부분의 곡률반지름을 $r = 0.6\,\text{cm}$ 라 할 때, 이 부재가 받을 수 있는 최대비틀림모멘트 T 를 구하여라. 단, 이 재료의 사용 전 단응력 $\tau_w = 500\,\text{kgf}/\text{cm}^2$ 이다.

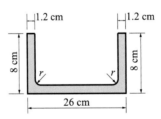

🔴 $T = 4080\,\text{kgf}\cdot\text{cm}$

5-3-13 길이가 l 인 테이퍼진 원형단면봉이 그림과 같이 비틀림우력 T 에 의하여 비틀려지고 있다. 이때 이 봉의 비틀림각 ϕ 를 구하여라.

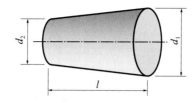

● $\phi = \dfrac{32\,Tl}{3G\pi}\left(\dfrac{1}{d_1 - d_2}\right)\left(\dfrac{1}{d_2{}^3} - \dfrac{1}{d_1{}^3}\right)$

5-3-14 그림과 같은 두께가 얇고 길이가 긴 원형 단면의 테이퍼 관이 비틀림우력 T 에 의해 비틀려질 때, 이 관의 비틀림각 ϕ 를 구하여라. 이 관의 벽두께 t 는 일정하고 그 길이는 l 이고, 양단 A 및 B 단면에서의 평균중심선의 지름은 각각 d_a 와 $2d_a$ 이다.

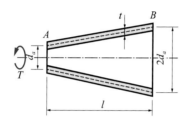

● $\phi = \dfrac{3\,Tl}{2\pi d_a{}^3 t\,G}$

5-3-15 문제 5-3-14의 속이 빈 원추관에서 양단 A, B 근처에서의 전단응력 τ_a 와 τ_b 의 비를 계산하여라.

● $\dfrac{\tau_a}{\tau_b} = 4$

5-3-16 그림과 같이 지름 및 길이가 $d_1 = 3\,\mathrm{cm}$, $l_1 = 100\,\mathrm{cm}$, $d_2 = 5\,\mathrm{cm}$, $l_2 = 100\,\mathrm{cm}$ 인 계단단면을 가진 원형단면봉의 한 쪽 단을 고정하고 타단에 $T = 1000\,\mathrm{kgf \cdot cm}$ 의 비틀림모멘트를 작용시킬 때, 자유단에서의 비틀림각 ϕ 를 구하여라. 단, $G = 0.8 \times 10^6\,\mathrm{kgf/cm^2}$ 이다.

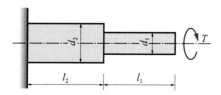

● $\phi = 1.018\,^\circ$

5-4-1 그림과 같은 스프링 소선의 직경 $d = 0.5\,\mathrm{cm}$, 코일스프링의 직경 $D = 5\,\mathrm{cm}$, 허용전단응력이 $70\,\mathrm{kgf/mm^2}$ 일 때 스프링의 안전지지하중 P 및 스프링상수 $k = 10\,\mathrm{kgf/cm}$ 가 되기 위한 스프링의 감김수 n 을 구하여라. 단, 스프링 소선의 $G = 8.5 \times 10^5\,\mathrm{kgf/cm^2}$ 이다.

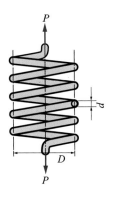

🔴답 $P = 68.7\,\mathrm{kgf}$, $n = 5.3$

5-4-2 문제 5-4-1 과 같은 코일스프링에서 $P = 100\,\mathrm{kgf}$ 의 인장하중을 받고 강선의 지름 $d = 1.2\,\mathrm{cm}$, 코일스프링의 지름 $D = 10\,\mathrm{cm}$, 유효감김수 $n = 18$ 이라고 할 때, 이 스프링의 강선에 발생하는 최대응력을 구하여라. 또 이 재료의 $G = 0.8 \times 10^6\,\mathrm{kgf/cm^2}$ 일 때 이 스프링의 신장량을 구하여라.

🔴답 $\tau = 1473.66\,\mathrm{kgf/cm^2}$, $\delta = 8.7\,\mathrm{cm}$

5-4-3 그림과 같이 최대하중 $P = 200\,\mathrm{kgf}$ 에 사용할 수 있고 $10\,\mathrm{kgf}$ 당 $0.3\,\mathrm{cm}$ 씩 축소되는 지름 $D = 5\,\mathrm{cm}$ 의 압축 코일스프링이 있다. 이 스프링의 소선지름이 $d = 0.8\,\mathrm{cm}$ 일 때 유효 감김수 n 과 이 스프링에 발생하는 응력 τ 를 구하여라. 단, $G = 0.8 \times 10^6\,\mathrm{kgf/cm^2}$ 이다.

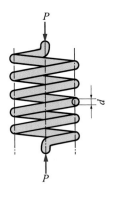

🔴답 $n = 10$, $\tau = 4973.6\,\mathrm{kgf/cm^2}$

5-4-4 피아노 강선의 지름 $d = 0.3\,\text{cm}$ 를 사용하여 최대하중 $P = 40\,\text{kgf}$ 에 견딜 수 있는 압축 코일스프링의 지름 D 와 감김수 n 을 구하여라. 단 $10\,\text{kgf}$ 당 $1.2\,\text{cm}$ 의 변형을 할 수 있고, 소선의 허용응력은 $\tau_w = 7500\,\text{kgf}/\text{cm}^2$ 이며 $G = 0.8 \times 10^6\,\text{kgf}/\text{cm}^2$ 이다.

🖩 $D = 1.99\,\text{cm}$, $n = 12.4$

5-4-5 최대하중 $P = 20\,\text{kgf}$ 에 견딜 수 있는 인장코일스프링을 만들려고 한다. 사용재료의 허용응력 $\tau_w = 3000\,\text{kgf}/\text{cm}^2$ 이라 할 때 강선의 지름 d 를 구하여라. 스프링의 지름 $D = 5\,\text{cm}$ 이다.

🖩 $d = 0.44\,\text{cm}$

5-4-6 그림과 같은 인장 코일스프링에 $P = 25\,\text{kgf}$, $R = 4\,\text{cm}$, $d = 0.8\,\text{cm}$, $G = 0.8 \times 10^6\,\text{kgf}/\text{cm}^2$, 코일의 감김수 $n = 20$ 일 때 최대전단응력 $\tau_{\max}$ 와 신장량 δ 를 구하여라.

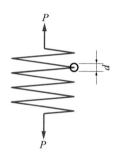

🖩 $\tau_{\max} = 1135\,\text{kgf}/\text{cm}^2$, $\delta = 6.25\,\text{cm}$

5-4-7 문제 5-4-6에서 최대전단응력을 $\tau = 2000\,\text{kgf}/\text{cm}^2$ 으로 제한할 때 최대안전하중 P 를 구하여라.

🖩 $P = 44.1\,\text{kgf}$

5-4-8 그림과 같은 직경 $D_1 = 8 \, \text{cm}$ 의 안전밸브가 있다. 이 밸브를 증기압이 $15 \, \text{kgf} / \text{cm}^2$ 이 되면 열리도록 하고 싶다. 코일의 평균 반지름은 $R = 8 \, \text{cm}$ 로서 변위량을 $\delta = 3 \, \text{cm}$ 만큼 압축이 시키고자 할 때 강선의 지름 d 와 코일의 감김수 n 을 구하여라. 단, 이 재료의 $\tau_w = 1500 \, \text{kgf} / \text{cm}^2$, $G = 0.8 \times 10^6 \, \text{kgf} / \text{cm}^2$ 이다.

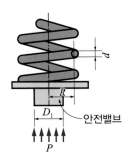

● $d = 2.74 \, \text{cm}$, $n = 5.5$

5-4-9 그림과 같은 두 개의 나선형 코일스프링이 2중으로 겹쳐져 양단이 강판 사이에서 $P = 50 \, \text{kgf}$ 로 압축되고 있다. 각 스프링선재의 지름은 $d = 1 \, \text{cm}$ 이고, 코일스프링의 지름은 $D_1 = 10 \, \text{cm}$ 와 $D_2 = 8 \, \text{cm}$ 라 할 때 각 스프링에 발생하는 최대전단응력들을 구하여라.

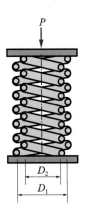

● $\tau_1 = 962 \, \text{kgf} / \text{cm}^2$, $\tau_2 = 410 \, \text{kgf} / \text{cm}^2$

5-4-10 양단이 고정된 나선형스프링이 그림과 같이 그 중간에 끼워진 판에 의하여 하중 P 를 받고 있다. 이 스프링코일의 감김수는 $n_1 + n_2 = n$ 개다. 이 스프링의 양단에서의 반력 R_1 과 R_2 를 구하여라.

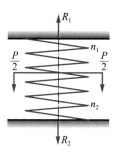

$R_1 = \dfrac{Pn_2}{n_1 + n_2}, \quad R_2 = \dfrac{Pn_1}{n_1 + n_2}$

5-5-1 스프링의 평균 반지름이 $P = 25 \, \text{cm}$, 소선의 직경 $d = 1.25 \, \text{cm}$ 인 그림과 같은 원통형 코일스프링에 $P = 18 \, \text{kgf}$ 의 축하중을 작용시켰더니 10.47 cm 늘어났다. 이 스프링에 저장된 탄성변형에너지 U 를 구하여라.

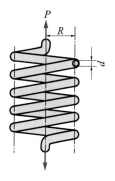

$U = 94.23 \, \text{kg} \cdot \text{cm}$

5-5-2 코일 스프링의 선재의 직경이 $d = 1.25 \, \text{cm}$, 스프링의 직경이 25 cm, 감김수는 $n = 10$ 이다. 이 스프링이 18 kgf 의 하중을 받을 때 생기는 처짐, 비틀림응력 및 탄성에너지 U 를 구하여라.
단, $G = 8.4 \times 10^5 \, \text{kgf}/\text{cm}^2$ 이다.

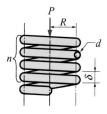

$\delta = 10.97 \, \text{cm}, \quad \tau = 587 \, \text{kgf}/\text{cm}^2, \quad U = 94.23 \, \text{kg} \cdot \text{cm}$

5-5-3 어떤 알루미늄과 강재가 있다. 이들 재료의 비례한도는 각각 $700\,\mathrm{kgf}/\mathrm{cm}^2$ 과 $2500\,\mathrm{kgf}/\mathrm{cm}^2$ 이고 전단탄성계수는 각각 $G_a = 0.27 \times 10^6\,\mathrm{kgf}/\mathrm{cm}^2$ 과 $G_s = 0.84 \times 10^6\,\mathrm{kgf}/\mathrm{cm}^2$ 이며, 밀도는 각각 $2.68\,\mathrm{gf}/\mathrm{cm}^3$ 과 $7.83\,\mathrm{gf}/\mathrm{cm}^3$ 이다. 이들 재료가 순수전단 상태에서 그들의 비례한도응력을 넘지 않고 저장할 수 있는 단위 kgf 당 탄성변형에너지를 구하여라.

● $u_a = 339\,\mathrm{kgf}\cdot\mathrm{cm}/\mathrm{kgf}$, $u_s = 475\,\mathrm{kgf}\cdot\mathrm{cm}/\mathrm{kgf}$

5-5-4 길이가 같은 지름 d 의 강재로 된 원형단면축과 바깥지름 d, 안지름 $\dfrac{d}{2}$ 의 강재로 된 속빈 축이 각각 균일한 비틀림 작용하에서 최대허용전단응력 τ_w 을 넘지 않고 저장할 수 있는 탄성변형에너지를 비교하여라.

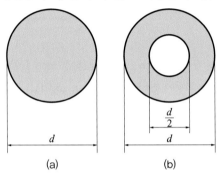

(a)　　(b)

● $U_1/U_2 = 16/15$

5-5-5 같은 재료의 원형단면축과 속빈 원형단면 축이 같은 무게를 가지고 있다. 이 축을 비틀 때 최대전단응력이 같으면 탄성변형에너지의 비는 얼마인가? 원형단면축을 U_a, 속빈 원형단면축을 U_b 로 한다.

● $\dfrac{U_a}{U_b} = \dfrac{1}{2}$

5-5-6 $50\,\mathrm{kgf}$ 의 물체가 $3\,\mathrm{m}$ 높이에서 자유낙하하여 스프링상수 $k = 200\,\mathrm{kgf}/\mathrm{cm}$ 인 코일스프링에 충돌하면 이 스프링은 얼마나 압축되는가?

● $\delta = 12.5\,\mathrm{cm}$

5-5-7 그림에 나타낸 원형봉의 변형에너지 U 를 구하는 식을 유도하여라. 분포 비틀림우력 q 는 고정단에서 최대치 q_0 로부터 자유단의 0 까지 선형적으로 변화한다.

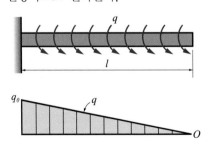

● $U = \dfrac{q_0^{\,2} l^3}{40\,G I_P}$

5-5-8 그림과 같이 원추모양의 벽 두께가 얇은 관 AB 는 벽 두께가 t 로써 일정하고 양쪽단의 평균직경이 d_a 와 d_b 이다. 이 관이 비틀림우력 T 에 의하여 순수비틀림을 받고 있을 때, 이 관의 탄성변형에너지 U 를 구하는 식을 유도하여라.

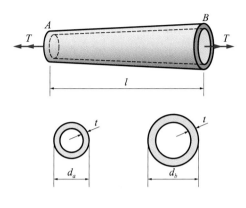

● $U = \dfrac{T^2 l\,(d_a + d_b)}{\pi\, G\, t\, d_a{}^2\, d_b{}^2}$

5-5-9 비틀림각이 $0.01\,\mathrm{rad}$ 일 때, 그림과 같은 강봉에 저장되는 탄성변형에너지 U 를 구하여라. 여기서 $G = 11.8 \times 10^6\,\mathrm{psi}$ 이다.

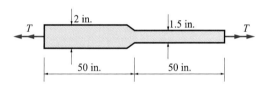

● $U = 4.46\,\mathrm{lb \cdot in}$

5-6-1 양단이 고정된 원형단면축에 그림과 같은 2개의 비틀림모멘트 $T_1 = 12000\,\mathrm{kgf \cdot Tcm}$ 와 $T_2 = 24000\,\mathrm{kgf \cdot cm}$ 가 작용하고 있다. 이 축의 세 부분 $a = 30\,\mathrm{cm}$, $b = 50\,\mathrm{cm}$, $c = 40\,\mathrm{cm}$ 에 발생하는 비틀림모멘트 T_a, T_b, T_c 를 구하여라.

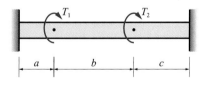

● $T_a = 17000\,\mathrm{kgf \cdot cm}$, $T_b = 5000\,\mathrm{kgf \cdot cm}$, $T_c = 19000\,\mathrm{kgf \cdot cm}$

5-6-2 양단이 고정된 원형단면봉이 그림과 같이 서로 반대로 작용하는 두 개의 비틀림모멘트 T_O 를 받고 있다. 반력 T_D 와 T_B, B 부분에서의 비틀림각 ϕ_B, 중간부분에서의 비틀림각 ϕ_m 에 관한 식을 구하여라.

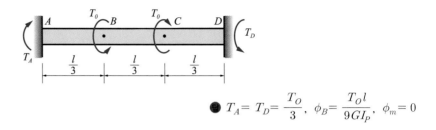

● $T_A = T_D = \dfrac{T_O}{3}$, $\phi_B = \dfrac{T_O l}{9GI_P}$, $\phi_m = 0$

5-6-3 그림과 같은 2단 원형단면봉의 양단을 고정하고 C 점에 비틀림모멘트 T_O 를 작용시켰다. 비틀림모멘트 T_O 가 작용하는 단면에서의 회전각 ϕ_c 를 구하여라.

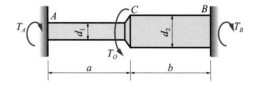

● $\phi_c = \dfrac{T_o ab}{(I_{P_b} b + I_{P_b} a) G}$

5-6-4 문제 5-6-3에서 $a = 30\,\mathrm{cm}$, $b = 30\,\mathrm{cm}$, $d_1 = 2.4\,\mathrm{cm}$, $d_2 = 3\,\mathrm{cm}$ 로 하고 $T_O = 8000\,\mathrm{kgf \cdot cm}$, $G = 8.4 \times 10^5\,\mathrm{kgf/cm^2}$ 으로 하면 이 축에 발생하는 최대전단응력 $\tau_{\max}$ 과 C 점에서의 회전각 ϕ_c 를 구하여라.

● $\tau_{\max} = 1070.5\,\mathrm{kgf/cm^2}$, $\phi_c = 1°\,28'$

5-6-5 다음 그림과 같은 양단을 고정한 지름 2 cm 의 원형단면봉의 C 점에서 $T = 900\,\mathrm{kgf \cdot cm}$ 의 비틀림모멘트를 작용시켰을 때 구간 AC 및 CB 에서 얼마의 비틀림응력이 작용하는가? 또한 최대비틀림각을 구하여라. 단, 이 재료의 $G = 8.3 \times 10^5\,\mathrm{kgf/cm^2}$ 이다.

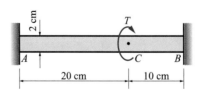

● $\tau_{AC} = 190.9\,\mathrm{kgf/cm^2}$, $\tau_{CB} = 382\,\mathrm{kgf/cm^2}$, $\phi_c = 0.005\,\mathrm{rad}$

5-6-6 다음 그림과 같은 양단이 고정된 균일단면봉의 점 B 와 C 에서 각각 $T_1 = 120\ \mathrm{kgf \cdot m}$, $T_2 = 240\ \mathrm{kgf \cdot m}$ 의 비틀림모멘트가 작용하고 있다. 이때 이 축에 저장된 비틀림모멘트 T_{AB}, T_{BC}, T_{CD} 를 구하여라.

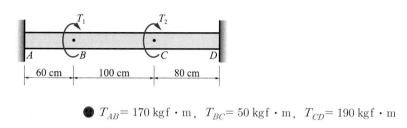

● $T_{AB} = 170\ \mathrm{kgf \cdot m}$, $T_{BC} = 50\ \mathrm{kgf \cdot m}$, $T_{CD} = 190\ \mathrm{kgf \cdot m}$

5-6-7 그림과 같은 양단이 고정된 원형봉에 있어서 탄성변형에너지 U 를 구하여라.

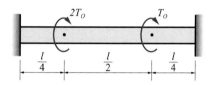

● $U = \dfrac{19\,{T_O}^2 l}{32\,GI_P}$

5-6-8 양단이 고정되고 전체 길이가 l 인 원형단면봉 AB 가 있다. AC 와 CB 의 직경은 각각 d_a 와 d_b 이다. 그림과 같이 비틀림모멘트 T 가 C 점에 작용하고 있다면 이 봉을 가장 경제적으로 설계하기 위한 a 와 b 의 길이를 정하여라.

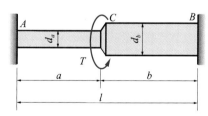

● $a = \dfrac{d_a\, l}{d_a + d_b}$

5-6-9 극관성모멘트가 I_P 이고 길이 l 인 원형단면봉 AB 가 그림과 같이 양단이 고정되어 있다. 분포비틀림모멘트 $q(x)$ 가 A 단의 O 로부터 B 단의 q_0 까지 봉의 길이를 따라 선형적으로 변화된다. 고정단의 비틀림우력 T_A 와 T_B 를 구하여라.

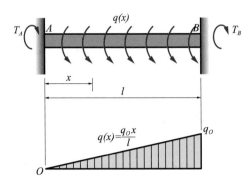

● $T_A = \dfrac{q_O l}{6}$, $T_B = \dfrac{q_O l}{3}$

CHAPTER

06

보의 전단과 굽힘

STRENGTH OF MATERIALS

 일반적으로 단면의 치수에 비해 길이가 긴 부재가 수직하중을 받기 위해 수평으로 지지되었을 때 이 부재를 보(beam)라 한다. 그러므로 보는 그 위에 작용하는 하중의 방향 때문에 근본적으로 인장을 받는 부재나 비틀림을 받는 부재와는 다르다. 인장을 받는 부재는 축방향으로 하중을 받고, 비틀림을 받는 부재는 축을 따라 벡터방향을 갖는 비틀림우력을 받지만, 보는 그 축선에 수직한 방향에서 하중을 받기 때문에 그 부재는 구부러진다. 이 현상을 **굽힘**(bending)이라 한다.

 보에 작용하는 하중은 **집중하중**(concentrated load), **분포하중**(distributed load), **이동하중**(moving load) 등이 있다. 보나 구조물을 받치고 있는 지점과 그 지점에서 생기는 반력은 그림 6-1에 표시하였다.

 보에는 **정정보**(statically determinate beam)와 **부정정보**(statically indeterminate beam)가 있다. 정정보란 평형조건식만으로 미지의 반력들이 구해지는 보를 말하며, 미지 반력의 수가 많아 평형조건식만으로는 풀 수 없기 때문에 별도로 미지수의 수에서 평형조건식의 수를 뺀 수만큼 조건식을 세워야 풀리는 보를 부정정보라 한다.

 단순보(simple beam), **외팔보**(cantilever beam), **내다지보**(over hanging beam) 등은

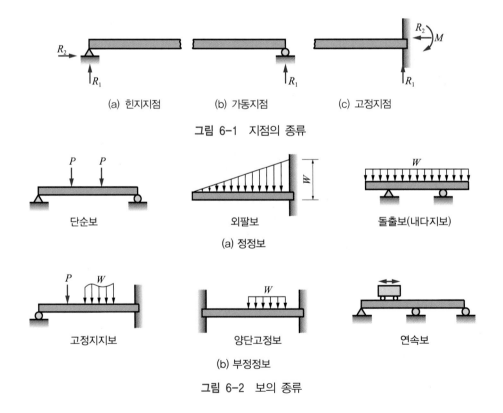

(a) 힌지지점   (b) 가동지점   (c) 고정지점

그림 6-1 지점의 종류

단순보   외팔보   돌출보(내다지보)

(a) 정정보

고정지지보   양단고정   연속보

(b) 부정정보

그림 6-2 보의 종류

정정보에 속하며, **양단고정보** (build−up beam), **연속보** (continuous beam) 등은 부정정보에 속한다. 보의 종류는 그림 6−2에 표시하였으며 여기서 (a) 는 정정보, (b) 는 부정정보를 나타냈다. 이 장에서는 정정보만을 다루기로 한다.

6-2 전단력과 굽힘모멘트

그림 6−3에서와 같이 단순보에 집중하중 P_1, P_2 가 작용할 때, 이 보가 안정된 평형상태를 유지하기 위해서는 지점 A와 B에 반작용으로 하중에 저항하는 힘이 작용한다. 이 하중에 저항하는 힘을 **반력** (reaction)이라고 한다.

보가 평형을 유지하기 위해서는 첫째로, 이에 작용하는 모든 힘의 대수합이 0이 되어야 하고, 둘째로, 임의의 단면에 대한 힘의 모멘트, 즉 **굽힘모멘트** (bending moment) 의 대수합도 0이 되어야 한다. 이 관계를 식으로 표시하기 위하여, 아래 방향으로 작용하는 힘을 양 (+), 위 방향으로 작용하는 힘을 음 (−) 으로 하면 다음과 같다.

그림 6−3 (a) 에서 힘의 합 $\sum F$ 는 0 이므로

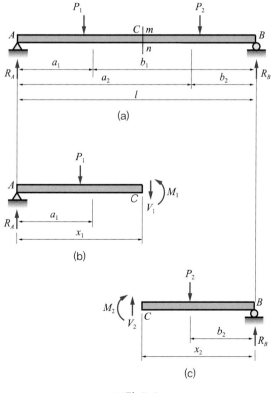

그림 6−3

$$P_1 + P_2 - R_A - R_B = 0 \qquad (6\text{-}1)$$

A 점에서의 모멘트의 합 $\sum M_A$ 도 0 이므로

$$P_1 a_1 + P_2 a_2 - R_B l = 0 \qquad (6\text{-}2)$$

식 (6–2) 에서

$$R_B = \frac{P_1 a_1 + P_2 a_2}{l} \qquad (6\text{-}3\ a)$$

이 되며, 이를 식 (6–1) 에 대입하면

$$R_A = \frac{P_1 b_1 + P_2 b_2}{l} \qquad (6\text{-}3\ b)$$

또한 식 (6–2) 대신에 B 점에서의 모멘트의 합 $\sum M_B = 0$ 식을 이용하여도 같은 결과를 얻을 수 있다.

이번에는 그림 6–3 (a) 의 지지점 A 에서 거리 x_1 만큼 떨어져 있는 mn 단면을 절단하여 그림 6–3 (b) 와 (c) 처럼 2개의 부분으로 나누어 생각하면, 오른쪽 부분은 왼쪽 부분이 평형을 유지하도록 작용하여야만 할 것이다. 하중 P 와 반력 R 에 대응되는 전단력 V 와 굽힘모멘트 M 은 평형조건으로부터 다음과 같이 된다.

그림 6–3 (b) 에서

$$\sum F_y = P_1 + V_1 - R_A = 0 \text{ 이므로}$$
$$V_1 = R_A - P_1 \qquad (6\text{-}4)$$

$$\sum M_c = R_A x_1 - P_1(x_1 - a_1) - M_1 = 0 \text{ 이므로}$$
$$M_1 = R_A x_1 - P_1(x_1 - a_1) \qquad (6\text{-}5)$$

그림 6–3 (c) 에서

$$\sum F_y = P_2 - V_2 - R_B = 0 \text{ 이므로}$$
$$V_2 = P_2 - R_B \qquad (6\text{-}6)$$

$$\sum M_c = M_2 + P_2(x_2 - b_2) - R_B x_2 = 0 \text{ 이므로}$$
$$M_2 = R_B x_2 - P_2(x_2 - b_2) \qquad (6\text{-}7)$$

식 (6–1) 과 (6–2) 와 같이 생각하면 식 (6–4) 와 (6–6) 에서

$$V_1 = - V_2 = V$$

식 (6-5) 와 (6-7) 에서

$$M_1 = - M_2 = M$$

여기서 V 를 **전단력** (shearing force) 이라 하고, 우력 M 을 **굽힘모멘트** (bending moment) 라 하며, mn 단면의 좌우에 작용하는 전단력 V_1 과 V_2 및 굽힘모멘트 M_1 과 M_2 는 크기가 같고 방향만 반대이다.

그림 6-4는 전단력의 부호규약을 나타냈으며, 그림 6-5는 굽힘모멘트의 부호규약을 나타냈다.

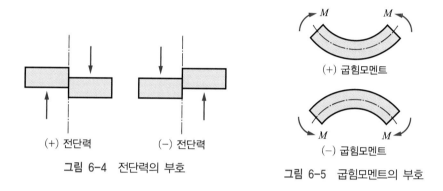

그림 6-4 전단력의 부호

(+) 굽힘모멘트

(−) 굽힘모멘트

그림 6-5 굽힘모멘트의 부호

(+) 전단력   (−) 전단력

6-3 하중, 전단력 및 굽힘모멘트 사이의 관계

보에 작용하는 전단력 V, 굽힘모멘트 M 및 하중 사이에는 상호관계가 있다. 그림 6-6 (a) 와 같이 보에 연속하여 분포하중이 작용할 때, 두 단면 사이의 거리가 dx 인 보의 한 요소를 생각하여 보자.

요소 dx 부분에는 단위길이당 하중 w 인 균일분포하중 $w\,dx$ 가 작용하므로 힘의 평형조건으로부터 다음 관계식이 성립된다.

$$(V + dV) - V + w\,dx = 0$$

그러므로

$$\frac{dV}{dx} = - w \tag{6-8}$$

또 보의 요소에 작용하는 하중 $w\,dx$ 의 중심은 $\frac{1}{2}dx$ 가 되는 곳에 있으므로, 이 요소의 오른

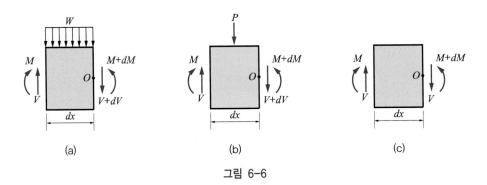

그림 6-6

쪽 O 점에 대해 모멘트를 취하여 그 합을 0으로 놓으면 다음과 같이 된다.

$$M - (M + dM) + V\,dx - w\,dx\left(\frac{dx}{2}\right) = 0$$

미소량의 2차항을 무시하면

$$\frac{dM}{dx} = V \tag{6-9}$$

즉 굽힘모멘트의 x 에 대한 변화율은 그 단면에서의 전단력과 같다.

그림 6-6 (b) 는 요소의 단면 위에 집중하중 P 가 작용하는 경우이며, 평형조건에 의하여 그 요소에 작용하는 모든 힘의 합은 0이 되어야 하므로 다음 식을 얻는다.

$$P + (V + dV) - V = 0$$
$$dV = -P \tag{6-10}$$

따라서 이 경우에는 길이 dx 사이에서 전단력이 갑자기 변화함을 알 수 있다. 그러므로 그 보의 집중하중 P 의 작용점에서는 식 (6-9) 로 주어지는 도함수 $\dfrac{dM}{dx}$ 에도 그런 변화에 대응되는 불연속점이 나타난다.

그림 6-6 (c) 에서와 같이 집중하중을 받는 작용점들 사이에 하중이 작용하지 않는 경우, 점 O 에 관한 모멘트의 대수합을 0으로 놓으면

$$M - (M + dM) + V\,dx = 0$$

이 되며 결국 식 (6-9) 와 같이 된다.

6-4 전단력 선도와 굽힘모멘트 선도

보에 하중이 가해지면 보에는 전단력 V 와 굽힘모멘트 M 이 발생하며, 이것들은 그 단면

의 위치를 나타내는 거리 x 에 따라 변한다. 그러므로 보를 설계할 때 보의 임의 단면 위치에서의 V 및 M 의 값을 구하는 것이 바람직하며 또 그들의 값이 거리 x 에 따라 어떻게 변하는지 도시적으로 표시하는 것이 편리하다. 이러한 그림을 그리기 위해 단면의 위치를 나타내는 거리 x 를 가로좌표로 잡고, 이에 대응하는 전단력 V 또는 굽힘모멘트 M 의 값을 세로좌표로 잡아 그린 것을 각각 **전단력 선도**(shearing force diagram, S.F.D.) 및 **굽힘모멘트 선도**(bending moment diagram, B.M.D.) 라고 한다.

6-4-1 단순보

(1) 1개의 집중하중이 작용할 때

한 쪽은 부동지점으로 지지되고, 다른 쪽은 가동지점으로 지지된 그림 6-7 (a) 와 같은 단순보에 지점 A 로부터 a 만큼 떨어진 곳 c 에 집중하중 P 가 작용할 때

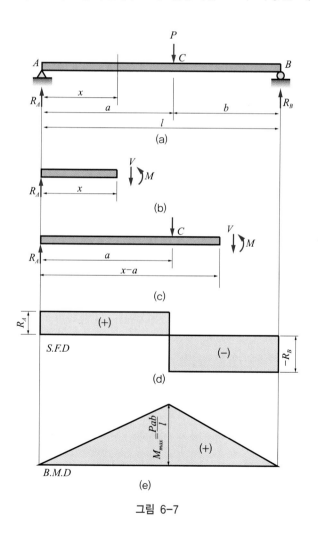

그림 6-7

1) 지점반력

$\sum F = 0$ 에서

$$R_A + R_B = P \qquad\qquad (a)$$

$\sum M_B = 0$ 에서

$$R_A l - Pb = 0 \qquad\qquad (b)$$

식 (a) 와 (b) 에서

$$R_A = \frac{Pb}{l}$$

$$R_B = \frac{Pa}{l} \qquad\qquad (6\text{-}11)$$

2) 전단력 및 굽힘모멘트 방정식

집중하중이 작용하는 왼쪽 구간과 오른쪽 구간에서 각각 한 번씩 절단하여 생각하면 [그림 6-7 (b), (c) 참조]

$0 < x < a$ 구간

$$V = R_A = \frac{Pb}{l}$$

$$M = R_A x = \frac{Pb}{l}x \qquad\qquad (c)$$

$a < x < l$ 구간

$$V = R_A - P = \frac{Pb}{l} - P = -\frac{Pa}{l}$$

$$M = R_A x - P(x - a) = \frac{Pb}{l}x - P(x - a) \qquad\qquad (d)$$

3) S.F.D. 및 B.M.D.

전단력은 일정하지만 굽힘모멘트는 x 의 1차함수이므로 x 에 따라 직선으로 변한다. 따라서

식 (c)에서 $x = 0$일 때 $M = 0$

식 (d)에서 $x = l$일 때 $M = 0$

또, 식 (a) 또는 (b) 에서 $x = a$일 때는

$$M_{\max} = \frac{Pab}{l}$$　　　　　　　　　　　　　　　(6-12)

만일 하중이 보의 중앙에 작용하였다고 하면, $a = b = \dfrac{l}{2}$ 이므로 $x = \dfrac{l}{2}$ 인 중앙에서의 최대굽힘모멘트는

$$M_{\max} = \frac{Pl}{4}$$　　　　　　　　　　　　　　　(6-13)

여기서 전단력 선도를 구성하는 직사각형의 +부분과 −부분의 면적은 똑같다.

(2) 두 개의 집중하중이 작용할 때

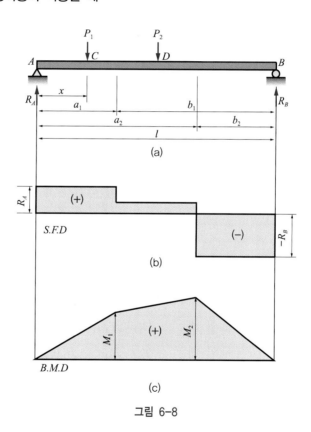

그림 6-8

1) 지점반력

　　$\sum F = 0$ 에서

　　　$P_1 + P_2 = R_A + R_B$　　　　　　　　　　　　　　　(a)

$\sum M_B = 0$ 에서

$$R_A l - P_1 b_1 - P_2 b_2 = 0 \qquad \text{(b)}$$

식 (a)와 (b) 에서

$$R_A = \frac{P_1 b_1 + P_2 b_2}{l}$$

$$R_B = \frac{P_1 a_1 + P_2 a_2}{l} \qquad \text{(c)}$$

2) 전단력 및 굽힘모멘트 방정식

$0 < x < a_1$ 구간

$$V_1 = R_A \qquad M_1 = R_A x$$

$$V_1 = R_A \qquad M_1 = R_A x$$

$a_1 < x < a_2$ 구간

$$V_2 = R_A - P_1 \qquad M_2 = R_A x - P_1 (x - a_1)$$

$a_2 < x < l$ 구간

$$V_3 = R_A - P_1 - P_2 = -R_B$$

$$M_3 = R_A x - P_1 (x - a_1) - P_2 (x - a_2)$$

3) S.F.D. 및 B.M.D.

전단력 선도는 그림 6-8 (b) 와 같고 각 점의 굽힘모멘트의 값은

$$x = 0 \text{일 때} \qquad M = 0$$

$$x = a_1 \text{일 때} \qquad M_1 = R_A a_1$$

$$x = a_2 \text{일 때} \qquad M_2 = R_A a_2 - P_1 (a_2 - a_1)$$

$$x = l \text{일 때} \qquad M = 0$$

굽힘모멘트 선도는 그림 6-8 (c) 에서와 같이 다각형모양으로 그려지고, 최대굽힘모멘트는 전단력이 +에서 −로 바뀌는 단면에서 일어나므로 이 점이 위험단면이다.

(3) 균일분포하중이 작용할 때

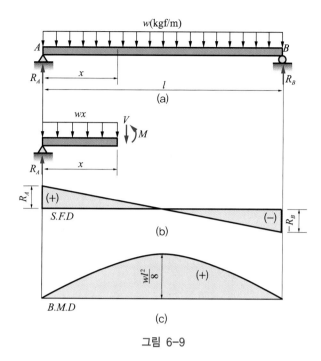

그림 6-9

균일분포하중은 하중이 전 길이에 걸쳐 균일하게 작용하는 것을 말하며, 이때 전체 하중의 중심은 그 길이의 중앙부분에 작용한다고 생각한다.

1) 지점반력

$\sum F = 0$에서 $\qquad R_A + R_B = wl$

$\sum M_B = 0$에서 $\qquad R_A l - wl \times \dfrac{1}{2} = 0$

$$R_A = R_B = \frac{wl}{2} \tag{6-14}$$

2) 전단력 및 굽힘모멘트 방정식

$$V = R_A - wx = \frac{wl}{2} - wx \tag{a}$$

$$M = R_A x - wx \times \frac{x}{2} = \frac{wl}{2}x - \frac{wx^2}{2} \tag{b}$$

3) S.F.D. 및 B.M.D.

식 (a) 에서

$x = 0$일 때 $\qquad V = \dfrac{wl}{2}$

$$x = \frac{l}{2}\text{일 때} \qquad V = 0$$

$$x = l\text{일 때} \qquad V = -\frac{wl}{2}$$

이 되어 그림 6-9(b)와 같은 전단력 선도가 그려진다.

식 (b)에서

$$x = 0\text{일 때} \qquad M = 0$$

$$x = \frac{l}{2}\text{일 때} \qquad M = \frac{wl^2}{8}$$

$$x = l\text{일 때} \qquad M = 0$$

이 되며 식 (b)는 x의 2차함수이므로 그림 6-9(c)와 같이 포물선이 그려진다.

전단력 선도가 +에서 -로 바뀌는 점, 즉 전단력이 0인 보의 중앙에서 최대굽힘모멘트가 발생한다.

$$M_{\max} = \frac{wl^2}{8} \tag{6-15}$$

(4) 균일변화분포하중이 작용할 때

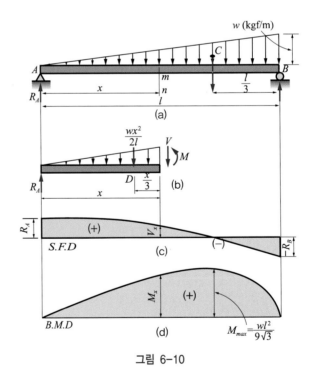

그림 6-10

보가 그림 6–10과 같이 삼각형으로 분포하는 하중을 받을 때, 하중의 합은 삼각형 면적인 $\dfrac{wl}{2}$ 과 같고, 그 하중은 B 로부터 $\dfrac{l}{3}$ 거리 만큼 떨어진 도심점 C 에 작용한다.

1) 지점반력

$$\sum F = 0 \text{에서} \qquad R_A + R_B = \frac{wl}{2}$$

$$\sum M = 0 \text{에서} \qquad R_A l - \frac{wl}{2} \times \frac{1}{2} = 0$$

$$R_A = \frac{wl}{6} \qquad R_B = \frac{wl}{3} \tag{6-16}$$

2) 전단력과 굽힘모멘트 방정식

그림 6–10 (b) 와 같이 자유물체도를 그리면, 이곳에 작용하는 힘은 비례식으로 구하여 $\dfrac{wx^2}{2l}$ 이 되며, 절단된 면으로부터 왼쪽으로 $\dfrac{x}{3}$ 만큼 떨어진 D 점에 작용한다. 평형방정식에서

$$V = R_A - \frac{wx^2}{2l} = \frac{wl}{6} - \frac{wx^2}{2l} \tag{a}$$

$$M = R_A x - \frac{wx^2}{2l} \times \frac{x}{3} = \frac{wl}{6}x - \frac{wx^3}{6l} \tag{b}$$

최대굽힘모멘트가 생기는 단면의 위치 x 는

$$\frac{dM}{dx} = \frac{wl}{6} - \frac{wx^2}{2l} = 0$$

$$\therefore \quad x = \frac{l}{\sqrt{3}} \tag{c}$$

3) S.F.D. 및 B.M.D.

식 (a) 에서

$$x = 0 \text{ 일 때} \qquad V = \frac{wl}{6}$$

$$x = \frac{l}{\sqrt{3}} \text{ 일 때} \qquad V = 0$$

$$x = l \text{ 일 때} \qquad V = -\frac{wl}{3}$$

식 (a) 는 x 에 관한 2차방정식이므로 그림 6–10 (c) 와 같이 그려진다.

식 (b) 에서

$$x = 0 \text{일 때} \qquad M = 0$$

$$x = \frac{l}{\sqrt{3}} \text{일 때} \qquad M = \frac{wl^2}{9\sqrt{3}}$$
$$x = l \text{일 때} \qquad M = 0$$

식 (b) 는 x 의 3차방정식이므로 그림 6-10 (d) 와 같이 그려지며, 최대굽힘모멘트는 $x = \dfrac{l}{\sqrt{3}}$ 인 곳에 생기고 $M_{\max} = \dfrac{wl^2}{9\sqrt{3}}$ 이 된다.

6-4-2 외팔보

(1) 자유단에 집중하중이 작용할 때

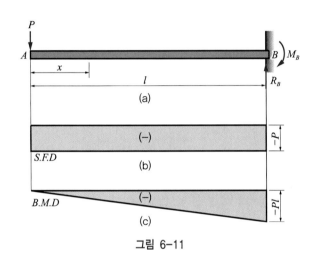

그림 6-11

그림 6-11 (a) 와 같이 외팔보의 자유단에 집중하중 P 가 작용할 때 전단력과 굽힘모멘트를 평형조건으로 다음과 같이 구한다.

1) 지점반력

$$\sum F = 0 \text{에서} \qquad R_B = P \tag{a}$$
$$\sum M_B = 0 \text{에서} \qquad -Pl + M_B = 0 \qquad M_B = Pl \tag{b}$$

2) 전단력 및 굽힘모멘트 방정식

$$V = -P \tag{c}$$
$$M = -Px \tag{d}$$

3) S.F.D. 및 B.M.D.

전단력 V 는 식 (c) 에서와 같이 일정한 값이므로 그림 6-11 (b) 와 같이 직사각형으로 되고, B.M.D.는 식 (d) 가 x 에 관한 1차방정식이므로

$$x = 0 \text{일 때} \qquad M = 0$$
$$x = l \text{일 때} \qquad M = -Pl \qquad\qquad (6\text{-}17)$$
$$\therefore M_{\max} = -Pl$$

이 되며 최대굽힘모멘트는 고정단 B 에서 작용한다.

(2) 두 개의 집중하중이 작용할 때

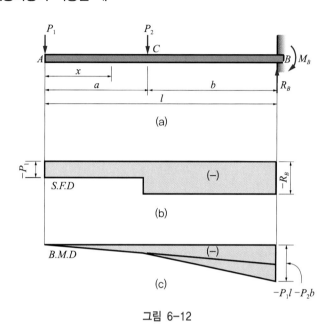

그림 6-12

1) 지점반력

$$\sum F = 0 \text{ 에서} \qquad R_B = P_1 + P_2 \qquad\qquad \text{(a)}$$
$$\sum M_B = 0 \text{ 에서} \qquad M_B = P_1 l + P_2 b \qquad\qquad \text{(b)}$$

2) 전단력 및 굽힘모멘트 방정식

   $0 < x < a$ 구간

$$V_1 = -P_1 \qquad M_1 = -P_1 x \qquad\qquad \text{(c)}$$

   $a < x < l$ 구간

$$V_2 = -P_1 - P_2 \qquad M_2 = -P_1 x - P_2 (x - a) \qquad\qquad \text{(d)}$$

3) S.F.D. 및 B.M.D.

   S.F.D.는 그림 6-12 (b) 와 같이 계단형으로 그려지며, B.M.D.는 식 (c), (d) 에서

$$x = 0 \text{ 일 때} \qquad M = 0$$

$$x = a \text{ 일 때} \qquad M_1 = -P_1 a$$

$$x = l \text{ 일 때} \qquad M_2 = -P_1 l - P_2 b$$

굽힘모멘트 방정식은 x 의 1차방정식이므로 그림 6-12 (c) 처럼 그려진다.

또 외팔보에 P_1 만 작용하는 경우와 P_2 만 작용하는 경우를 각각 구하여 중첩하여 그려도 된다. 이와 같이 중첩하여 구하는 것을 **중첩법** 혹은 **겹침법**이라 한다.

(3) 균일분포하중이 작용할 때

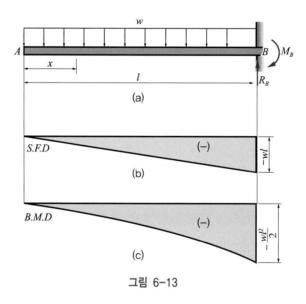

그림 6-13

그림 6-13 (a) 와 같이 단위길이당 균일한 분포하중 w 가 작용하는 경우, 전 길이에 걸쳐 wl 의 하중이 보의 도심에 작용한다고 생각한다.

1) 지점반력

$$\sum F = 0 \text{ 에서} \qquad R_B = wl \tag{a}$$

$$\sum M_B = 0 \text{ 에서} \qquad -wl \times \frac{l}{2} + M_B = 0 \qquad M_B = \frac{wl^2}{2} \tag{b}$$

2) 전단력 및 굽힘모멘트 방정식

$$V = -wx \tag{c}$$

$$M = -wx \times \frac{x}{2} = -\frac{wx^2}{2} \tag{d}$$

3) S.F.D. 및 B.M.D.

S.F.D.는 식 (c) 에서

$x = 0$일 때 $V = 0$

$x = l$ 일 때 $V = -wl$

식 (c) 는 1차방정식이므로 그림 6-13 (b) 와 같이 되고 B.M.D.는 식 (d) 에서

$x = 0$ 일 때 $M = 0$

$x = l$ 일 때 $M = -\dfrac{wl^2}{2}$

식 (d) 는 2차방정식이므로 곡선이 된다. 최대굽힘모멘트는 고정단에서 발생된다.

(4) 균일 변화분포하중이 작용할 때

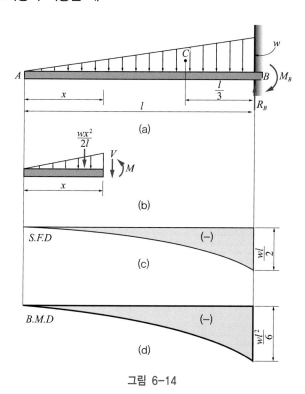

그림 6-14

그림 6-14 (a) 와 같이 삼각형 모양의 균일변화분포하중을 받을 때, 하중의 합은 삼각형 면적인 $\dfrac{wl}{2}$ 과 같고, B 로부터 $\dfrac{l}{3}$ 거리만큼 떨어진 도심점에 작용한다고 생각한다.

1) 지점반력

B 점으로부터 $\dfrac{l}{3}$ 되는 곳에 $\dfrac{wl}{2}$ 의 합력이 작용하므로 평형조건으로부터

$$\sum F = 0 \text{ 에서} \qquad R_B = \frac{wl}{2} \tag{a}$$

$$\sum M_B = 0 \text{ 에서} \qquad -\frac{wl}{2} \times \frac{l}{3} + M_B = 0 \qquad M_B = \frac{wl^2}{6} \qquad \text{(b)}$$

2) 전단력 및 굽힘모멘트 방정식

$$V = -\frac{wx^2}{2l} \qquad\qquad\qquad\qquad\qquad\qquad \text{(c)}$$

$$M = -\frac{wx^2}{2l} \times \frac{x}{3} = -\frac{wx^3}{6l} \qquad\qquad \text{(d)}$$

3) S.F.D. 및 B.M.D.

식 (c) 에서

$x = 0$ 일 때	$V = 0$
$x = l$ 일 때	$V = -\dfrac{wl}{2}$

식 (d) 에서

$x = 0$ 일 때	$M = 0$
$x = l$ 일 때	$M = -\dfrac{wl^2}{6}$

식 (c) 와 (d) 에서 S.F.D.는 2차방정식, B.M.D.는 3차방정식이므로 그림 6-14 (c) 와 (d)로 각각 그려지며, 최대굽힘모멘트와 최대전단력은 고정단에서 발생한다.

6-4-3 내다지보

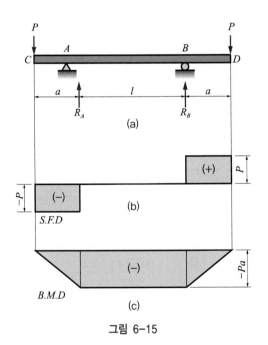

그림 6-15

그림 6-15 (a) 와 같이 집중하중 P 가 C 와 D 점에 작용할 때 전단력과 굽힘모멘트는 다음과 같이 구한다.

1) 지점반력

$$\sum F = 0 \text{ 에서} \qquad P + P = R_A + R_B \tag{a}$$

$$\sum M_B = 0 \text{ 에서} \qquad -P(a+l) + R_A l + Pa = 0$$

$$R_A = P \qquad R_B = P \tag{b}$$

2) 전단력과 굽힘모멘트 방정식

CA 구간

$$V_{CA} = -P$$

$$M_{CA} = -Px \tag{c}$$

AB 구간

$$V_{AB} = -P + R_A = 0$$

$$M_{AB} = -Px + R_A(x-a) = -Pa \tag{d}$$

BD 구간

$$V_{BD} = -P + R_A + R_B = P$$

$$M_{BD} = -Px + R_A(x-a) + R_B(x-a-l)$$

$$= Px - P(2a+l) \tag{e}$$

3) S.F.D. 및 B.M.D.

S.F.D.는 구간별로 그림 6-15 (b) 와 같이 되고 B.M.D.는 그림 (c) 와 같이 된다. 식 (c), (d), (e) 의 M 에서

$$x = 0 \text{ 일 때} \qquad M_c = 0$$

$$x = a \text{ 일 때} \qquad M_A = -Pa$$

$$x = a + l \text{ 일 때} \qquad M_B = -Pa$$

$$x = 2a + l \text{ 일 때} \qquad M_D = 0$$

그림 6-4, 그림 6-5의 부호규약처럼 그림 6-15의 S.F.D. 및 B.M.D.의 부호가 결정되었다.

예제 6-01 그림 6-16과 같이 길이 $100\,\mathrm{cm}$ 의 단순보가 $P_1 = 200\,\mathrm{kgf}$, $P_2 = 300\,\mathrm{kgf}$ 의 집중하중을 받고 있을 때, 이 보의 전단력 선도와 굽힘모멘트 선도를 그려라.

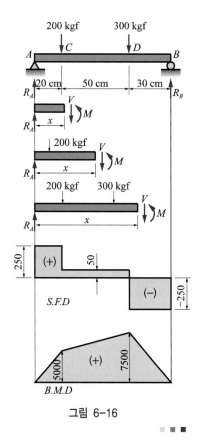

풀이 1) 지점반력

$$\sum F = 0 \text{ 에서}$$

$$200 + 300 = R_A + R_B \tag{a}$$

$$\sum M_B = 0 \text{ 에서}$$

$$R_A \times 100 - 200 \times 80 - 300 \times 30 = 0 \tag{b}$$

식 (a) 와 (b) 에서

$$R_A = 250 \text{ kgf}, \qquad R_B = 250 \text{ kgf}$$

2) 전단력

$$V_{AC} = R_A = 250 \text{ kgf}$$

$$V_{CD} = R_A - P_1 = 250 - 200 = 50 \text{ kgf}$$

$$V_{DB} = R_A - P_1 - P_2 = 250 - 200 - 300 = -250 \text{ kgf}$$

3) 굽힘모멘트

$$M_{AC} = R_A x$$

$$M_A = R_A \times 0 = 0$$

$$M_C = R_A \times 20 = 250 \times 20 = 5000 \text{ kgf} \cdot \text{cm}$$

$$M_{CD} = R_A x - P_1(x - 20)$$

$$M_D = 250 \times 70 - 200(70 - 20) = 7500 \text{ kgf} \cdot \text{cm}$$

$$M_{DB} = R_A x - P_1(x - 20) - P_2(x - 70)$$

$$M_B = 0$$

그림 6-16

예제 6-02 그림 6-17과 같이 단순보에 부분적으로 균일분포하중이 작용할 때, 전단력 선도와 굽힘모멘트 선도를 그려라.

풀이 1) 지점반력

전하중 $20 \times 30 = 600 \text{ kgf}$ 가 보의 중앙에 작용한다고 생각하면

$$\sum F = 0 \text{ 에서} \qquad 600 = R_A + R_B \tag{a}$$

$$\sum M_B = 0 \text{ 에서} \qquad R_A \times 90 - 600 \times 45 = 0 \tag{b}$$

식 (a) 와 (b) 에서

$$R_A = 300 \text{ kgf}, \quad R_B = 300 \text{ kgf}$$

2) 전단력

보의 전체구간을 그림 (b), (c), (d) 처럼 3구간으로 나누어 생각한다.

$$V_{AC} = R_A = 300 \text{ kgf}$$

$$V_{CD} = R_A - 20(x - 30)$$

$$V_C = 300 - 20(30 - 30) = 300 \text{ kgf}$$

$$V_D = 300 - 20(60-30) = -300 \, \text{kgf}$$

$$V_{DB} = R_A - 20 \times 30$$

$$V_B = 300 - 600 = -300 \, \text{kgf}$$

전단력이 0이 되는 점

$V_{CD} = 0$ 에서

$$300 - 20(x-30) = 0 \qquad x = 45 \, \text{cm}$$

3) 굽힘모멘트

$$M_{AC} = R_A \cdot x$$

$$M_A = 0$$

$$M_C = 300 \times 30 = 9000 \, \text{kgf} \cdot \text{cm}$$

$$M_{CD} = R_A \cdot x - w(x-30)\left(\frac{x-30}{2}\right)$$

$$= R_A \cdot x - \frac{w(x-30)^2}{2}$$

$$M_D = 300 \times 60 - \frac{20(60-30)^2}{2}$$

$$= 9000 \, \text{kgf} \cdot \text{cm}$$

$x = 45 \, \text{cm}$ 일 때 M_{max} 이므로

$$M_{\text{max}} = 300 \times 45 - \frac{20(45-30)^2}{2}$$

$$= 11250 \, \text{kgf} \cdot \text{cm}$$

$$M_{DB} = R_A cdot x - w \times 30(x-45)$$

$$M_B = 300 \times 90 - 20 \times 30(90-45) = 0$$

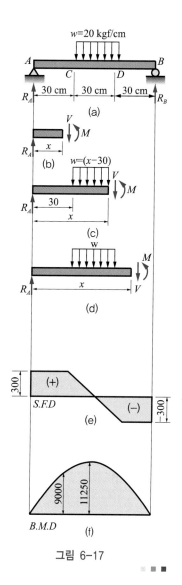

그림 6-17

예제 6-03 그림 6-18과 같은 외팔보에 $P_1 = 2 \, \text{kgf}$, $P_2 = 3 \, \text{kgf}$ 의 집중하중이 작용할 때, 전단력 선도와 굽힘모멘트 선도를 그려라.

풀이 1) 지점반력

$$\sum F = 0 \qquad R_B = 2 + 3$$

$$\sum M_B = 0 \qquad M_B = 2 \times 6 + 3 \times 2 = 18$$

2) 전단력

$$V_{AC} = 0$$

$$V_{CD} = -2\,\text{kgf}$$
$$V_{DB} = -2 - 3 = -5\,\text{kgf}$$

3) 굽힘모멘트

$$M_{AC} = 0$$
$$M_A = 0$$
$$M_C = 0$$

$$M_{CD} = -P_1(x-2)$$
$$M_D = -2 \times (6-2) = -8\,\text{kgf} \cdot \text{m}$$

$$M_{DB} = -P_1(x-2) - P_2(x-6)$$
$$M_B = -2 \times (8-2) - 3 \times (8-6) = -18\,\text{kgf} \cdot \text{cm}$$

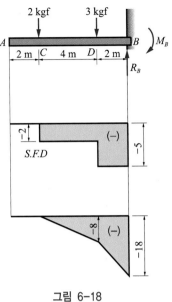

그림 6-18

그림 6-19와 같은 내다지보에 균일분포하중 $w = 400\,\text{kgf}/\text{m}$ 가 작용할 때 전단력 선도와 굽힘모멘트 선도를 그려라.

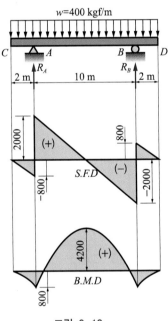

풀이 1) 지점반력

$$\sum F = 0 \qquad R_A + R_B = 400 \times 14 = 5600 \tag{a}$$
$$\sum M_B = 0 \qquad R_A \times 10 - (400 \times 14) \times 5 = 0 \tag{b}$$

식 (a) 와 (b) 에서

$$R_A = 2800\,\text{kgf}, \qquad R_B = 2800\,\text{kgf}$$

2) 전단력

$$V_{CA} = -wx$$
$$V_C = 0$$
$$V_A = -400 \times 2 = -800\,\text{kgf}$$

$$V_{AB} = -wx + R_A$$
$$V_A = -400 \times 2 + 2800 = 2000\,\text{kgf}$$
$$V_B = -400 \times 12 + 2800 = -2000\,\text{kgf}$$

$$V_{BD} = -wx + R_A + R_B$$
$$V_B = -400 \times 12 + 2800 + 2800 = 800\,\text{kgf}$$
$$V_D = -400 \times 14 + 2800 + 2800 = 0$$

그림 6-19

3) 굽힘모멘트

$$M_{CA} = -wx \times \frac{x}{2} = -\frac{wx^2}{2}$$

$$M_C = 0$$

$$M_A = -\frac{400 \times 2^2}{2} = -800 \, \text{kgf} \cdot \text{m}$$

$$M_{AB} = -\frac{wx^2}{2} + R_A(x-2)$$

$$M_A = -\frac{400 \times 2^2}{2} + 2800(2-2) = -800 \, \text{kgf} \cdot \text{m}$$

$$M_B = -\frac{400 \times 12^2}{2} + 2800(12-2) = -800 \, \text{kgf} \cdot \text{m}$$

$$M_{BD} = -\frac{wx^2}{2} + R_A(x-2) + R_B(x-12)$$

$$M_D = \frac{400 \times 14^2}{2} + 2800(14-2) + 2800(14-12) = 0$$

최대굽힘모멘트는

M_{AB} 식에서 보의 중앙점 $x = 7$ 을 대입하면

$$M_{\max} = -\frac{400 \times 7^2}{2} + 2800(7-2) = 4200 \, \text{kgf} \cdot \text{m}$$

예제 6-05 그림 6-20과 같은 단순보에 모멘트 $M = 16 \, \text{kgf} \cdot \text{m}$ 가 작용할 때 전단력 선도와 굽힘모멘트 선도를 그려라.

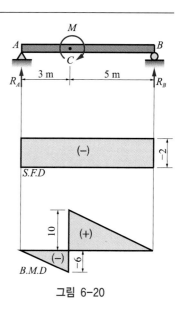

그림 6-20

풀이 1) 지점반력

$$\sum M_B = 0 \qquad R_A \times 8 + 16 = 0$$
$$R_A = -2$$

$$\sum M_A = 0 \qquad -R_B \times 8 - 16 = 0$$
$$R_B = 2$$

2) 전단력

$$V_{AC} = -2 \, \text{kgf}$$
$$V_{CB} = -2 \, \text{kgf}$$

3) 굽힘모멘트

$$M_A = 0$$
$$M_C = -2 \times 3 = -6 \, \text{kgf} \cdot \text{m}$$
$$M_C = -6 + 16 = 10 \, \text{kgf} \cdot \text{m}$$
$$M_B = 0$$

6-4-1 그림과 같은 길이 $l = 1\,\mathrm{m}$ 인 단순보에 집중하중 $P = 200\,\mathrm{kgf}$ 가 작용할 때 이 보의 전단력 선도와 굽힘모멘트 선도를 그려라.

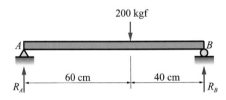

6-4-2 그림과 같은 단순보에 $P_1 = 200\,\mathrm{kgf}$, $P_2 = 400\,\mathrm{kgf}$ 의 집중하중이 작용할 때 전단력 선도와 굽힘모멘트 선도를 그려라.

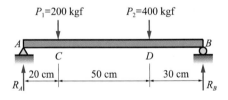

6-4-3 그림과 같은 단순보에 $P_1 = 180\,\mathrm{kgf}$, $P_2 = 90\,\mathrm{kgf}$ 의 집중하중이 서로 반대방향으로 작용한다. 이때 이 보의 전단력 선도와 굽힘모멘트 선도를 그려라.

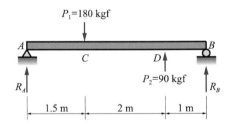

6-4-4 그림과 같은 단순보에 $w = 400\ \mathrm{kgf/m}$ 의 균일분포하중이 보의 전 길이에 작용할 때, 이 보의 전단력 선도와 굽힘모멘트 선도를 그려라.

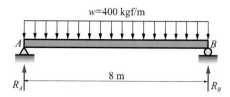

6-4-5 그림과 같은 단순보에 $w = 10\ \mathrm{kgf/m}$ 의 균일분포하중이 AC 구간에 부분적으로 작용할 때 전단력 선도와 굽힘모멘트 선도를 그려라.

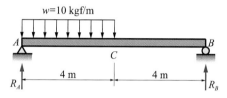

6-4-6 그림과 같은 길이 $8\ \mathrm{m}$ 의 단순보에 $w = 90\ \mathrm{kgf/m}$ 의 균일분포하중이 CD 구간에 부분적으로 작용한다. 이때 이 보의 전단력 선도와 굽힘모멘트 선도를 그려라.

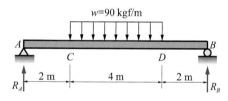

6-4-7 길이 $100\ \mathrm{cm}$ 의 단순보에 그림과 같이 집중하중 $P = 300\ \mathrm{kgf}$ 와 균일분포하중 $w = 10\ \mathrm{kgf/cm}$ 가 부분적으로 동시에 작용하고 있을 때, 이 보의 전단력 선도와 굽힘모멘트 선도를 그려라.

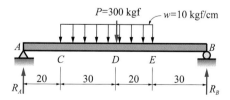

6-4-8 길이 16 m 의 단순보가 부분적으로 $w_1 = 40\,\mathrm{kgf/m}$, $w_2 = 60\,\mathrm{kgf/m}$, $w_3 = 20\,\mathrm{kgf/m}$와 $w_4 = 80\,\mathrm{kgf/m}$ 의 균일분포하중을 받고 있다. 이 보의 전단력 선도와 굽힘모멘트 선도를 그려라.

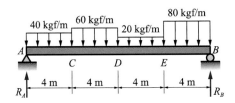

6-4-9 그림과 같은 길이 9 m 의 단순보가 CD 구간에 부분적으로 $w_0 = 10\,\mathrm{kgf/m}$ 의 균일변화분포하중을 받고 있다. 이 보의 전단력 선도와 굽힘모멘트 선도를 그려라.**

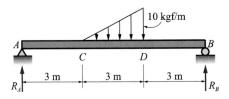

6-4-10 길이 l 인 단순보에 단위길이당 분포하중 $w = w_o \sin \dfrac{x}{l}\pi$ 가 작용할 때, 이 보의 전단력 선도와 굽힘모멘트 선도를 그려라.

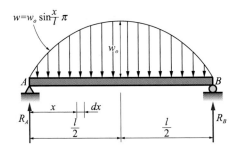

6-4-11 길이 13 m 의 단순보가 그림과 같이 C 점에 $M = 10\,\mathrm{kgf \cdot m}$ 의 모멘트를 받고 있다. 이 보의 전단력 선도와 굽힘모멘트 선도를 그려라.

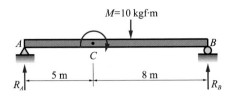

6-4-12 그림과 같은 전체 길이 $l = 6\,\mathrm{m}$ 의 단순보가 C 점에는 $M = 10\,\mathrm{kgf \cdot m}$의 모멘트를 받고, D 점에서는 $P = 5\,\mathrm{kgf}$ 의 집중하중을 받는다. 이때 이 보의 전단력 선도와 굽힘모멘트 선도를 그려라.

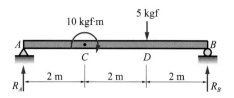

6-4-13 보 $ABCD$ 가 그림과 같이 $W = 6\,\mathrm{kgf}$ 의 하중을 받고 있다. 줄은 B 점에서 마찰이 없는 도르래를 지나 연직재료의 E 점에 매어져 있다. 이 보의 전단력 선도와 굽힘모멘트 선도를 그려라.

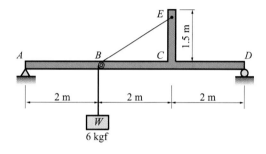

6-4-14 그림과 같은 길이 $l = 9\,\mathrm{m}$ 의 외팔보에 집중하중 $P = 10\,\mathrm{kgf}$ 가 C 점에 작용한다. 이 보의 전단력 선도와 굽힘모멘트 선도를 그려라.

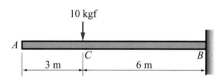

6-4-15 그림과 같은 외팔보가 집중하중 $P_1 = 20\,\mathrm{kgf}$, $P_2 = 10\,\mathrm{kgf}$ 를 받고 있다. 이 보의 전단력 선도와 굽힘모멘트 선도를 그려라.

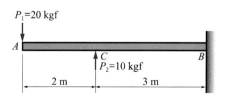

6-4-16 그림과 같은 외팔보에 집중하중 $P_1 = 4\,\mathrm{kgf}$, $P_2 = 3\,\mathrm{kgf}$ 가 작용할 때, 이 보의 전단력 선도와 굽힘모멘트 선도를 그려라.

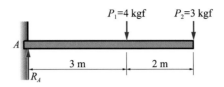

6-4-17 그림과 같은 외팔보가 $w = 10\,\mathrm{kgf/m}$ 의 균일분포하중을 받고 있다. 이 보의 전단력 선도와 굽힘모멘트 선도를 그려라.

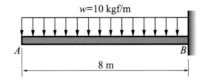

6-4-18 그림과 같은 외팔보에 $w = 10\,\mathrm{kgf/m}$ 의 균일분포하중이 AC 구간에 부분적으로 작용한다. 이 보의 전단력 선도와 굽힘모멘트 선도를 그려라.

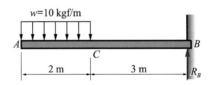

6-4-19 그림과 같은 외팔보에 C 점에 집중하중 $P = 4\,\mathrm{kgf}$ 와 CD 구간에 $w = 2\,\mathrm{kgf/m}$ 의 균일분포하중이 동시에 작용한다. 이 보의 전단력 선도와 굽힘모멘트 선도를 그려라.

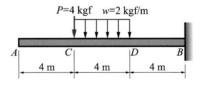

6-4-20 길이 $12\,\mathrm{m}$ 의 외팔보가 그림과 같이 CD 부분에 $w_0 = 10\,\mathrm{kgf/m}$ 의 균일변화분포하중이 작용한다. 이 보의 전단력 선도와 굽힘모멘트 선도를 그려라.

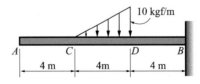

6-4-21 그림과 같은 외팔보에 $M = 5\,\text{kgf} \cdot \text{m}$ 의 모멘트가 작용할 때, 이 보의 전단력 선도와 굽힘모멘트 선도를 그려라.

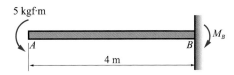

6-4-22 길이 $8\,\text{m}$ 의 외팔보가 A 점에 $P = 2\,\text{kgf}$, C 점에 $M = 10\,\text{kgf} \cdot \text{m}$ 의 모멘트가 작용한다. 이 보의 전단력 선도와 굽힘모멘트 선도를 그려라.

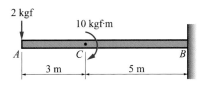

6-4-23 그림과 같은 내다지보의 C 점에 $P_1 = 10\,\text{kgf}$, D 점에 $P_2 = 5\,\text{kgf}$ 의 집중하중이 작용할 때, 이 보의 전단력 선도와 굽힘모멘트 선도를 그려라.

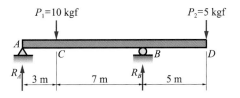

6-4-24 길이 $15\,\text{m}$ 의 내다지보의 CD 구간에 $w = 40\,\text{kgf}/\text{m}$ 의 균일분포하중과 D 점에 집중하중 $P = 100\,\text{kgf}$ 가 작용하고 있다. 이 보의 전단력 선도와 굽힘모멘트 선도를 그려라.

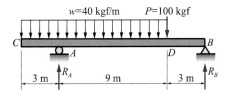

6-4-25 그림과 같은 돌출보의 C 점에 $M_C = 10\,\text{kgf} \cdot \text{m}$ 와 D 점에 $M_D = 4\,\text{kgf} \cdot \text{m}$ 의 모멘트가 작용할 때, 이 보의 전단력 선도와 굽힘모멘트 선도를 그려라.

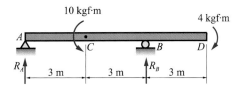

6-4-26 어떤 단순보의 전단력 선도가 그림과 같다. 보의 하중으로서 우력이 작용하지 않는다고 가정하고, 이 보에 작용하는 하중상태를 구하고 굽힘모멘트 선도를 그려라(전단력의 단위는 kgf 이다).

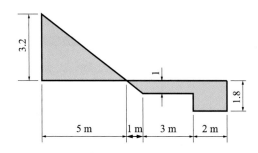

6-4-27 외팔보의 전단력 선도가 다음 그림과 같다. 이 보에 작용하는 하중상태를 구하고 굽힘모멘트 선도를 그려라.

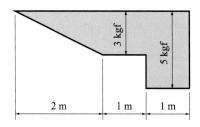

6-4-28 어떤 돌출보의 전단력 선도가 그림과 같다. 우력이 작용하지 않을 때 이 보에 작용하는 하중상태를 구하고, 굽힘모멘트 선도를 그려라(전단력의 단위는 kgf 이다).

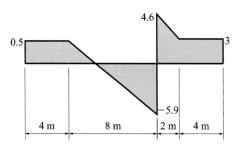

CHAPTER

07

보의 응력

STRENGTH OF MATERIALS

하중을 받는 보의 단면에는 전단력과 굽힘모멘트가 작용한다. 이때 전단력에 의해 전단응력이 생기고 굽힘모멘트에 의해 굽힘응력이 생긴다. 그러나 전단응력이 보에 미치는 영향은 대단히 적으므로 일반적으로 굽힘모멘트에 의한 수직응력만 작용한다고 가정하며, 이것을 **굽힘응력** (bending stress) 이라고 한다.

그림 7-1과 같은 양쪽 지지점 A, B 에서 같은 거리에, 같은 크기의 집중하중 P 가 작용하는 단순보에서 전단력 선도와 굽힘모멘트 선도를 생각한다.

이 보의 중앙부분인 CD 구간에는 전단력은 작용하지 않으며, 일정한 값 Pa의 굽힘모멘트만 갖는다. 이러한 상태를 **순수굽힘** (pure bending) 이라 한다.

이 순수굽힘으로 인하여 발생되는 굽힘응력을 해석하기 위하여, 보의 재질은 균일하고 중심축에 대해서 대칭이며, 최초에 평면이었던 각 단면은 구부러진 후에도 평면을 그대로 유지하며, 재료는 Hooke의 법칙을 따른다고 가정한다.

이러한 가정 아래에서 그림 7-1의 CD 부분의 임의 요소를 절단하여 확대하면 그림 7-2와 같이 표시된다. 여기서 굽힘변형을 받은 윗부분은 압축을 받아 줄어들고, 아랫부분은 인장을 받아 늘어나게 된다. 이때 가운데 부분의 어느 층에는 줄어들지도 늘어나지도 않는 면이 있다. 이 면을 **중립면** (neutral surface) 이라 하고, 이 중립면과 각 단면과의 만나는 선을 그 단면의 **중립축** (neutral axis) 이라고 한다. 그림 7-2에서처럼 보가 굽힘변형을 하면 두 인접 단면 mn 과 pq 는 O 점에서 서로 만나게 된다. 이들이 이루는 미소각을 $d\theta$ 라 하고 곡률반경 (radius of curvature) 을 ρ 라 하면 탄성곡선의 곡률은 $\dfrac{1}{\rho}$ 이 되고 다음과 같이 된다.

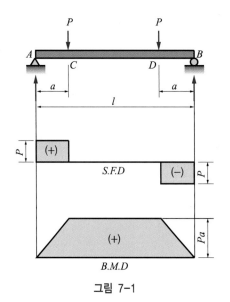

그림 7-1

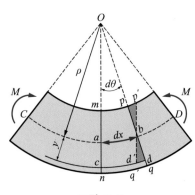

그림 7-2

$$ab = dx = \rho\,d\theta \qquad \frac{1}{\rho} = \frac{d\theta}{dx} \tag{a}$$

중립축 위의 점 b 를 지나 mn 에 평행한 선 $p'q'$ 를 그리면, 굽힘으로 인하여 발생된 두 단면의 길이변화는 윗면에서 pp', 아랫면에서는 qq' 가 된다. 또 중립면으로부터 임의의 거리 y 만큼 떨어진 곳에 있는 층 cd 는 cd' 가 $d'd$ 만큼 늘어난 것으로 볼 수 있으며 $d'd$ 는 다음과 같이 된다.

$$d'd = cd - cd' = (\rho + y)d\theta - \rho\,d\theta = y\,d\theta \tag{b}$$

$\triangle aOb$ 와 $\triangle bd'd$ 는 닮은 꼴이므로 (a), (b) 두 식에서 변형률은 다음과 같다.

$$\epsilon = \frac{d'd}{ab} = \frac{y}{\rho} \tag{c}$$

이곳의 응력은 Hooke 의 법칙에 비례하므로

$$\sigma = E\epsilon = \frac{Ey}{\rho} \tag{7-1}$$

이 식에서 Hooke의 법칙이 성립되는 한도 내에서는 순수굽힘에 의한 굽힘응력 σ 는 중립면으로부터의 거리 y 에 비례함을 알 수 있다.

그림 7-3에서와 같이 굽힘응력 σ 는 중립면으로부터 가장 멀리 떨어진 곳에서 최댓값을 갖게 된다. 즉 윗면에서는 최대압축응력 $(\sigma_c)_{\max}$ 이 작용하며 아랫면에서는 최대인장응력 $(\sigma_t)_{\max}$ 이 작용하게 된다.

중립축으로부터 y 만큼 떨어진 미소면적을 dA 라 하면 그 면적 위에 작용하는 힘은 식 (7-1) 에서 다음과 같이 된다.

$$dF = \sigma\,dA = \frac{E}{\rho}y\,dA \tag{d}$$

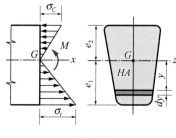

그림 7-3

$$F = \frac{E}{\rho} \int_A y \, dA = 0 \qquad\qquad (e)$$

식 (e) 에서 E 와 ρ 는 상수이므로

$$\frac{E}{\rho} \neq 0 \text{이고} \qquad \int_A y \, dA = 0$$

이것은 중립축에 대한 단면 1차 모멘트가 0임을 나타낸다.

$$A \neq 0 \text{ 이므로 } y = 0 \text{ 이어야 한다.}$$

따라서 중립축은 단면의 도심을 지나며, 중심축은 단면의 한 주축이 된다.

한편 미소면적 dA 에 작용하는 미소의 힘 dF 가 중립축에 작용하는 모멘트는

$$dM = y \, dF = y \sigma \, dA$$

$$M = \int_A y \sigma \, dA = \frac{E}{\rho} \int_A y^2 \, dA \qquad\qquad (f)$$

여기서 $\displaystyle\int_A y^2 dA$ 는 그 단면의 중립축에 대한 단면 2차 모멘트 I 이므로 식 (f) 에 (g) 를 대입하면

$$M = \frac{EI}{\rho}, \qquad \frac{1}{\rho} = \frac{M}{EI} \qquad\qquad (7\text{-}2)$$

식 (7-2) 에서 곡률 $\dfrac{1}{\rho}$ 은 굽힘모멘트 M 에 비례하고 **굽힘강성계수** (flexural rigidity) EI 에 반비례함을 알 수 있다.

식 (7-1), (7-2) 에서 다음 식을 얻을 수 있다.

$$\sigma = \frac{My}{I} = \frac{M}{Z} \quad \text{또는} \quad M = \sigma Z \qquad\qquad (7\text{-}3)$$

식 (7-3) 은 보의 **굽힘공식**이며, σZ 는 굽힘모멘트에 저항하는 보의 응력모멘트이므로 **저 항모멘트** (resisting moment) 라고 한다. 이 식에 의하면 단면이 일정한 보에서는 굽힘응력 은 굽힘모멘트에 비례하므로 최대굽힘모멘트가 작용하는 단면에서 최대굽힘응력이 일어나며, 보의 파손에 대하여 가장 위험하기 때문에 이 단면을 위험단면이라 하고 보의 강도는 항상 이 면에 대해 고려하여야 한다.

예제 7-01 그림 7-4와 같이 직경 6 mm 의 강선을 지름 1 m 의 원통에 감을 때 이 강선에 일어나는 최대굽힘응력과 굽힘모멘트를 구하여라. 단, 강선의 탄성계수 $E = 2.0 \times 10^6 \, \text{kgf} / \text{cm}^2$ 이다.

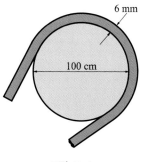

그림 7-4

풀이 $\sigma = \dfrac{Ey}{\rho} = E \cdot \dfrac{\dfrac{d}{2}}{\dfrac{D+d}{2}} = E \cdot \dfrac{d}{D+d}$

$$= \frac{2 \times 10^6 \times 0.6}{100 + 0.6} = 11928.5 \, \text{kgf} / \text{cm}^2$$

$$M = \sigma \, Z = 11928.5 \times \frac{\pi \cdot (0.6)^3}{32} = 252.96 \, \text{kgf} \cdot \text{cm}$$

예제 7-02 폭 20 cm, 높이 30 cm 인 사각형단면을 가진 길이 2 m 의 외팔보가 자유단에 150 kgf 의 집중하중을 받을 때 최대굽힘응력을 구하여라.

풀이 $\sigma_{\max} = \dfrac{M}{Z}$ 에서

$$M = Pl = 150 \times 200 = 30000 \, \text{kgf} \cdot \text{cm}$$

$$Z = \frac{b \times h^2}{6} = \frac{20 \times 30^2}{6} = 3000 \, \text{cm}^3$$

$$\therefore \sigma = \frac{M}{Z} = \frac{30000}{3000} = 10 \, \text{kgf} / \text{cm}^2$$

예제 7-03 그림 7-5와 같이 길이 3 m, 높이 $h = 20$ cm 인 사각형단면의 단순보에 균일분포하중 $w = 400 \, \text{kgf} / \text{m}$ 가 작용하고 있을 때 이 보의 단면폭 b 를 구하여라. 단, 허용굽힘응력 $\sigma_a = 80 \, \text{kgf} / \text{cm}^2$ 이다.

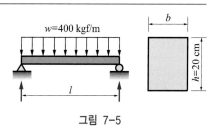

그림 7-5

풀이 $M = \sigma_a Z$ 에서

$$M_{\max} = \frac{wl^2}{8} = \frac{400 \times 3^2}{8} = 45000 \, \text{kgf} \cdot \text{cm}$$

$$M = \sigma_a Z = 80 \times \frac{b \times 20^2}{6}, \qquad 45000 = 80 \times \frac{b \times 20^2}{6}$$

$$b = 8.44 \, \text{cm}$$

7-2 여러 가지 단면형상의 보

경제적인 보를 설계할 때 보의 단면형상을 결정하는 것이 매우 중요하다. 굽힘으로 인하여 발생하는 최대의 인장응력과 압축응력은 중립축으로부터 거리에 비례하여 가장 먼 윗부분과 아랫부분에 작용하므로 인장과 압축에 대하여 똑같은 강도의 재료이면 중립축에 대하여 대칭인 단면을 채택하는 것이 합리적이다. 이와 같이 하면 인장과 압축에 대하여 똑같은 안전계수를 보장할 수 있다. 따라서 인장과 압축강도가 높은 구조용 강은 중립축에 대하여 대칭인 정사각형, 직사각형, 원형 및 I형 등의 단면을 사용한다.

주철, 석재 및 콘크리트 등은 인장응력이 압축응력보다 약하므로 인장측에 많은 재료가 분포되도록 사다리꼴과 같은 비대칭 단면을 택하는 것이 유리하다. 즉 중립축에서부터 인장, 압축의 가장 바깥층까지의 거리 e_1 및 e_2 의 비가 인장, 압축강도의 비와 같은 단면으로 만들면 인장과 압축에 대한 저항력이 같아진다. 예를 들면, T 형단면에서는 플랜지 (flange) 와 웨브 (web) 의 치수를 조절함으로써 그 단면의 도형 중심을 어떤 높이에라도 오게 할 수 있다. 굽힘작용을 받는 보를 설계할 때 강도의 조건을 만족시키는 일도 중요하지만 보의 중량에 관련되는 조건을 고려하는 것 역시 경제적인 면에서 중요하다.

단면계수와 안전계수가 일정할 때에는 가급적 단면적이 적어야 재료가 경제적이 된다.

재료의 경제성을 높이기 위한 몇가지 사항을 살펴보면 다음과 같다.

첫째, 단면의 높이가 높은 단면이 낮은 단면보다 유리하다. 예를 들어, 폭 b, 높이 h 인 직사각형 단면의 단면계수는 다음과 같다.

$$\sigma = \frac{M}{Z} \text{ 에서 } Z = \frac{bh^2}{6} = \frac{1}{6}Ah = 0.167Ah \tag{a}$$

식 (a) 에 의하면 M 및 σ 가 일정하면 단면의 높이를 크게 함으로써 단면적이 적어지고, 따라서 보의 무게도 가볍게 되어 경제적임을 보여준다. 그러나 실제로 단면의 폭이 너무 좁아지면 좌굴 (buckling) 현상에 의한 파괴와 같은 안전성이 문제가 되기 때문에 높이 h 와 폭 b

사이에는 적당한 한계가 있어야 한다.

한편 단면적이 같은 원형단면과 정사각형단면을 비교하여 보자.

먼저 지름 d 인 원형단면의 단면계수는 다음과 같다.

$$Z_\bigcirc = \frac{\pi d^3}{32} = \frac{1}{8} Ad = 0.125 Ad \tag{b}$$

다음에는 이 원형단면과 단면적이 같은 정사각형단면의 단면계수를 구하면, 정사각형 한 변의 길이는 $h = \dfrac{d\sqrt{\pi}}{2}$ 이므로 식(a)에 대입하면

$$Z_\square = \frac{h^3}{6} = \frac{1}{6}\left(\frac{d\sqrt{\pi}}{2}\right)^3 = \frac{\sqrt{\pi}}{12} Ad = 0.148 Ad \tag{c}$$

$$\frac{Z_\square}{Z_\bigcirc} = \frac{0.148 Ad}{0.125 Ad} = 1.18$$

따라서 단면적이 같을 때 정사각형단면의 단면계수가 원형단면의 단면계수보다 18% 만큼 크므로 경제적임을 알 수 있다.

둘째, 재료를 중립축에 가까운 부분을 적게 하고 외측으로 많이 분포시켜 대부분의 재료가 균일하게 응력을 받도록 배치하면 단면적이 작고 경제적이다. 속이 빈 단면, I 형단면이 그 예이다.

그림 7-6과 같이 면적이 A 이고 높이가 h 인 단면의 $\dfrac{1}{2}$ 을 중립축으로부터의 거리가 $\dfrac{h}{2}$ 인 곳에 배치하면 단면계수는 다음과 같다.

$$I = 2 \times \left(\frac{A}{2}\right) \times \left(\frac{h}{2}\right)^2 = \frac{Ah^2}{4}$$

$$Z = \frac{1}{2} Ah = 0.5 Ah \tag{d}$$

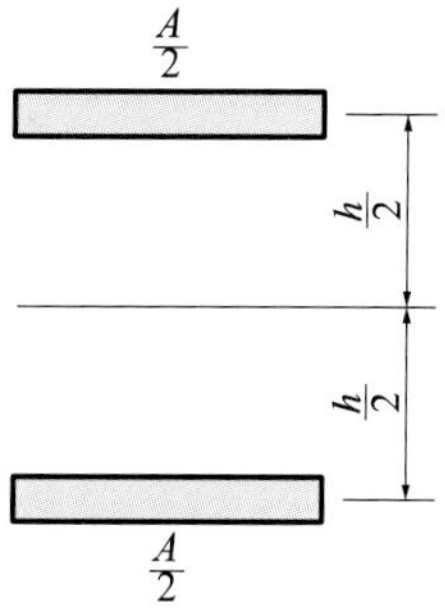

그림 7-6

실제로는 플랜지를 연결하는 웨브가 있어야 하므로 식(d)의 값보다는 적어져서 실제 I 형단면의 단면계수 Z 는 대략 $0.35 Ah$ 정도가 되지만 식(a)에 비하여 대단히 크므로 I 형단면이 사각형단면보다 경제적이고, 좌굴현상에 대해서도 안전성이 크다.

셋째, 보가 보다 큰 굽힘모멘트에 견딜 수 있으려면, 저항모멘트식 $M = \sigma Z$ 에서 Z 의 값을 크게 할수록 굽힘에 대한 저항이 커진다. Z 를 크게 하는 데는 일반적으로 A 를 크게 하면 단면계수가 커지지만 그림 7-7과 같이 중립축으로부터 먼 곳에 적은 면적을 가진 단면형에서는 그 부분을 절단함으로써 오히려 단면계수가 증가할 때가 있다.

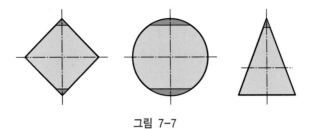

그림 7-7

예제 7-04 그림 7-8과 같이 직경 d 인 원형단면의 원목으로부터 최대굽힘강도를 갖는 직사각형단면을 만들려고 한다. 직사각형단면의 폭 b 와 높이 h 의 비를 구하여라.

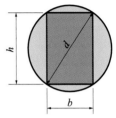

그림 7-8

풀이 최대굽힘응력은 $\sigma_{\max} = \dfrac{M}{Z}$, 따라서 단면계수 Z 가 가장 큰 직사각형단면이 최대강도의 단면이 되므로 그림에서

$$h = \sqrt{d^2 - b^2}$$

$$Z = \frac{bh^2}{6} = \frac{b(d^2 - b^2)}{6} = \frac{d^2 b - b^3}{6} \tag{a}$$

Z 를 최대로 하는 b 의 값은 $\dfrac{dZ}{db} = 0$ 으로 놓으면

$$\frac{dZ}{db} = \frac{d^2 - 3b^2}{6} = 0$$

$$\therefore \ b = \pm \frac{d}{\sqrt{3}} \tag{b}$$

그러나 b 는 음의 값을 가질 수 없으므로 $b = \dfrac{d}{\sqrt{3}}$ 이고 이를 (a) 에 대입하면

$$h = \sqrt{d^2 - \frac{d^2}{3}} = \sqrt{\frac{2}{3}}\, d \tag{c}$$

따라서 $\dfrac{b}{h}$ 는 다음과 같이 된다.

$$\frac{b}{h} = \frac{1}{\sqrt{2}}$$

■ ■ ■

예제 7-05 그림 7-9와 같은 정사각형단면의 보가 있다. 대각선을 중립축으로 하였을 때 한 변의 길이를 a 라고 하면 na 만큼 절단함으로써 단면계수를 최대로 할 수 있다. 이때 n 값을 구하여라. 또한 이때의 단면계수의 증가는 어느 정도인가?

풀이 중립축에 대한 단면 2차 모멘트 I 와 단면계수 Z 는

$$I = \frac{a^4}{12}, \quad Z = \frac{I}{e} = \frac{\frac{a^4}{12}}{\frac{a}{\sqrt{2}}} = \frac{\sqrt{2}}{12} a^3$$

그림 7-9

na 만큼 잘라낸 후의 단면 2차 모멘트 I_1 은 정사각형 Am $m_1 m_2$ 의 대각선에 대한 단면 2차 모멘트와 평행사변형 $m\, n\, n_1 m_1$ 의 밑변에 대한 단면 2차 모멘트 2개를 합한 것과 같다.

$$I_1 = \frac{a^4(1-n)^4}{12} + 2 \times \frac{1}{3}(\sqrt{2}\, na)\left[\frac{a(1-n)}{\sqrt{2}}\right]^3$$

$$= \frac{a^4(1-n)^4}{12} + \frac{na^4(1-n)^3}{3}$$

$$= \frac{a^4(1-n)^3}{12} \cdot (1+3n)$$

단면계수 Z_1 은

$$Z_1 = \frac{I_1}{e_1} = \frac{\frac{a^4(1-n)^3}{12} \cdot (1+3n)}{\frac{a(1-n)}{\sqrt{2}}}$$

$$= \frac{\sqrt{2}}{12} a^3 (1 + n - 5n^2 + 3n^3)$$

절단 후 단면계수의 최댓값은 $\dfrac{dZ_1}{dn} = 0$ 으로 놓으면

$$\frac{dZ_1}{dn} = \frac{\sqrt{12}}{12} a^3 (1 - 10n + 9n^2) = 0 \quad \therefore n = \frac{1}{9}$$

이 $n = \dfrac{1}{9}$ 을 Z_1 식에 대입하면 최대 단면계수는

$$(Z_1)_{\max} = 1.053 \times \frac{\sqrt{2}}{12} a^3 = 1.053 Z$$

이 결과에서 단면의 모서리를 $n = \dfrac{1}{9} a$ 만큼 잘라 버림으로써 단면계수가 5.3% 증가하여 최대 단면계수를 얻을 수 있다. ▪ ▪ ▪

7-3 보의 전단응력

보는 일반적으로 하중을 받으면 각 단면에 굽힘모멘트 M 과 전단력 V 가 동시에 각 단면

에 작용하게 된다. 그러나 굽힘모멘트가 일정하지 않으면 보는 항상 전단력을 받는다는 것을 앞 절에서 논하였다. 이 절에서는 전단력에 의하여 발생하는 전단응력의 분포상태를 생각해 보자.

그림 7-11과 같이 굽힘모멘트가 단면위치에 따라 변화하는 일반적인 보에 있어서 미소거리 dx 만큼 절단하여 두 개의 인접한 단면 mn 과 m_1n_1 면에 작용하는 굽힘모멘트를 각각 M 및 $M+dM$ 이라고 한다. x 축으로부터 y_1 의 거리에서 중립면에 평행인 면 PP_1 을 취하고, 이 면과 횡단면인 Pn, P_1n_1 부분의 평형조건을 고찰하여 보자.

그림 7-11 (a) 의 좌측면 Pn 의 한 미소면적상의 수직력은 식 (7-3) 에서

$$\sigma dA = \frac{My}{I}dA$$

따라서 좌측면 Pn 에 작용하는 전체 수직력은

$$\int_{y_1}^{\frac{h}{2}} \frac{My}{I}dA \tag{a}$$

같은 방법으로 우측면 P_1n_1 면에 작용하는 전체 수직력은

$$\int_{y_1}^{\frac{h}{2}} \frac{(M+dM)y}{I}dA \tag{b}$$

PP_1 면상에 작용하는 전단력은 중립축에서 임의의 높이 y_1 인 평면상의 전단응력을 τ 라 하면

$$\tau b\,dx \tag{c}$$

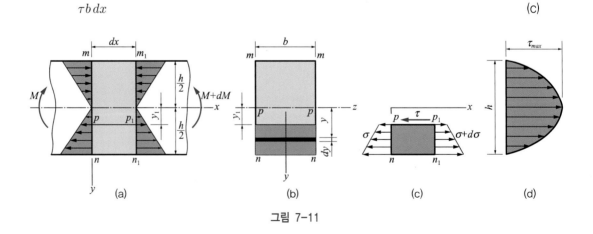

그림 7-11

보의 임의 단면에서 수평방향의 힘들은 평형상태에 있어야 한다.

$$\tau b\,dx = \int_{y_1}^{\frac{h}{2}} \frac{(M+dM)y}{I}\,dA - \int_{y_1}^{\frac{h}{2}} \frac{My}{I}\,dA$$

$$\tau = \frac{dM}{dx} \cdot \frac{1}{Ib} \int_{y_1}^{\frac{h}{2}} y\,dA \tag{d}$$

식 (d) 에 식 (6-9) 의 $V = \dfrac{dM}{dx}$ 를 대입하면

$$\tau = \frac{V}{Ib} \int_{y_1}^{\frac{h}{2}} y\,dA \tag{7-4}$$

전단응력의 분포는 y_1 에 따라 변화되고 굽힘응력이 0 인 중립축에서 최대가 되며, 굽힘응력이 최대가 되는 상하단면에서 0 이 된다. 여기서 $\displaystyle\int_{y_1}^{\frac{h}{2}} y\,dA$ 는 그림 7-11 (b) 에서 보인 단면의 빗금친 부분 PP, nn 의 중립축 Z 에 관한 단면 1차 모멘트이고, 이것을 Q 로 표시하면 다음과 같다.

$$\tau = \frac{VQ}{Ib} \tag{7-5}$$

7-3-1 직사각형단면

그림 7-11 (b) 와 같은 직사각형단면에 있어서 $dA = b\,dy$ 이므로

$$Q = \int_{y_1}^{\frac{h}{2}} y\,dA = \int_{y_1}^{\frac{h}{2}} b\,y\,dy = b \int_{y_1}^{\frac{h}{2}} y\,dy = \frac{b}{2}\left(\frac{h^2}{4} - y_1{}^2\right)$$

여기서, Q 의 값은 음영부분의 단면 1차 모멘트이므로 그 단면의 중립축으로부터 단면의 도심까지의 거리를 곱하여 얻을 수도 있다. 즉

$$b\left(\frac{h}{2} - y_1\right)\frac{1}{2}\left(\frac{h}{2} + y_1\right) = \frac{b}{2}\left(\frac{h^2}{4} - y_1{}^2\right)$$

이것을 식 (7-5) 에 대입하면

$$\tau = \frac{V}{2I}\left(\frac{h^2}{4} - y_1^2\right) \tag{7-6}$$

이 식에서 $y_1 = \pm\frac{h}{2}$ 에서는 $\tau = 0$, $y_1 = 0$ 에서는 최댓값이 된다.

$$\tau_{\max} = \frac{Vh^2}{8I}$$

여기서 관성모멘트 $I = \frac{bh^3}{12}$ 이고 단면적 $A = bh$ 이므로

$$\tau_{\max} = \frac{3}{2} \cdot \frac{V}{A} = 1.5\,\tau_{\mean} \tag{7-7}$$

최대전단응력은 중립축 위에서 작용하고, 평균전단응력 $\frac{V}{A}$ 보다 $50\,\%$ 만큼 더 크다는 것을 알 수 있으며, 전단응력의 분포상태는 그림 7-11 (d) 와 같은 포물선이 된다.

7-3-2 I형단면

그림 7-12와 같은 I형단면도를 플랜지와 웨브 부분으로 나누어 직사각형단면과 같은 방법으로 전단응력의 분포를 구할 수 있다.

전단응력 τ 는 y 축에 평행하며, 웨브의 두께 t 에 따라 균일하게 분포되어 있다고 가정한다. 중립축으로부터 y_1 만큼 떨어진 점에 대하여 생각해 보면, 단면의 빗금친 부분의 중립축에 대한 단면 1차 모멘트는 빗금친 부분의 면적에 그 단면의 중립축으로부터 빗금친 부분의 도심까지의 거리를 곱하면 다음과 같다.

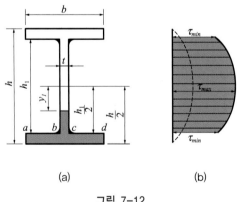

(a)   (b)

그림 7-12

$$Q = \int_{y_1}^{\frac{h}{2}} y\,dA = b\left(\frac{h}{2} - \frac{h_1}{2}\right) \cdot \frac{1}{2}\left(\frac{h}{2} + \frac{h_1}{2}\right) + t\left(\frac{h_1}{2} - y_1\right) \cdot \frac{1}{2}\left(\frac{h_1}{2} + y_1\right)$$

$$= \frac{b}{2}\left(\frac{h^2}{4} - \frac{h_1^2}{4}\right) + \frac{t}{2}\left(\frac{h_1^2}{4} - y_1^2\right)$$

이 식은 단면 1차 모멘트의 적분식을 이용해서 구할 수도 있다.

$$Q = \int_{y_1}^{\frac{h}{2}} y\,dA = \int_{\frac{h_1}{2}}^{\frac{h}{2}} by\,dy + \int_{y_1}^{\frac{h_1}{2}} ty\,dy$$

$$= \frac{b}{2}\left(\frac{h^2}{4} - \frac{h_1^2}{4}\right) + \frac{t}{2}\left(\frac{h_1^2}{4} - y_1^2\right)$$

이 식을 식 (7-5) 에 대입하면

$$\tau = \frac{V}{t\,I}\left[\frac{b}{2}\left(\frac{h^2}{4} - \frac{h_1{}^2}{4}\right) + \frac{t}{2}\left(\frac{h_1{}^2}{4} - y_1{}^2\right)\right] \tag{7-8}$$

최대전단응력은 중립축 $y_1 = 0$ 에서 생긴다.

$$\tau_{\max} = \frac{V}{t\,I}\left[\frac{b}{2}\left(\frac{h^2}{4} - \frac{h_1{}^2}{4}\right) + \frac{t\,h_1{}^2}{8}\right] \tag{7-9}$$

최소전단응력은 $y_1 = \dfrac{h_1}{2}$ 인 곳, 즉 플랜지와 결합된 웨브의 끝 부분에서 생긴다.

$$\tau_{\min} = \frac{V}{t\,I}\left[\frac{b}{2}\left(\frac{h^2}{4} - \frac{h_1{}^2}{4}\right)\right] \tag{7-10}$$

대체로 웨브의 두께 t 는 플랜지폭 b 에 비하여 매우 작다. 그러므로 $\tau_{\max}$ 와 $\tau_{\min}$ 사이에는 큰 차가 없으며, 웨브 단면 위의 전단응력 분포는 거의 균일하다. $\tau_{\max}$ 에 가장 가까운 값은 웨브 자체의 단면적 $h_1 t$ 로써 총 전단력 V 를 나누어서 얻을 수 있다. 한편 I 형단면의 전단응력분포는 그림 7-12 (b) 에서 보인 바와 같이 플랜지 내의 전단응력은 웨브 내의 전단응력보다 대단히 작다는 것을 알 수 있다. 그러므로 전단력 V 는 웨브에 의하여 지지되고 있다고 가정하여도 좋으며, 플랜지는 전단력을 지지하는 데 아무 역할도 하지 않는다고 보아도 설계상에 큰 지장이 없다. 사실상 플랜지와 웨브의 연결부분인 b 점과 c 점 같은 곳은 응력집중 등 여러가지 복잡한 불균일응력분포상태이며, 이러한 응력집중현상을 피하기 위하여 b, c 모양이 둥근 필렛 (fillet) 이 사용된다.

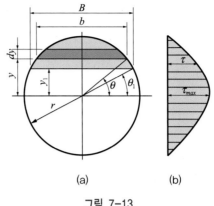

(a)　　　　　　　(b)

그림 7-13

7-3-3 원형단면

그림 7-13과 같은 반지름 r 인 원형단면의 전단응력분포를 구하면 다음과 같다.

먼저 중립축으로부터 y 만큼 떨어져 있는 미소면적 dA 를 취하여 중립축에 대한 단면 1차 모멘트를 구하면

$$y = r\sin\theta$$

$$dy = r\cos\theta\,d\theta$$

$$b = 2r\cos\theta = 2\sqrt{r^2 - y^2}$$

$$B = 2r\cos\theta_1 = 2\sqrt{r^2 - y_1^2}$$

$$dA = b\,dy = 2\sqrt{r^2 - y^2}\,dy = 2r^2\cos^2\theta\,d\theta$$

$$Q = \int_{y_1}^{r} y\,dA = \int_{\theta_1}^{\frac{\pi}{2}} r\sin\theta \cdot 2r^2\cos^2\theta\,d\theta = \int_{\theta_1}^{\frac{\pi}{2}} 2r^3\sin\theta\cos^2\theta\,d\theta$$

$$= -2r^3\left[\frac{1}{3}cos^3\theta\right]_{\theta_1}^{\frac{\pi}{2}} = \frac{2}{3}r^3\cos^3\theta_1$$

$$= \frac{2}{3}(r^2 - y_1{}^2)^{\frac{3}{2}}$$

원형단면의 1차 모멘트 $I = \dfrac{\pi r^4}{4}$ 및 $A = \pi r^2$ 을 식 $(7-5)$ 에 대입하면

$$\tau = \frac{VQ}{Ib} = \frac{4V}{\pi r^4 \cdot 2r\cos\theta_1} \cdot \frac{2}{3}r^3\cos^3\theta_1$$

$$= \frac{4}{3} \cdot \frac{V}{A}\left(1 - \frac{y_1{}^2}{r^2}\right) \tag{7-11}$$

$\tau_{\max}$은 $\theta_1 = 0$ 또는 $y_1 = 0$ 에서 생기므로

$$\tau_{\max} = \frac{4}{3} \cdot \frac{V}{A} = 1.33\ \tau_{\mathrm{mean}}$$ (7-12)

$\tau_{\max}$ 은 $\theta = \frac{\pi}{2}$ 또는 $y_1 = r$ 에서

$$\tau_{\min} = 0$$

따라서 원형단면의 최대전단응력은 평균전단응력보다 33% 만큼 더 크다는 것을 알 수 있으며, 이들의 관계는 그림 7-13 (b) 와 같다.

예제 7-06 그림 7-14와 같은 균일분포하중을 받는 단순보에서 최대전단응력을 구하여라. 단, 보 단면의 지름은 4 cm 이다.

풀이 보의 최대전단응력은 중립축에서 생긴다.

$\tau_{\max} = \frac{4}{3} \cdot \frac{V}{A}$ 에서 균일분포하중의 전단력 $V = \frac{wl}{2}$ 이므로

$$\tau_{\max} = \frac{4}{3} \cdot \frac{\dfrac{wl}{2}}{\dfrac{\pi 4^2}{4}} = 15.92\ \mathrm{kgf/cm}^2$$

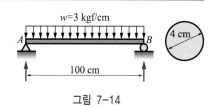

그림 7-14

예제 7-07 그림 7-15와 같이 길이 2 m 의 사각형단면을 가진 외팔보의 자유단에 200 kgf 이 작용할 때, 이 보에 발생하는 최대전단응력을 구하여라.

풀이 $\tau = \frac{3}{2} \cdot \frac{V}{A}$ 에서 $V = 200\ \mathrm{kgf}$ 이므로

$$\tau = \frac{3}{2} \cdot \frac{200}{3 \times 4} = 25\ \mathrm{kgf/cm}^2$$

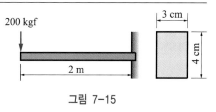

그림 7-15

예제 7-08 그림 7-16과 같은 $WF\ 200 \times 100$ 의 보가 양쪽단이 단순지지되고 그 중앙에 집중하중 $P = 200\ \mathrm{kgf}$ 가 작용하고 있을 때, 단면에 생기는 전단응력을 구하여라.

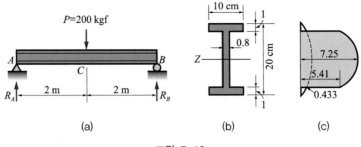

그림 7-16

풀이 I형단면의 도심축 Z에 관한 관성모멘트

$$I_Z = \frac{10 \times 20^3}{12} - \frac{(10-0.8) \times 18^3}{12} = 2195.47$$

단순보의 전단력

$$V_{\max} = R_A = \frac{P}{2} = 100 \, \mathrm{kgf}$$

$\tau = \dfrac{VQ}{Ib}$ 에서

$$\tau_{\substack{\max \\ (web)}} = \frac{100 \times \{(9 \times 0.8 \times 4.5) + (10 \times 1 \times 9.5)\}}{2195.47 \times 0.8} = 7.25 \, \mathrm{kgf/cm^2}$$

$$\tau_{\substack{\min \\ (web)}} = \frac{100 \times (10 \times 1 \times 9.5)}{2195.47 \times 0.8} = 5.41 \, \mathrm{kgf/cm^2}$$

$$\tau_{\substack{\max \\ (flange)}} = \frac{100 \times (10 \times 1 \times 9.5)}{2195.47 \times 10} = 0.433 \, \mathrm{kgf/cm^2}$$

■ ■ ■

7-4 보의 주응력

그림 7-17 (a)에 보인 것과 같이 사각형단면의 단순보에 균일분포하중이 작용할 때, 이 보의 왼쪽 지점으로부터 임의거리 x만큼 떨어진 단면에서의 전단력은

$$V = \frac{wl}{2} - wx$$

굽힘모멘트는

$$M = \frac{wl}{2}x - \frac{wx^2}{2}$$

이 작용하게 되는데 그 값들은 거리 x에 따라 변화하므로 σ_x와 τ도 x와 y에 따라 그 값

이 연속적으로 변한다. 그림 7-17 (a) 의 왼쪽과 같은 보의 임의 단면에서는 σ_x 는 y 에 따라 직선적으로 변하고, τ 는 포물선모양으로 변한다.

그림 7-17 (b) 의 요소 A, B 에서는 전단력이 작용하지 않으므로 그 요소에 작용하는 굽힘인장응력 또는 굽힘압축응력이 그곳에서의 주응력이 된다. 한편, 중립면 위에 있는 요소 C 에서는 수직응력이 작용하지 않으므로 이 요소에서는 순수전단 상태에 있게 되며, 주응력의 방향은 x 축과 $\pm 45°$ 를 이루게 된다. 그 외의 임의위치에 있는 요소에는 수직응력과 전단응력이 모두 작용하게 되는 경우이다. 또 D 의 응력상태는 그림 7-17 (c) 에 나타냈다. 이와 같은 경우에는 3장의 식 (3-22) 에서 $\sigma_y = 0$ 일 때와 같으므로 이 요소에 작용하는 주응력의 크기는 다음과 같다.

$$\sigma_{1,2} = \frac{\sigma_x}{2} \pm \sqrt{\left(\frac{\sigma_x}{2}\right)^2 + {\tau_{xy}}^2}$$

(7-13)

여기서 최대주응력 σ_1 은 항상 양, 즉 인장응력이고, 최소주응력 σ_2 는 항상 음, 즉 압축응력임을 알 수 있다.

이 두 주응력의 방향은 식 (3-21) 에서 $\sigma_y = 0$ 으로 놓으면 다음과 같이 된다.

$$\tan 2\theta = -\frac{2\tau_{xy}}{\sigma_x}$$

(7-14)

두 주응력 σ_1 과 σ_2 의 방향을 그림 7-17 (c) 에 나타냈다. 한편 그들 점에서의 최대전단응

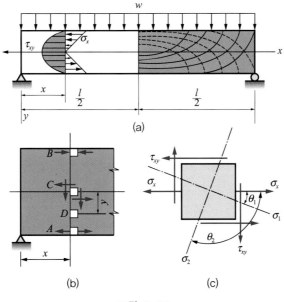

그림 7-17

력의 크기와 방향은 식 (3-24) 에 의하여 다음과 같다.

$$\tau_{\max} = \sqrt{\left(\frac{\sigma_x}{2}\right)^2 + \tau_{xy}{}^2} \qquad \tau_{\min} = -\sqrt{\left(\frac{\sigma_x}{2}\right)^2 + \tau_{xy}{}^2}$$

(7-15)

$$\tan 2\theta = \frac{\sigma_x}{2\tau_{xy}}$$

(7-16)

식 (7-14) 에 요소 A 또는 B 에서의 값 $\tau_{xy} = 0$ 을 대입하면 $\tan 2\theta = 0$ 이므로 $\theta_1 = 0$, $\theta_2 = 90°$ 를 얻게 되고 주응력의 방향이 x, y 축에 일치함을 알 수 있다.

좌표 x 와 y 로 정해지는 여러 개의 점에 대하여 θ 의 값들을 식 (7-14) 로부터 구하여 이를 서로 연결하면, 주응력의 방향을 나타내는 직교곡선군은 그림 7-17 (a) 의 오른쪽과 같으며, 여기서 실선은 인장응력선이고 점선은 압축응력선을 나타낸다. 이 두 곡선군들은 서로 직교하고 x 축과 45° 로 만난다. 그리고 이 곡선들은 보의 자유경계인 윗면과 아랫면에 수직되게 끝난다. 이와 같은 곡선군을 **주응력선** (stress trajectories) 이라고 한다.

보의 설계에 있어서 사각형 또는 원형단면 등은 전단응력 τ의 분포가 연속적으로 변화하여 최대주응력이 항상 단면의 제일 바깥층인 상하면에 작용하기 때문에 굽힘응력만을 기준으로 하여 계산될 수 있지만 그림 7-12와 같은 I 형단면에서는 τ의 값이 플랜지와 웨브의 연결점에서 갑자기 변하기 때문에 식 (7-13) 으로부터 계산된 그 연결점에서의 주응력이 상하면의 주응력, 즉 최대굽힘응력보다 커지는 경우가 있다. 이때는 그 최대주응력을 설계의 기준으로 해야 한다.

7-5 굽힘과 비틀림에 의한 조합응력

풀리 (pulley), 기어 등이 달려서 회전하는 축은 굽힘모멘트와 비틀림모멘트를 동시에 받는다. 이러한 경우, 축에 일어나는 최대응력을 구하려면 다음과 같은 응력들을 고려하여야 한다.

① 비틀림모멘트 T 에 의한 전단응력
② 굽힘모멘트 M 에 의한 굽힘응력
③ 전단응력 V 에 의한 전단응력

이들 중에 ③에 의한 전단응력은 굽힘응력이 0인 중립면에서 최대이지만 다른 응력들에 비해 회전축에 미치는 영향이 극히 작으므로 일반적으로 무시한다. 따라서 ①과 ②의 각 응력들이 최댓값을 나타내는 축의 표면에 대하여 최대주응력을 계산하고 설계의 기준으로 하여야 한다.

비틀림으로 인한 최대전단응력은 축의 표면에 발생하며 식 (5-5) 에서 다음과 같다.

$$\tau = \frac{T}{Z_P} = \frac{16\,T}{\pi d^3} \qquad\qquad\qquad (a)$$

굽힘모멘트로 인한 최대굽힘응력도 축표면에서 발생하며 식 (7-3) 에서 다음과 같이 된다.

$$\sigma_b = \frac{M}{Z} = \frac{32M}{\pi d^3} \qquad\qquad\qquad (b)$$

따라서 최대조합응력은 τ 와 σ_b 의 합성응력이 최대로 되는 단면에서 일어나게 된다.

식 (a), (b) 두 응력의 합성에 의한 최대 및 최소주응력은 식 (7-13) 에서 다음과 같이 된다.

$$\sigma_{\max} = \frac{1}{2}\sigma_b + \frac{1}{2}\sqrt{\sigma_b^2 + 4\tau^2}$$

$$= \frac{16}{\pi d^3}(M + \sqrt{M^2 + T^2})$$

$$= \frac{1}{2Z}(M + \sqrt{M^2 + T^2}) \qquad\qquad (7\text{-}17)$$

$$\sigma_{\min} = \frac{1}{2}\sigma_b - \frac{1}{2}\sqrt{\sigma_b^2 + 4\tau^2}$$

$$= \frac{16}{\pi d^3}(M - \sqrt{M^2 + T^2})$$

$$= \frac{1}{2Z}(M - \sqrt{M^2 + T^2}) \qquad\qquad (7\text{-}18)$$

여기서

$$M_e = \frac{1}{2}(M + \sqrt{M^2 + T^2}) \qquad\qquad (7\text{-}19)$$

으로 놓으면

$$\sigma_{\max} = \frac{M_e}{Z} = \frac{32}{\pi d^3}M_e \qquad\qquad (7\text{-}20)$$

$\sigma_{\max}$ 과 똑같은 크기의 최대굽힘응력을 발생시킬 수 있는 순수굽힘모멘트 M_e 를 **상당굽힘모멘트** (equivalent bending moment) 또는 **등가굽힘모멘트**라 한다.

다음에 (a), (b) 두 응력의 합성에 의한 최대전단응력은 식 (7-15) 에 의하여 다음과 같이 된다.

$$\tau_{\max} = \sqrt{\left(\frac{\sigma_b}{2}\right)^2 + \tau^2} = \frac{16}{\pi d^3} \sqrt{M^2 + T^2}$$

$$= \frac{1}{Z_P} \sqrt{M^2 + T^2} \tag{7-21}$$

여기서

$$T_e = \sqrt{M^2 + T^2} \tag{7-22}$$

으로 놓으면

$$\tau_{\max} = \frac{T_e}{Z_P} = \frac{16}{\pi d^3} T_e \tag{7-23}$$

이 $\tau_{\max}$ 과 똑같은 크기의 최대전단응력을 발생시킬 수 있는 비틀림모멘트 T_e 를 **상당비틀림모멘트** (equivalent twisting moment) 또는 **등가비틀림모멘트**라 한다.

축의 안전직경을 구할 때는 일반적으로 $\sigma_{\max}$, $\tau_{\max}$ 대신 허용응력 σ_a, τ_a 을 대입하여 계산한다. 식 (7-20) 에서

$$d = \sqrt[3]{\frac{32M_e}{\pi\sigma_a}} \fallingdotseq \sqrt[3]{\frac{10M_e}{\sigma_a}} \tag{7-24}$$

식 (7-23) 에서

$$d = \sqrt[3]{\frac{16T_e}{\pi\tau_a}} \fallingdotseq \sqrt[3]{\frac{5T_e}{\tau_a}} \tag{7-25}$$

이 두 식에 의해 구한 값을 비교하여 큰 값을 축의 직경으로 하면 된다. 축의 재료가 강재와 같은 연성재료의 경우에는 최대전단응력으로 파단된다고 생각하여 $\tau = \frac{1}{2}\sigma$ 로 잡아 식 (7-25) 를 택하고, 주철과 같은 취성재료의 경우에는 최대주응력으로 인해 파단된다고 생각하여 식 (7-24) 를 사용하여 계산한다.

축의 단면이 속이 빈 원형단면 축일 경우에도 이에 따른 Z 값을 구하여 적용시킬 수 있다.

예제 7-09 동력축에 있어서 굽힘모멘트 $M = 100 \, \mathrm{kgf \cdot m}$ 과 비틀림모멘트 $T = 200 \, \mathrm{kgf \cdot m}$ 가 작용할 수 있도록 축의 지름을 구하여라. 단, 재료의 굽힘응력 $\sigma_w = 500 \, \mathrm{kgf/cm^2}$ 이며, 허용전단응력은 $300 \, \mathrm{kgf/cm^2}$ 이다.

풀이 상당굽힘모멘트 M_e 와 상당비틀림모멘트 T_e 를 구하면

$$M_e = \frac{1}{2}(M + \sqrt{M^2 + T^2}) = \frac{1}{2}(10000 + \sqrt{10000^2 + 20000^2} = 16180.34 \, \mathrm{kgf \cdot cm}$$

$$T_e = \sqrt{M^2 + T^2} = \sqrt{10000^2 + 20000^2} = 22360.68 \, \mathrm{kgf \cdot cm}$$

최대주응력과 최대전단응력에 의하여 축의 지름을 구하면 각각 다음과 같다.

$M_e = \sigma Z = \sigma_\omega \cdot \dfrac{\pi d^3}{32}$ 에서

$$d = \sqrt[3]{\frac{32 M_e}{\pi \sigma_w}} = \sqrt[3]{\frac{32 \times 16180.34}{\pi \times 500}} = 6.91 \, \mathrm{cm}$$

$T_e = \tau Z_P = \tau \dfrac{\pi d^3}{16}$ 에서

$$d = \sqrt[3]{\frac{16 T_e}{\pi \tau}} = \sqrt[3]{\frac{16 \times 22360.68}{\pi \times 300}} = 7.241 \, \mathrm{cm}$$

그러므로 축의 지름을 7.241 cm 로 하여야 한다. ■ ■ ■

예제 7-10 굽힘모멘트 $M = 300 \, \mathrm{kgf \cdot m}$ 와 비틀림모멘트 $400 \, \mathrm{kgf \cdot m}$ 가 작용하는 지름 4 cm 인 원형단면축의 최대주응력과 최대비틀림응력을 각각 구하여라.

풀이 최대주응력은 식 (7-20) 에서

$$M_e = \sigma Z$$

$$\sigma = \frac{M_e}{Z} = \frac{\frac{1}{2}(M + \sqrt{M^2 + T^2})}{\frac{\pi d^3}{32}} = \frac{\frac{1}{2}(30000 + \sqrt{30000^2 + 40000^2})}{\frac{\pi \times 4^3}{32}}$$

$$= 6366.2 \, \mathrm{kgf/cm^2}$$

최대전단응력은 식 (7-23) 에서

$$T_e = \tau Z_P$$

$$\tau = \frac{T_e}{Z_P} = \frac{\sqrt{M^2 + T^2}}{\frac{\pi d^3}{16}} = \frac{\sqrt{30000^2 + 40000^2}}{\frac{\pi \times 4^3}{16}}$$

$$= 3978.9 \, \mathrm{kgf/cm^2}$$

■ ■ ■

7-1-1 그림과 같은 지름 $d = 0.8\,\mathrm{cm}$ 의 강선을 지름 $D = 50\,\mathrm{cm}$ 의 원통에 감았을 때, 이 강선에 발생하는 최대굽힘응력을 구하여라. 여기서 이 강선의 탄성계수는 $E = 2.1 \times 10^6\,\mathrm{kgf/cm^2}$ 이다.

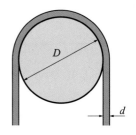

🔘 $\sigma_{\max} = 32970\,\mathrm{kgf/cm^2}$

7-1-2 길이 $l = 1.5\,\mathrm{m}$ 이고 두께 $t = 1\,\mathrm{mm}$ 인 얇은 강선이 원으로 휘어져서 그림과 같이 그 양끝이 맞닿아 있다. 이 강선의 탄성계수를 $E = 2.1 \times 10^6\,\mathrm{kgf/cm^2}$ 이라 할 때 이 강선이 받는 최대굽힘응력 $\sigma_{\max}$ 을 구하여라.

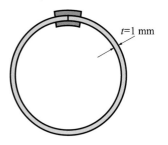

🔘 $\sigma_{\max} = 4389.64\,\mathrm{kgf/cm^2}$

7-1-3 두께 $2\,\text{mm}$, 길이 $l = 50\,\text{cm}$ 의 얇은 주철로 된 자가 양 끝에 작용하는 우력 M_o 에 의해 중심각이 $60°$ 인 원호로 그림과 같이 휘어져 있다. 이 자가 받는 최대응력 $\sigma_{\max}$ 은 얼마인가? 단, $E = 0.8 \times 10^6$ kgf/cm^2 이다.

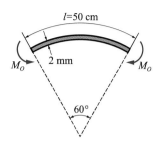

● $\sigma_{\max} = 1671.9\,\text{kgf}/\text{cm}^2$

7-1-4 그림과 같은 차축이 양단 A 와 B 에 베어링이 달려 있어 하중 $P = 14000\,\text{kgf}$ 가 작용될 때 이 차축에 발생하는 최대굽힘응력 σ 와 차축의 중앙점에서의 처짐 δ 를 구하여라. 이 차축의 지름은 $d = 20\,\text{cm}$, $a = 30\,\text{cm}$, $l = 1.5\,\text{m}$ 이고 이 재료의 탄성계수 $E = 2.1 \times 10^6\,\text{kgf}/\text{cm}^2$ 이다.

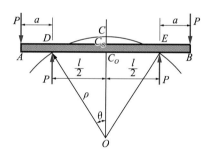

● $\sigma_{\max} = 535\,\text{kgf}/\text{cm}^2$, $\delta = 0.072\,\text{cm}$

7-1-5 길이 $l = 6\,\text{m}$ 의 단순보가 그림과 같이 하중 $P = 5000\,\text{kgf}$ 의 하중을 받고 있다. 이 보의 단면은 직경 $30\,\text{cm}$ 의 원형단면이라고 할 때, 이 보에 발생되는 최대굽힘응력 $\sigma_{\max}$ 을 구하여라.

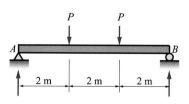

● $\sigma_{\max} = 377.2\,\text{kgf}/\text{cm}^2$

7-1-6 그림과 같은 길이 4 m 의 단순보가 $w = 4\,\text{kgf}/\text{cm}$ 의 균일분포하중을 받고 있다. 이 보의 단면은 $b \times h = 8\,\text{cm} \times 12\,\text{cm}$ 의 직사각형단면이라고 가정할 때, 이 보에 작용하는 최대굽힘응력을 구하여라.

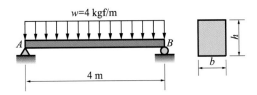

🌐 $\sigma_{\max} = 416.67\,\text{kgf}/\text{cm}^2$

7-1-7 직경이 6 mm 인 강선을 굽혀서 응력이 $1000\,\text{kgf}/\text{cm}^2$ 을 초과하지 않도록 하려면 굽힘의 최소곡률반경 ρ 는 몇 m 로 하면 되는가? 단, $E = 2.1 \times 10^6\,\text{kgf}/\text{cm}^2$ 이다.

🌐 $\rho = 6.3\,\text{m}$

7-1-8 그림과 같은 고정지지보의 굽힘응력이 $800\,\text{kgf}/\text{cm}^2$ 이 되게 하기 위하여 중앙에 몇 kgf 의 집중하중을 가할 수 있는가? 단, 보의 길이는 3 m 이고 원형단면의 직경은 15 cm 이다.

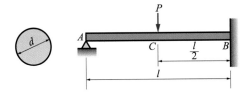

🌐 $P = 4710\,\text{kgf}$

7-1-9 폭 $b = 10\,\text{cm}$, 높이 $h = 20\,\text{cm}$ 의 직사각형 단면의 단순보에 자체무게만 작용하고 있다. 이 보의 허용 굽힘응력 $\sigma_a = 90\,\text{kgf}/\text{cm}^2$, $\gamma = 800\,\text{kgf}/\text{m}^3$ 이라고 할 때, 이 보가 자체무게에 견딜 수 있는 최대 스팬의 길이 l 을 구하여라.

🌐 $l = 17.32\,\text{m}$

7-1-10 양단이 단순지지된 길이 3 m 의 나무보가 전 길이에 걸쳐 균일분포하중을 받고 있다. 이 보의 단면은 $15\,\text{cm} \times 60\,\text{cm}$ 의 직사각형이고, 분포하중의 세기는 $w = 6000\,\text{kgf}/\text{m}$ 이다. 이 보의 왼쪽지점으로부터 90 cm, 바닥으로부터 20 cm 떨어진 점에서의 굽힘응력을 계산하여라.

🌐 $\sigma = 21\,\text{kgf}/\text{cm}^2$

7-1-11 강도 $w = 900\,\mathrm{kgf/m}$ 의 균일하중을 받을 수 있는 스팬 $l = 4\,\mathrm{m}$ 의 단순지지보를 설계하고자 한다. 이 보의 단면은 높이 h, 폭 $b = \dfrac{h}{2}$ 의 직사각형으로 계획한다. 이 재료의 허용굽힘응력을 인장 및 압축에 대하여 $\sigma_w = 80\,\mathrm{kgf/cm^2}$ 으로 잡을 때 요구되는 단면의 높이 h 를 구하여라.

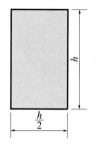

🔴 $h = 30\,\mathrm{cm}$

7-1-12 그림과 같은 돌출보가 분포하중 $w = 2400\,\mathrm{kgf/m}$ 와 집중하중 $P = 2000\,\mathrm{kgf}$ 를 받고 있다. 이 보의 단면은 T 형이며, 플랜지의 폭이 $22.5\,\mathrm{cm}$, 단면의 전체높이 $25\,\mathrm{cm}$, 각 부분의 두께는 $10\,\mathrm{cm}$ 이다. 이 보의 굽힘에 의한 최대인장응력과 최대압축응력을 계산하여라.

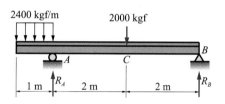

🔴 $(\sigma_t)_{\max} = 112\,\mathrm{kgf/cm^2}$, $(\sigma_c)_{\max} = 96\,\mathrm{kgf/cm^2}$

7-1-13 그림과 같은 보가 우력 M_o 에 의하여 순수굽힘을 받고 있다. 보의 단면이 (a) 정삼각형, (b) 반원일 때, 최대인장응력과 압축응력의 비 σ_t/σ_c 를 구하여라.

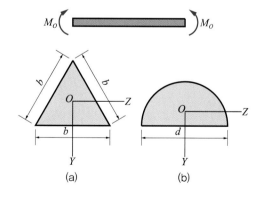

🔴 (a) 0.5, (b) 0.7374

7-1-14 허용굽힘응력 (인장 또는 압축)이 σ_{allow} 이라면 그림에 표시한 단면에 있어서 ZZ 축에 관하여 전달될 수 있는 최대굽힘모멘트 $M_{\max}$ 을 구하여라.

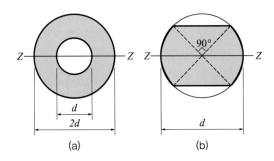

(a) (b)

🔴 (a) $M_{\max} = \sigma_{\text{allow}}\left(\dfrac{15\pi d^3}{64}\right)$, (b) $M_{\max} = \sigma_{\text{allow}}\left(\dfrac{\pi d^3 \sqrt{2}}{64}\right)$

7-1-15 허용굽힘응력이 σ_{allow} 일 때 그림에 표시한 단면에 대해서 ZZ 축에 전달될 수 있는 최대굽힘모멘트 $M_{\max}$ 을 구하여라.

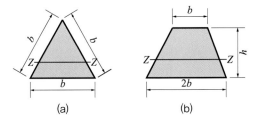

(a) (b)

🔴 (a) $M_{\max} = \sigma_{\text{allow}}\left(\dfrac{b^3}{32}\right)$, (b) $M_{\max} = \sigma_{\text{allow}}\left(\dfrac{13bh^2}{60}\right)$

7-1-16 그림과 같은 $30\,\text{cm} \times 30\,\text{cm}$ 의 정사각형단면으로 된 목재의 두 측면에서 지름 $d = 24\,\text{cm}$ 의 반원형을 떼어내 I형단면의 보를 만들었다. 이 재료의 인장 또는 압축에 대한 허용응력을 $\sigma_w = 100\,\text{kgf}\,/\,\text{cm}^2$ 으로 할 때 이 보가 안전하게 받을 수 있는 최대굽힘모멘트를 구하여라.

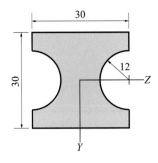

🔴 $M = 3.4 \times 10^5\,\text{kgf} \cdot \text{cm}$

7-1-17 그림과 같은 원형단면의 길이가 l인 테이퍼 외팔보 AB가 자유단에서 집중하중 P를 받고 있다. 보의 지름은 자유단의 d_A로부터 고정단의 d_B까지 선형으로 변화한다. $d_B/d_A = 3$일 때 자유단에서부터 얼마의 거리 x에서 굽힘으로 인한 최대수직응력이 생기는가? 또한 최대수직응력 $\sigma_{\max}$의 값은 얼마인가? 이 응력과 지점에서의 최대응력 σ_B와의 비는 얼마인가?

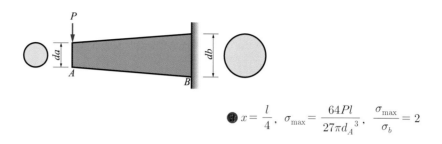

🔴 $x = \dfrac{l}{4}$, $\sigma_{\max} = \dfrac{64Pl}{27\pi d_A{}^3}$, $\dfrac{\sigma_{\max}}{\sigma_b} = 2$

7-1-18 문제 $7-1-17$의 그림과 같은 외팔보에서 d_B/d_A의 비가 얼마일 때 최대수직응력이 고정단에서 일어나는가?

🔴 $1 \le \dfrac{d_B}{d_A} \le 1.5$

7-1-19 그림과 같은 길이 l의 테이퍼 외팔보 AB는 정사각형단면을 가지며 자유단에서 집중하중 P를 받는다. 보의 폭과 높이는 자유단의 h에서부터 고정단의 $2h$까지 선형변화를 한다. 굽힘으로 인하여 자유단에서부터 최대수직응력이 일어나는 단면까지의 거리 x는 얼마인가? 또한 최대수직응력 $\sigma_{\max}$의 값은 얼마인가? 이 응력과 고정단에서의 최대응력 σ_B와의 비는 얼마인가?

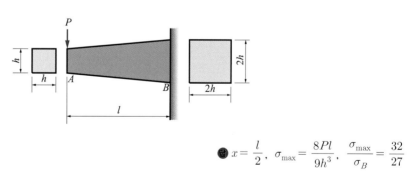

🔴 $x = \dfrac{l}{2}$, $\sigma_{\max} = \dfrac{8Pl}{9h^3}$, $\dfrac{\sigma_{\max}}{\sigma_B} = \dfrac{32}{27}$

7-2-1 지름 d_1 의 원형단면과 바깥지름 d_2인 속이 빈 원형단면이 같은 단면적을 가질 때 두 보의 단면계수비 Z_2 / Z_1 을 구하여라.

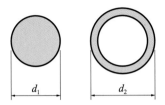

● $\dfrac{Z_2}{Z_1} = \dfrac{2d_2{}^2 - d_1{}^2}{d_1 d_2}$

7-2-2 단면이 다음과 같은 보가 있다. 즉 (1) 높이가 폭의 2배가 되는 직사각형단면, (2) 정사각형, (3) 원형단면일 때, 이 세 재료는 같은 재료로 만들어졌으며 같은 길이로 되어 있다. 이 보들이 같은 최대굽힘모멘트를 받으며, 같은 최대수직응력을 갖는다면, 이 세 보의 무게 비를 구하여라.

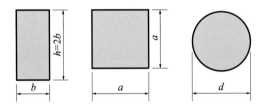

● $1 : 1.260 : 1.408$

7-2-3 그림과 같은 ㄷ형단면으로 된 단순보가 Z 축에 대하여 작용하는 굽힘모멘트를 받고 있다. 보의 상부와 하부에서의 굽힘응력이 $7 : 3$의 비가 되기 위한 ㄷ형단면의 두께 t 를 구하여라.

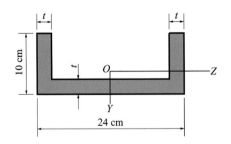

● $t = 2\ \text{cm}$

7-2-4 그림과 같은 보의 상부와 하부에서의 수직응력이 각각 $3 : 1$의 비가 되도록 그림과 같은 T형 보의 플랜지 폭 b를 구하여라. 여기서 $h = 120\,\text{mm}$, $t = 20\,\text{mm}$ 라고 가정한다.

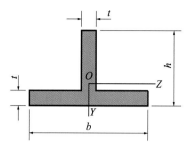

● $b = 200\,\text{mm}$

7-2-5 그림과 같은 사다리꼴 단면의 보를 순수굽힘 아래에서 사용할 때 경제적으로 가장 유리한 단면의 상변과 하변의 비 b_1/b_2 를 구하여라. 여기서 인장과 압축에 대한 허용응력은 $\sigma_t = 350\,\text{kgf}\,/\text{cm}^2$, $\sigma_c = 560$ $\text{kgf}\,/\text{cm}^2$ 이다.

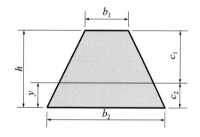

● $\dfrac{b_1}{b_2} = \dfrac{2}{11}$

7-2-6 그림과 같은 반원형단면으로 된 단순보가 순수굽힘응력을 받고 있을 때, 이 보의 상하면이 받는 응력의 비 σ_t/σ_c 의 비를 구하여라.

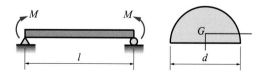

● $\dfrac{\sigma_t}{\sigma_c} = 0.736$

7-2-7 그림과 같은 T형단면으로 된 단순보에 인장과 압축에 대한 허용응력 $\sigma_t = 400\,\mathrm{kgf/cm^2}$ 와 $\sigma_c =$ $800\,\mathrm{kgf/cm^2}$ 이 발생할 때, 이 단면의 웨브 두께 t 를 구하여라.(단위 cm)

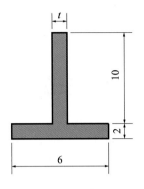

● $t = 1.2\,\mathrm{cm}$

7-2-8 그림과 같은 비대칭 I형단면을 가진 보가 Z축에 대하여 작용하는 굽힘모멘트를 받고 있다. 보의 상부와 하부에서의 응력이 각각 $4:3$의 비가 되도록 상부 플랜지의 폭 b 를 구하여라.(단위 mm)

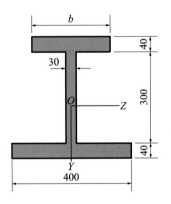

● $b = 259\,\mathrm{mm}$

7-2-9 굽힘이 가장 강한 단면을 얻기 위하여 정삼각형단면에서 그림과 같이 떼어내야 하는 작은 면적의 경계를 그는 비 β 를 구하여라. 또한 이 면적이 절단됐을 때 단면계수는 원래 단면보다 몇 % 증가되는가?

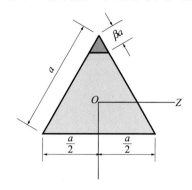

🔴 $\beta = 0.1304$, $Z = 9.23\%$ 증가

7-3-1 그림과 같은 길이 $l = 2\,\text{m}$ 의 사각형단면을 가진 단순보가 중앙에 집중하중 P 를 받고 있다. 이 재료의 인장과 압축에 대한 허용응력은 $\sigma_w = 600\,\text{kgf}/\text{cm}^2$ 이고 허용전단응력은 $\tau_w = 100\,\text{kgf}/\text{cm}^2$ 일 때, 이 보가 안전하게 받을 수 있는 하중 P 를 구하여라.

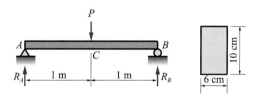

🔴 $P = 1200\,\text{kgf}$

7-3-2 그림과 같은 길이 $l = 50\,\text{cm}$ 인 외팔보의 자유단에 $100\,\text{kgf}$ 의 집중하중이 작용할 때, 이 보에 생기는 최대전단응력은 얼마인가? 단, 이 보의 단면은 폭 $3\,\text{cm}$, 높이 $4\,\text{cm}$ 의 사각형단면이다.

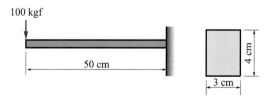

🔴 $\tau_{\max} = 12.5\,\text{kgf}/\text{cm}^2$

7-3-3 그림과 같은 길이 4 m, 단면의 치수 $b = 8\,cm$, $h = 12\,cm$ 의 직사각형단면의 단순보가 균일분포하중을 받고 있다. 최대굽힘응력이 $\sigma_{max} = 85\,kgf/cm^2$ 일 때, 이 보에 생기는 최대전단응력을 구하여라.

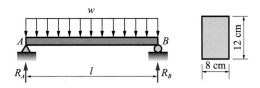

● $\tau_{max} = 2.55\,kgf/cm^2$

7-3-4 길이 $l = 3\,m$ 의 단순지지보가 강도 w의 균일분포하중을 받고 있다. 이 보의 단면은 폭 20 cm, 높이 30 cm 의 직사각형이다. 이 보 속에 발생한 최대굽힘응력이 $84\,kgf/cm^2$ 일 때 최대전단응력을 구하여라.

● $\tau_{max} = 8.4\,kgf/cm^2$

7-3-5 그림과 같은 $l = 50\,cm$ 의 단순보에 $w = 3\,kgf/cm$ 의 균일분포하중이 작용한다. 이 보의 단면은 직경이 4 cm 인 원형단면이라고 할 때, 이 보가 받는 최대전단응력을 구하여라.

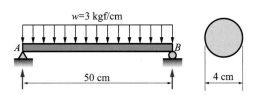

● $\tau_{max} = 7.96\,kgf/cm^2$

7-3-6 그림과 같은 길이 $l = 100\,cm$ 이고 직경 $d = 4\,cm$ 의 원형단면을 가진 단순보의 중앙에 $P = 500\,kgf$ 의 하중을 받고 있다. 이때 이 보에 생기는 최대전단응력을 구하여라.

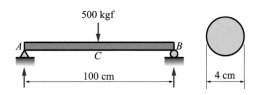

● $\tau_{max} = 5.31\,kgf/cm^2$

7-3-7 그림과 같은 길이 50 cm 인 외팔보의 자유단에 $P = 800\,\text{kgf}$ 의 집중하중이 작용한다. 이 보의 단면은 $d = 2\,\text{cm}$ 의 원형단면이라고 할 때, 이 보에 생기는 최대전단응력을 구하여라.

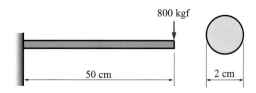

800 kgf

50 cm

2 cm

📘 $\tau_{\max} = 339.5\,\text{kgf}/\text{cm}^2$

7-3-8 그림과 같은 길이 100 cm 의 외팔보에 $w = 5\,\text{kgf}/\text{cm}$ 의 균일분포하중이 작용한다. 이 보의 단면은 $d = 6\,\text{cm}$ 인 원형이다. 이 보에 생기는 최대전단응력을 구하여라.

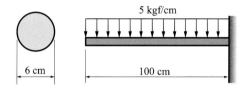

5 kgf/cm

6 cm

100 cm

📘 $\tau_{\max} = 23.58\,\text{kgf}/\text{cm}^2$

7-3-9 같은 전단력이 작용하는 보인 경우, 원형단면의 직경을 2배로 하면, 그 단면의 최대전단응력은 얼마나 감소하는가?

📘 $\dfrac{1}{4}$

7-3-10 70 kg 의 사람이 양단이 지지된 길이 20 m 의 나무다리를 건너기 시작했다. 이 다리의 단면은 폭 $b = 30\,\text{cm}$, 높이 $h = 10\,\text{cm}$ 의 직사각형단면이고, 이 다리의 $\sigma_a = 60\,\text{kgf}/\text{cm}^2$ 이라 할 때, 이 사람이 몇 m 지점에 도달했을 때 이 다리가 부러지겠는가?

📘 6.22 m

7-3-11 그림과 같은 단면을 가진 외팔보가 있다. 그 단면에 전단력 $V = 4000\,\text{kgf}$ 가 발생한다면 단면 $a - b$ 에 발생하는 전단응력을 구하여라.

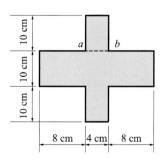

10 cm

10 cm

10 cm

a b

8 cm   4 cm   8 cm

📘 $\tau_{\max} = 38.7\,\text{kgf}/\text{cm}^2$

7-3-12 그림과 같은 단면의 보가 $V = 6000\,\text{kgf}$ 을 받을 경우 $a-a$ 단면의 전단응력을 구하여라.

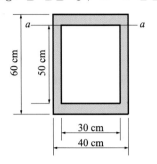

⊕ $\tau_1 = 2.02\,\text{kgf/cm}^2$, $\tau_2 = 8.09\,\text{kgf/cm}^2$

7-3-13 그림과 같은 길이 $l = 2\,\text{m}$ 의 단순보는 단면이 $10\,\text{cm} \times 5\,\text{cm}$ 의 사각형단면 3개로 접착되어 있다. 접착부의 허용전단응력을 $\tau_w = 40\,\text{kgf/cm}^2$ 이라 하면, 이 보의 중앙점에서 견딜 수 있는 하중 P 를 결정하고, 이에 따른 최대굽힘응력을 구하여라.

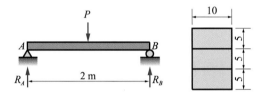

⊕ $P = 9000\,\text{kgf}$, $\sigma_{\max} = 1200\,\text{kgf/cm}^2$

7-3-14 그림과 같은 치수의 정사각형 알루미늄 상자형보가 전단력 $V = 28\,\text{kgf}$ 를 받는다. 이때 이 보가 받는 최대전단응력 $\tau_{\max}$ 를 구하여라.

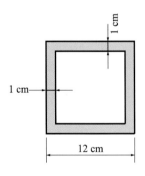

⊕ $\tau_{\max} = 1.42\,\text{kgf/cm}^2$

7-3-15 그림과 같은 돌출보 AC 상에 균일분포하중 $w = 1000\,\text{kgf/m}$ 가 작용하고 있을 때, A 점에서 8 m 떨어진 단면의 상면에서 2 cm 인 단면에 발생하는 전단응력과 최대전단응력을 구하여라. 단, 단면의 폭 $b = 5.5\,\text{cm}$, $h = 17.5\,\text{cm}$ 이다.

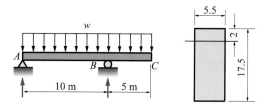

🗒 $\tau = 26.8\,\mathrm{kgf/cm^2}$, $\tau_{max} = 97.4\,\mathrm{kgf/cm^2}$

7-3-16 길이 40 cm 인 외팔보가 그림과 같이 집중하중 $P_1 = 1000\,\mathrm{kgf}$ 와 $P_2 = 200\,\mathrm{kgf}$ 을 받고 있다. 이 보의 단면은 속이 빈 $b = 6\,\mathrm{cm}$, $h = 15\,\mathrm{cm}$ 의 직사각형이다. 이때 이 보의 최대굽힘응력과 최대전단응력을 구하여라.

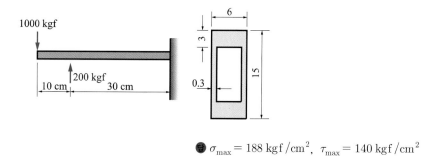

🗒 $\sigma_{max} = 188\,\mathrm{kgf/cm^2}$, $\tau_{max} = 140\,\mathrm{kgf/cm^2}$

7-3-17 다음 그림과 같은 T 형단면보가 전단력 $V = 8000\,\mathrm{kgf}$ 를 받고 있다. 이때 이 보의 중립축면에서의 전단응력을 구하여라.

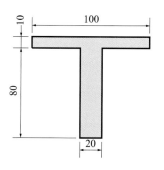

🗒 $\tau = 6.21\,\mathrm{kgf/cm^2}$

7-3-18 다음 그림과 같은 T 형단면을 가진 단순지지보가 있다. 이 보의 스팬은 $l = 3\,\mathrm{m}$ 이고, 오른쪽 끝지점으로부터 왼쪽으로 1 m 떨어진 곳에 하중 $P = 450\,\mathrm{kgf}$ 가 작용하고 있다. 이 보 속에 발생하는 전단응력을 계산하여라 (단면의 단위는 cm 이다).

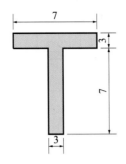

$\bullet\ \tau_{\max} = 14.8\,\mathrm{kgf}\,/\mathrm{cm}^2$

7-3-19 그림과 같은 길이 $l = 4\,\mathrm{m}$ 의 단순보가 균일분포하중 $w = 5\,\mathrm{kgf}\,/\mathrm{cm}$ 이 작용한다. 이때 이 보의 단면에 발생하는 최대전단응력 $\tau_{\max}$ 을 구하여라.

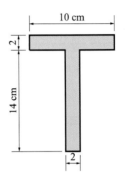

$\bullet\ \tau_{\max} = 14.13\,\mathrm{kgf}\,/\mathrm{cm}^2$

7-3-20 길이 $l = 2\,\mathrm{m}$ 의 단순보가 전 길이에 걸쳐 균일분포하중 $w = 2000\,\mathrm{kgf}\,/\mathrm{m}$ 을 받고 있다. 이 보의 단면은 그림과 같은 T형단면일 때, 이 보 속에 발생하는 최대전단응력 $\tau_{\max}$ 을 구하여라.

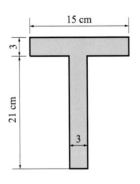

$\bullet\ \tau_{\max} = 39.2\,\mathrm{kgf}\,/\mathrm{cm}^2$

7-3-21 그림과 같은 치수가 $b = 10\,\text{in}$, $t = 0.6\,\text{in}$, $h = 8\,\text{in}$, $h_1 = 7\,\text{in}$ 인 T형단면보에 전단력 $V = 6000\,\text{lb}$ 가 작용한다. 웨브에서의 최대전단응력 $\tau_{\max}$ 을 구하여라.

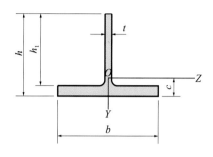

🔵 $\tau_{\max} = 1830\,\text{psi}$

7-3-22 그림에서와 같은 T형단면보의 치수가 $b = 220\,\text{mm}$, $t = 15\,\text{mm}$, $h = 300\,\text{mm}$, 그리고 $h_1 = 275\,\text{mm}$ 이고 전단력 $V = 68\,\text{kN}$ 을 받는다. 이때 웨브에서의 최대전단응력 $\tau_{\max}$ 을 구하여라.

🔵 $\tau_{\max} = 21.4\,\text{MPa}$

7-3-23 그림과 같은 길이 $l = 14\,\text{m}$ 인 단순보 AB 는 보의 무게를 포함한 균일분포하중 w 를 받으며, 그림에서 와 같은 단면을 가지도록 세 강판을 용접하여 제작되었다. 허용응력 $\sigma_{\text{allow}} = 110\,\text{MPa}$ 과 $\tau_{\text{allow}} = 70\,\text{MPa}$ 일 때 굽힘과 전단으로 얻어지는 최대 용등분포하중의 크기 w 는 얼마인가?

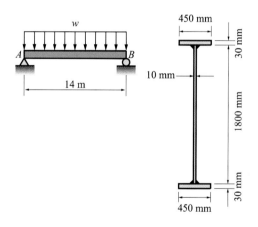

🔵 $w = 133\,\text{kN/m}$

7-3-24 그림과 같은 비대칭 I형단면의 보에 대하여 그 웨브 평면 내에서의 단순굽힘변형을 주고자 한다. 전단중 심 O 의 위치를 결정하여라. (단위 cm)

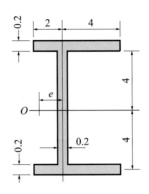

● $e = 0.82\,\mathrm{cm}$

7-3-25 그림과 같은 단면의 보에 대하여 그 웨브 평면 내에서의 단순굽힘변형을 주고자 한다. 전단중심 O 의 위치를 구하여라. (단위 cm)

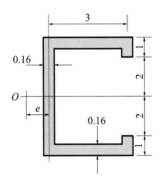

● $e = 1.57\,\mathrm{cm}$

7-4-1 그림과 같은 $b = 4\,\mathrm{cm}$, $h = 8\,\mathrm{cm}$ 의 외팔보가 그 자유단에서 하중 $P = 2000\,\mathrm{kgf}$ 가 작용할 때, 이 보의 자유단으로부터 1 m 떨어진 단면에서 그 보의 중립면과 하면의 중앙점에 있는 요소에 작용하는 주압축응력의 크기와 방향을 구하여라.

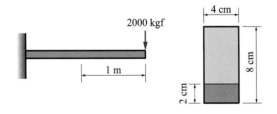

● $\sigma_{1,2} = -2345\,\mathrm{kgf/cm^2}$, $\theta = 1°43'$

7-4-2 그림과 같은 내다지보에 집중하중 $P = 5000\,\mathrm{kgf}$ 가 작용할 때, 보 위의 미소요소 A 의 응력상태에 대한 Mohr 응력원을 그리고, 이 점에서의 주인장응력의 크기와 방향을 구하여라.

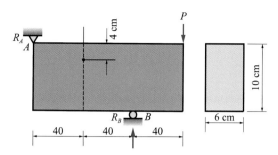

$$\textcircled{\small 답}\ \sigma_{1,2} = 100 \pm 111.8\,\mathrm{kgf/cm^2},\ \theta = -13°17'$$

7-4-3 그림과 같은 I 형단면의 단순보가 그 중앙에 집중하중 $P = 6000\,\mathrm{kgf}$ 가 작용할 때 플랜지와 웨브의 결합점에서 발생하는 최대굽힘응력 $\sigma_{\max}$ 을 구하여라. 이 보의 치수는 $l = 2\,\mathrm{m},\ h = 20\,\mathrm{cm},\ b = 10\,\mathrm{cm},$ $h_1 = 18\,\mathrm{cm},\ b_1 = 0.8\,\mathrm{cm}$ 이다.

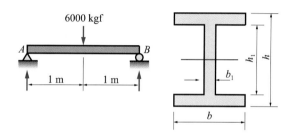

$$\textcircled{\small 답}\ \sigma_{\max} = 1250.49\,\mathrm{kgf/cm^2}$$

7-4-4 그림과 같은 I 형단면의 단순보에서 플랜지와 웨브의 결합부에서는 주응력 $\sigma_{\max}$ 가 이 단면의 가장 바깥쪽 층에서의 굽힘응력과 같아지도록 그 보의 길이를 구하여라.

$$\textcircled{\small 답}\ l = 74.53\,\mathrm{cm}$$

7-4-5 그림과 같은 사각형단면의 외팔보가 자유단에서 집중하중 P 를 받고 있다. 보 위의 A 점에서의 주응력과 최대 평면내의 전단응력을 구하여라. 여기서 $P = 10000\,\mathrm{lb},\ b = 4\,\mathrm{in},\ h = 10\,\mathrm{in},\ c = 2\,\mathrm{ft},\ d = 3\,\mathrm{in}$ 이다.

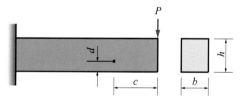

$$\textcircled{\small 답}\ \sigma_1 = 66\,\mathrm{psi},\ \sigma_2 = -1510\,\mathrm{psi},\ \theta_{P_1} = 78.2°,\ \tau_{\max} = 786\,\mathrm{psi}$$

7-4-6 문제 7-4-5를 다음과 같은 값에 대하여 풀어라. $P = 36\,\mathrm{kN},\ b = 100\,\mathrm{mm},\ h = 200\,\mathrm{mm},\ c = 0.5\,\mathrm{in},\ d = 150\,\mathrm{mm}$ 이다.

$$\textcircled{\small 답}\ \sigma_1 = 13.8\,\mathrm{MPa},\ \sigma_2 = -0.3\,\mathrm{MPa},\ \theta_{P_1} = 8.3°,\ \tau_{\max} = 7.05\,\mathrm{MPa}$$

7-5-1 길이 $l = 80\,\mathrm{cm}$, 직경 $d = 100\,\mathrm{mm}$ 인 원형단면 축에 $M = 24000\,\mathrm{kgf \cdot cm}$ 의 굽힘모멘트와 $T = 20000\,\mathrm{kgf \cdot cm}$ 의 비틀림모멘트가 동시에 작용할 때, 최대수직응력과 최대전단응력을 구하여라.

$$\textcolor{red}{●}\ \sigma_{\max} = 280\,\mathrm{kgf/cm^2},\ \tau_{\max} = 160\,\mathrm{kgf/cm^2}$$

7-5-2 $M = 1500\,\mathrm{kgf \cdot m}$ 의 굽힘모멘트와 $T = 2000\,\mathrm{kgf \cdot m}$ 의 비틀림모멘트를 동시에 받는 축이 있다. 이 재료의 허용전단응력 $\tau_a = 4\,\mathrm{kgf/mm^2}$, 허용굽힘응력 $\sigma_a = 6\,\mathrm{kgf/mm^2}$ 이라고 할 때, 이 모멘트들을 전달할 수 있는 축의 지름을 구하여라.

$$\textcolor{red}{●}\ d = 150\,\mathrm{mm}$$

7-5-3 길이 $l = 60\,\mathrm{cm}$ 의 단순보 축이 그림과 같은 기어에 의하여 회전하고 있다. 이 기어의 중량은 $30\,\mathrm{kgf}$ 이며, 기어 피치원의 지름 $d = 40\,\mathrm{cm}$ 의 접선방향에 $50\,\mathrm{kgf}$ 의 힘이 아래쪽으로 작용할 때 축의 지름을 구하여라. 축의 허용전단응력은 $\tau_w = 600\,\mathrm{kgf/cm^2}$ 이다.

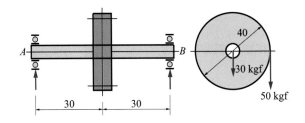

$$\textcolor{red}{●}\ d = 2.4\,\mathrm{cm}$$

7-5-4 지름이 $d = 15\,\mathrm{cm}$ 인 원형단면의 차축에 굽힘모멘트 $M = 100\,\mathrm{kgf \cdot m}$, 비틀림모멘트 $T = 200\,\mathrm{kgf \cdot m}$ 이 동시에 작용할 때, 이 차축 속에 발생하는 최대주응력과 최대전단응력을 구하여라.

$$\textcolor{red}{●}\ \sigma_{\max} = 48.8\,\mathrm{kgf/cm^2},\ \tau_{\max} = 38.8\,\mathrm{kgf/cm^2}$$

7-5-5 하단이 고정된 연직관이 그림과 같이 그 상단에서 수평하중 $P = 100\,\mathrm{kgf}$ 가 작용할 때 이 관에 발생하는 전단응력 $\tau_{\max}$ 과 주응력 σ_1 을 구하여라. 이 관의 단면계수는 $Z = 164\,\mathrm{cm^3}$ 이다.

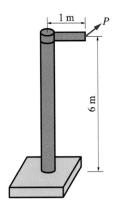

$$\textcolor{red}{●}\ \sigma_1 = 367\,\mathrm{kgf/cm^2},\ \tau_{\max} = 185\,\mathrm{kgf/cm^2}$$

7-5-6 그림과 같은 지름 $d = 6\,\text{cm}$ 의 전동축 한 끝에 지름 $D = 80\,\text{cm}$, 중량 $W = 200\,\text{kgf}$ 의 풀리를 고정하였다. 이 풀리에 인장력 $T_1 = 800\,\text{kgf}$ 와 $T_2 = 100\,\text{kgf}$ 이 작용되고 있을 때, 이 축에 작용하는 주인장 응력을 계산하라.

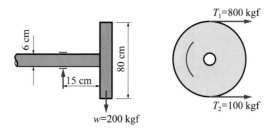

답 $\sigma_1 = 1063\,\text{kgf}/\text{cm}^2$

7-5-7 그림과 같이 양단 A 와 B 가 베어링으로 지지되고 C 에 지름 $D = 60\,\text{cm}$ 의 풀리가 달린 강재 전동축을 설계하려고 한다. 동력은 토크 T 에 의해서 A 에 공급되고 풀리에 감긴 벨트를 통하여 밖으로 전달된다. 이때 벨트에 걸리는 인장력이 $300\,\text{kgf}$ 와 $100\,\text{kgf}$ 이며 이 축의 허용응력 $\sigma_w = 800\,\text{kgf}/\text{cm}^2$ 과 $\tau_w = 400\,\text{kgf}/\text{cm}^2$ 일 때, 이 축의 지름 d 를 구하여라.

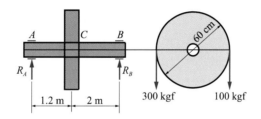

답 $d = 7.3\,\text{cm}$

7-5-8 그림과 같이 A 와 B 에서 베어링으로 지지되고 C 와 D 에 풀리가 달린 강재 전동축을 설계하려고 한다. 이 축은 $n = 500\,\text{rpm}$ 으로 회전하면서 풀리 D 로부터 C 쪽으로 $100\,\text{HP}$ 를 전달해야 한다. $P_1 = 2P_2$, $Q_1 = 2Q_2$, $R_D = 15\,\text{cm}$, $R_C = 20\,\text{cm}$, $l = 120\,\text{cm}$, $a = 30\,\text{cm}$, $\tau_w = 420\,\text{kgf}/\text{cm}^2$ 일 때, 이 축의 지름 d 를 구하여라.

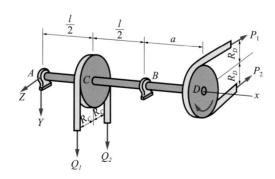

답 $d = 10.19\,\text{cm}$

7-5-9 그림과 같은 AB 단이 베어링으로 고정된 윈치의 축에 반지름 $1.5\,\mathrm{m}$ 와 $1\,\mathrm{m}$ 의 풀리가 설치되어 그곳에 $400\,\mathrm{kgf}$ 와 $600\,\mathrm{kgf}$ 의 하중이 작용하고 있다. 이 축의 $\sigma_w = 600\,\mathrm{kgf/cm^2}$, $\tau_w = 240\,\mathrm{kgf/cm^2}$ 일 때 이 축의 지름을 구하여라.

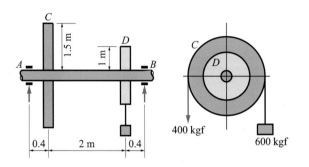

> 🖢 $d = 9\,\mathrm{cm}$

7-5-10 직경 $20\,\mathrm{cm}$ 인 연강축이 $120\,\mathrm{rpm}$ 으로 회전함과 동시에 $300\,\mathrm{kgf\cdot m}$ 의 굽힘모멘트를 받을 때 이 축은 몇 마력을 전달시킬 수 있는가? 단, 허용전단응력 $\tau_a = 750\,\mathrm{kgf/cm^2}$ 로 하고 최대전단응력에 의하여 파괴되는 것으로 한다.

> 🖢 $H = 1970\,\mathrm{PS}$

7-5-11 그림과 같은 크랭크축에서 크랭크핀 AB 에 $1000\,\mathrm{kgf}$ 의 하중이 작용할 때 상당비틀림모멘트식을 이용하여 크랭크축 CD 의 직경을 구하여라. 단, $\tau_w = 600\,\mathrm{kgf/cm^2}$ 이다.

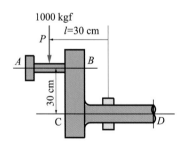

> 🖢 $d = 9\,\mathrm{cm}$

보의 처짐

보가 하중을 받으면 처음에는 가로축방향으로 직선이었던 보가 그림 8-1과 같이 곡선모양으로 된다. 이 곡선을 **처짐곡선**(deflection curve) 또는 **탄성곡선**(elastic curve)이라 한다. 이 장에서는 처짐곡선의 방정식을 구하고 보의 임의구간 점에서의 처짐을 구하는 방법에 대하여 기술한다.

먼저 처짐곡선에 대한 일반식을 구하기 위하여 그림 8-1과 같은 단순보의 처짐곡선 중에서 dx(곡선에서는 ds) 부분을 생각한다. 곡선상의 점 m_1과 m_2에서 처짐곡선에 대한 접선들에 수직선을 그리면 그 교점은 **곡률중심** O가 되며, O에서 곡선까지의 거리를 **곡률반경**(radius of curvature) ρ라 한다.

$$\chi = \frac{1}{\rho} = \frac{d\theta}{ds} \tag{8-1}$$

보는 하중을 받으면 대부분의 경우 아주 작은 처짐만 나타나기 때문에 처짐곡선은 매우 평평하여 각 θ와 기울기는 매우 작은 양일 것이다. 따라서 다음과 같이 가정할 수 있다.

$$ds \approx dx \quad \theta \approx \tan\theta = \frac{dy}{dx} \tag{8-2}$$

여기서 y는 그림에서처럼 초기 위치로부터의 처짐이다. 이 식을 식 (8-1)에 적용하면

$$\chi = \frac{1}{\rho} = \frac{d\theta}{ds} = \frac{d^2y}{dx^2} \tag{8-3}$$

7장의 보의 모멘트와 굽힘강성계수 EI에 관한 식 (7-2)에서 $\frac{1}{\rho} = \frac{M}{EI}$ 이므로 식 (8-3)

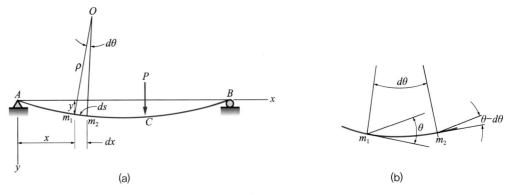

그림 8-1

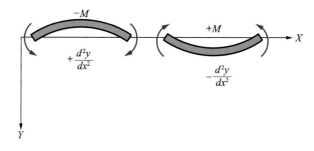

그림 8-2

과 같이 정리하면

$$\frac{d^2 y}{dx^2} = -\frac{M}{EI}$$

(8-4)

부호규약에 의해 곡선의 기울기 $\dfrac{dy}{dx}$ 의 증감과 굽힘모멘트 M 과의 관계는 그림 8-2와 같은 관계가 있다.

식 (8-4) 를 대칭면 내에서 굽힘작용을 받는 보의 처짐곡선에 대한 미분방정식이라 한다. 일반적으로 보의 처짐은 굽힘모멘트 M 과 전단력 V 에 의해 일어나지만 전단력에 의한 처짐은 굽힘모멘트에 의한 처짐에 비해 매우 작으므로 무시하고 순수굽힘이란 가정하에서 식 (8-4) 를 적분하여 여러 종류의 보의 처짐각 및 처짐량을 구할 수 있다.

즉, 식 (8-4) 를 x 에 대하여 미분하고 6-3절의 전단력과 모멘트의 관계식을 이용하면 다음과 같은 관계식을 얻을 수 있다.

$$\frac{d^3 y}{dx^3} = -\frac{V}{EI}$$

$$\frac{d^4 y}{dx^4} = \frac{w}{EI}$$

(8-5)

앞에서 표시한 식들을 간단히 하기 위하여 미분 대신 **프라임** (prime) 을 사용하기도 한다.

$$y' = \frac{dy}{dx} \quad y'' = \frac{d^2 y}{dx^2} \quad y''' = \frac{d^3 y}{dx^3} \quad y'''' = \frac{d^4 y}{dx^4}$$

(8-6)

이것을 사용하면 위에 주어진 미분방정식들은 다음과 같이 표시할 수 있다.

$$EI y'' = -M \quad EI y''' = -V \quad EI y'''' = w$$

(8-7 a,b,c)

곡률에 대한 정확한 식

보의 처짐곡선의 기울기가 클 때에는 식(8-2)와 같은 근사식을 사용할 수 없으며, 이 경우에는 곡률과 회전각에 대한 정확한 식을 사용해야 한다.

$$\tan\theta = y'$$

$$\theta = \arctan y'$$

$$\chi = \frac{1}{\rho} = \frac{d\theta}{ds} = \frac{d(\arctan y')}{dx} \cdot \frac{dx}{ds}$$

$ds^2 = dx^2 + dy^2$ 이므로

$$\frac{ds}{dx} = \left[\left(1 + \left(\frac{dy}{dx}\right)^2\right)\right]^{\frac{1}{2}} = [1 + (y')^2]^{\frac{1}{2}}$$

또한 $\quad \dfrac{d}{dx}(\arctan y') = \dfrac{y''}{1 + (y')^2}$

이 두 식으로부터

$$\chi = \frac{1}{\rho} = \frac{d\theta}{ds} = \frac{y''}{[1 + (y')^2]^{3/2}} \tag{8-8}$$

이 식을 식(8-3)과 비교하면, 기울기가 작은 평평한 처짐곡선의 가정은 $(y')^2$ 의 값이 1과 비교하여 무시할 수 있으므로 식(8-8)의 분모는 1이 됨을 알 수 있다. 보의 큰 처짐에 관한 문제를 풀 때는 식(8-8)을 사용해야 한다.

한편, 보의 처짐각 θ 와 처짐량 δ 에 관한 부호규약은 그림 8-3과 같다.

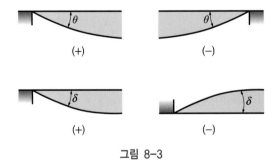

그림 8-3

8-2-1 자유단에 집중하중을 받는 경우

그림 8-4와 같이 길이 l 인 외팔보의 자유단에 집중하중 P 가 작용할 때 자유단으로부터 x 거리에 있는 임의단면에서의 굽힘모멘트는 $M = -Px$ 이므로 식 (8-4) 에 대입하면 다음과 같다.

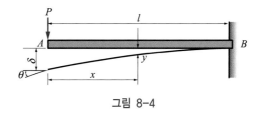

그림 8-4

$$EI\frac{d^2y}{dx^2} = Px \qquad\qquad \text{(a)}$$

식 (a) 를 x 에 관해 두 번 적분하면 다음과 같이 된다.

$$EI\frac{dy}{dx} = \frac{Px^2}{2} + C_1 \qquad\qquad \text{(b)}$$

$$EIy = \frac{Px^3}{6} + C_1x + C_2 \qquad\qquad \text{(c)}$$

여기서 보의 고정단 $(x = l)$ 에서는 기울기 및 처짐이 발생하지 않는다는 경계조건을 이용하면 적분상수 C_1 과 C_2 를 구할 수 있다.

즉, $x = l$ 에서

$$\frac{dy}{dx} = 0 \text{ 이므로} \quad C_1 = -\frac{Pl^2}{2}$$

$$y = 0 \text{ 이므로} \qquad C_2 = \frac{Pl^3}{3}$$

그러므로

$$\frac{dy}{dx} = \frac{P}{2EI}(x^2 - l^2) \qquad\qquad \text{(8-9)}$$

$$y = \frac{P}{6EI}(x^3 - 3l^2 x + 2l^3) \qquad\text{(8-10)}$$

최대처짐각 및 처짐량은 $x = 0$ 인 자유단에서 생기며, 그 값들은 다음과 같다.

$$\theta_{\max} = \left(\frac{dy}{dx}\right)_{x=0} = -\frac{Pl^2}{2EI} \qquad\text{(8-11)}$$

$$\delta_{\max} = y_{x=0} = \frac{Pl^3}{3EI} \qquad\text{(8-12)}$$

8-2-2 균일분포하중을 받는 경우

그림 8-5와 같이 길이 l 인 외팔보의 전체길이에 단위길이당 w 의 하중이 작용할 때, 자유단으로부터 x 의 거리에 있는 임의 단면에서의 굽힘모멘트는 $M = -\dfrac{wx^2}{2}$ 이므로 식 (8-4) 에서

$$EI\frac{d^2 y}{dx^2} = \frac{wx^2}{2} \qquad\text{(a)}$$

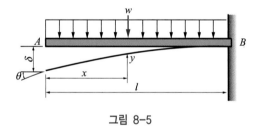

그림 8-5

식 (a) 를 x 에 관해 두 번 적분하면

$$EI\frac{dy}{dx} = \frac{wx^3}{6} + C_1 \qquad\text{(b)}$$

$$EIy = \frac{wx^4}{24} + C_1 x + C_2 \qquad\text{(c)}$$

여기서 적분상수 C_1 과 C_2 는 다음과 같이 구해진다.

$x = l$ 에서

$$\frac{dy}{dx} = 0 \text{ 이므로 } \quad C_1 = -\frac{wl^3}{6}$$

$$y = 0 \text{ 이므로} \qquad C_2 = \frac{wl^4}{8}$$

그러므로

$$\frac{dy}{dx} = \frac{w}{6EI}(x^3 - l^3) \tag{8-13}$$

$$y = \frac{w}{24EI}(x^4 - 4l^3x + 3l^4) \tag{8-14}$$

최대처짐각 및 처짐량은 $x = 0$ 인 자유단에서 생기므로

$$\theta_{\max} = \left(\frac{dy}{dx}\right)_{x=0} = -\frac{wl^3}{6EI} \tag{8-15}$$

$$\delta_{\max} = y_{x=0} = \frac{wl^4}{8EI} \tag{8-16}$$

8-2-3 자유단에서 굽힘모멘트를 받는 경우

그림 8-6과 같이 자유단에 굽힘모멘트 M_o 가 작용하는 경우 어느 단면에나 $M = -M_o$ 가 일정하게 작용하므로

$$EI\frac{d^2y}{dx^2} = M_o \tag{a}$$

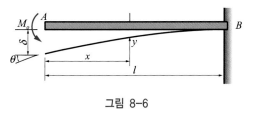

그림 8-6

식 (a) 를 x 에 관해 두 번 적분하면

$$EI\frac{dy}{dx} = M_o x + C_1 \tag{b}$$

$$EIy = \frac{M_o x^2}{2} + C_1 x + C_2 \tag{c}$$

$x = l$ 에서

$$\frac{dy}{dx} = 0 \text{이므로} \quad C_1 = -M_o l$$

$$y = 0 \text{이므로} \quad C_2 = \frac{M_o l^2}{2}$$

그러므로

$$\frac{dy}{dx} = \frac{M_o}{EI}(x - l) \tag{8-17}$$

$$y = \frac{M_o}{2EI}(x^2 - 2lx + l^2) \tag{8-18}$$

최대처짐각 및 처짐량은 $x = 0$ 인 자유단에서 생기므로

$$\theta_{\max} = \left(\frac{dy}{dx}\right)_{x=0} = -\frac{M_o l}{EI} \tag{8-19}$$

$$\delta_{\max} = y_{x=0} = \frac{M_o l^2}{2EI} \tag{8-20}$$

8-3 단순보의 처짐

8-3-1 균일분포하중을 받는 경우

그림 8-7과 같이 스팬 l 인 단순지지보가 전 길이에 걸쳐 균일분포하중 w 를 받을 때, 왼쪽지점 A 에서 x 의 거리에 있는 단면의 굽힘모멘트는 $M = \dfrac{wlx}{2} - \dfrac{wx^2}{2}$ 이므로

$$EI\frac{d^2 y}{dx^2} = -\frac{wlx}{2} + \frac{wx^2}{2} \tag{a}$$

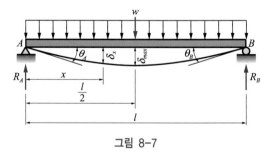

그림 8-7

식 (a)를 x에 관해 두 번 적분하면

$$EI\frac{dy}{dx} = -\frac{wlx^2}{4} + \frac{wx^3}{6} + C_1 \tag{b}$$

$$EIy = -\frac{wlx^3}{12} + \frac{wx^4}{24} + C_1x + C_2 \tag{c}$$

$x = \dfrac{l}{2}$ 에서 $\dfrac{dy}{dx} = 0$ 이므로 $C_1 = \dfrac{wl^3}{24}$

$x = 0$ 에서 $y = 0$ 이므로 $C_2 = 0$

적분상수 C_1, C_2 를 식 (b), (c)에 대입하여 정리하면

$$\frac{dy}{dx} = \frac{w}{24EI}(4x^3 - 6lx^2 + l^3) \tag{8-21}$$

$$y = \frac{wx}{24EI}(x^3 - 2lx^2 + l^3) \tag{8-22}$$

최대처짐각은 $x = 0$ 및 $x = l$ 에서 생기며 다음과 같이 된다.

$$\theta_A = \left(\frac{dy}{dx}\right)_{x=0} = \frac{wl^3}{24EI}$$

$$\theta_B = \left(\frac{dy}{dx}\right)_{x=l} = -\frac{wl^3}{24EI} \tag{8-23}$$

최대처짐은 보의 중앙, 즉 $x = \dfrac{l}{2}$ 인 곳에서 생기며 그 값은 다음과 같다.

$$\delta_{\max} = y_{x=\frac{l}{2}} = \frac{5wl^4}{384EI} \tag{8-24}$$

8-3-2 집중하중을 받는 경우

그림 8-8과 같은 단순보의 C 점에 집중하중이 작용하는 경우에는 하중이 작용하는 C 점을 경계로 하여 AC 구간과 CB 구간의 굽힘모멘트의 식이 다르므로 식 (8-4)를 두 구간으로 나누어 취급하여야 한다.

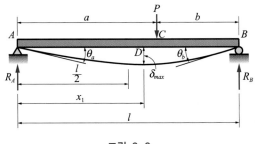

그림 8-8

i) AC 구간 $(0 < x < a)$

$M = R_A x = \dfrac{Pb}{l} x$ 이므로

$$EI\dfrac{d^2y}{dx^2} = -\dfrac{Pb}{l}x \tag{a}$$

식 (a) 를 x 에 관해 두 번 적분하면

$$EI\dfrac{dy}{dx} = -\dfrac{Pb}{2l}x^2 + C_1 \tag{b}$$

$$EIy = -\dfrac{Pb}{6l}x^3 + C_1 x + C_2 \tag{c}$$

ii) CB 구간 $(a < x < l)$

$M = R_A x - P(x-a) = \dfrac{Pb}{l}x - P(x-a)$ 이므로

$$EI\dfrac{d^2y}{dx^2} = -\dfrac{Pb}{l}x + P(x-a) \tag{d}$$

식 (d) 를 x 에 관해 두 번 적분하면

$$EI\dfrac{dy}{dx} = -\dfrac{Pb}{2l}x^2 + \dfrac{P}{2}(x-a)^2 + D_1 \tag{e}$$

$$EIy = -\dfrac{Pb}{6l}x^3 + \dfrac{P}{6}(x-a)^3 + D_1 x + D_2 \tag{f}$$

경계조건으로서 왼쪽지점 $x = 0$ 및 오른쪽 $x = l$ 에서의 처짐량은 $y = 0$ 이 된다. 먼저 식 (c) 는 $x = 0$ 에서 $y = 0$ 이 되므로 $C_2 = D_2 = 0$, 다시 하중점 $x = a$ 에서는 양구간의 처짐곡선은 연속이어야 하므로 두 구간의 처짐과 기울기는 서로 같아야 한다. 이 연속조건에서 식 (f) 는 $x = l$ 에서 $y = 0$ 이 되므로

$$D_1 = C_1 = \frac{Pb}{6l}(l^2 - b^2)$$

이 값을 식 (b), (c) 에 대입하면

$(0 < x < a)$

$$\frac{dy}{dx} = \frac{Pb}{6EIl}(l^2 - b^2 - 3x^2) \tag{8-25}$$

$$y = \frac{Pbx}{6EIl}(l^2 - b^2 - x^2) \tag{8-26}$$

적분상수를 식 (e), (f) 에 대입하면

$(a < x < l)$

$$\frac{dy}{dx} = \frac{Pb}{6EIl}\left[(l^2 - b^2) + \frac{3l}{b}(x - a)^2 - 3x^2\right] \tag{8-27}$$

$$y = \frac{Pb}{6EIl}\left[\frac{l}{b}(x - a)^3 + (l^2 - b^2)x - a^3\right] \tag{8-28}$$

A 점에서의 처짐각 θ_a 는 식 (8-15) 에서 $x = 0$, B 점에서의 처짐각 θ_b 는 식 (8-27) 에서 $x = l$ 을 대입하면 다음과 같다.

$$\theta_a = \frac{Pb}{6EIl}(l^2 - b^2) = \frac{Pab}{6EIl}(l + b) \tag{8-29}$$

$$\theta_b = -\frac{Pab}{6EIl}(l + a) \tag{8-30}$$

보의 최대처짐은 처짐곡선의 기울기가 수평인 D 점에서 생기며, $a > b$ 일 때 이 점은 보의 중앙과 하중이 작용하는 C 점 사이에 있게 된다. 이 점을 x_1 이라 하고 식 (8-25) 의 처짐각 $\frac{dy}{dx} = 0$ 으로 놓으면

$$x_1 = \sqrt{\frac{l^2 - b^2}{3}} \tag{8-31}$$

최대처짐은 식 (8-26) 에 위 식을 대입하면 다음과 같이 된다.

$$\delta_{\max} = y_{x_1} = \frac{Pb}{9\sqrt{3}\,EIl}\sqrt{(l^2 - b^2)^3} \tag{8-32}$$

또한 $a > b$ 인 보에서 중앙에서의 처짐은 식 (8-26) 에서 $x = \dfrac{l}{2}$ 을 대입하면 된다.

$$\delta_{x = \frac{1}{2}} = \frac{Pb}{48EI}(3l^2 - 4b^2) \qquad (8\text{-}33)$$

최대처짐은 항상 중앙점 근처에서 일어나므로 식 (8-33) 은 최대처짐의 근삿값이 된다. 그러나 극단적인 경우 ($b = 0$에 가까울 때) 에도 최대처짐과 중앙점에서의 처짐의 차이는 3 % 이내이다.

하중 P 가 보의 중앙에 작용할 때에는 $a = b = \dfrac{l}{2}$ 이므로 앞의 결과들은 다음과 같이 된다.

$$\theta_a = \theta_b = \frac{Pl^2}{16EI}$$

$$\delta_{\max} = y_{a=b} = \frac{Pl^3}{48EI} \qquad (8\text{-}34)$$

8-4 모멘트 면적법

보의 처짐을 구하는 또다른 방법으로 굽힘모멘트 선도의 면적을 이용하는 **모멘트 면적법** (moment-area method) 이 있다. 이 방법은 보의 한 점에서의 처짐이나 처짐각을 간편하게 구하는 데 많이 사용된다.

그림 8-9는 굽힘모멘트가 작용할 때, 탄성곡선 AB 와 이에 관한 굽힘모멘트 선도를 표시한 것이다. 이 탄성곡선에서 임의의 한 요소 ds 를 택하여 그 양단에서 탄성곡선에 접하는 두 접선을 긋고 그 사이의 각을 $d\theta$ 라 하면 식 (8-3), (8-4) 로부터 다음과 같이 된다.

$$\frac{d\theta}{ds} = \frac{M}{EI} \qquad \text{(a)}$$

보가 탄성영역 내에서만 변화한다고 가정하면 $ds \fallingdotseq dx$ 로 놓을 수 있으므로 식 (a) 는 다음과 같이 표시할 수 있다.

$$d\theta = \frac{Mdx}{EI} \qquad \text{(b)}$$

이 관계를 그림에서 설명하면, 탄성곡선의 미소길이 ds 의 양쪽 끝에서 그은 두 접선 사이의 미소각 $d\theta$ 는 미소길이에 대한 굽힘모멘트선도의 면적, 즉 빗금친 부분의 면적 Mdx 를 EI

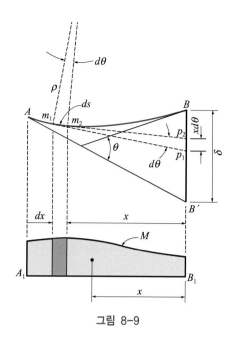

그림 8-9

로 나눈 값과 같다. 그러므로 A 와 B 에서 그은 접선 사이의 각 θ 는 다음과 같이 표시할 수 있다.

$$\theta = \int_A^B \frac{Mdx}{EI} = \frac{1}{EI} \int_A^B Mdx = \frac{A_m}{EI} \tag{8-35}$$

그러므로 다음과 같은 정리를 얻을 수 있다.

정리 I. 탄성곡선 위의 임의의 두 점 A 와 B 에서 그은 두 접선 사이의 각 θ 는 그 두 점 사이의 굽힘모멘트 선도의 전면적을 EI 로 나눈 값과 같다.

점 A 에서의 접선 AB' 에 대한 점 B 의 처짐량 δ 를 생각하면, 탄성곡선이 평형하다면 곡선 위의 미소길이 ds 의 양쪽 끝에서 그은 접선 사이의 각도도 아주 작으므로 이 접선들과 점 B 에서의 거리는 $xd\theta$ 가 된다. 그러므로 식 (b) 에서

$$xd\theta = \frac{xMdx}{EI} \tag{c}$$

식 (c) 를 $A,\ B$ 길이에 대하여 적분하면

$$\delta = BB' = \int_A^B x\frac{Mdx}{EI} = \frac{1}{EI}\int_A^B x \cdot Mdx = \frac{xA_m}{EI} \tag{8-36}$$

여기서 x 는 B 점에서 모멘트로 이루어진 면적의 도심까지의 거리를 나타내며 $\bar{x}$ 로도 표현된다.

이 식은 다음과 같은 정리로 나타낼 수 있다.

정리 Ⅱ. 점 A 에서의 접선으로부터 점 B 의 처짐량 δ 는 AB 사이에 있는 굽힘모멘트 선도 전면적의 B 점에 관한 1차 모멘트를 EI 로 나눈 값과 같다.

식 (8-35) 와 식 (8-36) 을 이용하면 보의 임의 단면에서의 처짐각과 처짐을 구할 수 있다.

한편, 보의 탄성곡선 사이에 변곡점이 있으면, 굽힘모멘트 선도가 양부분의 면적과 음부분의 면적의 두 부분으로 나뉘게 된다. 이 경우에는 ⊕부분에서 ⊖부분을 빼준다.

모멘트면적법을 적용하려면 굽힘모멘트 선도의 면적을 구해야 되므로 몇 가지 기본도형의 면적과 도심을 그림 8-10 에 표시하였다.

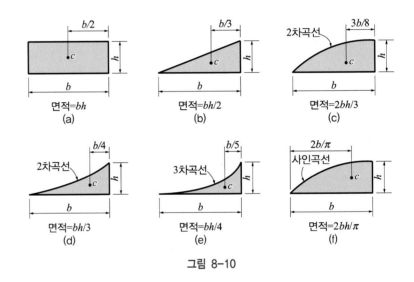

그림 8-10

8-4-1 집중하중을 받는 외팔보

그림 8-11과 같이 외팔보의 자유단에 집중하중이 작용할 때 굽힘모멘트 선도는 그림 (b) 와 같이 된다.

B 점에서의 처짐각 θ_b 는 식 (8-35) 에 의하여 다음과 같이 구할 수 있다.

$$\theta_b = \frac{A_m}{EI} = \frac{Pl \cdot l}{2} \times \frac{1}{EI} = \frac{Pl^2}{2EI} \tag{a}$$

B 점에서의 처짐량 δ 는 식 (8-36)에 의하여 굽힘모멘트의 면적 aba_1 의 b 점에 대한 1차 모멘트를 EI 로 나누어 주면 다음과 같이 된다.

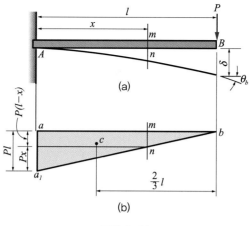

그림 8-11

$$\delta = \frac{A_m}{EI} \cdot \overline{x} = \theta \cdot \overline{x} = \frac{Pl^2}{2EI} \cdot \frac{2l}{3} = \frac{Pl^3}{3EI} \qquad\text{(b)}$$

이 식들은 식 (8-11), (8-12) 의 값과 일치한다.

A 점에서 x 만큼 거리에 있는 임의 단면 mn 에서의 처짐각과 처짐량은 그림 8-11 (b) 의 면적 $mnaa_1$ 을 직사각형과 삼각형으로 나누어 생각할 수 있으므로

$$\theta_x = \frac{A_m}{EI} = \frac{1}{EI}\left[P(l-x) \cdot x + \frac{1}{2} \cdot x \cdot Px \right]$$
$$= \frac{Px}{2EI}(2l - x) \qquad\text{(8-37)}$$

$$\delta_x = \theta \cdot \overline{x} = \frac{1}{EI}\left[P(l-x)x \cdot \frac{x}{2} + \frac{Px^2}{2} \cdot \frac{2x}{3} \right]$$
$$= \frac{Px^2}{6EI}(3l - x) \qquad\text{(8-38)}$$

8-4-2 균일분포하중을 받는 외팔보

그림 8-12 와 같이 외팔보에 균일분포하중 w 가 작용할 때 모멘트면적법을 이용하여 처짐을 구하기로 한다.

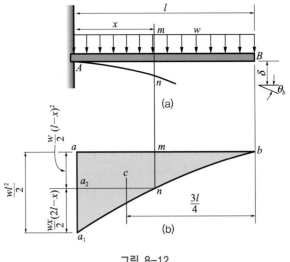

그림 8-12

먼저 보의 A 점에서 x 만큼 떨어진 임의 단면 mn에서의 처짐을 구하려면 그림 (b) 에서 $amna_2$ 의 사각형과 a_2na_1 의 포물선으로 이루어진 도형 두 부분으로 나누어 생각하여 처짐 각은 식 (8-35) 에 의하여 다음과 같이 구할 수 있다.

$$\theta_x = \frac{A_m}{EI}$$

$$= \frac{1}{EI}\left[x \cdot \frac{w(l-x)^2}{2} + \frac{1}{3} \cdot x \cdot \frac{wx(2l-x)}{2} \right]$$

$$= \frac{wx}{6EI}(2x^2 - 4lx + 3l^2) \tag{8-39}$$

또한 임의 단면에서의 처짐은 식 (8-36) 에 의하여, 식 (8-39) 에 도형의 도심으로부터 처짐을 구하고자 하는 임의 단면까지의 거리를 곱해주면 된다.

$$\delta_x = \theta_x \cdot \overline{x} = \frac{1}{EI}\left[\frac{wx(l-x)^2}{2} \cdot \frac{x}{2} + \frac{wx^2(2l-x)}{6} \cdot \frac{3x}{4} \right]$$

$$= \frac{wx^2}{8EI}(x^2 - 2lx + 2l^2) \tag{8-40}$$

한편 최대처짐은 $x = l$ 인 자유단에서 발생하므로 식 (8-39), (8-40) 에 $x = l$ 을 대입하여 구할 수 있다.

또는 전체 모멘트의 면적 aba_1 에 식 (8-35) 와 식 (8-36) 을 이용하여 구하여도 같은 결과를 얻을 수 있다.

$$\theta_{\max} = \frac{A_m}{EI} = \frac{1}{EI} \cdot \frac{1}{3} \cdot \frac{wl^2}{2} \cdot l = \frac{wl^3}{6EI} \tag{8-41}$$

$$\delta_{\max} = \theta \cdot \overline{x} = \frac{wl^3}{6EI} \cdot \frac{3l}{4} = \frac{wl^4}{8EI} \tag{8-42}$$

이 식들은 식 (8-15) 및 식 (8-16) 과 일치한다.

8-4-3 집중하중을 받는 단순보

그림 8-13 (a) 와 같이 단순보의 D 점에 집중하중 P 가 작용할 때 굽힘모멘트 선도는 그림 (b) 와 같은 삼각형 $a_1 b_1 d_1$ 이 된다. 이 면적은 $\dfrac{Pab}{2}$ 이며, 도심 C 의 위치는 b_1 으로부터 $\dfrac{l+b}{3}$ 되는 곳에 있다.

A 점에서 그은 접선 B' 와 B 의 거리는 처짐 δ 가 되며 식 (8-36) 에 의하여 다음과 같이

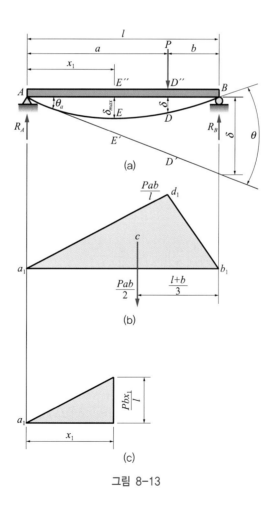

그림 8-13

된다.

$$\delta = \frac{A_m}{EI} \cdot \bar{x} = \frac{1}{EI} \cdot \frac{Pab}{2} \cdot \frac{l+b}{3} = \frac{Pab(l+b)}{6EI} \tag{a}$$

BB' 는 삼각형 ABB' 에서 A 를 중심으로 하고 반지름 l 인 원호로 생각한다. 따라서 A 점의 처짐각 θ_a 는 다음과 같이 구할 수 있다.

$$\theta_a = \frac{\delta}{l} = \frac{Pab(l+b)}{6EIl} \tag{8-43}$$

B 점의 처짐각 θ_b 를 구하기 위하여 먼저 A 점에 관한 B 점의 처짐각 θ 를 식 (8-35) 에서 구하면

$$\theta = \frac{A_m}{EI} = \frac{Pab}{2EI} \tag{b}$$

그러므로 θ_b 는 다음과 같이 구할 수 있다.

$$\theta = \theta_a + (-\theta_b)$$

$$\theta_b = \theta_a - \theta = \frac{Pab(l+b)}{6EIl} - \frac{Pab}{2EI} = -\frac{Pab(l+a)}{6EIl} \tag{8-44}$$

식 (8-43) 및 식 (8-44) 는 식 (8-29), (8-30) 과 일치함을 알 수 있다. 하중 P 가 작용하는 점에서의 처짐 δ 는 거리 $D''D'$ 에서 DD' 를 빼줌으로써 구할 수 있다. 거리 $D''D'$ 는 $a\theta_a$ 와 같고, 거리 DD' 는 점 A 에서의 접선으로부터 점 D 의 처짐과 같으므로 다음과 같이 된다.

$$DD' = \frac{Pab}{EIl}\left(\frac{a}{2}\right)\left(\frac{a}{3}\right) = \frac{Pa^3 b}{6EIl}$$

따라서 δ 는 다음과 같다.

$$\delta = a\theta_a - \frac{Pa^3 b}{6EIl} = \frac{Pa^2 b^2}{3EIl} \tag{8-45}$$

보의 최대처짐은 E 점에서 생기며, 처짐각은 0이 되므로 수평이 된다. A 점과 E 점에서의 접선 사이의 각 θ 는 A 와 E 사이의 모멘트의 면적을 EI 로 나눈 것과 같다. 이 각은 E 에서의 기울기가 0이므로, θ_a 와 같은 값을 가지므로 다음과 같이 된다.

$$\theta_a = \frac{x_1}{2}\left(\frac{Pbx_1}{EIl}\right) = \frac{Pbx_1{}^2}{2EIl}$$

여기서 x_1 은 A 점에서 최대처짐이 생기는 곳까지의 거리이며, θ_a 에 대한 식을 이 식에 대입하고 x_1 에 대해서 풀면 다음과 같다.

$$x_1 = \sqrt{\frac{a(l+b)}{3}} = \sqrt{\frac{l^2 - b^2}{3}} \tag{8-46}$$

최대처짐 $\delta_{\max}$ 는

$$\delta_{\max} = E''E' - EE' = x_1\theta_a - \frac{Pbx_1}{EIl}\left(\frac{x_1}{2}\right)\left(\frac{x_1}{3}\right)$$

$$= \frac{Pb\sqrt{(l^2-b^2)^3}}{9\sqrt{3}\,EIl} \tag{8-47}$$

한편, E 점에서의 최대처짐 $\delta_{\max}$ 은 다른 방법으로도 구할 수 있다. 그림 (c) 처럼 A 점에 대하여 취해진 점 A 와 E 사이의 굽힘모멘트 면적의 1차 모멘트를 EI 로 나눈 것과 같으므로 다음과 같이 구할 수도 있다.

$$\delta_{\max} = \frac{x_1}{2}\left(\frac{Pbx_1}{EIl}\right)\left(\frac{2x_1}{3}\right) = \frac{Pb\sqrt{(l^2-b^2)^3}}{9\sqrt{3}\,EIl}$$

이러한 것들은 $a \geq b$ 인 경우이다.

8-4-4 균일분포하중을 받는 단순보

그림 8-14와 같은 균일분포하중을 받는 단순보의 굽힘모멘트 선도는 그림 (b) 와 같이 된다. 여기서 그림 (b) 의 a_1b_1 을 단순보로 생각하여 여기에 하중 a_1b_1c 가 작용한다고 가정하면 이 가상보 a_1b_1 에 작용하는 전하중은 다음과 같이 된다.

$$\frac{2}{3} \times \frac{wl^2}{8} \times l = \frac{wl^3}{12}$$

따라서 양단에 작용하는 반력 $R_A = R_B$는 $\dfrac{wl^3}{24}$ 이다.

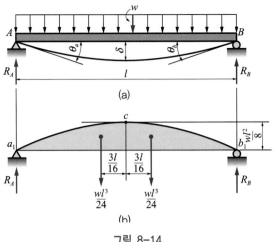

그림 8-14

이와 같은 가상보 $a_1 b_1$ 을 **공액보** (conjugate beam) 라 한다. 양단에서의 처짐각은 가상보의 양단에서의 반력 (전단력) 들을 EI 로 나눈값과 같다.

$$\theta_a = \theta_b = \frac{V_c}{EI} = \frac{R}{EI} = \frac{wl^3}{24EI} \tag{8-48}$$

이 식은 식 (8-23) 과 일치한다.

또 중앙점에서 발생하는 최대처짐은 공액보의 중앙단면의 굽힘모멘트를 EI 로 나누고 $\bar{x}$ 를 곱해주면 다음과 같이 된다.

$$\delta_{\max} = \frac{M_c}{EI} = \frac{1}{EI} \cdot \frac{wl^3}{24}\left(\frac{l}{2} - \frac{3l}{16}\right) = \frac{5wl^4}{384EI} \tag{8-49}$$

예제 8-01 그림 8-15와 같은 길이 $1\,\mathrm{m}$, 지름 $2\,\mathrm{cm}$인 원형단면으로 된 외팔보의 자유단에 집중하중이 작용하여 최대처짐량이 $1\,\mathrm{cm}$ 가 되었다. 이때 보의 최대굽힘응력을 구하여라. 단, 이 재료의 탄성계수 $E = 2.0 \times 10^6\,\mathrm{kgf/cm^2}$ 이다.

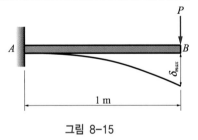

그림 8-15

풀이 외팔보의 고정단에 발생되는 최대굽힘모멘트는 $M = Pl$ 이며, 저항굽힘모멘트 $M = \sigma Z$ 이므로

$$\delta = \frac{Pl^3}{3EI} = \frac{Ml^2}{3EI} = \frac{\sigma Z l^2}{3EI}$$

$$\sigma = \frac{3EI\delta}{Zl^2} \text{ 에서 } \quad I = \frac{\pi d^4}{64}, \quad Z = \frac{\pi d^3}{32} \text{ 이므로}$$

$$\sigma = \frac{3Ed\delta}{2l^2} = \frac{3 \times 2 \times 10^6 \times 2 \times 1}{2 \times 100^2} = 600\,\text{kgf}\,/\text{cm}^2$$

예제 8-02 그림 8-16과 같이 길이 1 m의 단순보에 $w = 5\,\text{kgf}\,/\text{cm}$ 의 균일분포하중이 작용한다. 이 보의 최대처짐을 0.1 cm 로 하려면 이 보의 지름은 얼마로 하면 되는가? 단, 이 재료의 탄성계수 $E = 2.0 \times 10^6\,\text{kgf}\,/\text{cm}^2$ 이다.

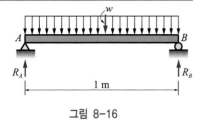

그림 8-16

풀이 $\delta = \dfrac{5wl^4}{384EI} = \dfrac{5wl^4 \times 64}{384E \times \pi d^4}$

$\therefore d = \sqrt[4]{\dfrac{5wl^4 \times 64}{384E\pi\delta}}$

$= \sqrt[4]{\dfrac{5 \times 5 \times 100^4 \times 64}{384 \times 2 \times 10^6 \times \pi \times 0.1}} = 5.075\,\text{cm}$

예제 8-03 그림 8-17과 같이 한 변이 2 cm 인 정사각형단면의 외팔보에 집중하중 $P = 8000\,\text{kgf}$ 가 작용할 때 자유단의 처짐을 모멘트면적법을 이용해 구하여라. 단, $E = 2.0 \times 10^6\,\text{kgf}\,/\text{cm}^2$ 이다.

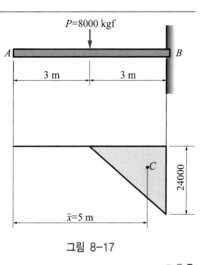

그림 8-17

풀이 $EI = 2.0 \times 10^6 \times \dfrac{2^4}{12} = 2.67 \times 10^6$

$A_m = \dfrac{3 \times 24000}{2} = 36000$

$\theta_A = \dfrac{A_m}{EI} = 0.0135$

$\delta_A = \theta_A \cdot \overline{x} = 0.0135 \times 5 = 0.0675\,\text{m}$

예제 8-04 그림 8-18과 같은 외팔보에 균일분포하중 $w\,\text{kgf}\,/\text{cm}$ 가 부분적으로 작용할 때 자유단에서의 처짐을 모멘트면적법에 의하여 구하여라.

풀이 굽힘모멘트 선도는 AC 구간은 포물선, CB 구간은 직선으로 되어 있다.

모멘트의 면적은 A_1, A_2, A_3 세 부분으로 나누면 각각의 면적들은 다음과 같다.

$$A_1 = \frac{1}{3} \times \frac{l}{2} \times \frac{wl^2}{8} = \frac{wl^3}{48}$$

$$A_2 = \frac{l}{2} \times \frac{wl^2}{8} = \frac{wl^3}{16}$$

$$A_3 = \frac{1}{2} \times \frac{l}{2} \times \frac{wl^2}{4} = \frac{wl^3}{16}$$

처짐각 θ_a 는 $\dfrac{A_m}{EI}$ 이므로

$$\theta_a = \frac{(A_1 + A_2 + A_3)}{EI} = \frac{7wl^3}{48EI}$$

처짐량 δ_a 는 $\theta \cdot \overline{x}$ 이므로

$$\delta_a = \frac{(A_1 \overline{x_1} + A_2 \overline{x_2} + A_3 \overline{x_3})}{EI}$$

여기서 $\overline{x_1}$, $\overline{x_2}$, $\overline{x_3}$ 는 점 B 에서 각 면적의 도심까지
의 거리이므로

$$\delta_b = \frac{wl^3}{48EI} \cdot \frac{3l}{8} + \frac{wl^3}{16EI} \cdot \frac{3l}{4} + \frac{wl^3}{16EI} \cdot \frac{5l}{6} = \frac{41wl^3}{384EI}$$

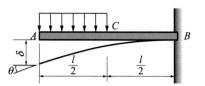

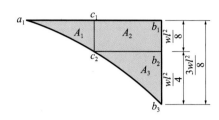

그림 8-18

겹침법

한 개의 보에 여러 가지 다른 하중들이 동시에 작용하는 경우 이 보의 처짐은 각각의 하중
이 따로 작용할 때의 보의 처짐들을 합하여 구할 수 있다. 이것을 **겹침법**(method of
superposition) 이라 한다.

8-5-1 여러 개의 집중하중을 받는 외팔보

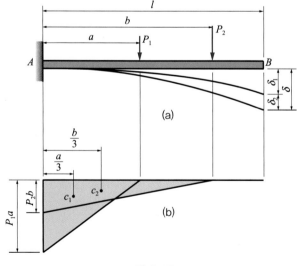

그림 8-19

1) 하중 P_1 만 작용하는 경우의 처짐각과 처짐량

$$\theta_1 = \frac{A_{m_1}}{EI} = \frac{1}{EI} \cdot \frac{1}{2} \cdot P_1 a \cdot a = \frac{P_1 a^2}{2EI}$$

$$\delta_1 = \theta_1 \cdot \overline{x_1} = \frac{P_1 a^2}{2EI}\left(l - \frac{a}{3}\right) = \frac{P_1 a^2 (3l - a)}{6EI}$$

2) 하중 P_2 만 작용하는 경우의 처짐각과 처짐량

$$\theta_2 = \frac{A_{m_2}}{EI} = \frac{1}{EI} \cdot \frac{1}{2} \cdot P_2 b \cdot b = \frac{P_2 b^2}{2EI}$$

$$\delta_2 = \theta_2 \cdot \overline{x_2} = \frac{P_2 b^2}{2EI}\left(l - \frac{b}{3}\right) = \frac{P_2 b^2 (3l - b)}{6EI}$$

따라서 최대처짐은 P_1 이 작용하는 경우와 P_2 가 작용하는 경우의 처짐을 합한 것과 같다.

$$\delta = \delta_1 + \delta_2 = \frac{P_1 a^2 (3l - a)}{6EI} + \frac{P_2 b^2 (3l - b)}{6EI} \tag{8-50}$$

만일 $P_1 = P_2 = P$ 이며 $a = \dfrac{l}{3}$, $b = \dfrac{2l}{3}$ 이면

$$\delta = \frac{2Pl^3}{9EI} \tag{8-51}$$

한편, 임의 단면에서의 처짐도 같은 방법으로 구할 수 있다.

8-5-2 균일분포하중과 집중하중을 동시에 받는 외팔보

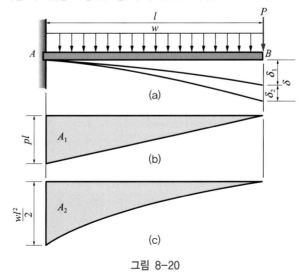

그림 8-20

1) 하중 P 만 자유단에 작용할 때

$$\theta_1 = \frac{A_{m_1}}{EI} = \frac{Pl^2}{2EI}$$

$$\delta_1 = \theta_1 \cdot \overline{x_1} = \frac{Pl^2}{2EI} \cdot \frac{2l}{3} = \frac{Pl^3}{3EI}$$

2) 균일분포하중 w 만 작용할 때

$$\theta_2 = \frac{A_{m_2}}{EI} = \frac{wl^3}{6EI}$$

$$\delta_2 = \theta_2 \cdot \overline{x_2} = \frac{wl^4}{8EI}$$

최대처짐각 및 최대처짐은 이들 두 경우를 합한 것이 된다.

$$\theta = \theta_1 + \theta_2 = \frac{Pl^2}{2EI} + \frac{wl^3}{6EI} = \frac{l^2}{6EI}(3P + wl) \tag{8-52}$$

$$\delta = \delta_1 + \delta_2 = \frac{Pl^3}{3EI} + \frac{wl^4}{8EI} = \frac{l^3}{24EI}(8P + 3wl) \tag{8-53}$$

한편, 임의 단면에서의 처짐도 같은 방법으로 구할 수 있다.

8-6 불균일단면

앞 절에서 소개된 전 길이에 걸쳐 단면적이 일정한 균일단면보의 처짐을 구하는 방법은 불균일단면보의 처짐을 구하는 경우에도 사용할 수 있다. 불균일단면으로 된 보에는 그림 8-21과 같이 보의 여러 부분이 각각 다른 단면적을 가지는 보와 그림 8-22와 같은 테이퍼보 등이 포함된다. 보의 단면적이 갑자기 바뀌면 변화가 일어나는 점에서 국부적인 응력집중이 생기게 되지만, 이러한 국부응력은 처짐계산에 별다른 영향을 주지 않는다. 테이퍼보에 대해서도 테이퍼각이 적으면 균일단면보에서 유도된 굽힘이론을 써도 만족할만한 결과를 얻는다.

처짐을 구하는 첫 번째 방법은 처짐곡선에 대한 미분방정식을 적분하는 것이다. 이 방법의 설명을 위해 그림 8-21 (a) 에 보인 보를 예를 들면, 이 보는 중앙부분을 강화하기 위해 그 부분의 관성모멘트가 양쪽 부분의 관성모멘트의 2배가 되도록 한 것이다. 보의 왼쪽구간에 대해 굽힘모멘트 항으로 나타낸 처짐곡선의 미분방정식은 다음과 같이 두 부분으로 쓸 수 있다.

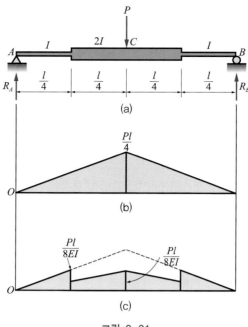

그림 8-21

$$\frac{d^2y}{dx^2} = -\frac{Px}{2EI} \quad \left(0 \leq x \leq \frac{l}{4}\right) \tag{a}$$

$$\frac{d^2y}{dx^2} = -\frac{Px}{2E(2I)} \left(\frac{l}{4} \leq x \leq \frac{l}{2}\right) \tag{b}$$

처짐각과 처짐량을 구하기 위하여 이 식들을 각각 두 번씩 적분하며, 여기서 생기는 4개의 적분상수는 다음 조건에 의해 구해진다.

(1) $x = 0$ 에서 $y = 0$

(2) $x = \dfrac{l}{2}$ 에서 $\dfrac{dy}{dx} = 0$

(3) $x = \dfrac{l}{4}$ 에서 식 (a), (b) 에서 구한 각각의 처짐각은 서로 같다.

(4) $x = \dfrac{l}{4}$ 에서 식 (a), (b) 에서 구한 각각의 처짐량은 서로 같다.

이 조건들로부터 적분상수를 구하면, 고려되고 있는 두 부분에 대한 보의 처짐곡선을 알게 된다. 그러나 미분방정식의 수가 한 개 또는 두 개로 제한되어 있고 앞의 예에서처럼 적분이 쉽게 되는 경우에만 실용적으로 사용된다.

그림 8-22 와 같은 테이퍼보의 경우에는 x 의 함수로 나타나는 관성모멘트의 식이 복잡하고 상수계수가 아닌 변수계수를 가진 미ㅊㄹ풎76분방정식이 되기 때문에 식을 푸는 것이 어

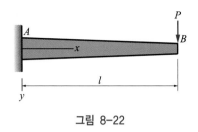

그림 8-22

렵거나 불가능할 수도 있다.

불균일단면보에 대한 적분법은 대부분의 경우 전단력과 하중방정식 [식 (8-7 b와 c)] 을 이용하여 푼다.

그 이유는 모멘트방정식을 다음과 같은 단순한 형태로 쓸 수 있기 때문이다.

$$\frac{d^2 y}{dx^2} = \frac{-M}{EI_x} \tag{8-54}$$

여기서 I_x 는 좌표원점으로부터 거리가 x 만큼 떨어진 단면의 관성모멘트이다. 이 식에서 우변이 적분될 수 있으면 적분방법은 가능하다. 그러나 전단력과 하중방정식은 식 (8-54) 를 미분하여 얻어지지만 I_x 가 변수를 포함하고 있으므로 이것도 미분되어야 한다면 더욱 복잡한 미분방정식이 되어버린다.

처짐을 구하는 두 번째 방법은 모멘트면적법이다. 이 방법에 사용할 보의 굽힘모멘트 선도는 그림 8-21 (b) 에 있으며, $\frac{M}{EI}$ 선도는 그림 8-21 (c) 에 나타나 있다. $\frac{M}{EI}$ 선도의 여러 부분에 대한 면적과 1차 모멘트는 처짐각과 처짐을 구하는 데 사용된다. 예를 들어, 왼쪽지점에서의 처짐각과 처짐을 구해 보자. 보의 대칭성으로부터 C 점에서의 처짐곡선의 기울기는 수평임을 알 수 있다. 모멘트면적법 제1정리에 의하면 왼쪽지점에서의 처짐각 θ_a 는 A 점과 C 점 사이의 $\frac{M}{EI}$ 선도의 면적과 같다. 따라서, 처짐각 θ_a 는 다음과 같이 구해진다.

$$\theta_a = (삼각형의\ 면적) + (사다리꼴의\ 면적)$$

$$= \frac{1}{2}\left(\frac{l}{4}\right)\left(\frac{Pl}{8EI}\right) + \frac{1}{2}\left(\frac{Pl}{16EI} + \frac{Pl}{8EI}\right)\left(\frac{l}{4}\right) = \frac{5Pl^2}{128EI} \tag{c}$$

처짐곡선상 C 점에서의 접선으로부터 A 점까지의 수직길이는 보의 중앙에서의 처짐 δ_c 와 같으며, 모멘트면적법 제2정리로부터 A 점과 C 점 사이의 $\frac{M}{EI}$ 선도 면적의 A 점에 관한 1차 모멘트를 취하여 얻는다.

$$\delta_c = (삼각형의\ 1차\ 모멘트) + (사다리꼴의\ 1차\ 모멘트)$$

$$= \left(\frac{2}{3}\right)\left(\frac{l}{4}\right)\left(\frac{Pl^2}{64EI}\right) + \left(\frac{l}{4} + \frac{5l}{36}\right)\left(\frac{3Pl^2}{128EI}\right) = \frac{3Pl^3}{256EI} \qquad \text{(d)}$$

이 예에서처럼 불균일단면보에 대해 모멘트면적법을 사용하는 것은 균일단면보에 사용하는 것과 비슷함을 보여준다.

처짐을 구하는 또 다른 방법은 겹침법이다. 불균일단면보에 대하여 이 방법을 사용하는 예로서, 그림 8-23에 보인 외팔보에서 자유단의 처짐 δ_a 를 계산하는 경우를 생각해 보자. 이 처짐은 두 단계에 의하여 구해진다. 그 첫 단계는 보가 C 점에서 고정되어 이 점에서는 처짐도 없고 처짐각도 없다고 가정한다. 다음에는 외팔보로 생각하여 AC의 굽힘에 의한 A 점의 처짐을 계산한다. 여기에서 보의 길이는 $\frac{l}{2}$, 관성모멘트는 I, 처짐은 δ_1 이므로

$$\delta_1 = \frac{P(l/2)^3}{3EI} = \frac{Pl^3}{24EI}$$

또, 보의 CB 부분 역시 외팔보 같이 거동하며 [그림 8-23(b)], A 점의 처짐에 영향을 준다. 이때 C 점에서의 처짐 δ_c 와 처짐각 θ_c 는 다음과 같이 된다.

$$\delta_c = \frac{P(l/2)^3}{3(2EI)} + \frac{(Pl/2)(l/2)^2}{2(2EI)} = \frac{5Pl^3}{96EI}$$

$$\theta_c = \frac{P(l/2)^2}{2(2EI)} + \frac{(Pl/2)(l/2)}{2EI} = \frac{3Pl^2}{16EI}$$

처짐 δ_c 와 처짐각 θ_c 는 하중 P 의 작용점에서의 처짐에 δ_2 만큼의 추가적인 값을 주게 된다.

$$\delta_2 = \delta_c + \theta_c\left(\frac{l}{2}\right) = \frac{7Pl^3}{48EI}$$

따라서, 자유단 A 에서의 전체처짐은

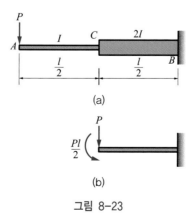

그림 8-23

$$\delta_a = \delta_2 + \delta_1 = \frac{3Pl^3}{16EI} \tag{e}$$

이 예에서 보는 바와 같이 어떤 종류의 불균일단면보에 대해서는 겹침법이 쉽게 적용될 수 있다. 그러므로 불균일단면보의 처짐을 구하는 데 사용되는 방법의 선택과정에 대한 세부 사항은 문제에 따라, 또는 해석하는 사람의 취향에 따라 정하면 된다.

8-7 굽힘의 변형에너지

보에 탄성한도 이내의 하중이 작용하면 보는 구부러지고 하중에 의하여 일을 하게 된다. 이 일은 변형에너지 상태로 보 속에 저장되며, 에너지보존의 법칙에 의해 하여진 일 W 는 저장된 변형에너지 U 와 같아야 한다.

그림 8-24와 같은 보가 순수굽힘모멘트를 받는 경우 굽힘모멘트는 보의 전 길이에 걸쳐 균일하고, 탄성곡선은 $\frac{1}{\rho} = \frac{\theta}{l} = \frac{M}{EI}$ 의 곡률인 원호가 되며 원호상에서의 중심각 θ 는 다음과 같다.

$$\theta = \frac{Ml}{EI} \tag{8-55}$$

굽혀진 각도 θ 는 굽힘모멘트 M 에 비례하며, 이들 관계를 선도로 나타내면 빗금친 부분의 면적은 보 속에 저장된 변형에너지 U 와 같으므로 다음과 같이 된다.

$$U = \frac{M\theta}{2} \tag{8-56}$$

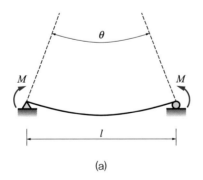

(a)

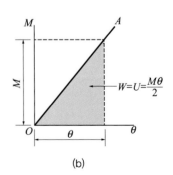

(b)

그림 8-24

식 (8-55) 를 식 (8-56) 에 대입하면, 순수굽힘 상태의 보에 저장된 변형에너지는 다음과 같이 표시된다.

$$U = \frac{M^2 l}{2EI}, \qquad U = \frac{\theta^2 EI}{2l} \qquad\qquad (8\text{-}57 \text{ a, b})$$

만일 보가 순수굽힘을 받지 않고, 굽힘모멘트 M 이 보의 길이에 따라 변한다면 미소길이 dx 를 적분함으로써 변형에너지를 구할 수 있다. 미소요소 사이의 각 $d\theta$ 는 다음과 같다.

$$d\theta = -\frac{M dx}{EI} = \frac{d^2 y}{dx^2} dx$$

따라서 요소에 저장된 변형에너지는

$$dU = \frac{M^2 dx}{2EI} \qquad dU = \frac{EI}{2}\left(\frac{d^2 y}{dx^2}\right)^2 dx$$

보에 저장된 전체변형에너지는

$$U = \int_0^l \frac{M^2 dx}{2EI} \qquad U = \int_0^l \frac{EI}{2}\left(\frac{d^2 y}{dx^2}\right)^2 dx \qquad\qquad (8\text{-}58 \text{ a, b})$$

첫 번째 식 (a) 는 굽힘모멘트를 알고 있을 때 사용하고, 두 번째 식 (b) 는 처짐곡선을 알고 있을 때 사용한다. 이 방법을 이용하여 간단한 처짐문제나 충격문제를 해결할 수도 있다.

예제 8-05 자유단에 집중하중 P 를 받고 있는 외팔보에 저장된 변형에너지 U 를 구하고, 또한 이를 이용하여 자유단의 처짐 δ 를 구하여라 (그림 8-11 참조).

풀이 외팔보의 자유단에서부터 거리 x 에 있는 임의 단면에서의 굽힘모멘트는 $M = -Px$ 이므로 이것을 식 (8-58 a) 에 대입하면

$$U = \int_0^l \frac{M^2 dx}{2EI} = \int_0^l \frac{P^2 x^2 dx}{2EI}$$

$$= \frac{P^2 l^3}{6EI}$$

보가 굽혀지는 동안 하중에 의한 일은 $\dfrac{P\delta}{2}$ 이며, 이 일을 변형에너지와 같게 놓으면

$$\frac{P\delta}{2} = \frac{P^2 l^3}{6EI}$$

따라서 자유단의 처짐 δ는

$$\delta = \frac{Pl^3}{3EI}$$

이 식은 식 (8-12)와 일치한다.

■ ■ ■

예제 8-06 단순지지보에서 스팬의 중간점 C에 집중하중 P가 작용할 때, 변형에너지를 이용하여 보의 중앙점에서의 처짐 δ를 구하여라.

풀이 지점 A로부터 x 거리에 있는 임의 단면의 굽힘모멘트는

$$M = \frac{Px}{2}$$

이 값을 식 (8-58 a)에 대입하면 이 보 속에 저장되는 변형에너지는 다음과 같이 된다.

$$U = 2\int_0^{\frac{l}{2}} \frac{P^2 x^2}{8EI}\,dx = \frac{P^2 l^3}{96EI}$$

이 보가 변형되는 동안 하중에 의한 일은 $\dfrac{P\delta}{2}$이고, 이 일을 변형에너지와 같게 놓으면

$$\frac{P\delta}{2} = \frac{P^2 l^3}{96EI}$$

따라서 처짐 δ는

$$\delta = \frac{Pl^3}{48EI}$$

이 식은 식 (8-34)와 일치한다.

■ ■ ■

충격에 의한 처짐

충격을 받는 보의 동적 처짐은 하중에 의한 일과 보에 저장되는 변형에너지를 같게 놓음으로써 결정될 수 있다. 그림 8-25에서와 같이 낙하되는 무게 W의 물체에 의하여 중앙에 충격을 받는 단순보를 생각한다. 충돌 중에 에너지 손실은 없고, 보의 질량이 낙하하는 물체의 질량에 비하여 무시할 수 있다고 가정한다. 즉, 무게 W의 물체가 낙하 중에 일어난 일은 완전히 보의 탄성변형에너지로 변환되고 위치변화에 의한 보의 위치에너지는 무시한다. 거리 $h + \delta$ 만큼 낙하하는 물체에 의한 일은 다음과 같다.

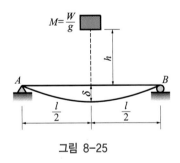

그림 8-25

$$W(h + \delta)$$

여기서, h 는 보에서부터 물체의 초기 높이이며 δ는 최대처짐이다.

P 를 처짐이 최대일 때 보에 가해진 힘이라 하고, 보의 처짐 형태를 P 가 정적으로 가해졌을 때와 같다고 하면

$$\delta = \frac{Pl^3}{48EI} \text{에서} \ \ P = \frac{48EI\delta}{l^3}$$

따라서 보의 변형에너지는 힘 P 가 한 일과 같으므로

$$U = \frac{P\delta}{2} = \frac{48EI\delta^2}{l^3} = W(h+\delta)$$

이 식은 δ 에 관한 2차식이므로 근의 양의 값을 택하면

$$\delta = \frac{Wl^3}{48EI} + \left[\left(\frac{Wl^3}{48EI} \right)^2 + 2h \left(\frac{Wl^3}{48EI} \right) \right]^{\frac{1}{2}}$$

무게 W 에 의한 보의 정적처짐을 δ_{st} 라 하면

$$\delta_{st} = \frac{Wl^3}{48EI}$$

따라서 낙하물체에 의한 최대정적처짐을 나타내는 식은 다음과 같이 쓸 수 있다.

$$\delta = \delta_{st} + \sqrt{\delta_{st}^2 + 2h\delta_{st}} \tag{8-59}$$

이 식으로부터 동적처짐은 정적처짐보다 항상 크다는 것을 알 수 있으며, $h = 0$ 일 경우, 즉 하중 W 가 자유낙하하지 않고 갑자기 작용할 때에는 동적처짐이 정적처짐의 2배가 된다. 만일 h 값이 처짐에 비해 매우 클 경우에는 식 (8-59) 의 h 를 포함하는 항이 매우 커지므로 이 식은 근사적으로 다음과 같이 쓸 수 있다.

$$\delta = \sqrt{2h\delta_{st}} \tag{8-60}$$

이러한 것들은 2-10절에서 논의한 인장 봉에 충격을 가했을 때의 경우와 유사하며, 식 (8-43) 은 식 (2-43) 과 같음을 알 수 있다.

충격과정 중 에너지 손실이 없다고 가정했으므로, 식 (8-59) 에서 계산된 처짐 δ 는 일반적으로 상한값을 나타낸다. 그 이유는 접촉면에서의 국부적인 변형, 낙하물체의 위로 튀어오르려는 경향 및 보 자체의 질량이 처짐을 감소시키기 때문이다.

8-2-1 지름 10 cm, 길이 100 cm 인 외팔보의 자유단에 하중이 작용할 때, 처짐량을 0.485 cm 로 제한하려고 한다. 이 재료의 탄성계수 $E = 2.1 \times 10^6 \, \mathrm{kgf} / \mathrm{cm}^2$ 일 때 자유단에 작용하는 하중을 구하여라.

🔑 $P = 1500 \, \mathrm{kgf}$

8-2-2 그림과 같은 폭 $b = 2 \, \mathrm{cm}$, 높이 $h = 3 \, \mathrm{cm}$ 의 사각형 단면을 가진 길이 $l = 50 \, \mathrm{cm}$ 의 외팔보의 고정단에서 40 cm 되는 곳에 80 kgf 의 집중하중을 작용시킬 때 자유단의 처짐을 구하여라.

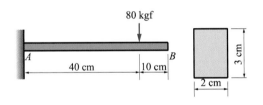

🔑 $\delta = 0.25 \, \mathrm{cm}$

8-2-3 그림과 같은 외팔보 AB 에 집중하중 $P = 600 \, \mathrm{kgf}$ 이 자유단에서 2 m 인 곳에 작용한다. 이 재료의 $E = 1.3 \times 10^6 \, \mathrm{kgf} / \mathrm{cm}^2$, $I = 10^6 \, \mathrm{cm}^4$ 이라 할 때 자유단에서의 처짐각 및 처짐을 구하여라.

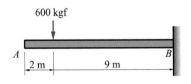

🔑 $\theta_A = 0.00187 \, \mathrm{rad}, \ \delta_A = 0.15 \, \mathrm{cm}$

8-2-4 그림과 같은 $w = 2000 \, \mathrm{kgf/m}$ 의 등분포하중이 CB 구간에 부분적으로 작용하는 외팔보가 있다. 이 재료의 $E = 2 \times 10^6 \, \mathrm{kgf/cm^2}$, $I = 3 \times 10^4 \, \mathrm{cm^4}$ 이라 할 때, A 점과 C 점에서의 처짐각 및 처짐을 구하여라.

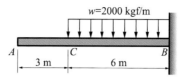

🔘 $\theta_A = 0.012 \, \mathrm{rad}$, $\delta_A = 9 \, \mathrm{cm}$, $\theta_C = 0.012 \, \mathrm{rad}$, $\delta_C = 5.4 \, \mathrm{cm}$

8-2-5 그림과 같은 외팔보의 전 길이에 균일분포하중이 작용할 때 자유단에서의 처짐량 $\delta = 3 \, \mathrm{cm}$, 처짐각 $\theta = 0.57°$ 일 때, 이 보의 길이를 구하여라. 단, 탄성계수 $E = 2.1 \times 10^6 \, \mathrm{kgf/cm^2}$ 이다.

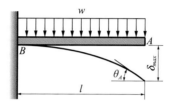

🔘 $l = 4 \, \mathrm{m}$

8-2-6 길이 l 인 외팔보가 그 자유단에 집중하중 P 를 받고 있다. 이 보의 단면 2차 모멘트는 고정단에서의 값 I_o 로부터 자유단에서의 값 $I_o/2$ 까지 직선적으로 변화하고 있다. 이 보의 자유단에서의 처짐 δ 를 구하여라.

🔘 $\delta = \dfrac{0.386Pl^3}{EI_o}$

8-2-7 그림과 같은 단순보가 전 길이의 $\dfrac{1}{2}$ 에 걸쳐 등분포하중 w 가 작용한다. 점 B 와 점 C 에서의 처짐 δ_B 와 δ_C 를 구하여라.

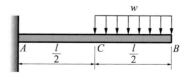

🔘 $\delta_B = \dfrac{41wl^4}{384EI}$, $\delta_C = \dfrac{7wl^4}{192EI}$

8-2-8 그림과 같이 보의 축을 따라 균일분포모멘트 m 을 받고 있는 외팔보 AB 가 있다. 이 보의 처짐곡선식을 유도하고, 자유단에서의 처짐 δ_B 와 회전각 θ_B 를 구하여라.

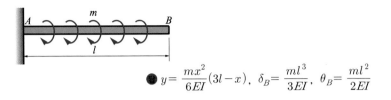

$$\bullet \; y = \frac{mx^2}{6EI}(3l-x), \; \delta_B = \frac{ml^3}{3EI}, \; \theta_B = \frac{ml^2}{2EI}$$

8-2-9 그림과 같은 외팔보가 정현곡선형 분포하중을 받고 있다. 이 하중의 크기는 자유단에서 0이고 그곳으로부터 거리 x 만큼 떨어진 임의 단면에서는 $w_x = w_o \sin\dfrac{\pi x}{2l}$ 이며, 고정단에서는 w_o 이다. 이 보의 처짐 방정식을 구하여라.

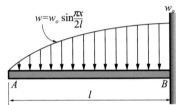

$$\bullet \; y = \frac{2w_o l^4}{\pi EI}\left(\frac{1}{3} - \frac{8}{\pi^3}\right)$$

8-2-10 그림과 같은 높이 h 가 일정하고 폭이 변하는 외팔보가 있다. 자유단에서의 처짐 δ_B 를 구하여라.

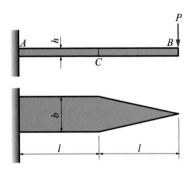

$$\bullet \; \delta_B = \frac{34Pl^3}{Ebh^3}$$

8-3-1 그림과 같이 폭 $b = 20\,\text{cm}$, 높이 $h = 30\,\text{cm}$ 인 직사각형 단면의 단순보가 있다. 이 보의 길이는 $6\,\text{m}$ 이고 중앙에 $P = 1000\,\text{kgf}$ 의 집중하중이 작용할 때 최대처짐 $\delta_{\max}$ 을 구하여라. 단, $E = 2 \times 10^5$ kgf/cm^2 이다.

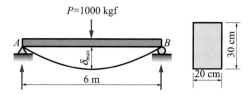

🔑 $\delta_{\max} = 0.5\,\text{cm}$

8-3-2 그림과 같은 단순보에 집중하중 $P = 3000\,\text{kgf}$ 가 작용할 때 점 A 에서 $2\,\text{m}$, $4\,\text{m}$, $6\,\text{m}$ 되는 점 C, D, E 에 대한 처짐을 구하여라. 단, $E = 1.3 \times 10^5\,\text{kgf}/\text{cm}^2$, $I = 3.5 \times 10^5\,\text{cm}^4$ 이다.

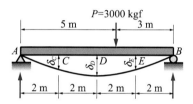

🔑 $\delta_C = 0.42\,\text{cm}$, $\delta_D = 0.64\,\text{cm}$, $\delta_E = 0.48\,\text{cm}$

8-3-3 그림과 같은 단순보에 $w = 600\,\text{kgf}/\text{m}$ 의 등분포하중이 작용할 때 점 A 에서 $2\,\text{m}$, $4\,\text{m}$, $6\,\text{m}$ 되는 점 C, D, E 에 대한 처짐을 구하여라. 여기서 $E = 1.3 \times 10^5\,\text{kgf}/\text{cm}^2$, $I = 3.0 \times 10^2\,\text{cm}^4$ 이다.

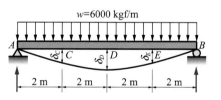

🔑 $\delta_C = 0.00585\,\text{cm}$, $\delta_D = 0.0082\,\text{cm}$, $\delta_E = 0.00585\,\text{cm}$

8-3-4 그림과 같은 단순보의 C 점에 있어서 곡률반경을 구하여라. 단, $E = 6 \times 10^4\,\text{kgf}/\text{cm}^2$ 이다.

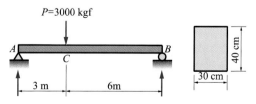

🔑 $\rho = 160\,\text{m}$

8-3-5 균등분포하중을 받고 있는 길이 3 m 인 단순보의 최대처짐을 1 cm 로 제한하려면 하중을 몇 kgf/cm 로 해야 하는가? 단, $b \times h = 10\,\mathrm{cm} \times 10\,\mathrm{cm}$, $E = 2.1 \times 10^6\,\mathrm{kgf/cm^2}$, $\gamma = 0.0078\,\mathrm{kgf/cm^3}$ 이다.

🔴 $w = 16.82\,\mathrm{kgf/cm}$

8-3-6 단순보에 균일분포하중을 작용시켜 그 중앙에서 처짐이 0.8 cm 이고 양단에서의 기울기가 0.01 rad 으로 되었을 때 보의 최대굽힘응력이 $\sigma_{\max} = 1200\,\mathrm{kgf/cm^2}$ 이 되도록 할 수 있는 보의 단면의 높이 h 를 구하여라. 단, $E = 2.1 \times 10^6\,\mathrm{kgf/cm^2}$ 이다.

🔴 $h = 9.33\,\mathrm{cm}$

8-3-7 그림과 같은 단순보와 외팔보에서 작용하는 하중이 같고, 길이가 같다면 단순보의 최대처짐량 δ_s 와 외팔보의 최대처짐량 δ_c 를 비교하여라.

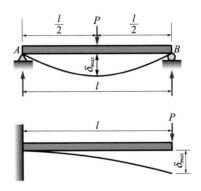

🔴 $\dfrac{\delta_s}{\delta_c} = \dfrac{1}{16}$

8-3-8 그림과 같은 단순보 AB 의 처짐곡선이 다음과 같다.

$$y = \frac{w_o\,x}{360\,l\,EI}(7l^4 - 10l^2x^2 + 3x^4)$$

이때 보에 작용하는 하중은 얼마인가?

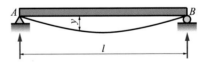

🔴 $w = \dfrac{w_o\,x}{l}$

8-3-9 그림과 같은 단순보 AB 의 처짐곡선이 다음과 같다.

$$y = \frac{w_o\, l^4}{\pi^4 EI} \sin\frac{\pi x}{l}$$

이때 보에 작용하는 하중은 얼마인가?

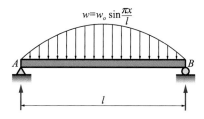

$$\boxed{\text{웹}}\ w = w_o \sin\frac{\pi x}{l}$$

8-3-10 그림과 같은 크기가 $w = w_o \sin\dfrac{\pi x}{l}$ 인 분포하중을 받고 있는 단순보 AB 가 있다. 이 보의 중앙에서의 처짐 δ 는 얼마인가?

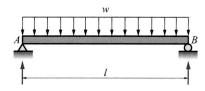

$$\boxed{\text{웹}}\ \delta = \frac{w_o\, l^4}{\pi^4 EI}$$

8-4-1 그림과 같은 외팔보의 중앙에 집중하중 P 가 작용할 때 모멘트면적법을 이용하여 최대처짐각과 처짐량을 구하여라.

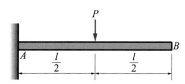

$$\boxed{\text{웹}}\ \theta_{\max} = \frac{Pl^2}{8EI}, \quad \delta_{\max} = \frac{5Pl^3}{48EI}$$

8-4-2 문제 8-2-2를 모멘트면적법을 이용하여 풀어라.

8-4-3 문제 8-2-3을 모멘트면적법을 이용하여 풀어라.

8-4-4 문제 8-2-4를 모멘트면적법을 이용하여 풀어라.

8-4-5 문제 8-2-7을 모멘트면적법을 이용하여 풀어라.

8-4-6 문제 8-3-1을 모멘트면적법을 이용하여 풀어라.

8-4-7 그림과 같이 단순보의 중앙에 집중하중이 작용할 때 보 중앙의 C 점 및 A 단으로부터 $\dfrac{l}{4}$ 떨어진 D 점의 처짐을 모멘트면적법을 이용하여 풀어라.

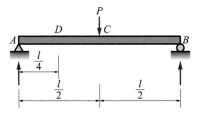

● $\delta_C = \dfrac{Pl^3}{48EI}$, $\delta_D = \dfrac{11Pl^3}{768EI}$

8-4-8 그림에서 보인 돌출보 ABC에서 돌출된 끝단에서의 처짐 δ_C를 구하여라.

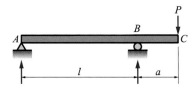

● $\delta_C = \dfrac{Pa^2}{3EI}(l+a)$

8-4-9 그림과 같이 보의 전 길이에 걸쳐 균일분포하중 w 를 받는 돌출보 ABC 가 있다. 이 보의 자유단에서의 처짐 δ_C 를 구하여라.

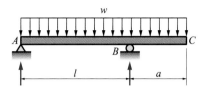

$$\bigodot \; \delta_C = \frac{wa}{24EI}(3a^3 + 4a^2l - l^3)$$

8-5-1 그림과 같은 외팔보의 C 점과 B 점에 각각 $P = 6000 \text{ kgf}$ 의 하중이 작용한다. 이 보의 자유단 B 에서의 처짐각과 처짐량을 구하여라. 단 $E = 10^5 \text{ kgf/cm}^2$, $I = 10^6 \text{ cm}^4$ 이다.

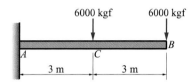

$$\bigodot \; \theta_B = 0.0135, \;\; \delta_B = 5.67 \text{ cm}$$

8-5-2 그림과 같은 길이 10 m 인 단순보의 C 점과 D 점에 각각 $P = 9000 \text{ kgf}$ 의 집중하중이 작용한다. C 점에 대한 처짐각과 처짐을 구하여라. 단 $E = 2.1 \times 10^6 \text{ kgf/cm}^2$, $I = 1.25 \times 10^5 \text{ cm}^4$ 이다.

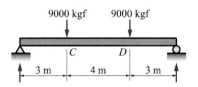

$$\bigodot \; \theta_C = 0.00206, \;\; \delta_C = 0.926 \text{ cm}$$

8-5-3 외팔보 AB 가 그림과 같이 두 개의 집중하중 P 를 받고 있다. 자유단에서의 처짐 δ_B 를 구하여라.

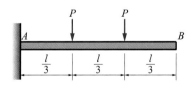

$$\bigodot \; \delta_B = \frac{2Pl^3}{9EI}$$

8-5-4 그림과 같은 크기가 같고 서로 간격이 같은 곳에 하중 P 가 작용하는 단순보의 중앙점에서의 처짐 δ 를 구하여라.

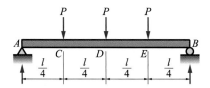

$\quad\quad \delta = \dfrac{19Pl^3}{384EI}$

8-5-5 그림과 같은 단순보 AB 가 서로 방향이 반대이고 크기가 같은 두 개의 집중하중 P 를 C 점과 D 점에 받고 있다. 왼쪽단 A 에서의 회전각 θ_A, 하향하중점 C 에서의 처짐 δ_C, 중앙점에서의 처짐 δ 를 구하여라.

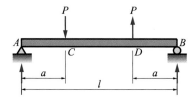

$\quad\quad \theta_A = \dfrac{Pa}{6EIl}(l-a)(l-2a), \ \delta_C = \dfrac{Pa^2}{6EIl}(l-2a)^2, \ \delta = 0$

8-5-6 내다지보가 그림과 같이 하중 $P, \ Q$ 를 받고 있다. 점 D 에서의 처짐이 0이 되기 위한 $\dfrac{P}{Q}$ 의 비를 구하여라.

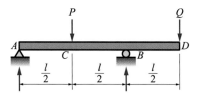

$\quad\quad \dfrac{P}{Q} = 4$

8-5-7 그림과 같은 내다지보에 두 개의 집중하중 P 와 Q 가 가해지고 있다. (a) 점 B 에서의 처짐 δ_B 를 구하여라. (b) 점 B 에서의 처짐이 0이기 위한 $\dfrac{P}{Q}$ 의 값을 구하여라.

$\quad\quad$ (a) $\delta_B = \dfrac{l^2}{48EI}(Ql - 3Pa)$, (b) $\dfrac{P}{Q} = \dfrac{l}{3a}$

8-5-8 그림에 보인 내다지보에서 점 D 에서의 처짐 δ_D 를 구하여라. 또 점 D 에서 처짐이 0이기 위한 $\dfrac{P}{Q}$ 의 값을 구하여라.

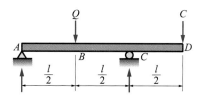

$\bullet$ $\delta_D = \dfrac{Pa^2}{3EI}(l+a) - \dfrac{Ql^2a}{16EI}, \quad \dfrac{P}{Q} = \dfrac{3l^2}{16a(l+a)}$

8-5-9 단순보 $ABCD$ 는 그림과 같이 점 A, D 에 반대방향의 힘 P 를 받고 있다.

(a) 지지점 B, C 에서의 처짐각 θ_B, θ_C

(b) 보 끝에서의 처짐 δ_A, δ_D

(c) 보의 중앙에서의 δ_E 를 구하여라.

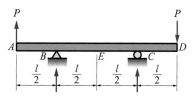

$\bullet$ (a) $\theta_B = \dfrac{Pl^2}{12EI}$, (b) $\delta_A = \dfrac{Pl^3}{12EI}$, (c) $\delta_E = 0$

8-5-10 그림과 같은 외팔보 AB 의 자유단에 브래킷(braket) BCD 가 붙어 있으며 브래킷 끝에 하중 P 가 가해지고 있다.

(a) 점 B 의 수직처짐이 0이 되기 위한 $\dfrac{a}{l}$ 의 비를 구하여라.

(b) 점 B 에서의 회전각이 0이기 위한 $\dfrac{a}{l}$ 의 비를 구하여라.

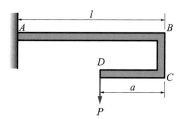

$\bullet$ (a) $\dfrac{a}{l} = \dfrac{2}{3}$, (b) $\dfrac{a}{l} = \dfrac{1}{2}$

8-6-1 그림에 보인 외팔보 AB 는 AC, CB 부분의 관성모멘트가 각각 I_2 와 I_1 으로 되어 있다. (a) 하중 P 로 인한 자유단에서의 처짐 δ_B 를 구하여라. (b) 이 δ_B 값과 관성모멘트가 I_1 인 균일단면의 외팔보에 대한 B 에서의 처짐 δ_B 와의 비 r 을 구하여라.

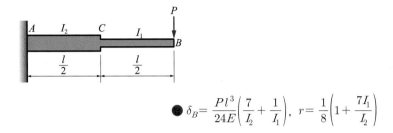

$$\bullet\ \delta_B = \frac{Pl^3}{24E}\left(\frac{7}{I_2} + \frac{1}{I_1}\right),\ \ r = \frac{1}{8}\left(1 + \frac{7I_1}{I_2}\right)$$

8-6-2 그림과 같이 두 개의 다른 관성모멘트 I_1 과 I_2 를 가진 외팔보 AB 가 세기 w 인 균일분포하중을 받고 있다. $I_1 = I$, $I_2 = 2I$ 로 가정하여 하중 w 로 인한 자유단 B 에서의 처짐 δ_B 를 구하여라.

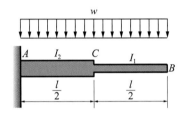

$$\bullet\ \delta_B = \frac{17wl^4}{256EI}$$

8-6-3 그림에 보인 외팔보 AB 의 자유단 B 에서의 처짐 δ_B 를 구하여라. 보는 세기가 w 인 균일분포하중을 받고 있으며, AC 와 CB 부분의 관성모멘트는 각각 I_2, I_1 이다.

$$\bullet\ \delta_B = \frac{wl^4}{128EI_1}\left(1 + \frac{15I_1}{I_2}\right)$$

8-6-4 그림에 보인 단순보 AB 는 두 개의 다른 관성모멘트 I_1 과 I_2 로 되어 있다. 하중 P 로 인한 중앙점에서의 처짐 δ_C 와 지지점 A 에서의 회전각 θ_A 를 구하여라.

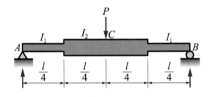

$$\bullet\ \delta_C = \frac{Pl^3}{384EI_1} + \frac{7Pl^3}{384EI_2},\ \ \theta_A = \frac{Pl^2}{64EI_1} + \frac{3Pl^2}{64EI_2}$$

8-6-5 그림과 같은 단순보 AB 는 양지점부분은 관성모멘트가 I 이고 중앙부분은 $2I$ 이다. 이 보의 전 길이에 균일분포하중 w 가 작용할 때, 이 하중으로 인한 중앙점에서의 처짐 δ_C 와 지지점 A 에서의 처짐각 θ_A 를 구하여라.

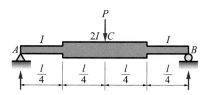

● $\delta_C = \dfrac{31wl^4}{4096EI}$, $\theta_A = \dfrac{7wl^3}{256EI}$

8-6-6 그림과 같이 테이퍼진 단면을 가진 외팔보 AB 가 자유단에 집중하중 P 를 받고 있다. 이 보는 일정한 폭 b 를 가지고 있으며, 지지점 A 에서의 높이는 d_A 이고, 자유단 B 에서의 높이는 $d_B = d_A/2$ 이다. 자유단 B 에서의 처짐 δ_B 를 구하여라.

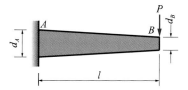

● $\delta_B = 6.542 \dfrac{Pl^3}{Ebd_A^{\,3}}$

8-6-7 그림과 같은 단순보 AB 의 중앙점에서의 처짐 δ_C 를 구하여라. 여기서 보는 일정한 높이 h 를 가지며, 그림의 아래쪽에 보여진 것과 같은 폭을 가지고 있다.

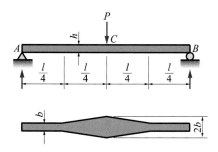

● $\delta_C = \dfrac{11Pl^3}{64EBh^3}$

8-7-1 그림과 같이 돌출부분이 있는 단순보가 자유단에 하중 P 를 받고 있다. (a) 보에 저장된 변형에너지 U 를 구하여라. (b) 이 결과로부터 하중 P 를 받는 C 점에서의 처짐을 구하여라.

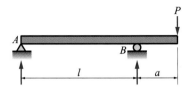

● (a) $U= \dfrac{P^2 a^2 (l+a)}{6EI}$

8-7-2 같은 재질로 된 두 개의 평행보가 자체무게만 지지하고 있다. 보는 같은 형태를 이루고 있으며, 둘째 보의 치수는 첫째 보의 n 배이다. 그들의 변형에너지의 비 U_2/U_1 을 구하여라.

● $\dfrac{U_2}{U_1} = n^5$

8-7-3 길이가 l, 폭이 b, 높이가 h 인 직사각형 단면을 가진 균일분포하중을 받고 있는 단순보의 최대굽힘응력이 $\delta_{\max}$ 이다. 이때 보에 저장된 변형에너지를 구하여라.

● $U= \dfrac{4bhl\sigma_{\max}{}^2}{45E}$

8-7-4 그림과 같이 길이가 l 인 단순보 AB 가 중앙점에서의 처짐이 δ 인 포물선(중심점에 대해 대칭) 처짐곡선을 가지는 하중을 받고 있다. 이때 보에 저장된 변형에너지 U 를 구하여라.

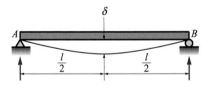

● $U= \dfrac{32EI\delta^2}{l^3}$

8-7-5 문제 8-7-4의 처짐곡선이 sin 곡선의 반인 경우 이 보에 저장된 탄성변형에너지 U 를 구하여라.

$$\textcircled{답}\ U = \frac{\pi^4 EI \delta^2}{4 l^3}$$

8-7-6 그림과 같이 단순보가 중앙점에 집중하중 P 를 받고 한쪽 단 B 에 우력 M_o 를 받고 있다. 이때 보에 저장된 변형에너지 U 를 구하여라.

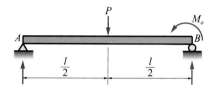

$$\textcircled{답}\ U = \frac{P^2 l^3}{96 EI} + \frac{P M_o l^2}{16 EI} + \frac{M_o{}^2 l}{6 EI}$$

8-7-7 그림과 같이 무게가 W 인 물체가 높이 h 에서 단순보의 중앙점에 떨어졌다. 이 보는 사각형 단면으로 단면적이 A 이다. h 는 W 에 의한 보의 정적처짐에 비해 크고, 물체의 무게도 보의 무게보다 크다고 가정한다. 이때 충격으로 인한 보의 최대굽힘응력 $\sigma_{\max}$ 을 구하라.

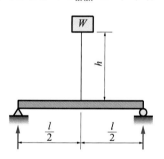

$$\textcircled{답}\ \sigma_{\max} = \sqrt{\frac{18 W E h}{A l}}$$

8-7-8 그림과 같이 무게가 W인 매우 무거운 물체가 높이 h에서 단순보의 중앙점에 떨어졌다. 이때 충격으로 인한 최대굽힘응력 $\sigma_{\max}$을 h, σ_{st}, δ_{st}로 나타내어라. 단, σ_{st}와 δ_{st}는 무게 W가 정적으로 작용할 때의 최대굽힘응력과 처짐이다. 그리고 $\sigma_{\max}/\sigma_{st}$(즉, 정적응력에 대한 동적응력의 비) 대 h/δ_{st} (h/δ_{st}는 0~10의 간격으로 정한다)를 그래프로 나타내어라.

$$\bullet \quad \frac{\sigma_{\max}}{\sigma_{st}} = 1 + \left(1 + \frac{2h}{\sigma_{st}}\right)$$

부정정보

STRENGTH OF MATERIALS

지금까지는 지점의 반력들을 정역학적 평형방정식들로부터 해석할 수 있는 외팔보, 단순보, 돌출보와 같은 **정정보** (statically determinate beam) 에 관해서만 다루어왔다.

이 장에서는 정역학적 평형방정식의 수보다 더 많은 수의 반력을 가지고 있는 보의 해석을 다루고자 한다. 이러한 보를 **부정정보** (statically indeterminate beam) 라고 한다.

부정정보에는 그림 9-1과 같이 여러 가지 형태가 있다.

그림 9-1 (a) 의 보는 **고정지지보** (fixed-simple beam) 또는 **버팀외팔보** (propped cantilever beam) 라 하며, 이 보에 생길 수 있는 반력은 A 점의 수평반력과 수직반력, A 점의 모멘트 및 B 점의 수직반력 등이다. 그러나 이 보에 적용시킬 수 있는 방정식은 3개의 독립된 정역학적 평형방정식 밖에 없으므로 이 식들만으로는 보에 생기는 4개의 미지반력을 구할 수 없다. 여기서 평형방정식의 수를 초과하는 반력의 수를 **부정정 차수** (degree of statical indeterminacy) 라 하며 이 경우는 1차 부정정보이다. 이와 같이 부정정보는 부정정 차수에 해당하는 과잉 반력의 수만큼 **과잉구속** (redundant constraint) 되어 있다. 이것을 제거시킨 구조물을 **이완구조물** (released structure) 혹은 **기본구조물** (primary structure) 이라 한다.

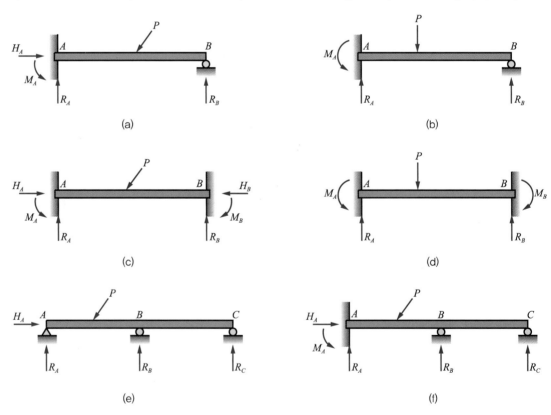

그림 9-1 부정정보

그림 9-1 (a) 에서 반력 R_B 를 과잉구속으로 생각하면 이 보의 이완구조물은 외팔보가 되며, 한편 반력모멘트 M_A 를 과잉구속으로 생각하여 제거하면, 이완구조물은 A 점은 핀지점, B 점은 가동지점으로 지지된 단순보가 된다.

그림 9-1 (b) 와 같이 보 위에 수직하중만이 작용하게 되면 수평반력은 발생하지 않으므로 반력이 전체적으로 3개만 생기기 때문에 마치 정정구조물인 것처럼 생각된다. 그러나 이 경우에는 수평력만을 받는 경우가 되어 정역학적 평형방정식도 2개가 되므로 결국 방정식은 2개이고, 미지수는 3개가 되어 1차 부정정보가 된다.

그림 9-1 (c) 의 보를 **양단고정보** (fixed—fixed beam or clamped beam) 라 하며, 이 경우에는 양지점에 각각 3개씩 전체 6개의 반력이 생길 수 있다. 그러므로 이 보는 3차 부정정구조물이다. 만일 반력 H_B, R_B 및 M_B 를 과잉구속으로 생각하면 이완구조물은 외팔보가 되며, 반력 M_A, M_B 및 H_B 를 과잉반력으로 생각하면 이완구조물은 단순보가 된다.

그림 9-2 (d) 와 같이 수직력만이 작용하는 경우를 보면 반력은 4개가 되고, 방정식의 수는 2개가 되어 역시 2차 부정정보가 된다.

그림 9-1 (e) 는 **연속보** (continuous beam) 로서 4개의 반력과 3개의 평형방정식을 얻을 수 있으므로 1차 부정정보이다. 여기서 R_B 를 과잉반력으로 생각하면 정정단순보 AC 만이 남을 것이다. 또한 R_C 를 과잉반력으로 생각하면 이완구조물은 BC 부분을 돌출시킨 돌출보 ABC 가 될 것이다.

그림 9-1 (f) 는 2차 부정정보로서, 만약 R_B 와 R_C 를 과잉구속으로 생각하면 이 이완구조물은 외팔보가 된다.

이와 같이 부정정보를 이완구조물로 만들고 먼저 과잉구속을 해결하면 나머지 반력들은 정역학적 평형방정식들로부터 구할 수 있다.

과잉구속을 해석하는 방법으로는 처짐곡선의 미분방정식에 의한 해석방법, 모멘트면적법, 겹침법, 3모멘트정리 및 카스틸리아노정리 등이 있다.

9-2 처짐곡선의 미분방정식에 의한 해석

부정정보는 탄성처짐곡선의 미분방정식을 풀어서 해석할 수 있다. 그 과정은 정정보의 경우와 근본적으로 같지만 이 방법은 계산해야 할 적분상수가 많을 때에는 계산상 어려움이 많으므로 단일스팬의 보에 비교적 간단한 하중이 작용할 때 적용하는 것이 좋다.

그림 9-2와 같이 균일분포하중을 받는 일단고정 타단가동지지된 보를 해석하여 보자. 2계 미분방정식을 이용하려면 우선 보의 임의점에서의 굽힘모멘트식을 세워야 한다. 이를 위해서

는 하나의 과잉력을 결정하고, 나머지 다른 반력들을 이에 따라 표시할 필요가 있다. 반력 R_B 를 과잉력으로 하여 평형방정식을 적용하면 R_B 의 항으로 표시된 A 점의 반력은 다음과 같다.

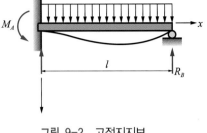

그림 9-2 고정지지보

$$R_A = wl - R_B \qquad M_A = \frac{wl^2}{2} - R_B l \qquad \text{(a)}$$

이제 R_B 의 항으로 표시된 굽힘모멘트의 일반식을 만들면 다음과 같다.

$$M = R_A x - M_A - \frac{wx^2}{2}$$

$$= wlx - R_B x - \frac{wl^2}{2} + R_B l - \frac{wx^2}{2} \qquad \text{(b)}$$

처짐곡선의 미분방정식은

$$EI\frac{d^2y}{dx^2} = -M = -wlx + R_B x + \frac{wl^2}{2} - R_B l + \frac{wx^2}{2} \qquad \text{(c)}$$

또, 이 식을 두 번 적분하면 다음과 같이 된다.

$$EI\frac{dy}{dx} = -\frac{wlx^2}{2} + \frac{R_B x^2}{2} + \frac{wl^2 x}{2} - R_B lx + \frac{wx^3}{6} + C_1 \qquad \text{(d)}$$

$$EIy = -\frac{wlx^3}{6} + \frac{R_B x^3}{6} + \frac{wl^2 x^2}{4} - \frac{R_B lx^2}{2} + \frac{wx^4}{24} + C_1 x + C_2 \qquad \text{(e)}$$

이들 식에는 3개의 미지수 (C_1, C_2 및 R_B) 가 있으며, 3개의 경계조건은 다음과 같다.

$$y(0) = 0, \qquad \frac{dy}{dx}(0) = 0, \qquad y(l) = 0$$

이 조건을 위의 식 (d), (e) 에 적용하면

$$C_1 = 0 \qquad C_2 = 0 \qquad R_B = \frac{3wl}{8} \qquad \text{(9-1)}$$

을 얻는다. 여기서 설정한 과잉반력 R_B 를 이용하여 식 (a) 로부터 나머지 반력들을 쉽게 구할 수 있다.

$$R_A = \frac{5wl}{8} \qquad M_A = \frac{wl^2}{8} \qquad\qquad\qquad\text{(9-2 a, b)}$$

또한 이 R_A, R_B, M_A 의 값들을 처짐 y, 기울기 θ 및 굽힘모멘트 M 의 식에 대입함으로써 이 보를 완전히 해석할 수 있다.

이 밖에 그림 9-2 의 보에서 M_A 를 과잉력으로 취하여 해석할 수도 있다. 이때에는 임의점에서의 굽힘모멘트 M 을 M_A 의 함수로 표시하고, 그것을 2계 미분방정식에 대입하여 전과 같이 풀면 된다.

예제 9-01 처짐곡선의 4계 미분방정식을 이용하여 그림 9-3의 양단고정보를 해석하여라.

풀이 집중하중 P가 보의 중앙에 작용하므로 $M_B = M_A$, $R_A = R_B = \frac{P}{2}$ 이다. 그러므로 한 개의 과잉반력 (M_A) 만이 미지로 남게 된다. $x = 0$ 과 $x = \frac{l}{2}$ 사이의 구간에서는 작용하중이 없으므로 미분방정식은 다음과 같다.

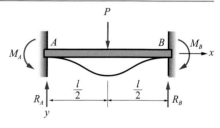

그림 9-3 양단고정보

$$EI\frac{d^4y}{dx^4} = 0 \qquad\qquad\qquad\text{(a)}$$

이를 계속 적분하면

$$EI\frac{d^3y}{dx^3} = C_1 \qquad\qquad\qquad\text{(b)}$$

$$EI\frac{d^2y}{dx^2} = C_1 x + C_2 \qquad\qquad\qquad\text{(c)}$$

$$EI\frac{dy}{dx} = \frac{C_1 x^2}{2} + C_2 x + C_3 \qquad\qquad\qquad\text{(d)}$$

$$EIy = \frac{C_1 x^3}{6} + \frac{C_2 x^2}{2} + C_3 x + C_4 \qquad\qquad\qquad\text{(e)}$$

보의 왼쪽부분에 적용할 수 있는 경계조건은 다음과 같다. 첫째로 보의 왼쪽부분의 전단력은 R_A 와 같으므로 식 (b) 에서 $C_1 = -\frac{P}{2}$ 이다. 둘째로 $x = 0$ 인 점에서의 굽힘모멘트는 $-M_A$ 이므로 식 (c) 로부터 $C_2 = M_A$ 이다. 기울기상의 두 조건, 즉 $x = 0$ 과 $x = \frac{l}{2}$ 일 때 $\frac{dy}{dx} = 0$ 이므로 $C_3 = 0$ 이 되고

$$M_A = \frac{Pl}{8} \qquad\qquad\qquad\text{(9-3)}$$

이다. 그러므로 과잉모멘트 M_A 가 구해졌다. 마지막으로 $x = 0$ 에서 처짐 $y = 0$ 이므로 $C_4 = 0$ 이다. 이상의 적분상수들을 처짐미분방정식에 대입하면

$$y = \frac{Px^2}{48EI}(3l - 4x) \quad \left(0 \le x \le \frac{l}{2}\right) \tag{9-4}$$

이 되며, 이 식의 도함수를 취함으로써 기울기, 굽힘모멘트 및 전단력을 구할 수 있다. ▪ ▪ ▪

위의 예제에서 관찰한 바와 같이 적분상수와 과잉력의 계산에 필요한 경계조건은 항상 충분히 존재한다. 때때로 앞의 정정보에서 행하였던 바와 같이 보의 한쪽 부분만이 아니라 여러 구간에 대하여 미분방정식을 세워 구간과 구간 사이의 연속조건을 적용할 경우도 있다.

9-3 모멘트 면적법

부정정보를 해석하는 또다른 방법은 보의 처짐을 구하기 위하여 이미 8-4절에서 설명한 바 있는 모멘트면적법이다. 부정정보의 경우에 이 방법은 과잉력을 구하기 위한 추가 방정식을 얻기 위하여 이용하는 것이다. 이 추가 방정식은 보의 기울기와 처짐에 관한 조건을 표시하게 되고 그 조건의 수는 항상 과잉력의 수와 같게 될 것이다.

모멘트면적법에 의하여 부정정보를 해석할 때에는 과잉력을 선정하는 것이 해석의 시작이다. 따라서 이 반력을 보에서 제거함으로써 정정이완구조물이 되게 한다. 다음으로 이 이완구조물 위에 하중을 부과하여 이에 대응하는 $\frac{M}{EI}$ 선도를 그리는 것이다. 마찬가지로 과잉력도 이완구조물 위에 작용하는 하중으로 간주하여 $\frac{M}{EI}$ 선도를 그린다. 마지막으로 과잉력 계산에 필요한 식을 세우기 위하여 모멘트면적을 이용한다.

예제 9-02 모멘트면적법을 이용하여 그림 9-4 (a) 와 같은 고정지지보 AB 의 반력을 구하여라.

풀이 이 보는 1차 부정정이므로 R_B 를 과잉력으로 택하면 이완구조물은 외팔보로 되며(그림 b), P 와 R_B 에 의한 굽힘모멘트 선도는 그림 (c) 와 같이 된다. 지점 A 에서의 처짐곡선의 기울기는 0이므로 처짐곡선의 A 점에서의 접선은 B 점을 통과하게 될 것이다. 그러므로 모멘트면적법의 제2정리에 의하면, A 와 B 사이의 $\frac{M}{EI}$ 선도 면적의 B 점에 대한 1차 모멘트는 0이어야 한다. 이 관계를 식으로 나타내면

$$\frac{1}{2}\left(\frac{R_B l}{EI}\right)(l)\left(\frac{2l}{3}\right) - \frac{1}{2}\left(\frac{Pa}{EI}\right)(a)\left(l - \frac{a}{3}\right) = 0$$

이며, 이 식으로부터

$$R_B = \frac{Pa^2}{2l^3}(3l - a) \tag{9-5}$$

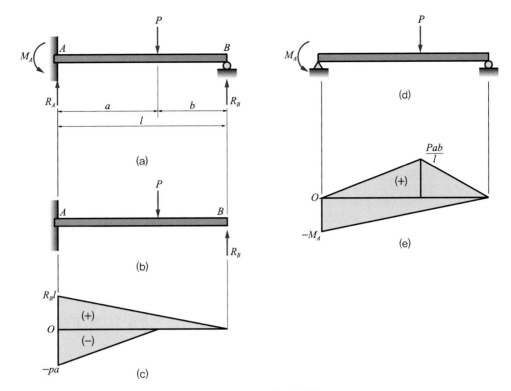

그림 9-4 모멘트면적법

를 얻는다. 정역학적 평형식으로부터 다른 반력들을 얻을 수 있다.

$$R_A = \frac{Pb}{2l^3}(3l^2 - b^2) \tag{9-6 a}$$

$$M_A = \frac{Pab}{2l^2}(l+b) \tag{9-6 b}$$

한편, M_A 를 과잉력으로 취하면 이 보의 이완구조물은 단순보가 되며(그림 d), 이에 따른 P와 M_A 에 의한 굽힘모멘트 선도는 그림 (e) 와 같이 된다. 다시 모멘트면적법 제2정리를 이용하여 B 점에 대한 $\frac{M}{EI}$ 선도의 단면 1차 모멘트를 취하면

$$\frac{1}{2}\left(\frac{Pab}{lEI}\right)(l)\left(\frac{l+b}{3}\right) - \frac{1}{2}\left(\frac{M_A}{EI}\right)(l)\left(\frac{2l}{3}\right) = 0$$

이 식을 풀면 전과 같이 M_A 에 대한 같은 결과를 얻는다(식 9-6 (b) 참조).

보의 중앙에 한 개의 집중하중 P 가 작용할 경우에는 $a = b = \frac{l}{2}$ 을 대입하여 반력을 구할 수 있다. 즉,

$$R_A = \frac{11P}{16} \qquad R_B = \frac{5P}{16} \qquad M_A = \frac{3Pl}{16} \tag{9-7 a, b, c}$$

9-4 겹침법(유연도법)

겹침법은 부정정구조물을 해석하는 가장 기본적인 방법으로 생각할 수 있으며, 이 장에서 주로 다루고 있는 보 외에도 트러스나 뼈대구조물과 같은 각종 형태의 구조물에도 적용할 수 있다. 이 방법의 첫 단계는 정적 과잉력을 취하고, 두 번째는 과잉지점을 제거하여 정정의 이완구조물을 만든다. 세 번째는 이완구조물상의 요구되는 변위들을 구한다. 겹침의 원리로부터 실제의 하중과 과잉력이 동시에 가해진 경우의 처짐은 이 힘들이 분리되어 작용한 경우의 각각을 합한 처짐과 같음을 알 수 있다. 마지막 단계로 구한 식들을 과잉력에 대하여 풀고, 이렇게 하여 과잉력이 결정되면 나머지 반력들은 정역학적 평형방정식으로부터 구해진다.

실제로 이 방법을 이용하여 그림 9-5 (a) 와 같은 균일분포하중을 받고 있는 고정지지보를 해석하여 보자. R_B 를 과잉력으로 선택하여 그에 해당되는 지지조건을 제거하면 이완구조물은 그림 9-5(b)와 같은 외팔보가 된다. 과잉력 지지점에서 균일분포하중에 의해 생긴 이 보의 처짐을 $\delta_B{}'$ 라 하고, 과잉력에 의해 일어난 처짐을 $\delta_B{}''$ 로 표시한다 (그림 9-5(c)). 그러나 $\delta_B{}'$ 와 $\delta_B{}''$ 의 겹침으로 생긴 원래의 구조물에서의 전체 처짐 δ_B 는 0이어야 한다. 이것을 식으로 표시하면 다음과 같이 된다.

$$\delta_B = \delta_B{}' - \delta_B{}'' = 0 \qquad (a)$$

이 식에서 음$(-)$의 부호가 붙은 이유는 $\delta_B{}'$ 는 아래 방향의 처짐이고, $\delta_B{}''$ 는 위 방향으로의 처짐이기 때문이다. 하중 w와 과잉력 R_B 로 인한 처짐 $\delta_B{}'$ 와 $\delta_B{}''$ 는 부록의 표로부터 쉽게 구할 수 있다. 이 표에 수록된 식을 이용하여 식 (a) 로부터 다음과 같은 관계식을 얻을 수 있다.

$$\delta_B = \frac{wl^4}{8EI} - \frac{R_B l^3}{3EI} = 0$$

그러므로

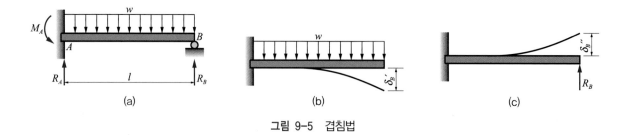

그림 9-5 겹침법

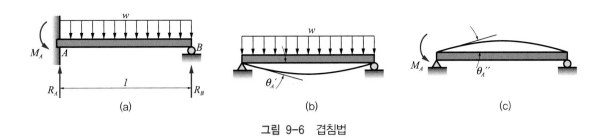

그림 9-6 겹침법

$$R_B = \frac{3wl}{8} \tag{9-8}$$

한편 반력 R_A 와 모멘트 M_A 는 보의 평형조건을 고려함으로써 다음과 같이 얻어진다.

$$R_A = \frac{5wl}{8} \qquad M_A = \frac{wl^2}{8} \tag{9-9 a, b}$$

이번에는 그림 9-6 (b) 와 같이 M_A 를 과잉력으로 취하여 이완구조물을 단순보로 생각하면 위의 방법과는 별도로 해석될 수 있다. 균일분포하중의 작용으로 이완구조물에 발생되는 회전각은 부록의 표에 의하면

$$\theta_A' = \frac{wl^3}{24EI}$$

으로 되고, 과잉력 M_A 에 의해 발생되는 회전각은

$$\theta_A'' = \frac{M_A l}{3EI}$$

이다. 그러나 원래의 보에서 지점 A 의 전회전각은 0이므로 이들 관계를 나타내는 겹침방정식은

$$\theta_A = \theta_A' - \theta_A'' = \frac{wl^3}{24EI} - \frac{M_A l}{3EI} = 0 \tag{b}$$

이 된다. 이 방정식을 풀면 $M_A = \frac{wl^2}{8}$ 이 되어 앞의 결과와 동일하게 된다.

부정정구조물의 반력을 구하고 나면 모든 합응력 (축력, 전단력 및 굽힘모멘트) 은 별어려움 없이 정역학적 평형방정식으로부터 구해진다. 더욱이 보의 임의점에서 처짐과 처짐각은 처짐방정식이나 또는 부록에 수록된 처짐공식을 중첩방정식에 적용함으로써 쉽게 구해질 수 있다. 앞으로 나오는 예제나 문제에서는 반력을 구하는 것이 문제를 해결하는 열쇠가 되므로 주로 반력을 구하는 데 중점을 둘 것이다.

이 절에서 이용된 해석방법을 때로는 **유연도법**(flexibility method) 또는 **응력법**(force method)이라고도 한다. 후자는 힘의 양(반력이나 우력)을 과잉력으로 취하기 때문에 그렇게 불려지며, 전자는 미지항의 계수(식 (b)에서 $\dfrac{l}{3EI}$과 같은 힘)가 유연도, 즉 단위하중에 의한 처짐량이기 때문이다. 처짐을 포함하는 중첩방정식인 식 (a)와 (b)를 일반적으로 **적합 방정식**(equations of compatibility)이라고 부른다. 중첩법도 모멘트면적법 및 처짐곡선의 미분방정식과 같이 선형탄성구조물에만 적용된다.

예제 9-03 그림 9-7과 같은 균일분포하중 w를 받고 있는 연속보의 반력을 겹침법을 이용하여 구하여라.

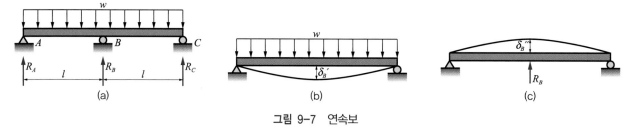

그림 9-7 연속보

풀이 중앙지점의 반력 R_B를 과잉력으로 택하면 이완구조물은 그림 (b)처럼 단순보가 된다. 균일분포하중을 받고 있는 이완구조물의 B점에서의 아래 방향의 처짐 $\delta_B{'}$는

$$\delta_B{'} = \frac{5w(2l)^4}{384EI} = \frac{5wl^4}{24EI}$$

가 되며, 과잉력에 의하여 발생되는 위 방향의 처짐은 다음과 같이 된다.

$$\delta_B{''} = \frac{R_B(2l)^3}{48EI} = \frac{R_Bl^3}{6EI}$$

B점의 수직처짐에 관계된 적합방정식은

$$\delta_B = \delta_B{'} - \delta_B{''} = \frac{5wl^4}{24EI} - \frac{R_Bl^3}{6EI} = 0$$

이 되며, 이 식으로부터

$$R_B = \frac{5wl}{4} \tag{9-10}$$

을 얻는다. 한편 정역학적 평형방정식으로부터 나머지 두 지점의 반력 $R_A = R_C = \dfrac{3wl}{8}$이 된다. 이들 반력을 알면 합응력과 처짐을 쉽게 구할 수 있다. ■ ■ ■

예제 9-04 그림 9-8 (a)와 같은 양단고정보가 집중하중 P를 받고 있다. 이때 이 보의 양단에서 생기는 반력과 모멘트를 구하여라.

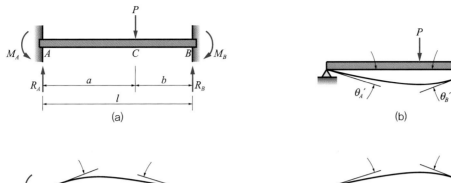

(a)

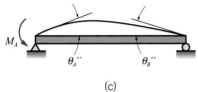

(b)

(c)

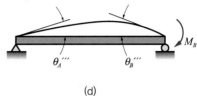

(d)

그림 9-8 양단고정보

풀이 반력모멘트 M_A 와 M_B 를 과잉력으로 택하면 이완구조물은 그림 (b) 와 같은 단순보가 된다. 하중 P 에 의해 생기는 양단의 처짐각은 다음과 같이 된다 (부록 참조).

$$Q_A' = \frac{Pab(l+b)}{6EIl} \qquad Q_B' = \frac{Pab(l+a)}{6EIl}$$

이번에는 과잉력으로 선택된 M_A 와 M_B 를 하중으로 생각했을 때 이완구조물 (그림 9-8 (c) 와 (d)) 에 생기는 처짐각을 구하면 다음과 같다. M_A 에 의한 양단의 처짐각은

$$Q_A'' = \frac{M_A l}{3EI} \qquad Q_B'' = \frac{M_A l}{6EI}$$

이 되며, M_B 에 의한 처짐각은

$$Q_A''' = \frac{M_B l}{6EI} \qquad Q_B''' = \frac{M_B l}{3EI}$$

이 된다. 원래의 구조물은 양단에서 처짐각이 0이므로 2개의 적합방정식은 다음과 같이 된다.

$$Q_A = Q_A' - Q_A'' - Q_A''' = 0$$
$$Q_B = Q_B' - Q_B'' - Q_B''' = 0$$

위에서 구한 처짐각들을 이 식에 대입하면 미지수 M_A 와 M_B 에 대한 2개의 연립방정식을 세울 수 있다.

$$\frac{M_A l}{3EI} + \frac{M_B l}{6EI} = \frac{Pab(l+b)}{6EIl}$$

$$\frac{M_A l}{6EI} + \frac{M_B l}{3EI} = \frac{Pab(l+a)}{6EIl}$$

이 연립방정식을 풀면

$$M_A = \frac{Pab^2}{l^2} \qquad M_B = \frac{Pa^2 b}{l^2} \qquad\qquad\qquad \text{(9-11 a, b)}$$

을 얻고, 또 이것과 평형방정식을 이용하여 반력을 구하면

$$R_A = \frac{Pb^2}{l^3}(l+2a) \qquad R_B = \frac{Pa^2}{l^3}(l+2b) \qquad\qquad (9\text{-}12 \text{ a, b})$$

겹침법이 처짐을 구할 때 어떻게 이용되는지 알아보기 위하여 이번에는 하중이 가해진 C 점의 처짐을 구하여 보면(그림 9-8(a)), 이 점의 처짐은 하중 P를 받고 있는 이완구조물(그림 9-8(b))에서

$$\delta_C' = \frac{Pa^2b^2}{3EIl}$$

이 된다(부록 참조).

이완구조물의 동일한 점에서 M_A와 M_B로 인한 아래 방향의 처짐은

$$\delta_C'' = \frac{M_A ab}{6EIl}(l+b) \qquad \delta_C''' = \frac{M_B ab}{6EIl}(l+a)$$

이다. 이 식에 식 (9-11)의 M_A와 M_B를 대입하면

$$\delta_C'' = \frac{Pa^2b^3}{6EIl^3}(l+b) \qquad \delta_C''' = \frac{Pa^3b^2}{6EIl^3}(l+a)$$

가 되므로 C점의 전체처짐은

$$\delta_C = \delta_C' - \delta_C'' - \delta_C''' = \frac{Pa^3b^3}{3EIl^3} \qquad\qquad (9\text{-}13)$$

이 된다.

만약 하중 P가 보의 중앙에 작용한다면, 보의 중앙점에서의 처짐은

$$\delta_C = \frac{Pl^3}{192EI} \qquad\qquad (9\text{-}14)$$

이 되며, 반력은 다음과 같이 된다.

$$M_A = M_B = \frac{Pl}{8} \qquad R_A = R_B = \frac{P}{2} \qquad\qquad (9\text{-}15 \text{ a, b})$$

■ ■ ■

9-5 3모멘트 정리

그림 9-9와 같이 여러 개의 지점 위에 지지된 균일한 연속보의 경우에는 이들 지점 중 하나만이 움직이지 않는 고정지점이고 나머지 지점들은 그림과 같이 가동지점으로 생각한다. 따라서 반력의 총수는 지점의 수와 같이 될 것이고 부정정 차수는 이들 수보다 2개가 적을 것이다. 그림 9-9와 같은 보에서는 5개의 반력이 있으므로 3개의 과잉력이 존재하게 된다.

앞절에서 설명한 어떠한 방법에 의해서도 연속보의 해석이 가능하지만 그 중 겹침의 원리

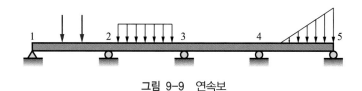

그림 9-9 연속보

가 주로 사용된다. 이 방법을 사용할 때는 중간지점들의 반력을 과잉력으로 취하게 되며, 이 완구조물은 단순보가 된다. 이 방법은 9-4절의 예제 9-03(그림 9-7 참조)에서 이용되었으며, 특히 지점의 수가 3개 혹은 4개인 연속보에만 만족스러운 결과를 준다. 과잉력이 2개를 초과할 때는 과잉력으로서의 보의 중간지점의 굽힘모멘트를 취하는 것이 편리하다. 이렇게 하면 과잉력의 수에 관계없이 각 방정식에 최대 3개의 미지수만이 포함되는 연립방정식들로만 이루어져 계산이 매우 간단하게 된다.

연속보를 해석하기 위하여 이 과정을 보다 상세히 전개하여 보자. 지점에서의 굽힘모멘트가 원래의 구조물에서 이완되면 지점에서의 보의 연속성이 무너지고 따라서 이완구조물은 일련의 단순보들로 구성된다. 그러한 각각의 보는 수직으로 작용하는 외력과 끝부분에 작용하는 2개의 과잉력모멘트를 함께 받는다. 이런 하중 조건하에서 각 단순보 양단의 회전을 결정할 수 있다. 각 지점에서 인접한 두 보끼리는 동일한 회전각을 가져야 한다는 사실을 나타내는 적합방정식을 세움으로써 미지의 굽힘모멘트에 대한 필요한 방정식을 얻을 수 있다.

예로서 그림 9-10 (a)에서와 같은 연속보의 일부만을 생각하여 보자. 세 개의 연속된 지점을 A, B, C라 하고, 두 인접 지점간의 길이와 단면 2차 모멘트를 l_a, I_a 및 l_b, I_b로 표시하고 또한 3지점에서의 굽힘모멘트를 M_A, M_B, M_C라 하자. 이 모멘트들의 방향은 보에 작용하는 하중에 의하여 결정되지만 편의상 이들 방향을 양(즉, 보의 윗부분에 압축응력을 일으키는 방향)이라고 가정한다.

이 보를 나누어 생각하면 그림 9-10 (b)와 같이 두 개의 단순보로 표시될 수 있으며, 각 지점간은 작용외력과 과잉력 굽힘모멘트의 두 가지를 동시에 받고 있다. 이들 하중은 두 개의 단순보의 처짐을 일으킨다. 좌측보의 지점 B에서의 처짐각은 그림에서 $\theta_B{}'$로 표시하고, 우측보의 지점 B에서의 처짐각은 $\theta_B{}''$로 표시한다. 이들 각들은 그림에서 보인 바와 같이 양(즉, 양의 굽힘모멘트 M_B와 동일한 방향)으로 취하여졌다. 실제로 보의 축은 지점 B를 지나 연속된 것이므로 이 경우의 적합방정식은

$$\theta_B{}' = -\theta_B{}'' \tag{9-16}$$

이며, 또한 이 식은 두 단순보의 처짐각이 B점에서 서로 일치되어야 함을 나타내고 있다.

다음 단계는 각 $\theta_B{}'$와 $\theta_B{}''$에 대한 식을 세우고 식 (9-16)에 대입하는 것이다. 이완구조물의 외력에 의한 굽힘모멘트 선도는 그림 9-10 (c)와 같이 된다. 이 두 선도의 면적을 각각

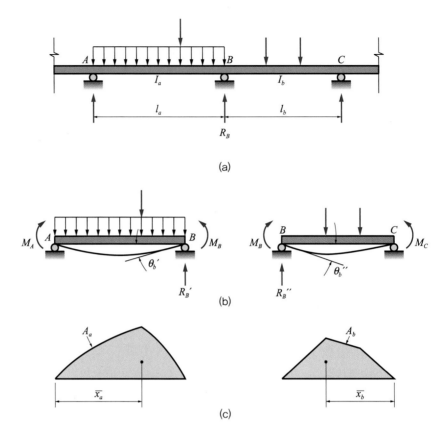

(a)

(b)

(c)

그림 9-10   3모멘트법

A_a 와 A_b 로 표시하고 A 로부터 A_a 의 도심까지의 거리를 $\overline{x_a}$, C 로부터의 A_b 의 도심까지의 거리를 $\overline{x_b}$ 라 한다. 각 $\theta_B{}'$ 와 $\theta_B{}''$ 를 구하기 위하여 굽힘모멘트 선도를 이용한다. 모멘트면적법 제2정리에 의하여 $\theta_B{}'$ 를 구함에 있어 우선 보 AB 상의 외력에 의한 것은

$$\frac{A_a\,\overline{x_a}}{EI_a l_a}$$

이고, M_A 와 M_B 에 의한 것은 다음과 같다.

$$\frac{M_A l_a}{6EI_a} \text{와} \frac{M_B l_a}{3EI_a}$$

그러므로 각 $\theta_B{}'$ 는

$$\theta_B{}' = \frac{M_A l_a}{6EI_a} + \frac{M_B l_a}{3EI_a} + \frac{A_a\,\overline{x_a}}{EI_a l_a}$$

(a)

한편 우측보 BC에서도 위와 비슷한 방법으로 $\theta_B{''}$ 를 다음과 같이 구할 수 있다.

$$\theta_B{''} = \frac{M_B l_b}{3EI_b} + \frac{M_C l_b}{6EI_b} + \frac{A_b \overline{x_b}}{EI_b l_b} \tag{b}$$

식 (a) 와 (b) 를 적합방정식 식 (9-16) 에 대입하여 정리하면

$$M_A \left(\frac{l_a}{I_a} \right) + 2M_B \left(\frac{l_a}{I_a} + \frac{l_b}{I_b} \right) + M_C \left(\frac{l_b}{I_b} \right) = -\frac{6A_a \overline{x_a}}{I_a l_a} - \frac{6A_b \overline{x_b}}{I_b l_b} \tag{9-17}$$

이 식은 보상에서 연속된 3개의 굽힘모멘트들 간의 관계를 나타내기 때문에 **3모멘트식** (three-moment equation) 이라고 한다. 연속보의 각 중간지점마다 미지의 굽힘모멘트 수만큼의 3모멘트식을 세울 수 있다. 모든 지점 사이에 같은 관성모멘트 I 를 가지면 이 3모멘트식은 다음과 같이 간단히 된다.

$$M_A l_a + 2M_B (l_a + l_b) + M_C l_b = -\frac{6A_a \overline{x_a}}{l_a} - \frac{6A_b \overline{x_b}}{l_b} \tag{9-18}$$

만약 모든 지점 사이의 거리가 l 로 같다면 이 식은 보다 간단히 표시할 수 있다.

$$M_A + 4M_B + M_C = -\frac{6}{l^2} (A_a \overline{x_a} + A_b \overline{x_b}) \tag{9-19}$$

3모멘트식을 사용할 때에는 그 과정으로써 과잉굽힘모멘트 수만큼의 식이 필요하므로 연속보의 각 중간지점에 대한 식을 일단 세워야 한다. 따라서 이들 식을 모멘트에 대하여 연립방정식으로 풀 수 있다.

예를 들어 AB 지점 사이에 등분포하중 w 가 작용한다면

$$A_a = \frac{2}{3} \left(\frac{w l_a{}^2}{8} \right) (l_a) = \frac{w l_a{}^3}{12} \qquad \overline{x_a} = \frac{l_a}{2}$$

이므로

$$A_a \overline{x_a} = \frac{w l_a{}^4}{24} \tag{9-20}$$

이 된다. 한편 보의 중앙에 집중하중 P 가 작용한다면

$$A_a = \frac{1}{2} \left(\frac{P l_a}{4} \right) (l_a) = \frac{P l_a{}^2}{8} \qquad \overline{x_a} = \frac{l_a}{2}$$

가 되므로

$$A_a \overline{x_a} = \frac{Pl_a{}^3}{16} \tag{9-21}$$

이 두 예제를 보면 굽힘모멘트 선도를 포함하는 각 항을 쉽게 계산할 수 있다. 일단 이 단계가 끝나면 각 연속된 보에 대하여 식을 세운 후, 미지의 굽힘모멘트에 대하여 풀면 된다.

앞의 설명에서는 연속보의 두 끝단은 단순지지되어 있는 것으로 가정하였다. 만일 이 끝부분의 한쪽이나 양쪽이 다 고정되면 과잉력모멘트의 수가 늘어날 것이다 (그림 9-11 (a) 참조). 이러한 문제를 다룰 때는 고정단 대신에 그 보 끝에 단면 2차 모멘트가 무한히 큰 지점이 추가되어 있다고 가정하여 푸는 것이 간단하다 (그림 9-11 (b)). 강도가 무한히 큰 추가지점을 생각하는 것은 원래의 고정단과 동일한 조건으로 만들어 지점 1에서 보의 회전이 발생하지 않도록 하는 것이다. 그림 9-11 (b) 에서 보는 바와 같이 연속보의 1, 2, 3점에서 구한 굽힘모멘트는 원래보의 것과 동일한 것이다. 추가보의 길이는 항상 3모멘트식에서 떨어져 나가기 때문에 길이가 항상 0보다 켜야 하는 것 외에는 문제가 되지 않는다.

연속보의 각 지점에 작용하는 굽힘모멘트를 구한 다음에는 정역학적 평형방정식으로부터 쉽게 각 반력들을 구할 수 있다.

그림 9-11 (b) 의 두 인접한 구간들을 생각하자. 두 단순보 AB 와 BC 에 대한 B 점의 반력을 각각 R_B', R_B'' 라 하면 결국 이 반력들의 합이 그림 9-10 (a) 와 같이 지점 B 의 총반력 R_B 가 된다.

반력 R_B' 는 다음의 세 부분으로 되어 있다. 단순보에서 외력에 의한 반력, M_A 에 의한 반력(즉 $\frac{M_A}{l_a}$), M_B 에 의한 반력$\left(-\frac{M_B}{l_a}\right)$ 의 세 가지로 구성되어 있다. 마찬가지로 반력

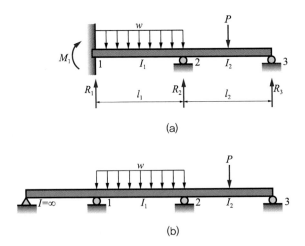

그림 9-11 고정단을 무한히 큰 관성모멘트를 가진 구간으로 대치한 예

R_B'' 는 외력에 의한 단순보의 반력 R_B' 에 $\dfrac{M_C}{l_b}$ 와 $\dfrac{M_B}{l_b}$ 를 합한 것이다. 이 모든 항들을 합하면 B 점의 전반력 R_B 가 얻어진다. 이런 과정은 구하고자 하는 모든 반력이 계산될 때까지 각 지점에서 되풀이 된다. 물론 만일 지점 위에 집중하중이 있을 때는 그 하중은 직접 반력으로 전달될 것이다.

예제 9-05 3모멘트식을 이용하여 그림 9-12의 연속보를 해석하여라. 이 보는 지점 사이의 거리가 세 구간으로 되어 있고, 단면 2차 모멘트는 일정하고, 첫째 구간과 셋째 구간에만 하중이 작용하고 있다. 집중하중 P 는 wl 로 가정한다.

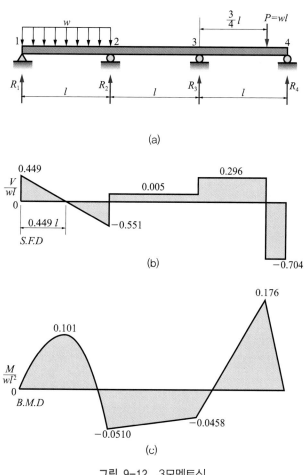

그림 9-12 3모멘트식

풀이 보의 전구간에 대하여 단면 2차 모멘트가 같기 때문에 식 (9-19) 를 사용한다. 1차적으로 각 구간에 대하여 방정식의 우변에 있는 $A\bar{x}$ 의 항을 계산하게 된다. 이 항은 지점 1, 2구간에 대해서는 식 (9-20) 으로부터 $\dfrac{wl^2}{24}$ 이고, 지점 2, 3구간에서는 하중이 없으므로 0 이다.

마지막으로 지점 3, 4구간의 굽힘모멘트 선도는 최대거리 $\dfrac{3}{16}Pl$ 을 갖는 삼각형임을 알 수 있다. 이 삼각형의 면적은 $\dfrac{3Pl^2}{32}$ 이고, 지점 4로부터 도심까지의 거리는 $\dfrac{5l}{12}$ 이다. 그러므로 $A\overline{x}$ 항은 $\dfrac{5Pl^3}{128}$ 인데 $P = wl$ 이므로 $\dfrac{wl^4}{128}$ 이 된다. 이제 내부지점들의 3모멘트식을 세워 보자. 지점 2를 생각해보면 일반식 (식 9-19) 에서의 M_A 는 M_1(0이 됨), M_B는 M_2, M_C 는 M_3 가 되므로

$$4M_2 + M_3 = -\frac{wl^2}{4} \tag{c}$$

마찬가지로 지점 3에 대한 3모멘트방정식은 다음과 같다.

$$M_2 + 4M_3 = -\frac{15wl^2}{64} \tag{d}$$

위의 식 (c) 와 (d) 를 풀면 굽힘모멘트를 구할 수 있다.

$$M_2 = -\frac{49wl^2}{960} \qquad M_3 = -\frac{11wl^2}{240} \tag{e}$$

보의 3부분을 각각 나누어 자유물체도를 그린 다음에 정역학적 평형방정식을 세움으로써 반력을 얻을 수 있다.

$$R_1 = \frac{431wl}{960} \qquad R_2 = \frac{89wl}{160}$$

$$R_3 = \frac{93wl}{320} \qquad R_4 = \frac{169wl}{240} \tag{f}$$

이 값들을 알았으므로 그림 9-12 (b) 와 (c) 에 보인 바와 같이 전단력 선도와 굽힘모멘트 선도를 그릴 수 있다. ■ ■ ■

※ 9–2절의 문제들은 처짐곡선의 미분방정식을 적분하여 풀어라.

9-2-1 그림과 같은 일단고정 타단가동지지된 보에서 M_A를 과잉력으로 생각하고, 처짐곡선의 2차 미분방정식을 이용하여 반력과 처짐곡선의 방정식을 구하고, 최대처짐량 δ_{max}와 그것이 발생하는 위치를 구하여라.

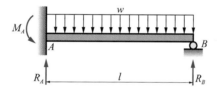

● $y = \dfrac{wx^2}{48EI}(3l^2 - 5lx + 2x^2)$, $x = 0.5785l$에서 $\delta_{max} = 0.005416\dfrac{wl^4}{EI}$

9-2-2 처짐곡선의 4계 미분방정식을 이용하여 그림의 일단고정 타단가동지지보의 반력을 구하고, 보의 전단력 선도와 굽힘모멘트 선도를 그려라.

● $V = \dfrac{5wl}{8} - wx$, $M = \dfrac{5wlx}{8} - \dfrac{wl^2}{8} - \dfrac{wx^2}{2}$

9-2-3 그림과 같이 C점에 집중하중 P를 받고 있는 양단고정보의 반력을 구하고, 보의 최대처짐 δ_{max}을 구하여라. 또한 전단력 선도와 굽힘모멘트 선도를 그려라.

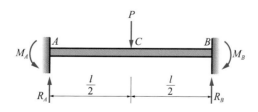

● $\delta_{max} = \dfrac{Pl^3}{192EI}$, $V_{pos} = \dfrac{P}{2}$, $M_¬ = -\dfrac{Pl}{8}$, $M_{pos} = \dfrac{Pl}{8}$

9-2-4 그림과 같은 일단고정 타단가동지지보의 전단력 선도와 굽힘모멘트 선도를 그리고, 반력 R_A, R_B 및 A 점의 모멘트와 최대 굽힘모멘트를 구하여라.

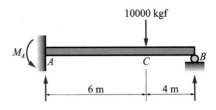

10000 kgf

● $R_A = 5680\,\text{kgf}$, $R_B = 4320\,\text{kgf}$, $M_A = 16800\,\text{kgf}\cdot\text{m}$, $M_{\text{max}} = 17280\,\text{kgf}\cdot\text{m}$

9-2-5 그림과 같은 일단고정 타단가동지지보의 AC 구간에 부분적으로 균일분포하중 $w = 2000\,\text{kgf}\,/\text{m}$ 을 받고 있다. 이 보의 전단력 선도와 굽힘모멘트 선도를 그리고, 반력들을 구하여라.

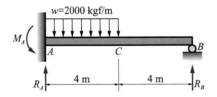

$w = 2000\,\text{kgf/m}$

● $R_A = 7125\,\text{kgf}$, $R_B = 875\,\text{kgf}$, $M_A = -9000\,\text{kgf}\cdot\text{m}$, $M_C = 3500\,\text{kgf}\cdot\text{m}$, $M_B = 0$

9-2-6 그림과 같은 균일분포하중을 받는 양단고정보의 처짐곡선식과 반력을 구하여라.

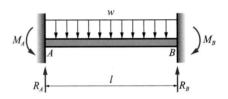

w

● $y = \dfrac{wx^2}{24EI}(l-x)^2$, $R_A = R_B = \dfrac{wl}{2}$, $M_A = M_B = \dfrac{wl^2}{12}$

9-2-7 문제 9-2-6 에서 최대처짐 δ_{max} 을 구하여라.

● $\delta_{\text{max}} = \dfrac{wl^4}{384EI}$

9-2-8 문제 9-2-3 에서 $l = 4\,\text{m}$, $P = 1000\,\text{kgf}$, 보의 단면은 직경 $12\,\text{cm}$ 의 원형단면이라고 할 때, 이 보의 최대처짐량 δ_{max} 을 구하여라.

● $\delta_{\text{max}} = 0.156\,\text{cm}$

9-2-9   그림과 같은 삼각분포하중을 받고 있는 일단고정 타단가동지지보의 처짐곡선식과 반력을 구하여라.

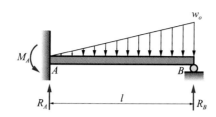

$$\bullet \ y = \frac{w_o l x^2}{240 EIl}(7l^3 - 9l^2 x + 2x^3), \quad R_A = \frac{9w_o l}{40}, \quad R_B = \frac{11w_o l}{40}, \quad M_A = \frac{7w_o l^2}{120}$$

9-2-10   그림과 같이 3각분포하중을 받고 있는 양단고정보의 처짐곡선식을 유도하고 반력들을 구하여라.

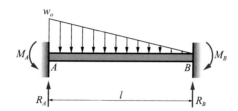

$$\bullet \ y = \frac{w_o x^2}{120 EIl}(3l^3 - 7l^2 x + 5lx^2 - x^3), \quad R_A = \frac{7w_o l}{20}, \quad R_B = \frac{3w_o l}{20}, \quad M_A = \frac{w_o l^2}{20}, \quad M_B = \frac{w_o l^2}{30}$$

※ 9–3절의 문제들은 모멘트면적법으로 풀어라.

9-3-1   그림과 같은 균일분포하중을 받는 일단고정 타단가동지지보의 반력을 구하여라.

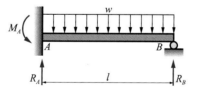

$$\bullet \ R_A = \frac{5wl}{8}, \quad R_B = \frac{3wl}{8}, \quad M_A = \frac{wl^2}{8}$$

9-3-2   문제 9-3-1에서 $l = 4\,\text{m}$, 분포하중 $w = 2000\,\text{kgf}/\text{m}$ 라 할 때, 반력들을 구하여라.

$$\bullet \ R_A = 3000\,\text{kgf}, \quad R_B = 5000\,\text{kgf}, \quad M_B = -4000\,\text{kgf} \cdot \text{m}$$

9-3-3 그림과 같이 길이 9 m 의 양단고정보에 6000 kgf 의 하중이 작용할 때 전단력 선도와 굽힘모멘트 선도를 그리고, 반력들을 구하여라.

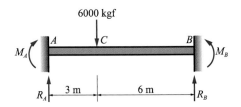

● $R_A = 4444\,\text{kgf},\ R_B = 1556\,\text{kgf},\ M_A = -8000\,\text{kgf} \cdot \text{m},\ M_B = -4000\,\text{kgf} \cdot \text{m}$

9-3-4 다음 그림과 같이 $C,\ D$ 점에 2개의 집중하중이 작용하는 일단고정 타단가동지지보의 반력을 구하여라.

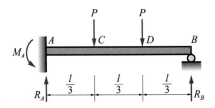

● $R_A = 2R_B = \dfrac{4P}{3},\ M_A = \dfrac{Pl}{3}$

9-3-5 그림과 같은 일단고정 타단가동지지보에 모멘트 M_o 가 작용할 때, 반력을 구하고 B 점에서 처짐곡선이 수평이 되기 위한 우력 M_o 의 위치 a_1 을 구하여라. 또한 지점 A 에서의 모멘트가 0이 되기 위한 우력 M_o 의 위치 a_2 를 구하여라. 여기서 $a_1,\ a_2$는 지점 A 로부터의 거리이다.

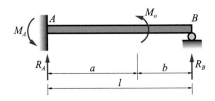

● $R_A = -R_B = \dfrac{3M_o a}{2l^3}(l+a),\ M_A = -\dfrac{M_o}{2l^2}(2l^2 - 6al + 3a^2),\ a_1 = \dfrac{2l}{3},\ a_2 = l\left(1 - \dfrac{1}{\sqrt{3}}\right)$

9-3-6 그림과 같은 양단고정보에 균일분포하중 w 가 작용할 때, 지점 A, B 에서의 반력들과 중앙점에서의 처짐 $\delta_{\max}$ 을 구하여라.

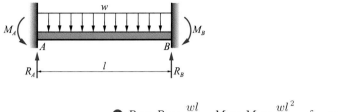

● $R_A = R_B = \dfrac{wl}{2}$, $M_A = M_B = \dfrac{wl^2}{12}$, $\delta_{\max} = \dfrac{wl^4}{384EI}$

9-3-7 그림과 같이 C 점과 D 점에 2개의 집중하중을 받고 있는 양단고정보의 지점 A, B 에서의 반력을 구하고, 최대처짐 $\delta_{\max}$ 을 구하여라.

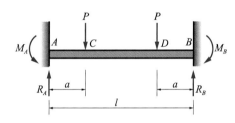

● $R_A = R_B = P$, $M_A = M_B = \dfrac{Pa}{l}(l-a)$, $\delta_{\max} = \dfrac{Pa^2}{24EI}(3l-4a)$

9-3-8 그림과 같은 양단고정보에 집중하중이 작용할 때 A 점과 B 점의 반력과 하중이 작용하는 C 점에서의 처짐을 구하여라.

● $R_A = \dfrac{Pb^2}{l^3}(l+2a)$, $M_A = \dfrac{Pab^2}{l^2}$, $\delta = \dfrac{Pa^3b^3}{3l^2EI}$

9-3-9 그림과 같이 집중하중을 받고 있는 불균일단면보의 고정단에서의 반력모멘트와 중앙점에서의 처짐 $\delta_{\max}$ 을 구하여라.

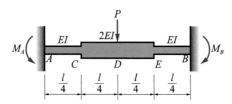

$$\text{❸ } M_A = M_B = \frac{5Pl}{48}, \ \delta_{\max} = \frac{11Pl^3}{3072EI}$$

9-3-10 그림과 같이 불균일단면을 갖는 양단고정보에서 C 점과 E 점에 집중하중 P 가 작용한다. 이때 반력모멘트와 최대처짐 $\delta_{\max}$ 을 구하여라.

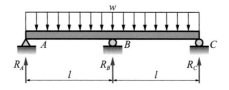

$$\text{❸ } M_A = M_B = \frac{Pl}{6}, \ \delta_{\max} = \frac{Pl^3}{256EI}$$

※ 9–4절의 문제들을 겹침법으로 풀어라.

9-4-1 그림과 같이 균일분포하중이 작용하는 연속보에서 반력 R_C 를 과잉력으로 취하여 각 지점들의 반력을 구하고 전단력 선도와 굽힘모멘트 선도를 그려라.

$$\text{❸ } R_A = R_C = \frac{3wl}{8}, \ R_B = \frac{5wl}{4}$$

9-4-2 문제 9–3–4를 겹침법으로 풀어라.

9-4-3 그림과 같이 균일분포하중을 받으며 지점간의 거리가 같지 않은 연속보의 반력을 구하여라.

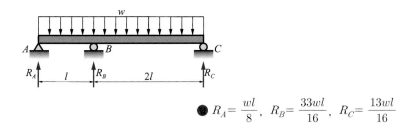

$$\bullet \; R_A = \frac{wl}{8}, \; R_B = \frac{33wl}{16}, \; R_C = \frac{13wl}{16}$$

9-4-4 그림과 같이 삼각분포하중을 받고 있는 일단고정 타단가동지지보의 반력을 구하여라.

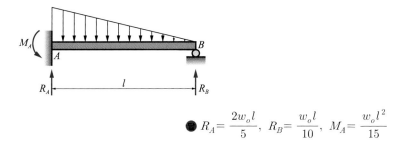

$$\bullet \; R_A = \frac{2w_o l}{5}, \; R_B = \frac{w_o l}{10}, \; M_A = \frac{w_o l^2}{15}$$

9-4-5 그림과 같이 C 점과 D 점에 같은 하중이 작용하는 일단고정 타단가동지지보의 지지점에서의 반력들을 구하고 전단력 선도와 굽힘모멘트 선도를 그려라.

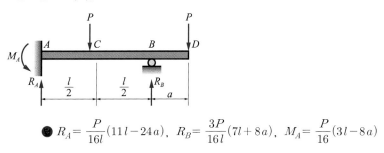

$$\bullet \; R_A = \frac{P}{16l}(11l - 24a), \; R_B = \frac{3P}{16l}(7l + 8a), \; M_A = \frac{P}{16}(3l - 8a)$$

9-4-6 문제 9-3-7을 겹침법으로 풀어라.

9-4-7 그림과 같이 외팔보 AB 의 자유단이 케이블 BC 에 매달려 있다. 하중이 작용하기 전에는 케이블은 팽팽하지만 그 내부에는 우력이 발생하지 않는다. 균일분포하중에 의해서 발생된 케이블의 내력 T 를 구하여라. 단, EI 는 보의 굽힘강도, EA 는 케이블의 축강도라 한다.

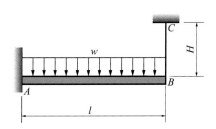

$$\bullet \; T = \frac{3wAl^4}{8Al^3 + 24HI}$$

9-4-8 그림과 같이 균일분포하중이 작용하는 연속보의 지점에서의 반력들을 구하여라.

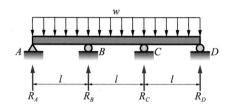

● $R_A = R_D = \dfrac{2wl}{5}$, $R_B = R_C = \dfrac{11wl}{10}$

9-4-9 연속보 $ABCD$ 가 그림과 같이 AB 구간에 균일분포하중을 받고 있다. 이 보의 각 지점에서의 반력들을 구하여라.

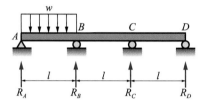

● $R_A = \dfrac{13wl}{30}$, $R_B = \dfrac{13wl}{20}$, $R_C = -\dfrac{wl}{10}$, $R_D = \dfrac{wl}{60}$

※ 9–5절의 문제들을 3모멘트정리를 이용하여 풀어라.

9-5-1 문제 9–4–3을 3모멘트정리를 이용하여 풀어라.

9-5-2 문제 9–4–8을 3모멘트정리를 이용하여 풀어라.

9-5-3 그림과 같은 연속보에서 $w = 4000\,\mathrm{kgf}/\mathrm{m}$ 의 균일분포하중이 작용할 때 점 A, B, C 에서의 반력들을 구하여라.

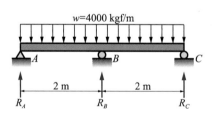

● $R_A = R_B = 3000\,\mathrm{kgf}$, $R_C = 10000\,\mathrm{kgf}$

9-5-4 그림과 같은 연속보에 $P_1 = 20\,\text{kgf}$, $P_2 = 40\,\text{kgf}$ 의 집중하중이 D, E 점에 작용한다. 이때 이 보의 각 지점에서의 반력들을 구하여라.

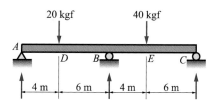

⊙ $R_A = 6.48\,\text{kgf}$, $R_B = 43.04\,\text{kgf}$, $R_C = 10.48\,\text{kgf}$, $M_B = -55.2\,\text{kgf} \cdot \text{m}$

9-5-5 그림과 같이 두 구간을 가진 연속보가 전 길이에 걸쳐 균일분포하중 w 를 받고 있다. 하중 w 가 가해지면 중앙지점이 δ 만큼 처질 경우에 중앙점 위에 생기는 굽힘모멘트 M 을 구하여라. 보의 양쪽 구간의 길이는 동일하고 휨강도 EI 도 일정하다고 가정한다.

⊙ $M = -\dfrac{wl^2}{8} + \dfrac{3EI\delta}{l^2}$

9-5-6 그림과 같이 각 구간의 중앙에 집중하중 P 가 작용하는 3구간의 연속보 $ABCD$ 가 있다. 각 구간의 길이는 l 이고 굽힘강도는 EI 이다. 지점 A 의 반력 R 을 구하고 전단력 선도와 굽힘모멘트 선도를 그려라.

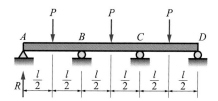

⊙ $R = \dfrac{7P}{20}$, $V_{\text{max}} = \dfrac{13P}{20}$, $M_{\text{max}} = \dfrac{7Pl}{40}$

9-5-7 문제 9-4-9를 3모멘트정리를 이용하여 풀어라.

9-5-8 4구간을 가진 연속보가 전 길이에 걸쳐 균일분포하중 w 를 받고 있다. 각 구간의 길이를 l 이라 할 때 지점 1에서의 반력 R 을 구하고, 전단력 선도와 굽힘모멘트 선도를 그려라.

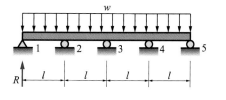

⊙ $R = \dfrac{11wl}{28}$, $V_{\text{max}} = \dfrac{17wl}{28}$, $M_{\text{pos}} = \dfrac{121wl^2}{1568}$, $M_{\text{neg}} = -\dfrac{3wl^2}{28}$

9-5-9 그림과 같은 연속보에서 $I_1 = I_2$ 라고 가정하여 균일분포하중 w 에 의한 굽힘모멘트 M_1, M_2 를 구하여라.

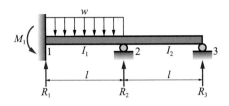

$$\bullet \; M_1 = 3M_2 = -\frac{3wl^2}{28}$$

9-5-10 그림과 같은 보에서 굽힘모멘트 M_1, M_2 및 M_3 를 구하여라. 또한 전단력 선도와 굽힘모멘트 선도를 그려라.

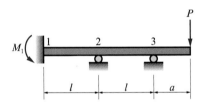

$$\bullet \; M_1 = -\frac{Pa}{7}, \; M_2 = \frac{2Pa}{7}, \; M_3 = -Pa$$

9-5-11 그림과 같은 보에서 굽힘모멘트 M_1, M_2 및 M_3 를 구하고 전단력 선도와 굽힘모멘트 선도를 그려라.

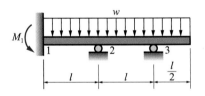

$$\bullet \; M_1 = -\frac{5wl^2}{56}, \; M_2 = -\frac{wl^2}{14}, \; M_3 = -\frac{wl^2}{8}$$

10-1 균일강도의 보

순수한 굽힘작용을 받는 보 이외의 일반적인 보에 있어서는 굽힘모멘트의 값이 보 단면의 위치에 따라 변화한다. 보의 전체 길이를 같은 단면으로 만들면 최대굽힘응력을 받는 단면 이외에는 필요 이상의 큰 단면을 가지므로 재료의 낭비를 가져온다. 따라서 굽힘모멘트의 변화에 따라 단면의 크기를 변화시키면 허용굽힘응력은 전단면에 걸쳐 일정하게 되어, 재료의 절감과 이에따른 중량의 감소효과도 크다. 이와 같이 보의 각 단면에서의 최대응력이 그 재료의 허용응력과 같아지도록 각 단면의 치수를 변화시켜 길이에 따라 같은 강도를 유지하도록 만든 보를 **균일강도의 보**(beam of uniform strength) 라 한다.

균일강도의 보를 설계하려면 식 (7-3) 에서 축방향에 따라 응력 σ 를 일정하게 하고, 단면계수 Z 가 굽힘모멘트 M 에 비례하여 변하게 하면 된다. 즉

$$\sigma = \frac{M}{Z} = \text{일정} \tag{10-1}$$

그러므로 보의 탄성곡선의 방정식은 다음과 같이 된다.

$$\frac{d^2 y}{dx^2} = -\frac{M}{EI} = -\frac{1}{e} \cdot \frac{\sigma}{E} = -\frac{1}{e} \times (\text{정수}) \tag{10-2}$$

여기서 e 는 보단면의 중립축으로부터 상하면까지의 거리이다. 식 (10-2) 는 인장강도와 압축강도가 같은 값을 갖는 재료의 보에서는 적합하지만, 인장과 압축의 강도가 서로 다른 재료에서는 보의 각 단면에 따라 다음의 두 식이 동시에 성립하도록 설계하여야 한다.

$$\sigma_t = \frac{M}{Z_1} = \frac{Me_1}{I} = \text{일정}$$

$$\sigma_c = \frac{M}{Z_2} = \frac{Me_2}{I} = \text{일정}$$

그러므로

$$\frac{e_1}{e_2} = \frac{\sigma_t}{\sigma_c} \tag{10-3}$$

여기서 e_1 및 e_2 는 단면의 중립축으로부터 각각 인장응력과 압축응력을 받는 바깥단까지의 거리이다.

10-1-1 집중하중을 받는 외팔보

1. 단면의 폭 b 가 일정한 경우

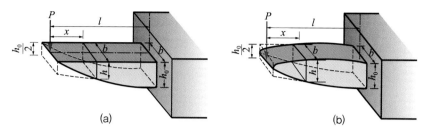

그림 10-1 단면의 폭 b가 일정한 균일강도의 외팔보

그림 10-1과 같이 외팔보의 자유단에 집중하중 P 가 작용할 때, 단면이 bh 인 직사각형이라 하면 식 (10-1) 로부터 다음과 같은 관계식을 얻을 수 있다.

$$\sigma = \frac{M}{Z} = \frac{6Px}{bh^2} = \frac{6Pl}{bh_0{}^2} = \text{일정} \tag{10-4}$$

이 식에서 폭 b 를 일정하게 하면 단면에 따라 높이 h 가 변화하여 고정단 (지지점) 에서의 높이 h_0 와 임의단면에서의 높이 h 는

$$h_0 = \sqrt{\frac{6Pl}{b\sigma}} \tag{10-5}$$

$$h = h_0 \sqrt{\frac{x}{l}} \tag{10-6}$$

가 되며 그림 10-1 과 같이 단면을 따라 높이 h 가 포물선형을 갖는 균일강도를 가진 외팔보가 된다.

이 보의 처짐은 식 (8-36) 으로부터 다음과 같이 구할 수 있다.

$$\delta = \int_0^l \frac{M}{EI} x\, dx = \int_0^l \frac{12Px^2}{Ebh^3} dx$$

$$= \frac{12Pl^{\frac{3}{2}}}{Ebh_0{}^3} \int_0^l \sqrt{x}\, dx = \frac{2}{3} \frac{Pl^3}{EI_0} \tag{10-7}$$

여기서 $I_0 = \dfrac{bh_0{}^3}{12}$ 은 고정단에서 단면의 관성모멘트이므로 식 (8-12) 의 $\delta = \dfrac{Pl^3}{3EI}$ 과 비교하여 보면 균일강도의 보가 균일단면의 보에 비하여 동일하중하에서 두 배의 처짐이 된다는 것을 알 수 있다.

2. 단면의 높이 h 가 일정한 경우

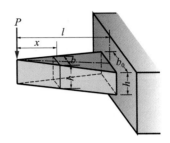

그림 10-2 높이가 일정한 균일강도의 외팔보

단면의 높이 h 가 일정하고 폭 b 가 단면의 위치에 따라 변화하는 경우를 생각하면, 식 (10-4) 에서 고정단의 폭 b_0 와 임의단면의 폭 b 를 구하면 다음과 같이 된다.

$$b_0 = \frac{6Pl}{\sigma h^2} \tag{10-8}$$

$$b = b_0 \frac{x}{l} \tag{10-9}$$

이 식은 그림 10-2 와 같이 삼각형의 균일강도 보가 된다. 이 보의 처짐량은 식 (8-36) 으로부터 다음과 같이 된다.

$$\delta = \int_0^l \frac{M}{EI} x\,dx = \int_0^l \frac{12Px^2}{Ebh^3}\,dx$$

$$= \frac{12Pl}{Eb_0 h^3} \int_0^l x\,dx = \frac{Pl^3}{2EI_0} \tag{10-10}$$

여기서 $I_0 = \dfrac{b_0 h^3}{12}$ 은 고정단에서 단면의 관성모멘트이므로 식 (8-12) 의 $\delta = \dfrac{Pl^3}{3EI}$ 과 비교하여 보면, 단면의 높이 h 가 일정한 균일강도의 보가 균일단면의 보에 비하여 동일하중하에서 1.5배 더 처짐을 알 수 있다.

3. 원형단면을 갖는 경우

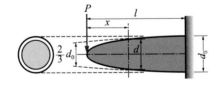

그림 10-3 원형단면으로 된 균일강도의 외팔보

그림 10-3 과 같은 원형단면인 경우의 균일강도 보는

$$\sigma = \frac{M}{Z} = \frac{32Px}{\pi d^3} = \frac{32Pl}{\pi d_0^{\;3}} = \text{일정} \tag{10-11}$$

이므로 고정단의 지름 d_0 와 임의단면의 지름 d 는

$$d_0 = \sqrt[3]{\frac{32Pl}{\pi\sigma}} \tag{10-12}$$

$$d = d_0 \sqrt[3]{\frac{x}{l}} \tag{10-13}$$

이 된다. 따라서 단면의 모양은 3차곡선으로 변화한다.

이 보의 처짐은

$$\delta = \int_0^l \frac{M}{EI}xdx = \int_0^l \frac{64P}{E\pi d^4}x^2dx = \int_0^l \frac{64P}{\pi E\left(d_0\sqrt[3]{\dfrac{x}{l}}\right)^4}x^2dx = \frac{3Pl^3}{5EI_0} \tag{10-14}$$

가 되며, 여기서 $I_0 = \dfrac{\pi d_0^{\;4}}{64}$ 으로 고정단에서의 관성모멘트이다.

따라서 식 (8-12) 와 비교하여 보면 처짐은 균일단면 보에 비해 1.8배가 더 처지는 것을 알 수 있다.

10-1-2 균일분포하중을 받는 외팔보

1. 단면의 폭 b 가 일정한 경우

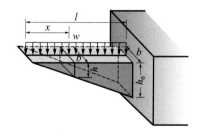

그림 10-4 폭이 일정한 균일강도의 외팔보

균일분포하중 w 가 작용하는 외팔보의 자유단에서 임의거리 x 에서의 굽힘모멘트는 $M = \dfrac{wx^2}{2}$ 이므로 외팔보의 폭 b 를 일정하게 하고 높이 h 를 변화시키면 다음과 같이 된다.

$$\sigma = \frac{M}{Z} = \frac{6}{bh^2} \cdot \frac{wx^2}{2} = \frac{6}{bh_0^{\;2}} \cdot \frac{wl^2}{2} = \text{일정} \tag{10-15}$$

$$h_0 = \sqrt{\frac{3wl^2}{\sigma b}}$$ (10-16)

$$h = h_0 \frac{x}{l}$$ (10-17)

따라서 단면의 모양은 그림 10-4와 같이 삼각형이 된다.

이 보의 처짐을 구하면

$$\delta = \int_0^l \frac{M}{EI} x \, dx = \int_0^l \frac{6wx^3}{Ebh^3} \, dx$$

$$= \int_0^l \frac{6wl^3}{Ebh_0^3} \, dx = \frac{wl^4}{2EI_0}$$ (10-18)

여기서 $I_0 = \dfrac{bh_0^3}{12}$ 으로 고정단에서 단면의 관성모멘트이다. 그리고 식 (8-16)의 $\delta = \dfrac{wl^4}{8EI}$ 과 비교해 보면 4배가 더 처짐을 알 수 있다.

2. 단면의 높이 h 가 일정한 경우

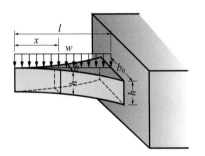

그림 10-5 높이가 일정한 균일강도의 외팔보

그림 10-5와 같이 단면의 높이 h 를 일정하게 하면

$$\sigma = \frac{M}{Z} = \frac{6}{bh^2} \cdot \frac{wx^2}{2} = \frac{6}{b_0 h^2} \cdot \frac{wl^2}{2} = 일정$$ (10-19)

$$b_0 = \frac{3wl^2}{\sigma h^2}$$ (10-20)

$$b = b_0 \left(\frac{x}{l}\right)^2$$ (10-21)

따라서 폭 b 는 포물선 형으로 변화한다. 이 보의 처짐을 구하면

$$\delta = \int_0^l \frac{M}{EI}xdx = \int_0^l \frac{6wx^3}{Ebh^3}dx$$

$$= \int_0^l \frac{6wl^2}{Eb_0h^3}xdx = \frac{wl^4}{4EI_0}$$

(10-22)

이며 식 (8-16) 과 비교하면 균일단면의 보에 비하여 2배 더 처진다.

10-1-3 직사각형의 단순보

1. 집중하중이 작용하는 경우

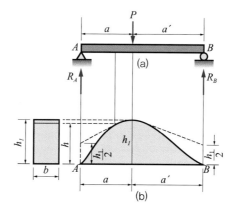

그림 10-6 사각형단면에 집중하중이 작용하는 균일강도의 단순보

그림 10-6 (a) 와 같은 단순지지보에서 임의 x 단면에서 작용하는 굽힘모멘트 M 은 다음과 같다.

$0 < x < a$ 에서

$$M = R_A x = \frac{Pa'}{l}x$$

(10-23)

$a < x < l$ 에서

$$M = R_A x - P(x-a)$$

$$= \frac{Pa'}{l}x - P(x-a)$$

(10-24)

여기서 $M = \sigma Z$ 이므로

$$\frac{bh^2}{6}\sigma = \frac{Pa'}{l}x$$

$$\frac{bh^2}{6}\sigma = -\frac{Pa}{l}x + Pa$$

따라서

$$bh^2 = \frac{6Pa'}{l\sigma}x \qquad bh^2 = \frac{6Pa}{l\sigma}(l-x) \qquad\qquad (10\text{-}25)$$

하중이 작용하는 단면의 치수를 b_1, h_1 이라 하면 식 (10-23) 으로부터

$$b_1{h_1}^2 = \frac{6Paa'}{l\sigma}$$

그러므로

$0 < x < a$ 부분에서

$$bh^2 = \frac{b_1{h_1}^2}{a}x \qquad\qquad (10\text{-}26)$$

$a < x < l$ 부분에서

$$bh^2 = \frac{b_1{h_1}^2}{a'}(l-x) \qquad\qquad (10\text{-}27)$$

보의 모양은 그림 10-6 (b) 와 같이 하중점을 경계로 하여 양쪽이 다른 포물선으로 된다.

(1) 높이 h를 일정하게 할 경우

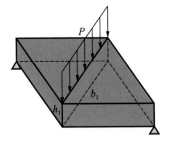

그림 10-7 높이가 일정한 균일강도의 단순보

식 (10-26) 및 식 (10-27) 로부터 $h = h_1$ 으로 놓으면

$0 < x < a$ 부분에서

$$b = b_1\frac{x}{a} \qquad\qquad (10\text{-}28\ a)$$

$a < x < l$ 부분에서

$$b = b_1 \frac{l-x}{a'}$$ (10-28 b)

따라서

$$b_1 = \frac{6Paa'}{h_1{}^2 l\sigma}$$

보의 모양은 그림 10-7 과 같이 된다.

(2) 폭 b를 일정하게 할 경우

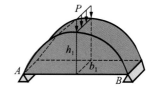

그림 10-8 폭이 일정한 균일강도의 단순보

식 (10-26) 및 식 (10-27) 로부터 $b = b_1$ 으로 놓으면

$0 < x < a$ 부분에서

$$h^2 = \frac{h_1{}^2}{a} x$$

$$\therefore\ h = h_1 \sqrt{\frac{x}{a}}$$ (10-29 a)

$a < x < l$ 부분에서

$$h^2 = \frac{h_1{}^2}{a'}(l-x)$$

$$\therefore\ h = h_1 \sqrt{\frac{l-x}{a'}}$$ (10-29 b)

따라서

$$h_1 = \sqrt{\frac{6Paa'}{b_1 l\sigma}}$$

보의 모양은 그림 10-8 과 같이 된다.

2. 균일분포하중이 작용하는 경우

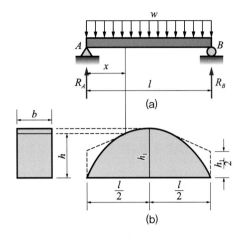

그림 10-9 균일분포하중이 작용하는 균일강도의 단순보

그림 10-9 (a)에서 보의 폭 b 를 일정하게 할 때 임의 x 단면에서의 굽힘모멘트 M 은 다음과 같다.

$$M = \frac{wl}{2}x - \frac{wx^2}{2} = \sigma Z = \frac{bh^2}{6}\sigma$$

그러므로

$$bh^2 = \frac{3w}{6}(lx - x^2) \tag{10-30}$$

폭 b 가 일정하므로

$$h^2 = \frac{3w}{b\sigma}(lx - x^2)$$

$$\frac{b\sigma}{3w}h^2 - \frac{l^2}{4} = -\frac{l^2}{4} + lx - x^2$$

이 식을 정리하면

$$\frac{\left(\dfrac{l}{2} - x\right)^2}{\left(\dfrac{l}{2}\right)^2} + \frac{h^2}{\dfrac{3wl^2}{4b\sigma}} = 1 \tag{10-31}$$

이 식은 가로축에 $\dfrac{l}{2}$, 세로축에 $\sqrt{\dfrac{3wl^2}{4b\sigma}}$ 의 반지름을 가지는 타원을 나타낸다.

$x = \dfrac{l}{2}$ 로 놓으면

$$h = \frac{l}{2}\sqrt{\frac{3w}{b\sigma}}$$

이론적 보의 모양은 그림 10-9 (b) 의 실선형태이지만, 실제적으로는 양쪽 끝이 $\dfrac{h_1}{2}$ 의 높이를 가지는 점선모양의 보가 많이 사용된다.

10-1-4 원형단면의 단순보

그림 10-6 (a) 의 $0 < x < a$ 범위에서 단면의 직경을 d_1, $a < x < l$ 범위에서 단면의 직경을 d_2라 하면 그 단면에서의 굽힘모멘트는 다음과 같이 된다.

$0 < x < a$ 에서

$$M = \frac{Pa'}{l}x = \sigma\,Z = \frac{\pi d_1{}^3}{32}\sigma$$

$a < x < l$ 에서

$$M = \frac{Pa'}{l}x - P(x-a) = \sigma\,Z = \frac{\pi d_2{}^3}{32}\sigma$$

그러므로

$0 < x < a$ 에서

$$\frac{Pa'}{l}x = \frac{xd_1{}^3}{32}\sigma$$

$a < x < l$ 에서

$$\frac{Pa}{l}(l-x) = \frac{\pi d_2{}^3}{32}\sigma$$

따라서

$0 < x < a$ 에서

$$d_1 = \sqrt[3]{\frac{32Pa'}{\pi l\sigma}} \, x \qquad\qquad\qquad\qquad\qquad \text{(10-32 a)}$$

$a < x < l$ 에서

$$d_2 = \sqrt[3]{\frac{32Pa}{\pi l\sigma}} \, (l - x) \qquad\qquad\qquad\qquad \text{(10-32 b)}$$

하중이 작용하는 곳에서 단면의 직경을 d_0 라 할 때 $x = a$ 로 놓으면 다음과 같이 된다.

$$d_0 = \sqrt[3]{\frac{32Paa'}{\pi l\sigma}}$$

또한 임의거리에서 단면의 직경 d_1 및 d_2 는 다음과 같이 된다.

$0 < x < a$ 에서

$$d_1 = d_0 \sqrt[3]{\frac{x}{a}}$$

$a < x < l$ 에서

$$d_2 = d_0 \sqrt[3]{\frac{l - x}{a'}}$$

보의 모양은 이론적으로는 그림 10-10 에서 점선으로 표시된 3차곡선으로 되지만, 실제로는 이 곡선에 외접하는 원주와 원추를 합성한 실선모양의 보가 사용된다.

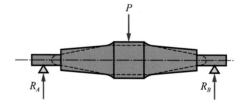

그림 10-10 원형단면의 균일강도 단순보

예제 10-01 폭 $b = 7\,\mathrm{cm}$ 인 직사각형 단면을 가진 길이 $l = 2\,\mathrm{m}$ 의 균일강도의 외팔보에 자유단에서 $P = 700\,\mathrm{kgf}$ 의 집중하중이 작용할 때 자유단에서 $50\,\mathrm{cm}$ 되는 곳의 높이 h 를 구하여라. 단, 이 보의 굽힘허용응력은 $\sigma_a = 100\,\mathrm{kgf/cm^2}$ 이다.

$$h = \sqrt{\frac{6Pl}{b\sigma}} \cdot \sqrt{\frac{x}{l}}$$

$$= \sqrt{\frac{6 \times 700 \times 200}{7 \times 100}} \cdot \sqrt{\frac{50}{200}} = 17.321 \text{ cm}$$

또한 식 (10-4) 의 $\sigma = \dfrac{M}{Z}$ 에서 $\sigma = \dfrac{6Px}{bh^2}$ 이므로

$h = \sqrt{\dfrac{6Px}{b\sigma}}$ 에서 구하여도 된다.

예제 10-02 길이 1 m 인 균일강도를 가진 원형단면의 외팔보에서 자유단에 $P = 800 \text{ kgf}$ 의 힘이 작용할 때, 이 보의 고정단에서의 보의 직경 d_0 와 고정단에서 50 cm 떨어진 곳의 직경을 구하여라. 단, 이 보의 $\sigma = 400 \text{ kgf}/\text{cm}^2$ 이다.

풀이 고정단에서의 직경은 식 (10-12)에서

$$d_0 = \sqrt[3]{\frac{32Pl}{\pi\sigma}} = \sqrt[3]{\frac{32 \times 800 \times 100}{\pi \times 400}} = 12.68 \text{ cm}$$

50 cm 떨어진 곳에서의 직경은 식 (10-13)에서

$$d = d_0 \sqrt[3]{\frac{x}{l}} = 12.68 \times \sqrt[3]{\frac{50}{100}} = 10.07 \text{ cm}$$

예제 10-03 단면의 높이 h 가 10 cm 로 일정하고 길이 1 m 인 균일강도의 외팔보에 자유단에서 500 kgf 의 집중하중이 작용한다. 재료의 허용굽힘응력 $\sigma_a = 80 \text{ kgf}/\text{cm}^2$, 전단응력이 $20 \text{ kgf}/\text{cm}^2$ 일 때

(1) 단면의 폭 b 를 하중이 작용하는 곳에서의 거리 x 로 표시하여라.

(2) 단면의 최대폭 $b_{\max}$ 을 구하여라.

(3) 전단력의 영향을 고려한 단면의 최소폭 $b_{\min}$ 을 구하여라.

풀이 (1) 자유단에서의 임의 x 거리에서의 굽힘모멘트 M 은

$M = 500\,x$

단면계수 Z 는

$$Z = \frac{b \times h^2}{6} = \frac{b \times 10^2}{6} = 16.67\,b$$

식 (10-1) 에서

$\sigma = \dfrac{M}{Z}$ 이므로 $80 = \dfrac{500x}{16.67\,b}$

$\therefore b = \dfrac{500x}{80 \times 16.67} = 0.375\,x \text{ cm}$

(2) 최대폭은 x 가 100 cm 인 고정단에서 생기므로

$$b_{\max} = 0.375\,x = 0.375 \times 100 = 37.5 \text{ cm}$$

(3) 외팔보의 자유단에서 굽힘응력은 0이지만 전단력은 500 kgf 가 된다. 그러므로 최소폭은 전단력의 크기에 의하여 결정된다. 식 (7-7) 에서

$$\tau = 1.5\frac{V}{A} \qquad 20 = 1.5 \times \frac{500}{10 \times b_{\min}}$$

따라서 $b_{\min} = 3.75 \text{ cm}$

10-2 겹판 스프링

균일강도 보의 응용의 한 예로서 판 스프링을 들 수 있다. 집중하중을 받는 외팔보를 높이가 일정한 균일강도의 보로 만들면 그림 10-2와 같이 삼각형 모양으로 폭이 증가한다. 그러나 폭이 넓은 보는 사용하기 불편하기 때문에 그림 10-11(b) 와 같은 삼각형의 판을 길이 방향으로 같은 폭으로 분할하여 그림 10-11(c), (d) 와 같이 여러 겹으로 겹쳐 사용할 수 있다. 이것을 **겹판 스프링**(leaf spring, laminated spring) 이라 한다.

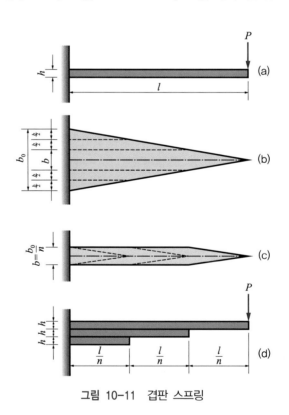

그림 10-11 겹판 스프링

삼각형 판 스프링 10-11 (b) 의 길이를 l, 두께를 h, 고정단의 폭을 b_0 라 하고, 겹판 스프링인 그림 10-11(c), (d) 의 판의 수를 n 개, 폭을 b 라 하면 $nb = b_0$ 이므로 균일강도의 판 스프링 및 겹판 스프링의 응력은 식 (10-4) 에서

$$\sigma = \frac{M}{Z} = \frac{6Pl}{b_0 h^2} = \frac{6Pl}{nbh^2} \qquad (10\text{-}33)$$

따라서 이 스프링에 작용할 수 있는 하중은

$$P = \frac{nbh^2\sigma}{6l} \qquad (10\text{-}34)$$

가 되며, 겹판 스프링의 폭은

$$b = \frac{6Pl}{nh^2\sigma} \qquad (10\text{-}35)$$

이 된다. 이때 스프링의 처짐은 식 (10-10) 에서 다음과 같이 된다.

$$\delta = \frac{Pl^3}{2EI_0} = \frac{6Pl^3}{Enbh^3} = \frac{l^2\sigma}{Eh} \qquad (10\text{-}36)$$

또한 처짐곡선에 대한 곡률반경 ρ 는 $\dfrac{1}{\rho} = \dfrac{M}{EI}$ 에서 다음과 같다.

$$\rho = \frac{EI}{M} = \frac{E \cdot \dfrac{nbh^3}{12}}{Pl} = \frac{Enbh^3}{12Pl} \qquad (10\text{-}37)$$

그림 10-12 는 실제로 사용되고 있는 겹판 스프링을 나타내며, 이것은 여러 겹의 판 스프링을 대칭으로 하여 중앙에서 체결하여 만들었다.

한편, 겹판 스프링이 중앙에서 지지되어 양단 끝에 집중하중이 작용하는 경우에는, 그림 10-13과 같이 각 판은 따로따로 굽힘을 일으키고, 각 판의 접촉은 양끝의 두 곳에서 일어난다.

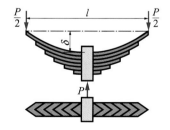

그림 10-12 양단지지의 겹판 스프링

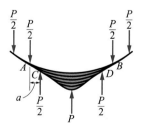

그림 10-13

그림에서 C 점 및 D 점에 지지되었다고 생각하면 CD 구간의 임의 x 단면의 굽힘모멘트 M'는

$$M' = -\frac{P}{2}x + \frac{P}{2}(x-a) = \frac{Pa}{2} = 일정$$

이것은 CD 구간에 일정한 굽힘모멘트를 일으킨다. 또 AC 및 BD 구간을 삼각판으로 하면 판 전체가 일정한 굽힘모멘트를 받게 되어 균일강도의 보로 생각할 수 있다. 스프링의 길이를 l이라 하면 최대굽힘모멘트는

$$M_{\max} = \frac{Pl}{4}$$

따라서 판의 매수를 n이라 하면 각 판이 받는 모멘트는

$$M = \frac{Pl}{4n}$$

이 되며, 최대굽힘응력을 σ, 판의 폭을 b, 두께를 h라 하면 다음과 같이 된다.

$$\sigma = \frac{M}{Z} = \frac{Pl}{4n} \times \frac{6}{bh^2} = \frac{3}{2} \times \frac{Pl}{nbh^2} \tag{10-38}$$

$$P = \frac{2\sigma nbh^2}{3l} \tag{10-39}$$

가장 긴 판에 대한 처짐은 다음과 같이 된다.

$$\delta = \frac{Ml^2}{8EI} = \frac{\dfrac{Pl}{4n} \cdot l^2}{8E \cdot \dfrac{bh^3}{12}} = \frac{3Pl^3}{8Enbh^3} \tag{10-40}$$

또한 여기서 곡률반경 ρ는 $\dfrac{1}{\rho} = \dfrac{M}{EI}$에서

$$\rho = \frac{EI}{M} = \frac{E\dfrac{bh^3}{12}}{\dfrac{Pl}{4n}} = \frac{Enbh^3}{3Pl} \tag{10-41}$$

예제 10-04 두께 $h = 0.5\,\mathrm{cm}$, 길이 $l = 60\,\mathrm{cm}$인 삼각판 스프링에 하중 $100\,\mathrm{kgf}$가 작용한다. 스프링의 매수 $n = 10$, $\sigma_a = 2000/\mathrm{cm}^2$이면 이 스프링의 폭 b와 처짐을 구하여라. 단, 탄성계수 $E = 2.1 \times$

$10^6 \, \text{kgf}/\text{cm}^2$ 이다.

풀이 스프링의 폭 b 는 외팔보로 생각하여 식 (10-35)에서

$$b = \frac{6Pl}{nh^2\sigma} = \frac{6 \times 100 \times 60}{10 \times 0.5^2 \times 2000} = 7.2 \, \text{cm}$$

처짐 δ 는 식 (10-36)에서

$$\delta = \frac{6Pl^3}{Enbh^3} = \frac{6 \times 100 \times 60^3}{2.1 \times 10^6 \times 10 \times 7.2 \times 0.5^3} = 6.86 \, \text{cm}$$

■ ■ ■

예제 10-05 폭 $b = 8 \, \text{cm}$, 두께 $h = 1 \, \text{cm}$, 길이 40 cm, 판의 매수 10장인 자동차용 겹판 스프링이 있다. 이 재료의 허용응력 $\sigma = 4200 \, \text{kgf}/\text{cm}^2$, 탄성계수 $E = 2.1 \times 10^6 \, \text{kgf}/\text{cm}^2$ 이라 할 때, 이 스프링이 받을 수 있는 안전하중 P 를 구하여라.

풀이 식 (10-39)에서 안전하중 P는

$$P = \frac{2\sigma nbh^2}{3l} = \frac{2 \times 4200 \times 10 \times 8 \times 1^2}{3 \times 40} = 5600 \, \text{kgf}$$

■ ■ ■

예제 10-06 길이 $l = 72 \, \text{cm}$, $b = 7.5 \, \text{cm}$, $h = 0.6 \, \text{cm}$인 자동차용 겹판 스프링이 최대하중 500 kgf 를 받는다. 이 스프링의 판의 매수와 곡률반경 및 최대처짐을 구하여라. 단, 허용응력 $\sigma_a = 1000 \, \text{kgf}/\text{cm}^2$, $E = 2 \times 10^6 \, \text{kgf}/\text{cm}^2$이다.

풀이 스프링 판의 매수 n은 식 (10-39)에서

$$n = \frac{3Pl}{2\sigma bh^2} = \frac{3 \times 500 \times 72}{2 \times 1000 \times 7.5 \times 0.6^2} = 20\text{매}$$

곡률반경 ρ는 식 (10-41)에서

$$\rho = \frac{Enbh^3}{3Pl} = \frac{2 \times 10^6 \times 20 \times 7.5 \times 0.6^3}{3 \times 500 \times 72} = 600 \, \text{cm}$$

최대처짐은 식 (10-40)에서

$$\delta = \frac{3Pl^3}{8Enbh^3} = \frac{3 \times 500 \times 72^3}{8 \times 2 \times 10^6 \times 20 \times 7.5 \times 0.6^3} = 1.08 \, \text{cm}$$

■ ■ ■

10-3 합성보

두 가지 이상의 재료로 이루어져 단일보와 같이 작용하는 보를 **합성보**(composite beam)라 한다. 여기서 각 재료들은 서로 견고하게 결합되어 있어 접촉되고 있는 재료 사이에서 상

(a) 복합보   (b) 샌드위치보   (c) 철근콘크리트보

그림 10-14 합성보의 단면

대적인 운동이 없다고 가정한다. 또한 순수 굽힘상태하에서는 굽힘이 일어나기 전에 평면이 었던 단면은 굽힘이 일어난 후에도 평면을 유지한다고 가정하면 7장에서 논한 탄성굽힘이론 을 그대로 적용할 수 있다.

우선 두 가지 재료로 된 합성보의 예를 들면 먼저 합성보의 단면을 그 두 재료 중 어느 한 쪽의 단일재료로 된 등가단면으로 고쳐 해석한다.

한 예로서 그림 10-15 (a) 와 같이 탄성계수가 각각 E_1 과 E_2 인 두 가지 재료로 된 합성 보를 생각해 보자. 종방향 변형률 ε_x 는 보의 상단에서 하단까지 선형적으로 변하므로 그림 10-15 (b) 와 같이 된다.

단면에 작용하는 수직응력 σ_x 는 재료에 대한 응력−변형률의 관계를 이용하여 변형률 ε_x 로부터 구할 수 있다. 여기서 $E_2 > E_1$ 이라고 하면 그림 10-15 (c) 의 응력 선도를 얻는다. 중립축으로부터 임의거리 y 만큼 떨어진 곳에서의 수직응력 σ_x 는 재료 1과 2에 대하여 각각 다음과 같이 쓸 수 있다.

$$\sigma_{x1} = \frac{E_1 y}{\rho} \qquad \sigma_{x2} = \frac{E_2 y}{\rho} \tag{10-42}$$

여기서 ρ 는 중립면의 곡률반경을 나타낸다.

중립축의 위치는 단면에 작용하는 축방향 힘의 합이 0이라는 조건을 이용하여 구할 수 있 다. 즉

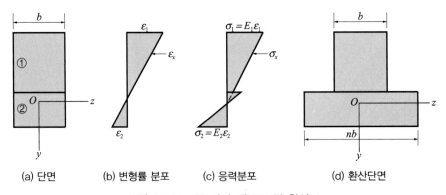

(a) 단면   (b) 변형률 분포   (c) 응력분포   (d) 환산단면

그림 10-15 두 가지 재료로 된 합성보

$$\int_1 \sigma_{x1}\, dA + \int_2 \sigma_{x2}\, dA = 0$$

여기서 첫 번째 적분식은 재료 1의 전단면적에 대해 계산된 응력이고, 두 번째 적분식은 재료 2의 전단면적에 대한 응력이다. 이 식에 식 (10-42) 를 대입하면

$$E_1 \int_1 y\, dA + E_2 \int_2 y\, dA = 0 \tag{10-43}$$

이 되며, 이 식은 두 가지 재료로 만들어진 보에 대하여 중립축 위치를 정하는 데 이용될 수 있다.

보에서의 굽힘모멘트 M 과 응력 사이의 관계는 7-1절에서와 같은 과정으로 구할 수 있다.

$$\begin{aligned} M &= \int \sigma_x\, y\, dA = \int_1 \sigma_{x1}\, y\, dA + \int_2 \sigma_{x2}\, y\, dA \\ &= \frac{E_1}{\rho} \int_1 y^2 dA + \frac{E_2}{\rho} \int_2 y^2 dA \\ &= \frac{1}{\rho}(E_1 I_1 + E_2 I_2) \end{aligned} \tag{10-44}$$

여기서 I_1 과 I_2 는 단면 1과 2의 중립축에 대한 관성모멘트이다. I 를 중립축에 대한 전단면의 관성모멘트라 하면 $I = I_1 + I_2$ 이다. 식 (10-44) 를 곡률에 대하여 표시하면 다음과 같다.

$$\frac{1}{\rho} = \frac{M}{E_1 I_1 + E_2 I_2} \tag{10-45}$$

여기서 우변의 분모는 합성보의 굽힘강성으로 생각할 수 있다.

보에서의 응력은 식 (10-45) 를 식 (10-42) 에 대입함으로써 얻어진다.

$$\sigma_{x1} = \frac{MyE_1}{E_1 I_1 + E_2 I_2} = \frac{My}{I_1 + \dfrac{E_2}{E_1} I_2} \tag{10-46}$$

$$\sigma_{x2} = \frac{MyE_2}{E_1 I_1 + E_2 I_2} = \frac{My}{I_2 + \dfrac{E_1}{E_2} I_1} \tag{10-47}$$

이 식에서 $E_1 = E_2 = E$ 라면 두 식은 한 가지 재료로 된 보에서의 굽힘공식으로 된다.

또한 이 식에서 $E_2 = nE_1$ 일 때 그림 10-15 (a) 는 그림 10-15 (d) 와 등가임을 알 수 있다. 이와 같이 두 가지 이상의 재료로 구성된 단면을 한 가지 재료로 만들어진 등가단면으로 환산할 수 있는데 이를 **환산단면** (transformed section) 이라 한다.

10-1-1 길이 2 m 의 직사각형 단면을 가진 균일강도의 외팔보에서 자유단에 집중하중 $P = 800\,\text{kgf}$ 를 받고 있다. 폭 b 가 8 cm 로 일정할 때 자유단에서 50 cm 되는 곳의 두께 h 를 구하여라. 단, 굽힘허용응력 $\sigma_a = 100\,\text{kgf}/\text{cm}^2$ 이다.

📝 $h = 17.321\,\text{cm}$

10-1-2 폭 5 cm 인 직사각형 단면을 가진 길이 1.5 m 의 균일강도 외팔보에 자유단에서 500 kgf 의 집중하중이 작용할 때 자유단에서 1 m 되는 곳의 높이 h 와 고정단의 높이 h_0 를 구하여라. 단, 허용응력은 $100\,\text{kgf}/\text{cm}^2$ 이다.

📝 $h = 24.5\,\text{cm}$, $h_0 = 30\,\text{cm}$

10-1-3 원형단면을 가진 균일강도의 외팔보에서 자유단에 집중하중 $P = 1000\,\text{kgf}$ 를 받고 있다. 이 보의 길이가 200 cm 일 때 자유단에서 50 cm 되는 곳의 지름 d 와 고정단에서의 지름 d_0 를 구하여라. 단, 이 재료의 허용응력은 $500\,\text{kgf}/\text{cm}^2$ 이다.

📝 $d = 10.062\,\text{cm}$, $d_0 = 15.972\,\text{cm}$

10-1-4 길이 50 cm 의 원형단면의 균일강도 외팔보에 고정단에서 1000 kgf 의 하중이 작용하고 있다. 이 보의 허용응력이 $500\,\text{kgf}/\text{cm}^2$ 일 때 고정단에서 30 cm 인 곳의 직경 d 를 구하여라.

📝 $d = 7.41\,\text{cm}$, $d_0 = 10.06\,\text{cm}$

10-1-5 직사각형 단면을 가진 외팔보가 그림과 같이 자유단에 집중하중 P 를 받고 있다. 보의 높이 h 가 일정하고 폭 AC 사이가 변할 때 자유단에서의 처짐을 구하여라. 단, $P = 6\,\text{kgf}$, $h = 0.6\,\text{cm}$, $b = 6\,\text{cm}$, $E = 2 \times 10^6\,\text{kgf}/\text{cm}^2$ 이다.

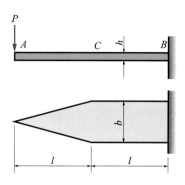

🖐 $\delta = 1.09\,\text{cm}$

10-1-6 길이 l 인 단순지지보 AB 의 중앙에 집중하중 P 가 작용한다. 보의 높이 h 가 일정한 직사각형 단면일 때, 균일강도의 보로 만들기 위한 임의단면의 폭 b 와 하중점에서의 폭 b_0 를 구하여라. 또 중앙점에서의 처짐 $\delta_{\max}$ 은 얼마인가? 단, 이 재료의 허용응력은 σ_a, 종탄성계수는 E 이다.

🖐 $b = \dfrac{260}{l}x$, $b_0 = \dfrac{3Pl}{2\sigma_a h^2}$, $\delta_{\max} = \dfrac{Pl^3}{32EI_0}$

10-2-1 길이 $l = 60\,\text{cm}$, 두께 $h = 0.5\,\text{cm}$ 의 사각형단면의 삼각판 스프링에 하중 $P = 100\,\text{kgf}$ 를 작용시킬 때, 스프링판의 폭 b 와 최대처짐 δ 를 구하여라. 단, 스프링의 매수 $n = 10$, 허용굽힘응력 $\sigma_a = 2000\,\text{kgf}/\text{cm}^2$, 탄성계수 $E = 2.2 \times 10^6\,\text{kgf}/\text{cm}^2$ 이다.

🖐 $b = 7.2\,\text{cm}$, $\delta = 6.54\,\text{cm}$

10-2-2 폭 7.5 cm, 두께 1 cm 의 스프링 강을 사용하여 최대하중 2000 kgf 를 가할 때 처짐이 5 cm 가 되는 겹판 스프링을 만들려고 한다. 스프링의 전체 길이 및 스프링 매수를 구하여라. 단, 스프링 재료의 허용응력은 4800 kgf/cm², $E = 2 \times 10^6\,\text{kgf}/\text{cm}^2$ 이다.

🖐 $l = 92.8\,\text{cm}$, $n = 8$

10-2-3 두께 1 cm, 길이 120 cm, 스프링 매수 10장인 양단지지 겹판 스프링에 하중 1000 kgf 가 작용하고 있다. 강판의 폭 b 와 처짐 δ 는 얼마인가? 단, 허용굽힘응력 $\sigma_a = 2000 \, \mathrm{kgf/cm^2}$, $E = 2.1 \times 10^6 \, \mathrm{kgf/cm^2}$ 이다.

🖐 $b = 9\,\mathrm{cm}$, $\delta = 3.43\,\mathrm{cm}$

10-2-4 두께 1.2 cm, 길이 60 cm, 고정단의 폭 40 cm 의 삼각판 스프링의 처짐을 2 cm 까지 허용한다면, 가할 수 있는 최대하중 P 를 구하여라. 단, 탄성계수 $E = 2.1 \times 10^6 \, \mathrm{kgf/cm^2}$ 이다.

🖐 $P = 224\,\mathrm{kgf}$

10-3-1 그림과 같이 길이 80 cm, 폭 4 cm, 두께 1 cm 의 직사각형 단면을 가진 강과 동을 접합하여 만든 합성보가 양단이 지지된 중앙에 $P = 200 \, \mathrm{kgf}$ 의 집중하중을 받고 있다. 동은 강의 2배의 두께를 가지며, 종탄성계수의 비 $E_s / E_c = 2$ 일 때, 두 재료에 생기는 최대굽힘응력의 비 σ_s / σ_c 를 구하여라.

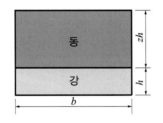

🖐 $\dfrac{\sigma_s}{\sigma_c} = 0.9$

10-3-2 그림과 같이 폭 7.5 cm, 높이 15 cm, 길이 3 m 의 목재보 상하면에 같은 폭의 두께 1.25 cm 의 철판을 보강한 양단지지의 합성보가 있다. 전 길이에 일정하게 900 kgf 가 작용한다면 강판 및 목재에 발생하는 최대굽힘응력 σ_s, σ_w 를 구하여라. 단, 강과 목재의 탄성계수는 각각 $E_s = 2 \times 10^6 \, \mathrm{kgf/cm^2}$, $E_w = 1 \times 10^5 \, \mathrm{kgf/cm^2}$ 이다.

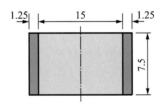

🖐 $\sigma_s = 219 \, \mathrm{kgf/cm^2}$, $\sigma_w = 9.4 \, \mathrm{kgf/cm^2}$

10-3-3 그림과 같이 폭 b, 높이 h 가 같은 치수를 갖는 사각형 단면의 강과 동으로 된 합성보 양끝이 단순지지되어 있다. 두 판이 완전히 밀착되었다고 할 때 보의 중앙에 가할 수 있는 집중하중 P 를 구하여라. 단, 동 및 강의 허용굽힘응력을 각각 $\sigma_c = 750\,\mathrm{kgf/cm^2}$, $\sigma_s = 1000\,\mathrm{kgf/cm^2}$, 탄성계수를 각각 $E_c = 1 \times 10^6\,\mathrm{kgf/cm^2}$, $E_s = 2 \times 10^6\,\mathrm{kgf/cm^2}$, $l = 80\,\mathrm{cm}$, $b = 4\,\mathrm{cm}$, $h = 1\,\mathrm{cm}$ 이다.

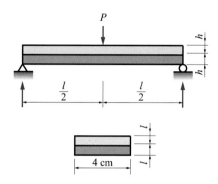

🔵 $P = 120\,\mathrm{kgf}$

10-3-4 그림과 같은 사각형 단면의 철근콘크리트보가 $80000\,\mathrm{kgf \cdot m}$ 의 굽힘모멘트를 받을 때 중립축의 위치와 폭 b 의 크기를 구하여라. 단, 강과 콘크리트의 허용굽힘응력을 각각 $\sigma_s = 1000\,\mathrm{kgf/cm^2}$, $\sigma_c = 40\,\mathrm{kgf/cm^2}$, 탄성계수를 각각 $E_s = 2 \times 10^6\,\mathrm{kgf/cm^2}$, $E_c = 0.2 \times 10^6\,\mathrm{kgf/cm^2}$ 이다.

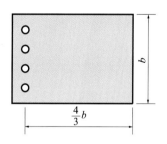

🔵 $c = 36.4\,\mathrm{cm}$, $b = 95.6\,\mathrm{cm}$

CHAPTER

11

기둥

STRENGTH OF MATERIALS

단면의 치수에 비하여 길이가 대단히 긴 봉이 그 축방향으로 압축하중을 받는 경우 이 봉을 **기둥**(column) 또는 **장주**(long column) 라 한다. 기둥은 기계 또는 구조물을 구성하는 중요한 요소가 되는 부재이다.

봉이 축방향으로 압축하중을 받을 때, 봉의 길이가 짧으면 단지 압축하중에 의하여 생기는 압축응력 $\sigma = \dfrac{P}{A}$ 는 그 재료의 파괴하중에 도달하면 파괴되지만, 가늘고 긴 봉이 축방향으로 압축하중을 받으면 직접적인 압축력에 의해 파괴되기보다는 축방향으로 굽어지거나 처지게 된다(그림 11-1 (b)). 이러한 현상을 기둥의 **좌굴**(buckling) 이라 한다.

속이 빈 알루미늄 깡통에 압축하중을 가하면 원통의 벽에 주름이 생기는 것은 좌굴에 의해 일어나는 현상이다.

기본적인 형태의 좌굴현상을 고찰하기 위하여 그림 11-2 (a) 와 같은 이상구조물(idealized structure) 을 생각해 보자. 강성부재 AB 는 아랫부분은 핀으로 연결되어 있고, 윗부분은 강성도 β 의 탄성스프링 (강성도 β 를 스프링상수라고도 함)에 의해 지지되어 있다. 이 스프링은 단지 수평으로만 움직인다고 가정한다. 하중 P 를 이 봉의 축선과 정확히 일직선이 되도록 가하였으며 스프링은 초기힘을 갖지 않는다 (그림 11-2 (a)). 이 상태의 봉에 약간의 외력이 작용하여 지점 A 에서 미소각 θ 만큼 회전하였다고 가정하자 (그림 11-2 (b)). 이때 힘 P 가 작으면 이 구조물은 **안정**(stable) 되고, 외력이 제거되면 원래의 위치로 되돌아갈 것이다. 그러나 힘 P 가 매우 크면 봉은 회전을 계속하여 마침내 이 구조물은 붕괴된다. 즉, 큰 하중에 대해서는 이 구조물은 **불안정**(unstable) 하며 봉은 큰 회전을 하여 좌굴이 발생한다.

그림 11-2 (b) 에서 봉이 미소각 θ 만큼 회전하였을 때 스프링은 θl 만큼 늘어난다. 이에 대응하여 스프링에 가해지는 힘 F 는

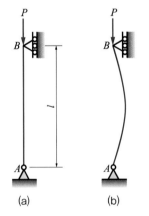

그림 11-1 압축 P 에 의해 생긴 기둥의 좌굴

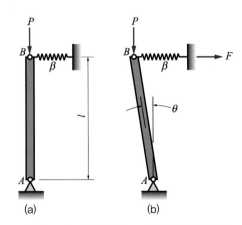

그림 11-2 스프링으로 지지된 강체의 좌굴

$$F = \beta\theta l$$

이 되며, 이 힘은 점 A에 대한 시계방향의 모멘트 Fl 또는 $\beta\theta l^2$을 발생하게 한다. 이 모멘트는 봉을 초기위치로 되돌아오게 하려는 경향이 있으므로 $\beta\theta l^2$을 **복원모멘트** (restoring moment)라 한다. 힘 F는 A에 대한 반시계방향의 모멘트를 생기게 한다. 따라서 이 모멘트 $P\theta l$을 **뒤집힘모멘트** (overturning moment)라 한다. 만일 복원모멘트가 뒤집힘모멘트보다 크면 이 구조물은 안정하며 이 봉은 처음의 수직위치로 되돌아간다. 그러나 뒤집힘모멘트가 복원모멘트보다 크면 구조물은 불안정하고 봉은 큰 각으로 회전하여 붕괴된다. 따라서 다음과 같은 조건을 갖는다.

$P\theta l < \beta\theta l^2$ 또는 $P < \beta l$ 이면 이 구조물은 안정

$P\theta l > \beta\theta l^2$ 또는 $P > \beta l$ 이면 이 구조물은 불안정

안정상태에서 불안정상태로의 전환은 $P\theta l = \beta\theta l^2$, 즉 $P = \beta l$ 에서 발생한다. 이러한 하중값을 **임계하중** (critical load)이라 한다. 즉

$$P_{cr} = \beta l \tag{11-1}$$

그러므로 구조물이 $P < P_{cr}$ 일 때에는 안정하고, $P > P_{cr}$ 일 때에는 불안정함을 알 수 있다.

P가 P_{cr} 보다 작은 상태에 있는 한, 이 구조물은 최초의 위치로 돌아가고 $\theta = 0$ 이 된다. 다시 말하면 이 봉은 $\theta = 0$ 일 때만 평형상태에 있게 된다. P가 보 P_{cr} 보다 큰 값을 가지면서 $\theta = 0$ 인 경우에 봉은 평형상태에 있을 수는 있지만 이러한 평형상태는 불안정하여 오래 유지될 수 없으며 조그만 외력에 대해서도 봉은 붕괴하게 된다. 보에 임계하중이 가해졌으나 변형이 되지 않은 상태를 **중립평형상태** (neutral equilibrium)라 한다.

11-2 　 Euler 공식

11-2-1 　 양단이 핀으로 지지된 기둥

그림 11-3 (a)와 같이 양단이 핀으로 연결된 가늘고 긴 기둥을 생각해 보자. 이 기둥은 단면의 도심을 통하고 기둥의 길이축과 일직선이 되게 수직력 P를 받고 있다. 기둥 자체는 완벽하게 일직선을 유지하여 곧으며 Hooke의 법칙을 따르는 선형탄성체로 되어 있다. 이러한 기둥을 **이상형기둥** (ideal column)이라고 한다.

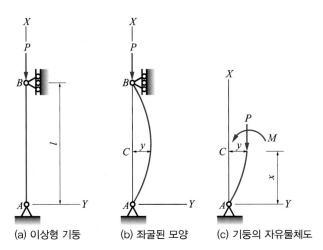

| (a) 이상형 기둥 | (b) 좌굴된 모양 | (c) 기둥의 자유물체도 |

그림 11-3 양단이 핀으로 지지된 기둥

기둥 AB 의 양쪽 끝으로부터 압축하중 P 가 작용하여 최대처짐 δ 의 굽힘을 일으켰다. 여기서 x 축을 수직방향, y 축을 수평방향으로 잡고, A 점으로부터 x 의 거리에 있는 기둥의 한 점 C 의 처짐을 y 라 한다.

보의 처짐에 관한 일반식 (식 (8-4)) 은

$$EI\frac{d^2y}{dx^2} = -M \tag{11-2}$$

이며, 여기서 x 거리에서의 굽힘모멘트는 그림 11-3 (c) 에서 Py 이므로 미분방정식은 다음과 같이 된다.

$$EI\frac{d^2y}{dx^2} = -M = -Py$$

혹은

$$EI\frac{d^2y}{dx^2} + Py = 0 \tag{11-3}$$

미분방정식의 일반해를 간편히 쓰기 위하여 다음과 같이 표시하면

$$\alpha^2 = \frac{P}{EI} \tag{11-4}$$

따라서 식 (11-3) 을 정리하면 다음과 같이 쓸 수 있다.

$$\frac{d^2y}{dx^2} + \alpha^2 y = 0 \qquad\qquad\qquad (11\text{-}5)$$

이 미분방정식의 일반해를 구하면

$$y = C_1 \sin \alpha x + C_2 \cos \alpha x \qquad\qquad\qquad (11\text{-}6)$$

이 된다. 여기서 C_1, C_2 는 적분상수이며 회전단의 경계조건으로부터 구해진다. 즉 $x = 0$ 에서 $y = 0$ 및 $x = l$ 에서 $y = 0$ 의 조건을 식 (11-6) 에 대입하면 적분상수 C_1 및 C_2 는 다음과 같이 된다.

$$C_2 = 0 \qquad C_1 \sin \alpha l = 0 \qquad\qquad\qquad (a)$$

$C_1 \sin \alpha l = 0$ 에서 $C_2 = 0$ 또는 $\sin \alpha l = 0$ 임을 알 수 있다. 그러나 만약 $C_2 = 0$ 이라면 이 기둥은 곧게 선채로 유지되어 하중 P 또한 어떠한 값을 가질 수 있다. 따라서

$$\sin \alpha l = 0 \qquad\qquad\qquad (b)$$

이 되어야 한다. 이 식을 만족시키려면 αl 은

$$\alpha l = n\pi \qquad n = 1, 2, 3, \cdots$$

그러므로 P 는 다음과 같이 된다.

$$P = \frac{n^2 \pi^2 EI}{l^2} \qquad n = 1, 2, 3, \cdots \qquad\qquad\qquad (11\text{-}7)$$

양단이 핀으로 지지된 경우 $n = 1$ 을 대입하고, 이 하중을 P_{cr} 로 나타내면 다음과 같다.

$$P_{cr} = \frac{\pi^2 EI}{l^2} \qquad\qquad\qquad (11\text{-}8)$$

이 식을 양단이 핀으로 지지된 장주에 대한 Euler 공식 이라 한다. 식 (11-8) 의 양변을 기둥의 단면적 A 로 나누고 $I = k^2 A$ 를 대입하면 **임계응력** σ_{cr} 은 다음과 같이 된다.

$$\sigma_{cr} = \frac{P_{cr}}{A} = \frac{\pi^2 E}{\left(\dfrac{l}{k}\right)^2} = \frac{\pi^2 E}{\lambda^2} \qquad\qquad\qquad (11\text{-}9)$$

여기서 k 는 회전반경 (식 (4–8) 참조)이고 $\dfrac{l}{k}$ 은 기둥의 굵기에 따른 길이 특성을 나타내는 세장비 (slenderness ratio) 이며, 일반적으로 λ 로 표기한다.

식 (11–9) 에 의하여 임계응력은 재료의 탄성계수에 비례하고 기둥의 세장비에 반비례하지만 압축강도와는 무관함을 알 수 있다.

식 (11–8) 을 살펴보면 장주의 강도는 그 기둥의 단면 관성모멘트가 증가함에 따라 증가하게 됨을 알 수 있다. 이것은 그 재료를 단면의 주축으로부터 가급적 먼 곳에 분포시킴으로써 단면적을 증가시키지 않고 강도를 높일 수 있다. 그러므로 압축부재로서는 속이 찬 원형단면보다 속이 빈 원형단면이 더 경제적임을 알 수 있다. 이런 속이 빈 단면 기둥에서 벽두께를 줄이고 가로방향치수를 늘리면 그 기둥의 안정성은 커진다. 그러나 이 벽두께의 감소에도 한계가 있으며 이것을 너무 얇게 줄이면 벽자체가 불안정해져서 기둥이 전체적으로 좌굴하기 전에 그 세로요소에 부분적으로 먼저 좌굴이 일어나 벽에 주름이 나타나게 된다. 이런 형상을 국부좌굴 (local buckling) 이라고 한다.

다음 식 (11–6) 으로부터 $C_1 = 0$ 일 때는

$$y = C_2 \sin \alpha x \qquad\qquad\qquad\qquad\text{(c)}$$

이 되며, 그림 11–3 (b) 에서, $x = \dfrac{l}{2}$ 에서 $y = \delta$ 로 놓으면

$$C_2 \sin \frac{\alpha l}{2} = \delta \qquad\qquad\qquad\qquad\text{(d)}$$

이 된다. $\alpha l = \pi$ 라 놓으면, $\sin \dfrac{\alpha l}{2} = \sin \dfrac{\pi}{2} = 1$ 이 되므로

$$C_2 = \delta$$

이것을 식 (c) 에 대입하고 $\alpha = \sqrt{\dfrac{P}{EI}} = \dfrac{\pi}{l}$ 로 놓으면

$$y = \delta \sin \frac{\pi x}{l} \qquad\qquad\qquad\qquad\text{(11-10)}$$

이 식 (11–10) 은 그림 11–3 (b) 와 같이 구부러지는 경우, 장주의 처짐곡선의 방정식이다.

식 (11–10) 을 일반식으로 표시하면 다음과 같이 된다.

$$y = \delta \sin \frac{n \pi x}{l} \qquad\qquad\qquad\qquad\text{(11-11)}$$

$n = 1, 2, \cdots$ 의 경우를 그림 11–4 (b), (c) 에 표시하고 있다. 이것을 보면 n 이 증가함에 따

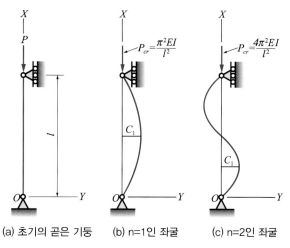

(a) 초기의 곧은 기둥   (b) n=1인 좌굴   (c) n=2인 좌굴

그림 11-4 양단이 핀으로 지지된 이상형 기둥의 좌굴

라 그 처짐곡선의 변곡점이 점점 많아지게 됨을 알 수 있다. 그러나 $n = 2$ 이상의 곡선은 이론적으로는 가능하지만 실제적인 가치는 없다.

11-2-2 일단고정 타단자유인 기둥

이 기둥도 양단이 핀으로 지지된 이상형기둥처럼 식 (11-2)를 이용해 미분방정식을 적분하여 구할 수도 있지만 이 방법은 조금 복잡하므로, 임계하중을 구하는 데는 유효길이 (effective length) l_e 의 개념을 이용하여 양단이 핀으로 연결된 기둥의 임계하중과 연관시켜 생각할 수 있다. 이 개념을 설명하기 위하여 상단이 자유단인 기둥 (그림 11-5(a))의 처짐곡선을 살펴보면, 이 기둥은 하나의 정현곡선 (sine curve)의 $\frac{1}{4}$ 에 해당하는 곡선의 형태로 좌굴되어 있다. 만약 처짐곡선을 그림 11-5 (b)와 같이 확장하여 생각하면, 양단핀으로

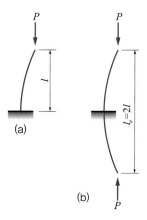

그림 11-5 하단고정, 상단자유인 기둥의 유효길이

지지된 기둥의 처짐곡선과 같아지며 이것은 sin 곡선의 반이 된다는 것을 알 수 있다. 유효길이 l_e 는 양단핀으로 지지된 기둥과 동등한 길이 또는 처짐곡선에서 변곡점 사이의 거리가 된다. 그러므로 일단고정 타단자유인 기둥의 유효길이는 다음과 같다.

$$l_e = 2l \tag{e}$$

유효길이는 양단핀으로 지지된 기둥과 같은 길이이므로 임계하중의 일반공식은 다음과 같이 쓸 수 있다.

$$P_{cr} = \frac{\pi^2 EI}{l_e^2} \tag{11-12}$$

위 식에 $l_e = 2l$ 을 대입하면 일단고정 타단자유기둥에 대한 임계하중을 구할 수 있다.

$$P_{cr} = \frac{\pi^2 EI}{4l^2} \tag{11-13}$$

$$\sigma_{cr} = \frac{P_{cr}}{A} = \frac{\pi^2 E}{4\left(\dfrac{l}{k}\right)^2} = \frac{\pi^2 E}{4\lambda^2} \tag{11-14}$$

유효길이를 유효길이계수 (effective length factor) K 의 항으로 표시하기도 하는데 다음과 같다.

$$l_e = Kl \tag{11-15}$$

그러므로 임계하중은 다음과 같이 된다.

$$P_{cr} = \frac{\pi^2 EI}{(Kl)^2} \tag{11-16}$$

여기서 K 의 값은 일단고정 타단자유인 기둥에 대하여는 2이며, 양단핀으로 지지된 기둥에 대하여는 1의 값을 가진다.

11-2-3 양단고정인 기둥

그림 11-6 (a) 와 같이 양단이 고정된 기둥에 대하여 생각해 보자. 여기서 기둥의 양단은 서로를 향하여 자유롭게 이동한다고 가정하자. 따라서 축하중 P 가 상단에 작용하면 하단에 동일한 크기의 반력이 생긴다. 또한 좌굴이 일어날 때 반력모멘트 M_0 도 역시 양지점에서 발

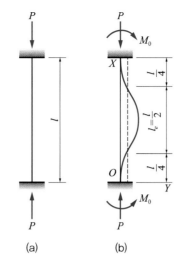

그림 11-6 양단고정인 기둥의 유효길이

생한다 (그림 11-6 (b)). 좌굴에 대한 처짐곡선은 양단에서 $\dfrac{l}{4}$ 되는 거리에 변곡점을 가진 삼각함수곡선이다. 그러므로 유효길이는 변곡점 사이의 거리가 된다.

$$l_e = \frac{l}{2} \tag{f}$$

이 식을 식 (11-12) 에 대입하면 임계하중은 다음과 같다.

$$P_{cr} = \frac{4\pi^2 EI}{l^2} \tag{11-17}$$

$$\sigma_{cr} = \frac{P_{cr}}{A} = \frac{4\pi^2 E}{\left(\dfrac{l}{k}\right)^2} = \frac{4\pi^2 E}{\lambda^2} \tag{11-18}$$

양단이 고정된 기둥의 임계하중은 양단이 핀으로 지지된 기둥의 4배이다.

11-2-4 일단고정 타단핀으로 지지된 기둥

하단이 고정단이고 상단이 핀으로 연결된 기둥 (그림 11-7(a)) 의 임계하중은 좌굴형태곡선의 변곡점 위치가 분명하지 않기 때문에 좌굴형태곡선을 관찰하여 결정할 수 없다. 그러므로 P_{cr} 을 구하기 위해 미분방정식을 풀어야 한다.

기둥이 좌굴을 일으키면 양단에 수평반력 R 과 하단에 반력모멘트 M_0 가 생긴다(그림 11-7 (b)). 정역학적 평형방정식으로부터 두 수평력은 크기가 같고 방향이 반대이므로 다음

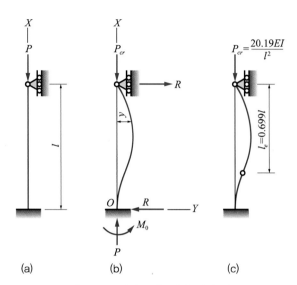

그림 11-7 하단고정, 상단 핀인 기둥

식이 성립한다.

$$M_0 = Rl \tag{a}$$

하단으로부터 x 만큼 떨어진 거리에서, 이 좌굴된 기둥의 굽힘모멘트는

$$M = Py - R(l - x) \tag{b}$$

이 된다. 앞의 해석과 같은 방법으로 다음의 미분방정식을 얻는다.

$$\frac{d^2 y}{dx^2} + \alpha^2 y = \frac{R}{EI}(l - x) \tag{c}$$

여기서 $\alpha^2 = \dfrac{P}{EI}$ 이다.

위 미분방정식 (c) 의 일반해는

$$y = C_1 \sin \alpha x + C_2 \cos \alpha x + \frac{R}{P}(l - x) \tag{d}$$

이며 세 개의 미지상수 $(C_1, \ C_2, \ C_3)$ 를 가진다. 필요한 세 가지 경계조건은 $x = 0$ 일 때 $y = 0$, $\dfrac{dy}{dx} = 0$ 이며, $x = l$ 에서 역시 $y = 0$ 이 된다.

이들 경계조건을 식 (d) 에 대입하면 다음을 얻는다.

$$C_2 + \frac{Rl}{P} = 0, \quad C_1 \alpha - \frac{R}{P} = 0, \quad C_1 \tan \alpha l + C_2 = 0 \tag{e}$$

여기서 $C_1 = C_2 = R = 0$ 을 취하면 이 세 식은 만족하지만 이러한 경우는 무명해가 되어 처짐은 0이 된다. 좌굴에 대한 해를 얻기 위하여 보다 일반적인 방법으로 방정식을 풀어야 한다. 풀이를 얻는 한 방법은 처음 두 방정식으로부터 R 을 소거하는 것이다. 즉,

$$C_1 \alpha l + C_2 = 0 \qquad\qquad (f)$$

또는 $C_2 = -C_1 \alpha l$ 이 된다. C_2 에 대한 위 식을 식 (e) 의 세 번째 방정식에 대입하면 **좌굴방정식**(buckling equation) 을 얻을 수 있다. 즉,

$$\alpha l = \tan \alpha l \qquad\qquad (g)$$

이 좌굴방정식에서 임계하중을 얻을 수 있다. 이 식은 초월함수방정식이므로 직접적으로 해결되지 않는다. 그러나 αl 의 값은 시행착오법 (trial and error method) 으로 구할 수 있다. 식 (g) 를 만족하는 0 이 아닌 최소의 αl 의 값은 다음과 같이 된다.

$$\alpha l = 4.4934 \qquad\qquad (h)$$

이에 대응하는 임계하중은

$$P_{cr} = \frac{20.19 EI}{l^2} = \frac{2.046 \pi^2 EI}{l^2} \qquad\qquad (11\text{-}19)$$

한편, 이 기둥의 유효길이는 식 (11–19) 와 식 (11–12) 를 비교하여 구하면 다음과 같이 된다.

$$l_e = 0.699 \, l \approx 0.7 \, l \qquad\qquad (i)$$

이 길이는 좌굴곡선상에서 핀연결단에서부터 변곡점까지의 거리 (그림 11–7(c)) 이다. 좌굴곡선의 방정식은 $C_2 = -C \alpha l$ 과 $\dfrac{R}{P} = \alpha C_1$ 을 일반해 식 (d) 에 대입하여 구할 수 있다.

$$y = C_1 [\sin \alpha x - \alpha l \cos \alpha x + \alpha (l - x)] \qquad\qquad (11\text{-}20)$$

여기서 $\alpha = \dfrac{4.4934}{l}$ 이다.

또한 임계응력은 식 (11–19) 를 이용하여 다음과 같이 쓸 수 있다.

$$\sigma_{cr} = \frac{P_{cr}}{A} = 2.046 \frac{\pi^2 E}{\left(\dfrac{l}{k}\right)^2} \simeq 2 \frac{\pi^2 E}{\lambda^2} \qquad\qquad (11\text{-}21)$$

이상의 기둥의 지점조건 (단말조건) 이 달라지는 기둥의 경우를 총괄하여 표시하면 다음과 같은 일반식이 얻어진다.

$$P_{cr} = n\frac{\pi^2 EI}{l^2}$$

(11-22)

$$\sigma_{cr} = n\frac{\pi^2 E}{\left(\dfrac{l}{k}\right)^2} = n\frac{\pi^2 E}{\lambda^2}$$

(11-23)

여기서 n 은 기둥양단의 지지조건에 의하여 정해지는 상수이다. 이것을 단말조건계수 (coeffcient fixity) 라 한다. 또 식 (11-22) 를 고쳐쓰면

$$P_{cr} = \frac{\pi^2 EI}{\left(\dfrac{l}{\sqrt{n}}\right)^2}$$

(11-24)

로 표시할 수 있으며, 여기서 $\dfrac{l}{\sqrt{n}}$ 을 장주의 **상당길이** (equivalent length of long column) 또는 **좌굴길이** (buckling length) 라 한다.

이러한 길이를 생각하는 것은, 양단회전으로 지지된 장주에서 $n = 1$ 이므로 이 경우를 기준, 기본형으로 하여 같은 좌굴하중을 갖는 다른 단말조건 기둥의 좌굴길이를 표시할 수 있다. 각 종의 단말조건을 단말조건계수 n 및 좌굴길이 $\dfrac{l}{\sqrt{n}}$ 로 표시하면 표 11-1과 같다.

표 11-1 기둥의 단말조건계수와 상당길이

단말조건	n	$\dfrac{l}{\sqrt{n}}$
일단고정 타단자유	1/4	$2l$
양단핀	1	l
일단고정 타단핀	2.046	$0.7l$
양단고정	4	$l/2$

11-3 Euler 공식의 적용범위

좌굴에 대한 Euler 공식 [식 (11-23)] 을 변형하면 다음과 같은 세장비에 대한 식으로 나타낼 수 있다.

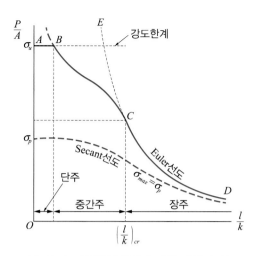

그림 11-8 평균압축응력에 대한 세장비 선도

$$\lambda = \frac{l}{k} = \sqrt{n} \cdot \pi \sqrt{\frac{E}{\sigma_{cr}}} \tag{11-25}$$

이 식은 Euler 공식의 적용여부를 결정하는 기준이 되는 식으로, 이 식에서는 σ_{cr} 대신 주로 압축 비례한도 σ_p 를 사용하며, 이 식에서 구한 λ 값 이상의 세장비를 가지고 있는 기둥에는 Euler 공식을 사용할 수 있지만 그 이하의 세장비를 가지고 있는 장주에는 사용할 수 없다.

예를 들어 양단이 핀으로 지지된 연강의 장주에서, 이 재료의 비례한도가 $\sigma_p = 2100 \, \mathrm{kgf/cm^2}$ 이고 탄성계수가 $E = 2.1 \times 10^6 \, \mathrm{kgf/cm^2}$ 이라면 이 기둥의 세장비는 다음과 같다.

단말조건계수는 $n = 1$ 이므로

$$\lambda = \sqrt{n} \cdot \pi \sqrt{\frac{E}{\sigma_p}} = \pi \sqrt{\frac{2.1 \times 10^6}{2100}} \simeq 100$$

그러므로 $\lambda \geq 100$ 이면 연강재료의 장주 계산에서 Euler 공식을 사용할 수 있다. 그러나 $\lambda < 100$ 인 경우에는 기둥에 횡좌굴이 일어나기 전에 평균압축응력이 먼저 비례한도에 도달하게 되므로 Euler 공식이 적용되지 않는다.

그림 11-8 은 평균압축응력 $\frac{P}{A}$ 와 세장비 $\frac{l}{k}$ 의 관계를 나타낸 선도이다. 여기서 곡선 ECD 를 Euler 곡선이라 한다. 곡선에서 세장비 λ 가 B 점보다 클 때는 이 범위를 장주라 하며 Euler 공식이 만족되는 경우이다. 그러나 세장비 λ 가 B 점보다 작을 때에는 σ_{cr} 은 곡 선 EC 와 같이 무한히 높아지고 파괴가 되지 않는 결과가 되지만, 실제로 탄성한도의 응력 또는 최대압축응력에 의하여 파괴되며 이는 단주의 순수압축에 의한 파괴이다. 따라서 그림

11-8의 곡선 BC에 해당되는 세장비를 가지는 기둥을 중간주, 곡선 AB에 해당되는 세장비를 가지는 기둥을 단주라 하며, 이들 경우에는 Euler 공식이 적용되지 않는다.

기둥에 압축응력이 작용하면 그 기둥은 실제로 항복, 좌굴 또는 그들의 조합에 의하여 파괴되므로 그 응력을 적당한 안전계수 S로 나눈 값을 사용응력으로 택하여야 한다.

표 11-2는 각종재료의 임계세장비 $\left(\dfrac{l}{k}\right)_{cr}$와 안전율을 나타낸다.

표 11-2 각종재료의 임계세장비와 안전율

재료	주철	연철	연강	경강	목재
$\lambda = \dfrac{l}{k} >$	70	115	100	95	80
S	8-10	5-6	5-6	5-6	10-12

예제 11-01 양단이 핀으로 지지된 길이 2 m 의 연강기둥이 압축력을 받고 있을 때, 이 기둥의 좌굴하중을 구하여라. 또 안전율은 5라 하면 안전하중은 얼마인가? 단, 기둥의 지름은 6 cm 이고 $E = 2.1 \times 10^6$ kgf $/\mathrm{cm}^2$ 이다.

풀이 원형단면에서 $I = \dfrac{\pi d^4}{64}$, $A = \dfrac{\pi d^2}{4}$ 이므로

$$k = \sqrt{\dfrac{I}{A}} = \dfrac{d}{4} \quad \therefore \ k = 1.5 \text{ cm}$$

$$\lambda = \dfrac{l}{k} = \dfrac{200}{1.5} = 133$$

표 11-2에서 $\lambda > 100$ 이므로 Euler 공식이 적용된다.
또한 양단핀 지지기둥의 단말계수 $n = 1$ 이므로

$$P_{cr} = n \dfrac{\pi^2 EI}{l^2} = 1 \times \dfrac{\pi^2 \times 2.1 \times 10^6 \times \pi \times 6^4}{200^2 \times 64} = 32964 \text{ kgf}$$

$$P_s = \dfrac{P_{cr}}{S} = \dfrac{32964}{5} = 6592.8 \text{ kgf}$$

∎ ∎ ∎

예제 11-02 폭 $b = 10$ cm, 높이 $h = 15$ cm 의 직사각형 단면을 가진 길이 3 m 인 일단고정 타단자유의 나무기둥이 축방향으로 압축하중을 받고 있다. 안전율 $S = 10$ 으로 하면 이 기둥의 자유단에 몇 kgf 의 하중을 안전하게 받을 수 있는가? 단, 이 기둥의 $E = 1.0 \times 10^5$ kgf $/\mathrm{cm}^2$ 이다.

풀이 최소 단면 2차 모멘트와 단면적은

$$I_{\min} = \dfrac{hb^3}{12} = \dfrac{15 \times 10^3}{12} = 1250 \text{ cm}^4$$

$$A = 15 \times 10 = 150 \text{ cm}^2$$

$$k = \sqrt{\frac{I}{A}} = \sqrt{\frac{1250}{150}} = 2.89$$

$$\lambda = \frac{l}{k} = \frac{300}{2.89} = 103.8 > 80$$

목재의 임계세장비 80보다 크므로 Euler 공식이 적용된다.

또한 이 기둥의 단말계수는 $n = \frac{1}{4}$ 이므로

$$P_{cr} = n\frac{\pi^2 EI}{l^2} = \frac{1}{4} \cdot \frac{\pi^2 \times 100000 \times 1250}{300^2} = 3427\,\mathrm{kgf}$$

$$P_s = \frac{P_{cr}}{S} = \frac{3427}{10} = 342.7\,\mathrm{kgf}$$

예제 11-03 내경 14 cm, 외경 20 cm, 길이 6 m 의 주철제 속이 빈 원형단면 기둥이 있다. 이 기둥이 양단핀으로 지지되어 있을 때 이 기둥의 좌굴응력을 구하여라. 단, $E = 1.0 \times 10^6\,\mathrm{kgf/cm^2}$ 이고, 주철의 비례한도를 2000 kgf/cm² 으로 한다.

풀이
$$A = \frac{\pi}{4}(20^2 - 14^2)$$

$$I = \frac{\pi}{64}(20^4 - 14^4)$$

$$k = \sqrt{\frac{I}{A}} = \sqrt{\frac{(20^2 - 14^2)}{16}} = 6.1$$

$$\lambda = \frac{l}{k} = \frac{600}{6.1} = 98.3 > 70$$

따라서 Euler 공식을 적용할 수 있다.

$$\sigma_{cr} = n\frac{\pi^2 E}{\lambda^2} = 1 \times \frac{\pi^2 \times 1 \times 10^6}{98.3^2} = 1021.4\,\mathrm{kgf/cm^2}$$

예제 11-04 실린더의 최고압력이 8000 kgf, 길이 1.5 m 의 연강으로 된 코넥팅로드의 직경을 구하여라. 단 $E = 2.1 \times 10^6\,\mathrm{kgf/cm^2}, S = 5$ 이다.

풀이 양단핀 지지의 기둥으로 생각한다.

$$P_{cr} = 8000 \times 5 = 40000\,\mathrm{kgf}$$

$$I = \frac{\pi d^4}{64}$$

$$k = \frac{d}{4}$$

$$\lambda = \frac{l}{k} = \frac{4l}{d} = \frac{4 \times 150}{5.5} = 109 > 100$$

$$P_{cr} = \frac{\pi^2 EI}{l^2}$$

$$40000 = \frac{\pi^2 \times 2.1 \times 10^6 \times \pi d^4}{150 \times 64}$$

$$\therefore d = \sqrt[4]{\frac{40000 \times 150^2 \times 64}{2.1 \times 10^6 \times \pi^2}} = 5.5 \text{ cm}$$

■ ■ ■

11-4 편심축하중을 받는 기둥

그림 11-9와 같이 하중이 축방향으로부터 작은 편심거리 e 만큼 떨어진 곳에 작용한다고 가정하면, 하중의 크기가 작은 경우에도 편심에 의하여 기둥에 굽힘이 생기게 되며, 하중 P 가 증가함에 따라 점차적으로 처짐도 증가하게 된다. 이런 상황하에서 기둥의 허용응력은 임계하중보다는 처짐의 크기와 굽힘응력에 의하여 결정된다.

이러한 기둥을 해석하기 위해서 그림 11-9(b)와 같이 양단이 핀으로 지지된 기둥을 생각한다. 기둥은 곧은 상태에 있으며 재료는 선형탄성재료라고 가정한다. 기둥의 하단으로부터 거리 x 만큼 떨어진 곳에서의 굽힘모멘트는 다음과 같다.

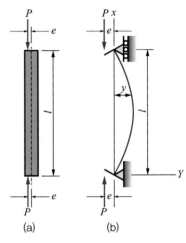

그림 11-9 편심하중을 받는 기둥

$$M = P(e + y) \tag{a}$$

여기서 y 는 기둥의 축으로부터 측정된 횡방향의 처짐이다. 처짐곡선의 미분방정식은

$$EI \frac{d^2 y}{dx^2} = -M = -P(e + y)$$

$$\frac{d^2 y}{dx^2} = \frac{-M}{EI} = -\frac{P}{EI}(e + y) \tag{b}$$

$$\alpha^2 = \frac{P}{EI} \tag{c}$$

로 놓으면

$$\frac{d^2y}{dx^2} + \alpha^2 y = -\alpha^2 e \qquad\qquad (d)$$

이 식의 일반해는 동차해와 특수해의 합으로 나타내어진다.

$$y = C_1 \sin \alpha x + C_2 \cos \alpha x - e \qquad\qquad (e)$$

이 식에서 C_1 과 C_2 는 동차해의 상수이며 $-e$ 는 특수해이다.

적분상수 C_1 과 C_2 는 다음과 같은 양단의 경계조건으로부터 구해진다.

$$y(0) = 0, \qquad y(l) = 0$$

위 조건으로부터 C_1 과 C_2 는 다음과 같이 된다.

$$C_2 = e$$

$$C_1 = \frac{e(1 - \cos \alpha l)}{\sin \alpha l} = e \tan \frac{\alpha l}{2}$$

그러므로 처짐곡선의 방정식은 다음과 같이 표시된다.

$$y = e \left(\tan \frac{\alpha l}{2} \sin \alpha x + \cos \alpha x - 1 \right) \qquad\qquad (11\text{-}26)$$

이 식을 이용하여 하중 P 와 편심거리 e 를 알고 있는 기둥의 임의점에서의 처짐을 구할 수 있다. 최대처짐은 이 기둥의 중앙에서 나타나므로 $x = \dfrac{l}{2}$ 을 대입하면

$$\delta = y_{\max} = e \left(\tan \frac{\alpha l}{2} sin \frac{\alpha l}{2} + \cos \frac{\alpha l}{2} - 1 \right) = e \left(\sec \frac{\alpha l}{2} - 1 \right) \qquad\qquad (11\text{-}27)$$

11-5 Secant 공식

기둥에 발생하는 응력은 두 가지 종류가 있다. 첫째는 축하중에 의한 등분포응력과 둘째는 굽힘모멘트에 의하여 생긴 수직응력이다. 기둥의 재료가 Hooke의 법칙에 따른다고 가정하므로 굽힘모멘트로 인한 응력은 전단면에 걸쳐 선형적으로 변하며 휨공식으로부터 구할 수 있다. 따라서 기둥의 오목한 면에 발생하는 최대압축응력은 다음과 같다.

$$\sigma_{\max} = \frac{P}{A} + \frac{M_{\max}}{Z} \qquad\qquad (11\text{-}28)$$

여기서 Z 는 단면계수(section modulus)이며, 편심하중을 받는 기둥의 최대굽힘모멘트는 처짐이 최대인 점에서 일어나므로 다음과 같이 된다(식 (11-27) 참조).

$$M_{\max} = P(e + \delta) = Pe \sec\frac{kl}{2} \tag{11-29}$$

이 식을 식 (11-28) 에 대입하고 $I = k^2 A$ 를 대입하면 다음과 같은 식을 얻는다.

$$\sigma_{\max} = \frac{P}{A}\left[1 + \frac{(\delta + e)c}{k^2}\right] \tag{11-30}$$

여기서 c 는 기둥단면의 도심축으로부터 제일 바깥쪽단까지의 거리를 나타내며, 따라서 $Z = \dfrac{I}{c}$ 가 된다. 그러므로 식 (11-30) 을 정리하면 다음과 같이 된다.

$$\sigma_{\max} = \frac{P}{A}\left[1 + \frac{ec}{k^2}\sec\left(\frac{l}{2k}\sqrt{\frac{P}{EA}}\right)\right] \tag{11-31}$$

이 식을 편심축하중을 받는 기둥의 **시컨트 공식**(Secant formula)이라 한다. 이 식에서 $\dfrac{ec}{k^2}$ 를 **편심비**(eccentricity ratio)라 하며 단면의 성질에 대한 하중의 편심도를 나타낸다.

Secant 공식은 평균응력 $\dfrac{P}{A}$ 에 대한 기둥의 최대응력과의 관계식이다. 따라서 최대응력에 한계치를 두면(예를 들어 $\sigma_{\max}$ 을 항복응력 σ_y 와 같게 놓으면) Secant 공식으로부터 이에 대응하는 P 의 값을 계산할 수 있다. 이 공식도 초월함수이므로 시행착오법으로 풀어야 한다. 그림 11-10 은 연강인 기둥에 대하여 식 (11-31) 을 그린 곡선이다.

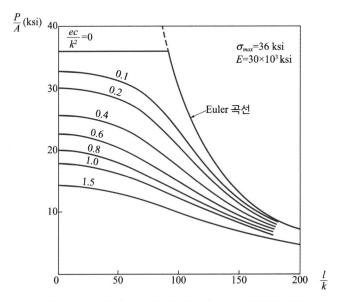

그림 11-10 식 (11-31) 에 의한 Secant 공식의 선도

한편 편심거리 e 가 0일 때 Secant 공식은 적용할 수 없다. 그 대신 도심축하중을 받는 이상기둥에 대해서 논의했으므로 최대하중은 임계하중 $(P_{cr} = \pi^2 EI / l^2)$ 이 되며, 이에 대응하는 임계응력은 다음과 같다.

$$\sigma_{cr} = \frac{P_{cr}}{A} = \frac{\pi^2 EI}{Al^2} = \frac{\pi^2 E}{(l/k)^2} \tag{11-32}$$

이 식도 식 (11-31) 과 마찬가지로 재료의 비례한도를 넘지 않는 범위에서 성립한다.

식 (11-32) 를 그린 것이 그림 11-10 에서 Euler 곡선으로 표시되어 있다. Secant 공식으로 그린 곡선은 e 가 0에 가까워질수록 Euler 곡선에 근접해진다.

Secant 공식 (식 (11-31)) 과 임계응력에 대한 식 (식 (11-32)) 은 모두 다른 단말조건을 갖는 기둥에 대해서도 기둥의 길이 l 을 유효길이 l_e 로 대치시킴으로써 사용할 수 있다.

그림 11-10 에서, 기둥의 하중능력은 세장비 $\frac{l}{k}$ 이 증가할수록 감소하며 특히 $\frac{l}{k}$ 값의 중간영역에서 급격히 감소함을 알 수 있다. 그러므로 가늘고 긴 기둥은 짧은 기둥보다 더 불안정하다. 또한 위 그림은 기둥에서 편심거리가 증가함에 따라 하중 지탱능력이 감소하는 것을 보여주며, 이러한 현상은 장주에서보다 단주에서 비교적 더 크게 나타난다.

그러나 Secant 공식이 기둥의 거동을 설명하는 데는 이론적으로 대단히 우수하지만 실제로 편심거리 e 를 정확히 알지 못하기 때문에 실제설계에 사용하기에는 어려움이 있다.

11-6 기둥의 실험식

11-6-1 Gordon-Rankin 공식

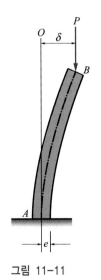

그림 11-11

Euler 의 공식은 장주에 압축하중이 작용할 때 압축하중은 고려하지 않고 굽힘만을 고려했으므로, 세장비의 값이 큰 부분에서는 정확한 결과를 나타내지만 세장비가 작은 범위에서는 Euler의 공식에 의한 좌굴하중보다도 작은 값에서 좌굴이 일어난다. 이것은 압축하중으로 인하여 기둥이 구부러지면 굽힘응력도 생겨 압축응력과 조합되어 기둥의 오목한 쪽에서 응력이 증대하게 되고, 볼록한 쪽에서는 감소하기 때문이다.

그림 11-11에서와 같이 일단고정 타단자유인 기둥에 압축하중 P 가 축방향으로 작용하였을 때 자유단에 최대처짐 δ 가 일어났다고 하자. 휘어진 기둥의 오목한 쪽에 일어나는 조합응력 σ 는 압축응력 σ_c 와 최대굽힘응력 σ_b 와의 합과 같다.

$$\sigma = \sigma_c + \sigma_b = \frac{P}{A} + \frac{M}{Z} = \frac{P}{A} + \frac{P\delta e}{I} \tag{a}$$

여기서 e 는 단면의 최소주관성모멘트를 나타내는 중립축으로부터 기둥의 오목한 쪽의 가장 바깥단까지의 거리이다. 위 식에 $I = k^2 A$ 를 대입하면

$$\sigma = \frac{P}{A} + \frac{P\delta e}{Ak^2} = \frac{P}{A}\left(1 + \frac{\delta e}{k^2}\right) \tag{b}$$

Euler의 식은

$$P = n\pi^2 \frac{EI}{l^2} \tag{c}$$

따라서 식 (a) 의 $\sigma_b = \dfrac{P\delta e}{I}$ 에서 P 를 같이 놓으면

$$\delta e = \frac{\sigma_b l^2}{n\pi^2 E} \tag{d}$$

식 (d) 를 식 (b) 에 대입하면 다음과 같이 된다.

$$\sigma = \frac{P}{A}\left[1 + \frac{\sigma_b}{\pi^2 E}\frac{1}{n}\left(\frac{l}{k}\right)^2\right] \tag{e}$$

이 식에서 $\dfrac{\sigma_b}{\pi^2 E}$ 는 재료의 종류에 따라 결정되는 상수이므로 a 로 표시하면 다음과 같이 된다.

$$\sigma = \frac{P}{A}\left[1 + \frac{a}{n}\left(\frac{l}{k}\right)^2\right] \tag{11-33}$$

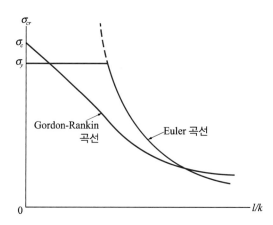

그림 11-12 Gordon-Rankin 곡선과 Euler 공식의 비교선도

이 식의 σ 가 재료의 항복점 또는 압축파괴 응력 σ_c 와 같게 되었을 때 파단이 생긴다고 생각한다. 그때의 하중 P 를 좌굴하중 P_{cr} 로 표시하여 식 (11-33) 을 다시 쓰면 다음과 같이 된다.

$$\sigma_{cr} = \frac{P_{cr}}{A} = \frac{\sigma_c}{1 + \dfrac{a}{n}\left(\dfrac{l}{k}\right)^2} = \frac{\sigma_c}{1 + \dfrac{a\lambda^2}{n}} \tag{11-34}$$

이 식을 Gordon-Rankin 공식이라 한다. 이 식에서 n 은 Euler 공식에서와 같은 기둥의 단면 조건에 의해 결정되는 상수이다. 표 11-3 은 재료에 따른 σ_c 와 a 및 $\dfrac{l}{k}$ 의 범위를 나타낸다.

표 11-3 Gordon-Rankin 공식의 정수표

재료	$\sigma_c(\mathrm{kgf/cm^2})$	$1/a$	l/k
주철	5600	1600	< 80
연철	2500	9000	< 110
연강	3400	7500	< 90
경강	4900	5000	< 85
목재	500	750	< 60

예제 11-05 단면 $20\,\mathrm{cm} \times 25\,\mathrm{cm}$, 길이 $2.75\,\mathrm{m}$ 의 연강으로 된 양단핀지지 기둥이 있다. 사용응력을 $65\,\mathrm{kgf/cm^2}$, 안전율 $S = 5$ 라 할 때, 이 기둥이 받을 수 있는 안전하중을 구하여라.

풀이 $k = \sqrt{\dfrac{I}{A}} = \dfrac{b}{2\sqrt{3}} = \dfrac{20}{2\sqrt{3}} = 5.8\,\mathrm{cm}$ (여기서 I 는 최솟값으로 잡는다)

$\lambda = \dfrac{l}{k} = \dfrac{275}{5.8} = 47.4 < 90$

Gordon-Rankin 식 (11-34) 에서

$$\sigma_{cr} = \frac{P_{cr}}{A} = \frac{\sigma_c}{1 + \dfrac{a\lambda^2}{n}}$$

표 11-3 에서 $n = 1$, $a = \dfrac{1}{7500}$ 이므로

$$P_{cr} = \frac{\sigma_c A}{1 + \dfrac{a\lambda^2}{n}} = \frac{65 \times 500}{1 + \dfrac{1}{7500} \times 47.4^2} = 25008.3\,\mathrm{kgf}$$

$$P_s = \frac{25008.3}{5} = 5001.7\,\mathrm{kgf}$$

예제 11-06 길이 3 m 인 양단이 고정된 목재각주의 단면은 정사각형으로 한 변의 길이가 30 cm 이다. 이 기둥이 받을 수 있는 좌굴응력을 Gordon-Rankin 공식에 의해 구하여라.

풀이 식 (11-34)에서 $\sigma_{cr} = \dfrac{P_{cr}}{A} = \dfrac{\sigma_c}{1 + \dfrac{a}{n}\left(\dfrac{l}{k}\right)^2}$

표 11-3에서 $\sigma_c = 500\ \mathrm{kgf/cm^2}$, $n = 4$, $a = \dfrac{1}{750}$ 이므로

$$I = \frac{b^4}{12}, \qquad A = b^2, \qquad k = \sqrt{\frac{I}{A}}$$

$$\lambda = \frac{l}{k} = 300\sqrt{\frac{A}{I}} = 300 \times \frac{2\sqrt{3}}{30} = 34.64$$

$$\sigma_{cr} = \frac{500}{1 + \dfrac{34.64^2}{4 \times 750}} = 357.15\ \mathrm{kgf/cm^2}$$

■ ■ ■

11-6-2 Johnson의 포물선식

Euler 의 공식은 가늘고 긴 장주에 대하여 적용되지만, 임계하중이 재료의 항복응력을 넘는 $\dfrac{l}{k} \approx 100$ 이하의 짧은 연강기둥과 같은 경우에는 실제값보다 더 크게 되어 사용할 수 없게 된다. 또한 Gordon-Rankin 공식은 이론과 실험을 병용하여 탄성한도 이내에서 성립하는 것을 전제로 하여 생각한 것이다. 그러나 굽힘이 일어나면 이 가정이 만족하지 못하게 되며 $\dfrac{l}{k}$ 이 50 이하와 150 이상에서는 실험값보다 큰 값을 얻는다.

Johnson은 이상의 여러 가지 관계를 고려하여 부분적으로 실험결과와 잘 일치하는 다음과 같은 실험식을 만들었다.

$$\frac{P_{cr}}{A} = \sigma_c - \frac{\sigma_c{}^2}{4\pi^2 E}\left(\frac{l}{k}\right)^2 \tag{11-35}$$

이 식을 Johnson의 포물선식 (Johnson's parabolic formula) 이라고 한다.

이 식은 그림 11-13 에서와 같이 A 점에 정점을 갖고, Euler 곡선상의 D 점에 접하는 포물선으로 표시하였으며, Johnson은 이 접점 D 보다 작은 $\dfrac{l}{k}$ 의 범위에서는 식 (11-35) 로 계산하고 접점보다 큰 $\dfrac{l}{k}$ 의 부분에서는 Euler 공식을 사용하도록 제안하였다.

식에서 σ_c 는 연성재료의 항복점 또는 취성재료의 압축파괴강도를 표시한다. 곡선에 접하는 접점 D 의 좌표는 $\sigma_{cr} = \dfrac{\sigma_c}{2}$ 이고, 세로축 $\dfrac{l}{k}$ 의 좌표는 Euler의 식 (식 (11-9)) 에서 다

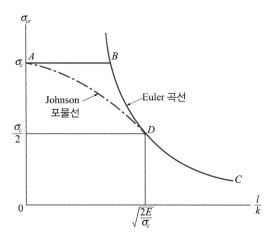

그림 11-13 장주의 좌굴곡선

음과 같이 된다.

$$\frac{l}{k} = \pi \sqrt{\frac{2E}{\sigma_c}}$$ (11-36)

Euler 식과의 접점에서 σ_{cr} 값이 같은 조건이므로 식 (11-35) 는

$$\frac{l}{k} < \pi \sqrt{\frac{2E}{\sigma_c}}$$ (11-37)

의 범위에서 사용할 수 있고, 그 이상은 Euler 공식에 따른다.

Johnson은 또한 직선식도 발표하였으나 이것은 부분적으로 Euler 식에 접하는 직선으로 되어 있다. Johnson이 제시한 식 (11-35) 의 상수를 표 11-4에 나타냈다.

표 11-4 Johnson의 포물선식의 상수값

재료	σ_c(psi)	양단고정		양단핀	
		$\dfrac{\sigma_c{}^2}{4\pi^2 E}$(psi)	$\dfrac{l}{k}$	$\dfrac{\sigma_c{}^2}{4\pi^2 E}$(psi)	$\dfrac{l}{k}$
연강	4200	0.62	< 190	0.97	< 150
주철	6000	2.25	< 120	6.25	< 70

11-6-3 Tetmajer의 직선식

Tetmajer는 양단핀 지지된 기둥에서 Euler 공식과 Gordon-Rankin 공식의 맞지 않는 부분에 대하여 사용할 수 있도록 실험공식으로 다음과 같은 Tetmajer의 직선식 (Tetmajer's

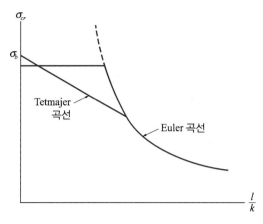

그림 11-14 Tetmajer의 직선식

straight line formula)을 만들었다. 다만 주철에 대해서는 $\dfrac{l}{k}$ 의 2차항이 있기 때문에 곡선으로 되어 있다.

$$\sigma_{cr} = \frac{P_{cr}}{A} = \sigma_b \left[1 - a\left(\frac{l}{k}\right) + b\left(\frac{l}{k}\right)^2 \right] \tag{11-38}$$

그림 11-14는 Tetmajer의 직선식을 나타내며 표 11-5는 양단핀지지의 장주에 대한 실험값의 상수를 나타낸다.

표 11-5 Tatmajer의 직선식 상수(양단핀지지 장주)

$\left(\text{양단 고정단일 때는 } l \text{ 대신 } \dfrac{l}{2} \text{ 로 놓는다}\right)$

재료	$\sigma_b\,(\mathrm{kgf/cm^2})$	a	b	l/k의 범위
연강	3100	0.00368	0	10~105
주철	7760	0.01546	0.00007	5~80
연철	3030	0.00426	0	10~112
경강	3350	0.00185	0	~89
목재	293	0.00662	0	1.8~110

예제 11-07 내경 16 cm, 외경 22 cm, 길이 5 m 인 주철로 된 속이 빈 기둥의 양단이 핀으로 지지되어 있다. 이 기둥에 50000 kgf 의 하중이 작용했을 때 이 기둥의 안전율을 구하여라.

풀이
$$I = \frac{\pi}{64}(d_0^{\,4} - d_i^{\,4}) = \frac{\pi}{64}(22^4 - 16^4) = 8282\,\mathrm{cm^4}$$

$$A = \frac{\pi}{4}(d_0^{\,2} - d_i^{\,2}) = \frac{\pi}{4}(22^2 - 16^2) = 179\,\mathrm{cm^2}$$

$$k = \sqrt{\frac{I}{A}} = \sqrt{\frac{8282}{179}} = 6.8$$

$$\lambda = \frac{l}{k} = \frac{500}{6.8} = 73.53$$

Tetmajer의 공식에 의하면 [식 (11−38)]

$$P_{cr} = A\sigma_b \left[1 - a\left(\frac{l}{k}\right) + b\left(\frac{l}{k}\right)^2 \right]$$

$$= 179 \times 7760 \left(1 - 0.01546 \times 73.53 + 0.00007 \times 73.53^2 \right)$$

$$= 178.98 \times 7760 \times 0.242 = 336110.12 \, \text{kgf}$$

따라서 안전율 S 는

$$S = \frac{P_{cr}}{P} = \frac{336110.12}{50000} = 6.72$$

11-1-1 강체봉이 그림과 같이 탄성스프링에 의하여 지지되어 있다. 즉 A 는 강성도 β 의 회전스프링에 의하여 지지되고 자유단 B 에서 하중 P 를 받고 있다. $M = \beta\theta$, 여기서 M 은 스프링에 작용하는 모멘트이고 θ 는 회전각이다. 여기서 이 봉의 임계하중 P_{cr} 을 구하여라.

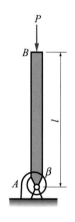

● $P_{cr} = \dfrac{\beta}{l}$

11-1-2 그림과 같은 봉 – 스프링계의 임계하중 P_{cr} 을 구하여라.

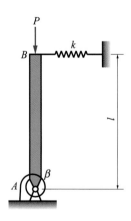

● $P_{cr} = kl + \dfrac{\beta}{l}$

11-2-1 원형단면의 직경 $d = 15\,\mathrm{cm}$, 길이 $l = 450\,\mathrm{cm}$ 인 장주의 세장비 λ 를 구하여라.

🔑 $\lambda = 120$

11-2-2 직경 d 인 원형단면의 목재기둥에서 길이가 $l = 4\,\mathrm{m}$ 일 때 세장비가 100 이 되도록 하려면 d 는 몇 cm 로 하면 되는가?

🔑 $d = 16\,\mathrm{cm}$

11-2-3 다음 그림과 같은 단면을 가진 기둥의 세장비들을 구하여라. 단, 각 기둥의 길이는 $l = 6\,\mathrm{m}$ 이다.

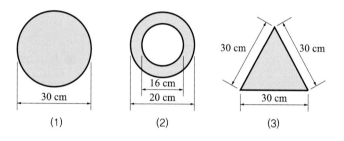

(1)　　　　(2)　　　　(3)

🔑 (1) $\lambda = 80$, (2) $\lambda = 93.75$, (3) $\lambda = 98.1$

11-2-4 양단이 힌지로 지지된 강철재 기둥이 축방향으로 압축하중을 받고 있다. 이 기둥의 단면은 $b = 4\,\mathrm{cm}$, $h = 2\,\mathrm{cm}$ 의 사각형 단면이고 길이 $l = 4\,\mathrm{m}$ 일 때, 이 기둥의 임계하중과 임계응력을 구하여라. 단, $E = 2.1 \times 10^6\,\mathrm{kgf/cm^2}$ 이다.

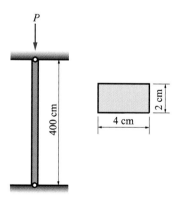

🔑 $P_{cr} = 345\,\mathrm{kgf}$, $\sigma_{cr} = 43.12\,\mathrm{kgf/cm^2}$

11-2-5 그림과 같은 양단이 힌지로 지지된 연강 원형기둥이 있다. 기둥의 길이 $l = 6\,\text{m}$, $E = 2.1 \times 10^6$ kgf/cm^2 라고 할 때, 임계하중 P_{cr} 과 임계응력 σ_{cr} 을 구하여라. 단, 이 기둥의 단면 지름은 $6\,\text{cm}$이며 오일러 공식을 적용한다.

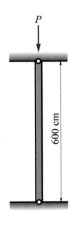

● $P_{cr} = 3661.6\,\text{kgf}$, $\sigma_{cr} = 129.5\,\text{kgf}/\text{cm}^2$

11-2-6 그림과 같은 속이 빈 사각형 단면을 가진 기둥의 양단이 힌지로 지지되어 있다. $E = 2.1 \times 10^6$ kgf/cm^2, 기둥의 길이 $l = 6\,\text{m}$, 안전계수 $S = 6$ 이라고 할 때, 이 장주에 허용할 수 있는 하중의 크기를 구하여라.

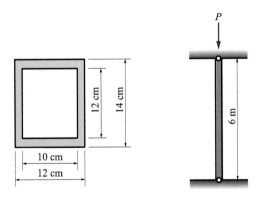

● $P_{cr} = 9284.7\,\text{kgf}$

11-2-7 내경 $d_i = 8\,\text{cm}$, 외경 $d_0 = 12\,\text{cm}$ 의 주철재 속이 빈 원형단면의 기둥에 $P = 9000\,\text{kgf}$ 의 하중이 작용한다. 이 기둥의 양단이 핀으로 지지되어 있을 때 Euler 공식의 좌굴상당길이는 얼마인가? 단, $E = 10 \times 10^3\,\text{kgf}/\text{cm}^2$ 이다.

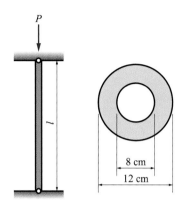

● $l = 299\,\text{cm}$

11-2-8 수평봉 AB 가 그림과 같이 핀연결기둥 CD 에 의하여 지지되어 있다. 기둥의 단면은 한 변이 $5\,\text{cm}$ 인 정사각형이며, 좌굴에 대한 안전계수 $S = 3$ 이라고 할 때, 허용하중 P 를 구하여라.

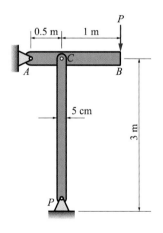

● $P = 12.7\,\text{kN}$

11-2-9 한 변의 길이가 $20\,\text{cm}$ 인 정사각형 단면의 일단고정 타단자유인 기둥이 있다. 이 기둥의 길이 $l = 5\,\text{m}$, 탄성계수 $E = 100000\,\text{kgf}/\text{cm}^2$ 이라 할 때, 이 기둥의 좌굴하중을 구하여라.

● $P_{cr} = 13159\,\text{kgf}$

11-2-10 그림과 같은 사각형 단면을 가진 일단고정 타단자유인 목재기둥이 있다. 안전율 $S = 10$ 으로 할 때 자유단에 가할 수 있는 안전하중을 구하여라. 단, $E = 9 \times 10^4 \, \text{kgf}/\text{cm}^2$ 이다.

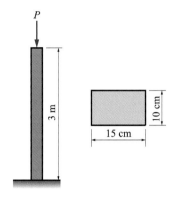

● $P_s = 308.4 \, \text{kgf}$

11-2-11 길이 $6 \, \text{m}$ 의 일단고정 타단자유인 속이 빈 원형단면 기둥이 있다. 자유단에 $30000 \, \text{kgf}$ 의 압축하중이 작용하고 있다. 기둥에 일어나는 좌굴 응력은 $1200 \, \text{kgf}/\text{cm}^2$ 으로 한다. 이 재료의 안전율을 4 로 할 때 Euler 공식을 사용하여 기둥의 내경 및 외경을 구하여라.

● $d_i = 25.2 \, \text{cm}$, $d_0 = 27.6 \, \text{cm}$

11-2-12 직경 $2.5 \, \text{cm}$, 길이 $1.2 \, \text{m}$ 의 원형단면으로 된 일단고정 타단자유인 기둥의 좌굴하중을 Euler 공식으로 구하여라. 그런 다음 외경 $3 \, \text{cm}$ 의 같은 길이의 원통으로 대치할 경우 두께는 얼마로 하여야 하는가? 또 중량은 얼마나 가볍게 되는가? 단, 재료의 탄성계수 $E = 2 \times 10^6 \, \text{kgf}/\text{cm}^2$ 으로 한다.

● $t = 0.23 \, \text{cm}$, 중량감소율 60%

11-2-13 그림과 같은 양단이 고정되어 있고 길이 $l = 2 \, \text{m}$ 인 원형단면의 연강봉에 압축하중 $P = 10000 \, \text{kgf}$ 가 작용한다. 이 기둥의 탄성계수 $E = 2.1 \times 10^6 \, \text{kgf}/\text{cm}^2$ 이고 안전율을 5 로 할 때, Euler 공식을 이용하여 이 기둥의 직경을 구하여라.

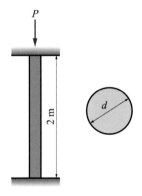

● $d = 4.71 \, \text{cm}$

11-2-14 한 변의 길이가 20 cm 인 정사각형 단면을 가진 길이 5 m 의 양단고정인 기둥이 있다. 탄성계수 $E=100000\,\mathrm{kgf/cm^2}$ 이라 할 때, 이 기둥의 좌굴하중을 구하여라.

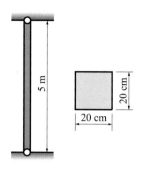

🌑 $P=210551\,\mathrm{kgf}$

11-2-15 문제 11-2-14에서 이 기둥이 일단고정 타단핀으로 지지됐을 경우 이 기둥의 좌굴하중을 구하여라.

🌑 $P=10527\,\mathrm{kgf}$

11-2-16 일단고정 타단핀으로 된 나무기둥이 있다. 단면은 10 cm × 5 cm 의 직사각형이고 길이 $l=3\,\mathrm{m}$ 이다. 이 재료의 탄성계수 $E=1.0\times10^5\,\mathrm{kgf/cm^2}$, 안전계수 10 으로 할 때 Euler 공식을 이용하여 최대안전하중을 구하여라.

🌑 $P_s=228\,\mathrm{kgf}$

11-3-1 한 변의 길이 4 cm 인 정사각형 단면을 가진 기둥의 양단이 힌지로 지지되어 있다. 이 기둥의 좌굴하중 계산에 Euler 공식을 적용할 수 있으려면 기둥의 길이는 얼마 이상이 되어야 하는가? 단, 세장비 $\lambda=100$ 으로 한다.

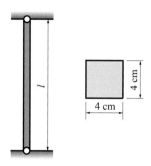

🌑 $l=115.5\,\mathrm{cm}$

11-3-2 단면 $b=2\,\mathrm{cm}$, h = 4 cm 인 직사각형 단면의 강봉 양단을 핀으로 지지하여 기둥으로 사용하고자 한다. $E=2.1\times10^6\,\mathrm{kgf/cm^2}$, $\sigma=2100\,\mathrm{kgf/cm^2}$ 일 때 기둥의 길이 l 이 얼마 이상이면 Euler 공식을 적용할 수 있는가?

🌑 $l=57.4\,\mathrm{cm}$

11-3-3 바깥지름 $d = 5\,\mathrm{cm}$, 벽두께 $3\,\mathrm{mm}$ 의 동관 기둥의 양단을 핀으로 지지하여 기둥으로 사용하고자 한다. $E = 2.1 \times 10^6\,\mathrm{kgf/cm^2}$, $\sigma = 11000\,\mathrm{kgf/cm^2}$ 일 때, 기둥의 길이 l 이 얼마 이상이면 Euler 공식을 적용할 수 있는가?

● $l = 72.3\,\mathrm{cm}$

11-4-1 그림과 같은 원형단면 기둥이 있다. 이 원형단면의 핵심(core of section)을 구하여라.

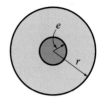

● $e = \dfrac{r}{4}$

11-4-2 그림과 같은 폭 b, 높이 h 인 직사각형 단면의 핵심을 구하여라.

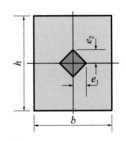

● $e_2 = \pm \dfrac{h}{6}$, $e_1 = \pm \dfrac{b}{6}$

11-4-3 그림과 같은 중심으로부터 $3\,\mathrm{cm}$ 되는 곳에 $6000\,\mathrm{kgf}$ 의 편심하중을 받는 단주의 원형단면 A 점 및 B 점에 생기는 응력을 구하여라.

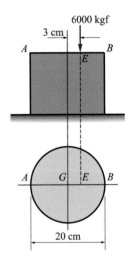

● $\sigma_A = 2.93\,\mathrm{kgf/cm^2}$ (인장응력), $\sigma_B = -43\,\mathrm{kgf/cm^2}$ (압축응력)

11-4-4 그림과 같은 정사각형 단면의 기둥에서 $e = 5\,\mathrm{cm}$ 의 편심거리에 $P = 20000\,\mathrm{kgf}$ 의 압축하중이 작용한다. 이때 이 기둥에 발생하는 최대응력을 구하여라.

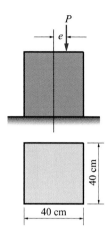

答 $\sigma = -21.87\,\mathrm{kgf/cm^2}$(압축응력)

11-4-5 그림과 같은 크램프에 $P = 50\,\mathrm{kgf}$ 의 하중을 받고 있을 때 a 축과 b 축에서의 응력을 구하여라.

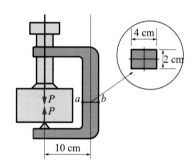

答 $\sigma_a = 101.2\,\mathrm{kgf/cm^2}$(인장응력), $\sigma_b = -88.2\,\mathrm{kgf/cm^2}$(압축응력)

11-4-6 정사각형 단면으로 된 짧은 기둥이 그림과 같이 홈이 파져 있을 때 편심하중으로 인하여 mn 단면에 발생하는 응력을 구하여라.

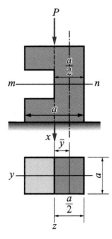

● $\sigma_{max} = -\dfrac{8P}{a^2}$ (압축), $\sigma_{max} = \dfrac{4P}{a^2}$ (인장)

11-4-7 그림과 같은 크램프가 압축력 $P = 400\,\mathrm{kgf}$ 을 발생하고 있다. 이 크램프의 몸체 mn 단면의 높이 h 를 구하여라. 단, 사각형 단면의 폭 $b = 10\,\mathrm{mm}$, $e = 50\,\mathrm{mm}$, 크램프 재료의 허용응력 $\sigma_a = 1600$ $\mathrm{kgf/cm^2}$ 이다.

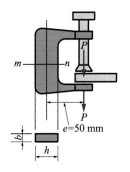

● $h = 2.87\,\mathrm{cm}$

11-5-1 그림과 같이 각 변의 폭 $b = 2\,\mathrm{in}$ 인 정사각형 단면을 가진 강봉 ($E = 30 \times 10^3\,\mathrm{ksi}$) 이 있다. 봉은 길이가 $L = 6\,\mathrm{ft}$ 이며 핀연결된 기둥이다.

(a) 봉이 도심축하중 P 를 받는다고 가정한다. 하중 P 가 임계하중에 도달할 때 봉에 작용하는 임계응력 σ_{cr} 은 얼마인가?

(b) 하중 $P = 10\,\mathrm{k}$ 가 한 변의 중앙에 작용한다면 ($e = 1\,\mathrm{in}$) 봉에 작용하는 최대응력 σ_{max} 은 얼마인가?

(c) $1\,\mathrm{in}$ 의 편심거리를 가지고 한 변의 중앙에 하중이 작용할 때 최대응력이 $\sigma_1 = 15\,\mathrm{ksi}$ 가 되게 하는 하중 P_1 은 얼마인가?

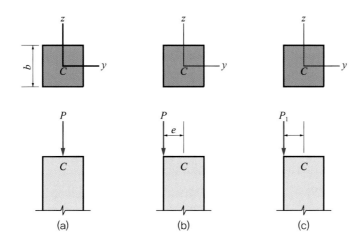

11-5-2 문제 11-5-1의 그림에서 각 변의 폭이 $b = 40\,\mathrm{mm}$ 인 정사각형 단면을 가진 강봉 ($E = 200\,\mathrm{GPa}$) 이 있다. 봉은 길이가 $L = 1.5\,\mathrm{m}$ 이며 핀연결된 기둥이다.

(a) 봉이 도심축하중 P 를 받는다고 가정한다. 하중 P 가 임계하중에 도달할 때 봉에 작용하는 임계응력 σ_{cr} 은 얼마인가?

(b) 하중 $P = 20\,\mathrm{kN}$ 이 한 변의 중앙에 작용한다면 ($e = 20\,\mathrm{mm}$) 봉에 작용하는 최대응력 σ_{max} 은 얼마인가?

(c) 20 mm 의 편심거리를 가지고 한 변의 중앙에 하중이 작용할 때 최대응력이 100 MPa 이 되게 하는 하중 P_1 은 얼마인가?

11-6-1 길이 $l = 2\,\mathrm{m}$ 인 양단이 고정된 경강재 기둥의 단면은 한 변이 10 cm 인 정사각형이다. 이 재료의 탄성계수 $E = 2.1 \times 10^6\,\mathrm{kgf/cm^2}$, 안전율 $S = 5$ 라고 할 때 이 기둥이 받을 수 있는 안전하중 P_s 를 구하여라.

11-6-2 길이 2 m, 지름 10 cm 인 연강원형단면 기둥의 하단을 고정하고 상단을 회전시킬 수 있는 기둥으로 사용하고자 한다. 안전율을 5라 하고 Gordon-Rankin 식을 이용하여 사용압축하중을 구하여라.

11-6-3 길이 3 m, 바깥지름 10 cm, 안지름 6 cm 인 속이 빈 주철재 기둥의 양단이 고정되어 있다. 안전율을 5 로 하여 Gordon-Rankin 식에 의하여 사용하중을 구하여라.

● $P = 21200$ kgf

11-6-4 길이 $l = 2.5$ m, 한 변의 길이 18 cm 인 정사각형 단면의 소나무 각주를 양단핀이음으로 할 때 안전압 축응력 $\sigma_c = 50$ kgf/cm^2 으로 해서 Gordon-Rankin 식을 사용하여 축하중을 계산하여라.

● $P = 3960$ kgf

11-6-5 길이 3.6 m 이고 양단이 고정된 정사각형 단면의 목재 각주에 15000 kgf 의 축압축하중을 가할 때 안전 율을 10으로 하면 단면의 한 변 길이는 얼마로 해야 하는가? Gordon-Rankin 식을 이용하여 구하여라.

● $a = 24$ cm

11-6-6 길이 1.5 m 인 양단핀이음의 연강재 원기둥에 축압축하중 20000 kgf 가 작용한다. 안전율을 7 로 하여 기둥의 지름을 Tetmajer 식에 의하여 구하여라. 또 그 세장비는 얼마인가?

● $d = 8.8$ cm, $l/k = 68.2$

11-6-7 축방향으로 압축하중 10000 kgf 이 작용하는 길이 150 cm 의 연강재 원형단면 기둥의 지름을 (a) Gordon-Rankin 식과 (b) Tetmajer 식에 의하여 계산하여라.

● (a) $d = 7.47$ cm, (b) $d = 6.94$ cm

11-6-8 그림과 같이 양단이 회전단으로 된 길이가 직경의 15 배인 주철재 원기둥이 있다. 이 기둥의 탄성계수 $E = 1 \times 10^6$ kgf/cm^2 이라고 할 때, 이 기둥의 임계응력을 (a) Euler 식, (b) Gordon-Rankin 식, (c) Tetmajer 식으로 구하여라.

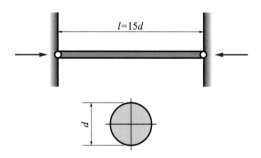

● (a) $\sigma = 2741$ kgf/cm^2, (b) $\sigma = 1723$ kgf/cm^2, (c) $\sigma = 2517.3$ kgf/cm^2

부록

STRENGTH OF MATERIALS

부록 1. 기호일람표

대문자	기호 내용	소문자	기호 내용
A	면적	a	길이
D	지름	b	폭
E	종탄성계수	c	길이
F	힘	d	지름
G	도심, 횡탄성계수	e	편심길이
I	관성 모멘트	g	중력가속도
I_P	극관성 모멘트	h	높이
K	체적 탄성계수	k	최소관성반경, 스프링상수
M	굽힘 모멘트	l	길이
N	축의 분당 회전수	m	푸아송 수
O	중심	n	단말고정계수, 스프링의 유효감김수
P	하중, 힘	o	중심
Q	단면 1차 모멘트	p	압력
R	반력, 합력	r	반경
S	안전율	t	두께
T	비틀림 모멘트	u	최대탄성에너지
U	탄성에너지	v	속도
V	체적, 전단력	w	분포하중
W	자중, 하중		
X	x축 방향		
Y	y축 방향		
Z	z축 방향, 단면계수		

부록 2. 그리스 문자

대문자	소문자	발음	기호 내용
A	α	alpha	선팽창계수, 응력집중계수(소)
B	β	beta	강성도(소)
Γ	γ	gamma	전단변형률, 비중량(소)
Δ	δ	delta	굽힘변형량(소), 미소량(대)
E	ϵ	epsilon	변형률(소)
Z	ζ	zeta	
H	η	eta	효율(소)
Θ	θ	theta	각도, 처짐각(소)
I	ι	iota	
K	κ	kappa	
Λ	λ	lambda	변형량, 세장비(소)
M	μ	mu	마찰계수(소)
N	ν	nu	푸아송의 비(소)
Ξ	ξ	xi	
O	o	omicron	
Π	π	pi	원주율(소)
P	ρ	rho	곡률반경(소)
Σ	σ	sigma	수직응력(소), 합(대)
T	τ	tau	전단응력(소)
Y	υ	upsilon	
Φ	ϕ	phi	각도, 연신율(소)
X	χ	chi	
Ψ	ψ	psi	단면수축률(소)
Ω	ω	omega	각속도(소)

부록 3. SI 접두사

SI 접두사	기호	크기
엑사(exa)	E	$1\ 000\ 000\ 000\ 000\ 000\ 000 = 10^{18}$
페타(peta)	P	$1\ 000\ 000\ 000\ 000\ 000 = 10^{15}$
테라(tera)	T	$1\ 000\ 000\ 000\ 000 = 10^{12}$
기가(giga)	G	$1\ 000\ 000\ 000 = 10^{9}$
메가(mega)	M	$1\ 000\ 000 = 10^{6}$
킬로(kilo)	k	$1\ 000 = 10^{3}$
헥토(hecto)	h	$100 = 10^{2}$
데카(deca, deka；美)	da	$10 = 10^{1}$
데시(deci)	d	$0.1 = 10^{-1}$
센치(centi)	c	$0.01 = 10^{-2}$
밀리(milli)	m	$0.001 = 10^{-3}$
마이크로(micro)	μ	$0.000\ 001 = 10^{-6}$
나노(nano)	n	$0.000\ 000\ 001 = 10^{-9}$
피코(pico)	p	$0.000\ 000\ 000\ 001 = 10^{-12}$
펨토(femto)	f	$0.000\ 000\ 000\ 000\ 001 = 10^{-15}$
아토(atto)	a	$0.000\ 000\ 000\ 000\ 000\ 001 = 10^{-18}$

부록 4. 단위계 대조표

량 \ 단위계	질이 L	질량 M	시간 T	가속도	힘	응력	압력	에너지
SI	m	kg	s	m/s^2	N	Pa	Pa	J
CGS 계	cm	g	s	Gal	dyn	dyn/cm^2	dyn/cm^2	erg
중력계	m	$kg_f \cdot s^2/m$	s	m/s^2	kg_f	kg_f/m^2	kg_f/m^2	$kg_f \cdot m$

량 \ 단위계	봉사율	온도	점도	동점도	자속	자속밀도	자계의 강도
SI	W	K	$Pa \cdot s$	m^2/s	Wb	T	A/m
CGS 계	erg/s	℃	P	St	Mx	Gs	Oe
중력계	$kg_f \cdot m/s$	℃	$kg_f \cdot s/m^2$	m^2/s	–	–	–

부록 5. 단위 환산표(1)

량	공학 단위	SI의 단위
질량	$kg_f \cdot s^2/m$	kg
	1	9.80665
	1.01972×10^{-1}	1
힘	kg_f	N
	1	9.80665
	1.01972×10^{-1}	1
힘의 모멘트	$kg_f \cdot m$	$N \cdot m$
	1	9.80665
	1.01972×10^{-1}	1
압력	kg_f/cm^2	Pa
	1	9.80665×10^4
	1.01972×10^{-5}	1
	atm	Pa
	1	1.01325×10^5
	9.86923×10^{-6}	1
	mmH_2O	Pa
	1	9.80665
	1.01972×10^{-1}	1
	mHg, Torr	Pa
	1	1.33322×10^2
	7.50062×10^{-3}	1
응력	kg_f/mm^2	$Pa(N/m^2)$
	1	9.80665×10^6
	1.01972×10^{-7}	1
에너지, 일	$kg_f \cdot m$	J
	1	9.80665
	1.01972×10^{-1}	1
	$kW \cdot h$	J
	1	3.6×10^6
	2.77778×10^{-7}	1

작업률, 동력	$\mathrm{kg}_f \cdot \mathrm{m/s}$	W
	1	9.80665
	1.01972×10^{-1}	1
	PS	W
	1	7.355×10^2
	1.35962×10^{-3}	1
응력확대계수	$\mathrm{kg}_f / \mathrm{mm}^{-3/2}$	$\mathrm{MPa} \cdot \mathrm{m}^{1/2}$
	1	3.10114×10^{-1}
	3.22463	1
충격치	$\mathrm{kg}_f \cdot \mathrm{m/cm}^2$	$\mathrm{J/m}^2$
	1	9.80665×10^4
	1.01972×10^{-5}	1
	$\mathrm{kg}_f \cdot \mathrm{m}$	J
	1	9.80665
	1.01971×10^{-1}	1

단위 환산표(2)

길이	$1\text{ in} = 25.4\text{ mm} \fallingdotseq 2.54\text{ cm}$ $1\text{ ft} = 304.8\text{ mm} = 30.48\text{ cm} = 3.048\text{ dm} = 0.3048\text{ m}$ $1\text{ yd} = 914.4\text{ mm} = 91.44\text{ cm} = 9.144\text{ dm} = 0.9144\text{ m}$ $1\text{ mile} = 1.609\text{ km} = 1609\text{ m}$
면적	$1\text{ in}^2 = 645.2\text{ mm}^2 = 6.452\text{ cm}^2$ $1\text{ ft}^2 = 929.0\text{ cm}^2 = 0.09290\text{ m}^2$ $1\text{ yd}^2 = 0.8361\text{ m}^2$ $1\text{ acre} = 4047\text{ m}^2$ $1\text{ mile}^2 = 2.590\text{ km}^2$
체적	$1\text{ in}^3 = 16.39\text{ cm}^3$ $1\text{ ft}^3 = 28320\text{ cm}^3 = 28.320\text{ dm}^3 = 0.02832\text{ m}^3$ $1\text{ ft}^3 = 28.32\,l\,(l = \text{liters})$ $1\text{ yd}^3 = 0.7646\text{ m}^3 = 764.6\,l$ $1\text{ U.S. gallon} = 3.785\,l$
관성모멘트	$1\text{ in}^4 = 41.62\text{ cm}^4$ $1\text{ ft}^4 = 86.31\text{ dm}^4$
힘	$1\text{ lb(force)} = 1\text{ lb} = 4.448\text{ N}$ $1\text{ kip(one kilopound)} = 1000\text{ lb} = 4.448\text{ kN}$ $1\text{ ton} = 9964\text{ N} = 9.964\text{ kN}$
단위체적당 힘	$1\text{ lb/in}^3 = 271.4\text{ kN/m}^3$ $1\text{ lb/ft}^3 = 0.1571\text{ kN/m}^3 = 157.1\text{ N/m}^3$
압력, 응력	$1\text{ lb/ft}^2 = 47.88\text{ N/m}^2$ $1\text{ lb/in}^2 = 6.895\text{ kN/m}^2 = 0.6895\text{ N/cm}^2$ $1\text{ ton/ft}^2 = 107252\text{ N/m}^2 = 107.25\text{ kN/m}^2$
단위길이당 하중	$1\text{ lb/ft} = 14.59\text{ N/m}$ $1\text{ ton/ft} = 32690\text{ N/m} = 32.69\text{ kN/m}$
힘의 모멘트	$1\text{ lb·in} = 11.3\text{ N·cm} = 0.113\text{ N·m}$ $1\text{ lb·ft} = 135.6\text{ N·cm} = 1.356\text{ N·m}$ $1\text{ kip·ft} = 1356\text{ N·m} = 1.356\text{ kN·m}$

부록 6. 공업재료의 기계적 성질

⟨기호⟩ $E(\mathrm{kg}_f/\mathrm{mm}^2)$: 종탄성계수　　　　$\sigma_y(\mathrm{kg}_f/\mathrm{mm}^2)$: 항복점　　　　$\gamma(\mathrm{kg}_f/\mathrm{mm}^3)$: 단위체적당 중량

　　　$G(\mathrm{kg}_f/\mathrm{mm}^2)$: 횡탄성계수　　　　$\sigma_w(\mathrm{kg}_f/\mathrm{mm}^2)$: 인장강도　　　　$U(\mathrm{kg}_f\cdot\mathrm{m}/\mathrm{mm}^2)$: 충격치

　　　ν: 푸아송의 비　　　　　　　　　$\phi(\%)$: 연신율　　　　　　　　　H_s: 브리넬경도

　　　$\sigma_p(\mathrm{kg}_f/\mathrm{mm}^2)$: 비례한도　　　　$\psi(\%)$: 단면수축률

구분	E	G	ν	σ_p	σ_y	σ_w	ϕ	ψ	γ	U	H_s
순철(0.01~0.02C)	2.1×10^4	0.82×10^4	0.3	14	19	32	44	70	7.86×10^{-6}	18	70
연강(0.1~0.3C)	2.1×10^4	0.82×10^4	0.3	23	25	40	30	60	7.86×10^{-6}		110
경강(0.4~0.6C)	2.1×10^4	0.82×10^4	0.3	34	38	50	20	43	7.86×10^{-6}		140
스프링강(열처리)	2.1×10^4	0.82×10^4	0.3		130	150	10	30	7.86×10^{-6}	3	400
피아노선(지름 0.3mm)	2.1×10^4	0.82×10^4	0.3			300			7.86×10^{-6}		
Ni 강(열처리)	2.1×10^4	0.82×10^4	0.3		40	70	30	50	7.86×10^{-6}	8	180
Cr 강(열처리)	2.1×10^4	0.82×10^4	0.3		70	90	15	45	7.86×10^{-6}	7	280
Ni-Cr 강(열처리)	2.1×10^4	0.82×10^4	0.3		70	90	17	50	7.86×10^{-6}	10	300
Ni-Cr-Mo 강(열처리)	2.1×10^4	0.82×10^4	0.3		90	100	16	50	7.86×10^{-6}	8	340
Cr-Mo 강(열처리)	2.1×10^4	0.82×10^4	0.3		80	95	15	45	7.86×10^{-6}	9	300
주강	2.1×10^4	0.82×10^4	0.3	35	35	60	25	60	7.96×10^{-6}		150

부록 7. 열팽창계수

재료	열팽창계수	
	$10^{-6}/°C$	$10^{-6}/°F$
Aluminum and aluminum alloys	23	13
Brass	19.1~21.2	10.6~11.8
Red brass	19.1	10.6
Naval brass	21.1	11.7
Brick	5~7	3~4
Bronze	18~21	9.9~11.6
Manganese bronze	20	11
Cast iron	9.9~12.0	5.5~6.6
Gray cast iron	10.0	5.6
Concrete	7~14	4~8
Medium-strength	11	6
Copper	16.6~17.6	9.2~9.8
Beryllium copper	17.0	9.4
Glass	5~11	3~6
Magnesium (pure)	25.2	14.0
Alloys	26.1~28.8	14.5~16.0
Monel(67% Ni, 30% Cu)	14	7.7
Nickel	13	7.2
Nylon	75~100	40~60
Rubber	130~200	70~110
Steel	10~18	5.5~9.9
High-strength	14	8.0
Stainless	17	9.6
Structural	12	6.5
Stone	5~9	3~5
Titanium(alloys)	8~10	4.5~5.5
Tungsten	4.3	2.4
Wrought iron	12	6.5

부록 8. 평면도형의 성질

〈기호〉 A = 면적

$\bar{x}$, $\bar{y}$ = 도심 C까지의 거리

I_x, I_y = x, y축에 관한 관성모멘트

I_{xy} = x, y축에 관한 관성승적

$I_p = I_x + I_y$ = 극관성모멘트

$I_{BB} = B-B$축에 관한 관성모멘트

1	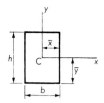	**직사각형**(도심이 축원점) $A = bh \qquad \bar{x} = \dfrac{b}{2} \qquad \bar{y} = \dfrac{h}{2}$ $I_x = \dfrac{bh^3}{12} \qquad I_y = \dfrac{hb^3}{12}$ $I_{xy} = 0 \qquad I_p = \dfrac{bh}{12}(h^2 + b^2)$
2	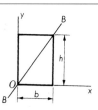	**직사각형**(모서리가 축원점) $I_x = \dfrac{bh^3}{3} \qquad I_y = \dfrac{hb^3}{3}$ $I_{xy} = \dfrac{b^2 h^2}{4} \qquad I_p = \dfrac{bh}{3}(h^2 + b^2) \qquad I_{BB} = \dfrac{b^3 h^3}{6(b^2 + h^2)}$
3	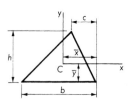	**삼각형**(도심이 축원점) $A = \dfrac{bh}{2} \qquad \bar{x} = \dfrac{b + c}{3} \qquad \bar{y} = \dfrac{h}{3}$ $I_x = \dfrac{bh^3}{36} \qquad I_y = \dfrac{bh}{36}(b^2 - bc + c^2)$ $I_{xy} = \dfrac{bh^2}{72}(b - 2c) \qquad I_p = \dfrac{bh}{36}(h^2 + b^2 - bc + c^2)$
4	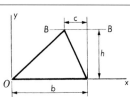	**삼각형**(정점이 축원점) $I_x = \dfrac{bh^3}{12} \qquad I_y = \dfrac{bh}{12}(3b^2 - 3bc + c^2)$ $I_{xy} = \dfrac{bh^2}{24}(3b - 2c) \qquad I_{BB} = \dfrac{bh^3}{4}$
5	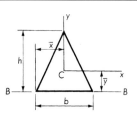	**정삼각형**(도심이 축원점) $A = \dfrac{bh}{2} \qquad \bar{x} = \dfrac{b}{2} \qquad \bar{y} = \dfrac{h}{3}$ $I_x = \dfrac{bh^3}{36} \qquad I_y = \dfrac{hb^3}{48} \qquad I_{xy} = 0$ $I_p = \dfrac{bh}{144}(4h^2 + 3b^2) \qquad I_{BB} = \dfrac{bh^3}{12}$ (주 : $h = \sqrt{3}\, b/2$)

6		**직각삼각형**(도심이 축원점) $A = \dfrac{bh}{2} \qquad \bar{x} = \dfrac{b}{3} \qquad \bar{y} = \dfrac{h}{3}$ $I_x = \dfrac{bh^3}{36} \qquad I_y = \dfrac{hb^3}{36} \qquad I_{xy} = -\dfrac{b^2h^2}{72}$ $I_p = \dfrac{bh}{36}(h^2 + b^2) \qquad I_{BB} = \dfrac{bh^3}{12}$
7		**직각삼각형**(정점이 축원점) $I_x = \dfrac{bh^3}{12} \qquad I_y = \dfrac{hb^3}{12} \qquad I_{xy} = \dfrac{b^2h^2}{24}$ $I_p = \dfrac{bh}{12}(h^2 + b^2) \qquad I_{BB} = \dfrac{bh^3}{4}$
8		**사다리꼴**(도심이 축원점) $A = \dfrac{h(a+b)}{2} \qquad \bar{y} = \dfrac{h(2a+b)}{3(a+b)}$ $I_x = \dfrac{h^3(a^2 + 4ab + b^2)}{36(a+b)} \qquad I_{BB} = \dfrac{h^3(3a+b)}{12}$
9		**원**(중심이 축원점) $A = \pi r^2 = \dfrac{\pi d^2}{4} \qquad I_x = I_y = \dfrac{\pi r^4}{4} = \dfrac{\pi d^4}{64}$ $I_{xy} = 0 \qquad I_p = \dfrac{\pi r^4}{2} = \dfrac{\pi d^4}{32} \qquad I_{BB} = \dfrac{5\pi r^4}{4} = \dfrac{5\pi d^4}{64}$
10		**원환**(중심이 축원점) t가 적을 때의 근사공식 $A = 2\pi rt = \pi dt \qquad I_x = I_y = \pi r^3 t = \dfrac{\pi d^3 t}{8}$ $I_{xy} = 0 \qquad I_p = 2\pi r^3 t = \dfrac{\pi d^3 t}{4}$
11		**반원**(도심이 축원점) $A = \dfrac{\pi r^2}{2} \qquad \bar{y} = \dfrac{4r}{3\pi}$ $I_x = \dfrac{(9\pi^2 - 64)r^4}{72\pi} \approx 0.1098\,r^4 \qquad I_y = \dfrac{\pi r^4}{8}$ $I_{xy} = 0 \qquad I_{BB} = \dfrac{\pi r^4}{8}$

12 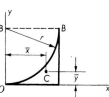	**사분원**(원중심이 축원점) $A = \dfrac{\pi r^2}{4} \qquad \bar{x} = \bar{y} = \dfrac{4r}{3\pi}$ $I_x = I_y = \dfrac{\pi r^4}{16} \qquad I_{xy} = \dfrac{r^4}{8}$ $I_{BB} = \dfrac{(9\pi^2 - 64)\, r^4}{144\pi} \approx 0.05488 r^4$
13 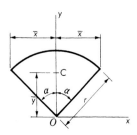	**(도심이 축원점)** $A = \left(1 - \dfrac{\pi}{4}\right) r^2$ $\bar{x} = \dfrac{2r}{3(4 - \pi)} \approx 0.7766 r \qquad \bar{y} = \dfrac{(10 - 3\pi)\, r}{3(4 - \pi)} \approx 0.2234 r$ $I_x = \left(1 - \dfrac{5\pi}{16}\right) r^2 \approx 0.01825 r^4 \qquad I_y = I_{BB} = \left(\dfrac{1}{3} - \dfrac{\pi}{16}\right) r^4 \approx 0.1370 r^4$
14 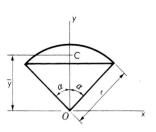	**부채꼴형**(원 중심이 축원점) $\alpha = $ angle in radians $\qquad \left(\alpha \le \dfrac{\pi}{2}\right)$ $A = \alpha r^2 \qquad \bar{x} = r \sin \alpha \qquad \bar{y} = \dfrac{2r \sin \alpha}{3\alpha}$ $I_x = \dfrac{r^4}{4}(\alpha + \sin \alpha \cos \alpha) \qquad I_y = \dfrac{r^4}{4}(\alpha - \sin \alpha \cos \alpha)$ $I_{xy} = 0 \qquad I_p = \dfrac{\alpha r^4}{2}$
15 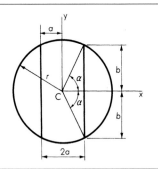	**활형**(원의 중심이 축원점) $\alpha = $ angle in radians $\qquad \left(\alpha \le \dfrac{\pi}{2}\right)$ $A = r^2(\alpha - \sin \alpha \cos \alpha) \qquad \bar{y} = \dfrac{2r}{3}\left(\dfrac{\sin^3 \alpha}{\alpha - \sin \alpha \cos \alpha}\right)$ $I_x = \dfrac{r^4}{4}(\alpha - \sin \alpha \cos \alpha + 2 \sin^3 \alpha \cos \alpha) \qquad I_{xy} = 0$ $I_y = \dfrac{r^4}{12}(3\alpha - 3 \sin \alpha \cos \alpha - 2 \sin^3 \alpha \cos \alpha)$
16	**핵이 제거된 원**(원의 중심이 축원점) $\alpha = $ angle in radians $\qquad \left(\alpha \le \dfrac{\pi}{2}\right)$ $\alpha = \operatorname{arc\,cos} \dfrac{a}{r} \qquad b = \sqrt{r^2 - a^2}$ $A = 2r^2\left(\alpha - \dfrac{ab}{r^2}\right) \qquad I_{xy} = 0$ $I_x = \dfrac{r^4}{6}\left(3\alpha - \dfrac{3ab}{r^2} - \dfrac{2ab^3}{r^4}\right) \qquad I_y = \dfrac{r^4}{2}\left(\alpha - \dfrac{ab}{r^2} + \dfrac{2ab^3}{r^4}\right)$

17		타원(도심이 축원점) $A = \pi ab \qquad I_x = \dfrac{\pi ab^3}{4} \qquad I_y = \dfrac{\pi ba^3}{4}$ $I_{xy} = 0 \qquad I_P = \dfrac{\pi ab}{4}(b^2 + a^2)$ 원주 $\approx \pi[1.5(a + b) - \sqrt{ab}]$
18		포물선(모서리가 축원점) $y = f(x) = h\left(1 - \dfrac{x^2}{b^2}\right)$ $A = \dfrac{2bh}{3} \qquad \bar{x} = \dfrac{3b}{8} \qquad \bar{y} = \dfrac{2h}{5}$ $I_x = \dfrac{16bh^3}{105} \qquad I_y = \dfrac{2hb^3}{15} \qquad I_{xy} = \dfrac{b^2h^2}{12}$
19		(정점이 축원점) $y = f(x) = \dfrac{hx^2}{b^2}$ $A = \dfrac{bh}{3} \qquad \bar{x} = \dfrac{3b}{4} \qquad \bar{y} = \dfrac{3h}{10}$ $I_x = \dfrac{bh^3}{21} \qquad I_y = \dfrac{hb^3}{5} \qquad I_{xy} = \dfrac{b^2h^2}{12}$
20		**n** 차반활형(모서리가 축원점) $y = f(x) = h\left(1 - \dfrac{x^n}{b^n}\right) \qquad n > 0$ $A = bh\left(\dfrac{n}{n + 1}\right) \qquad \bar{x} = \dfrac{b(n + 1)}{2(n + 2)} \qquad \bar{y} = \dfrac{hn}{2n + 1}$ $I_x = \dfrac{2bh^3 n^3}{(n + 1)(2n + 1)(3n + 1)} \qquad I_y = \dfrac{hb^3 n}{3(n + 3)}$ $I_{xy} = \dfrac{b^2h^2 n^2}{4(n + 1)(n + 2)}$
21		(정점이 축원점) $y = f(x) = \dfrac{hx^n}{b^n} \qquad n > 0$ $A = \dfrac{bh}{n + 1} \qquad \bar{x} = \dfrac{b(n + 1)}{n + 2} \qquad \bar{y} = \dfrac{h(n + 1)}{2(2n + 1)}$ $I_x = \dfrac{bh^3}{3(3n + 1)} \qquad I_y = \dfrac{hb^3}{n + 3} \qquad I_{xy} = \dfrac{b^2h^2}{4(n + 1)}$
22		**sine** 곡선(도심이 축원점) $A = \dfrac{4bh}{\pi} \qquad \bar{y} = \dfrac{\pi h}{8}$ $I_x = \left(\dfrac{8}{9\pi} - \dfrac{\pi}{16}\right)bh^3 \approx 0.08659bh^3 \qquad I_y = \left(\dfrac{4}{\pi} - \dfrac{32}{\pi^3}\right)hb^3 \approx 0.2412hb^3$ $I_{xy} = 0 \qquad I_{BB} = \dfrac{8bh^3}{9\pi}$

부록 9. 보의 처짐

〈기호〉 $R(\text{kg}_f)$: 반력 $w(\text{kg}_f/\text{cm})$: 분포하중 $\theta(\text{rad})$: 처짐각

$V(\text{kg}_f)$: 전단력 $M_0(\text{kg}_f\cdot\text{cm})$: 우력 $\delta(\text{cm})$: 처짐

$M(\text{kg}_f\cdot\text{cm})$: 굽힘 모멘트 $E(\text{kg}_f/\text{cm}^2)$: 종탄성계수

$P(\text{kg}_f)$: 집중하중 $I(\text{cm}^4)$: 단면 2차 모멘트

번호	보의 종류	반력, 전단력, 굽힘 모멘트	처짐각 및 처짐
1		$R=P$ $V=P$ $M=-P(l-x)$	$\delta=\dfrac{Pl^3}{6EI}\left(3-\dfrac{x}{l}\right)\dfrac{x^2}{l^2}$ $\delta_{\max}=\delta_{x=l}=\dfrac{Pl^3}{3EI}$ $\theta=\dfrac{Pl^2}{2EI}\left(2-\dfrac{x}{l}\right)\dfrac{x}{l}$ $\theta_{x=l}=\dfrac{Pl^2}{2EI}$
2		$R=P$ $V=P \quad (0\le x\le a)$ $V=0 \quad (a\le x\le l)$ $M=-P(a-x) \ (0\le x\le a)$ $M=0 \quad (a\le x\le l)$	$\delta=\dfrac{Pa^3}{6EI}\left(3-\dfrac{x}{a}\right)\dfrac{x^2}{a^2} \quad (0\le x\le a)$ $\delta=\dfrac{Pa^3}{6EI}\left\{2+3\left(\dfrac{x}{a}-1\right)\right\} \quad (a\le x\le l)$ $\delta_{x=l}=\dfrac{Pa^3}{6EI}\left(3\dfrac{l}{a}-1\right)$
3		$R=wl$ $V=w(l-x)$ $M=\dfrac{-w}{2}(l-x)^2$	$\delta=\dfrac{wl^2}{24EI}x^2\left(6-4\dfrac{x}{l}+\dfrac{x^2}{l^2}\right)$ $\delta_{x=l}=\dfrac{wl^4}{8EI}$ $\theta=\dfrac{wl^2}{6EI}x\left(3-3\dfrac{x}{l}+\dfrac{x^2}{l^2}\right)$ $\theta_{x=l}=\dfrac{wl^3}{6EI}$
4		$R=0$ $V=0$ $M=M_0 \quad (0\le x\le a)$ $M=0 \quad (a\le x\le l)$	$\delta=\dfrac{-M_0}{2EI}x^2 \quad (0\le x\le a)$ $\delta=\dfrac{-M_0a^2}{2EI}\left(2\dfrac{x}{a}-1\right) \quad (a\le x\le l)$ $\delta_{x=l}=\dfrac{-M_0a^2}{2EI}\left(2\dfrac{l}{a}-1\right)$ $\delta_{x=l}=-\dfrac{M_0l^2}{2EI}$ $\theta=\dfrac{-M_0}{EI}x \quad (x\le a)$ $\theta=\dfrac{-M_0a}{EI} \quad (a\le x\le l)$ $\theta_{x=l}=-\dfrac{M_0l}{EI}$

번호	보의 종류	반력, 전단력, 굽힘 모멘트	처짐각 및 처짐
5		$R_1 = \dfrac{b}{l}P, \quad R_2 = \dfrac{a}{l}P$ $V = R_1 = \dfrac{b}{l}P \qquad (0 \le x \le a)$ $V = -R_2 = -\dfrac{a}{l}P \qquad (a \le x \le l)$ $M = \dfrac{b}{l}xP \qquad (x \le a)$ $M = \dfrac{a}{l}(l-x)P \qquad (a \le x \le l)$ $M_{max} = M_{x=a} = \dfrac{ab}{l}P$ $a = b$일 때 $M_{max} = \dfrac{Pl}{4}$	$\delta = -\dfrac{Pl^3}{6EI}\dfrac{x}{l}\left(1-\dfrac{a}{l}\right)\left(\dfrac{x^2}{l^2} - 2\dfrac{a}{l} + \dfrac{a^2}{l^2}\right)$ $\hspace{6cm}(0 \le x \le a)$ $\delta = -\dfrac{Pl^3}{6EI}\dfrac{a}{l}\left(1-\dfrac{x}{l}\right)\left(\dfrac{x^2}{l^2} - 2\dfrac{x}{l} + \dfrac{a^2}{l^2}\right)$ $\hspace{6cm}(a \le x \le l)$ $\delta_{max} = \dfrac{Pl^3}{48EI}\dfrac{16}{3\sqrt{3}}\dfrac{b}{l}\left(1 - \dfrac{b^2}{l^2}\right)^{\frac{3}{2}},$ $\left(x^2 = \dfrac{l^2 - b^2}{3}\right) \qquad (a > b)$ $\delta_{x=\frac{l}{2}} = \dfrac{Pl^3}{48EI}\dfrac{b}{l}\left(3 - 4\dfrac{b^2}{l^2}\right) \qquad (a > b)$ $\theta_{x=0} = \dfrac{Pl^2}{6EI}\dfrac{ab}{l^2}\left(1 + \dfrac{b}{l}\right)$ $\theta_{x=0} = \dfrac{Pl^2}{16EI}$ $\theta_{x=l} = -\dfrac{Pl^2}{6EI}\dfrac{ab}{l^2}\left(1 + \dfrac{a}{l}\right)$
6		$R = \dfrac{wl}{2}$ $V = \dfrac{wl}{2}\left(1 - 2\dfrac{x}{l}\right)$ $M = \dfrac{wl^2}{2}\dfrac{x}{l}\left(1 - \dfrac{x}{l}\right)$ $M_{max} = \dfrac{wl^2}{8} \qquad \left(x = \dfrac{l}{2}\right)$	$\delta = \dfrac{wl^4}{24EI}\dfrac{x}{l}\left(1 - 2\dfrac{x^2}{l^2} + \dfrac{x^3}{l^3}\right)$ $\delta_{max} = \dfrac{5wl^4}{384EI}$ $\theta = \dfrac{wl^3}{24EI}\left(1 - 6\dfrac{x^2}{l^2} + 4\dfrac{x^3}{l^3}\right)$ $\theta_{x=0} = \dfrac{wl^3}{24EI}$
7		$R_1 = -R_2 = \dfrac{M_0}{l}$ $V = R_1 = \dfrac{M_0}{l}$ $M = \dfrac{M_0}{l}x \qquad (0 \le x \le a)$ $M = \left(-1 + \dfrac{x}{l}\right)M_0 \qquad (a \le x \le l)$	$\delta = \dfrac{-M_0 l^2}{6EI}\left\{\dfrac{x^3}{l^3} - \dfrac{x}{l}\left(2\dfrac{ab}{l^2} + \dfrac{a^2}{l^2} - 2\dfrac{b^2}{l^2}\right)\right\}$ $\hspace{6cm}(0 \le x \le a)$ $\delta = \dfrac{M_0 l^2}{6EI}\left\{\left(1 - \dfrac{x}{l}\right)^3 + \left(1 - \dfrac{x}{l}\right)\right.$ $\left.\left(2\dfrac{a^2}{l^2} - 2\dfrac{ab}{l^2} - \dfrac{b^2}{l^2}\right)\right\} \qquad (a \le x \le l)$ $\delta_{x=0} = \dfrac{M_0}{3EI}\dfrac{ab}{l}(a - b)$ $\theta = -\dfrac{M_0}{6EI}\dfrac{1}{l}\left\{3x^2 - (2ab + a^2 - 2b^2)\right\}$ $\hspace{6cm}(0 \le x \le a)$ $\theta = -\dfrac{M_0}{6EI}\dfrac{1}{l}\left\{3(l-x)^2 - (2ab + b^2\right.$ $\left. - 2a^2)\right\} \qquad (a \le x \le l)$ $\delta_{x=0} = \dfrac{M_0}{3EI}\dfrac{ab}{l}(a - b)$ $\theta_{x=a} = \dfrac{M_0}{3EI}\dfrac{1}{l}(ab - a^2 - b^2)$

번호	보의 종류	반력, 전단력, 굽힘 모멘트	처짐각 및 처짐
8		$-R_1=R_2=\dfrac{M_1-M_2}{l}$ $V=R_1=-\dfrac{1}{l}(M_1-M_2)$ $M=M_1-\dfrac{x}{l}(M_1-M_2)$	$\delta=\dfrac{M_1 l^2}{6EI}\dfrac{x}{l}\left\{\left(2+\dfrac{M_2}{M_1}\right)-3\dfrac{x}{l}\right.$ $\left.-\left(\dfrac{M_2}{M_1}-1\right)\dfrac{x^2}{l^2}\right\}$ $\qquad(M_1=M_2=M_0)$ $\delta_{max}=\dfrac{M_0 l^2}{8EI}$ $\theta_{x=0}=\dfrac{l}{6EI}(2M_1+M_2)$ $\theta_{x=l}=-\dfrac{l}{6EI}(M_1+2M_2)$ $\theta=\dfrac{M_0}{2EI}(l-2x)$ $\qquad(M_1=M_2=M_0)$ $\theta_{x=0}=\dfrac{M_0 l}{2EI}$
9		$R=P$ $V=-P$ $\quad(0\leq x\leq a)$ $V=0$ $\quad(a\leq x\leq l-a)$ $V=P$ $\quad(l-a\leq x\leq l)$ $M=-Px$ $\quad(0\leq x\leq a)$ $M=-Pa$ $\quad(a\leq x\leq l-a)$ $M=-P(l-x)$ $\quad(l-a\leq x\leq l)$	$\delta=\dfrac{Pa^3}{6EI}\left\{\dfrac{x^3}{a^3}-3\left(\dfrac{l}{a}-1\right)\dfrac{x}{a}+3\left(\dfrac{l}{a}-2\right)\right.$ $\left.+2\right\}$ $\qquad(0\leq x\leq a)$ $\delta=\dfrac{Pa^3}{6EI}\left\{\dfrac{x^3}{a^3}-3\left(\dfrac{l}{a}-1\right)\dfrac{x}{a}+3\left(\dfrac{l}{a}-2\right)\right.$ $\left.+2-\left(\dfrac{x}{a}-1\right)^3\right\}$ $\qquad(a\leq x\leq l-a)$ $\delta_{x=0}=\dfrac{Pa^3}{6EI}\left(3\dfrac{l}{a}-4\right)$ $\delta_{x=\frac{1}{2}}=\dfrac{-Pa^3}{8EI}\left(\dfrac{l}{a}-2\right)^2$ $\theta_{x=0}=-\dfrac{Pa^2}{2EI}\left(\dfrac{l}{a}-1\right)$ $\theta_{x=a}=\dfrac{-Pa^2}{2EI}\left(\dfrac{l}{a}-2\right)$
10		$R=\dfrac{wl}{2}$ $V=-wx$ $\quad(0\leq x\leq a)$ $V=\dfrac{wl}{2}-wx$ $\quad(a\leq x\leq l-a)$ $M=-\dfrac{1}{2}wx^2$ $\quad(x\leq a)$ $M=\dfrac{wl^2}{2}\left\{\dfrac{x}{l}-\dfrac{a}{l}-\dfrac{x^2}{l^2}\right\}$ $\qquad(a\leq x\leq l-a)$ $\dfrac{a}{l}<\left(\dfrac{1}{\sqrt{2}}-\dfrac{1}{2}\right)$이면 $|M_A|<|M_B|$	$\delta=\dfrac{wl^4}{24EI}\left\{\left(6\dfrac{a^2}{l^2}-6\dfrac{a}{l}+1\right)\dfrac{x}{l}+\dfrac{x^4}{l^4}-\dfrac{a^4}{l^4}\right.$ $\left.-6\dfrac{a^3}{l^3}+6\dfrac{a^2}{l^2}-\dfrac{a}{l}\right\}$ $\qquad(0\leq x\leq a)$ $\delta=\dfrac{wl^4}{24EI}\left\{\left(1-6\dfrac{a}{l}\right)\dfrac{x}{l}+6\dfrac{a}{l}\dfrac{x^2}{l^2}-2\dfrac{x^3}{l^3}\right.$ $\left.+\dfrac{x^4}{l^4}-\dfrac{a^4}{l^4}-4\dfrac{a^3}{l^3}+6\dfrac{a^2}{l^2}-\dfrac{a}{l}\right\}$ $\qquad(a\leq x\leq l-a)$ $\delta_{x=0}=\dfrac{wa^4}{24EI}\left\{3+6\left(\dfrac{l}{a}-2\right)-\left(\dfrac{l}{a}-2\right)^3\right\}$ $\delta_{x=\frac{1}{2}}=\dfrac{wa^4}{384EI}\left(\dfrac{l}{a}-2\right)^2\left\{5\left(\dfrac{l}{a}-2\right)^2\right.$ $\left.-24\right\}$

번호	보의 종류	반력, 전단력, 굽힘 모멘트	처짐각 및 처짐
11		$R_1 = \dfrac{Pb}{2l}\left(3 - \dfrac{b^2}{l^2}\right)$ $R_2 = P - R_1$ $M_1 = \dfrac{Pb}{2}\left(\dfrac{b^2}{l^2} - 1\right)$ $M_2 = \dfrac{Pb}{2}\dfrac{a^2}{l^2}\left(2 + \dfrac{b}{l}\right)$ $M_1 \lessgtr M_2, \qquad (b \gtreqless a\sqrt{2})$ $(-M_1)_{max} = 0.192l \quad (b = 0.577l)$ $(M_2)_{max} = 0.174Pl \quad (b = 0.366l)$	$\delta = \dfrac{Pa^2}{12EI}(l-x)\left\{3\dfrac{b}{l} - \dfrac{3b+2a}{l} \cdot \right.$ $\left. \dfrac{(l-x)^2}{l^2}\right\} \qquad (a \leq x \leq l)$ $\delta = \dfrac{Pa^2}{12EI}(l-x)\left\{3\dfrac{b}{l} - \dfrac{3b+2a}{l} \cdot \dfrac{(l-x)^2}{l^2}\right\}$ $\quad - \dfrac{P(a-x)^3}{6EI} \qquad (x < a)$
12		$R_1 = \dfrac{5}{8}wl, \quad R_2 = \dfrac{3}{8}wl,$ $M_2 = \dfrac{9}{128}wl^2 \qquad \left(x = \dfrac{5}{8}l\right)$ $M_1 = -\dfrac{1}{8}wl^2 \qquad (x = 0)$	$\delta = \dfrac{wl^4}{48EI}\dfrac{x^2}{l^2}\left\{3 - 5\dfrac{x}{l} + 2\dfrac{x^2}{l^2}\right\}$ $\delta_{max} = 0.260\dfrac{wl^4}{48EI} \qquad (x = 0.578l)$ $\theta_B = -\left(\dfrac{dw}{dx}\right)_{x=l} = \dfrac{wl^3}{48EI}$
13		$R_2 = \dfrac{3}{2}\dfrac{a}{l^2}\left(2 - \dfrac{a}{l}\right)M_0$ $\quad = -R_1$ $M_1 = M_0\left(1 - 3\dfrac{a}{l} + \dfrac{3}{2}\dfrac{a^2}{l^2}\right)$ $M_2 = M_0\left(1 - 3\dfrac{a}{l} + \dfrac{9}{2}\cdot\dfrac{a^2}{l^2}\right.$ $\quad \left. - \dfrac{3}{2}\dfrac{a^3}{l^3}\right)$ $-M_3 = \dfrac{3}{2}\dfrac{a}{l}\left(2 - 3\dfrac{a}{l} + \dfrac{a^2}{l^2}\right)M_0$ $M_2 - M_3 = M_0$	$\delta = \dfrac{R_2 l^3}{6EI}\left(3 - \dfrac{x}{l}\right)\dfrac{x^2}{l^2} - \dfrac{M_0}{2EI}x^2 \quad (x < a)$ $\delta = \dfrac{R_2 l^3}{6EI}\left(3 - \dfrac{x}{l}\right)\dfrac{x^2}{l^2} - \dfrac{M_0 a^2}{2EI}\left(2\dfrac{x}{a} - 1\right)$ $\qquad (a < x < l)$ $\theta_B = \dfrac{M_0 a}{4EI}\left\{4 - 3\dfrac{a}{l}\left(\dfrac{b}{l} + 1\right)^2\right\}$ $\theta_C = \dfrac{M_0 a}{4EI}\left(2 - 3\dfrac{a}{l}\right)$
14		$R_1 = \dfrac{b^2}{l^2}\dfrac{3a+b}{l}P$ $R_2 = \dfrac{a^2}{l^2}\dfrac{a+3b}{l}P$ $M_1 = \dfrac{-ab^2}{l^2}P$ $M_2 = \dfrac{-a^2 b}{l^2}P$ $M_3 = 2\dfrac{a^2 b^2}{l^3}P$ $(-M_1)_{max} = \dfrac{4}{27}Pl \qquad \left(a = \dfrac{l}{3}\right)$ $a = b$이면 $M_1 = -\dfrac{Pl}{8}, \quad M_3 = -\dfrac{Pl}{8}$	$\delta = \dfrac{Pl^3}{6EI}\dfrac{b^2}{l^2}\dfrac{x^2}{l^2}\left\{3\dfrac{a}{l} - \dfrac{(3a+b)}{l}\dfrac{x}{l}\right\} (x \leq a)$ $\delta = \dfrac{Pl^3}{6EI}\dfrac{b^2}{l^2}\dfrac{x^2}{l^2}\left\{3\dfrac{a}{l} - \dfrac{3a+b}{l}\dfrac{x}{l}\right\}$ $\quad + \dfrac{P(x-a)^3}{6EI} \qquad (a \leq x \leq l)$ $\delta_{x=a} = \dfrac{Pl^3}{3EI}\left(\dfrac{ab}{l^2}\right)^3$ $\delta = \dfrac{Pl^3}{12EI}\left(\dfrac{3}{4}\dfrac{x^2}{l^2} - \dfrac{x^3}{l^3}\right)$ $\delta_{max} = \dfrac{Pl^3}{192EI}$

번호	보의 종류	반력, 전단력, 굽힘 모멘트	처짐각 및 처짐
15		$R = \dfrac{wl}{2}$ $M_0 = -\dfrac{wl^2}{12}$ $M_{x=\frac{1}{2}} = \dfrac{wl^2}{24}$	$w = \dfrac{wl^4}{24EI}\left(\dfrac{x^2}{l^2} - 2\dfrac{x^3}{l^3} + \dfrac{x^4}{l^4}\right)$ $w_{x=\frac{1}{2}} = \dfrac{wl^4}{384EI}$
16		$R_1 = 6\dfrac{M_0 a}{l^2}\left(1 - \dfrac{a}{l}\right) = R_2$ $M_1 = M_0\left(1 - 4\dfrac{a}{l} + 3\dfrac{a^2}{l^2}\right)$ $M_2 = M_0\left(\dfrac{a}{l} - 3\dfrac{a^2}{l^2}\right)$	$\delta = \dfrac{-x^2}{6EI}(3M_1 + R_1 x)$ $(x \leq a)$ $\delta = \dfrac{1}{6EI}\{-3x^2 M_2 - 3M_0 a(2x - a)$ $\quad + R_2 x^2(3l - x)\}$ $(a \leq x \leq l)$

434

부록 10. 균일강도의 보

〈기호〉 $P(\mathrm{kg}_f)$: 집중하중 $W(\mathrm{kg}_f)$: 등분포하중의 합 $d_0(\mathrm{cm})$: 최대지름

$h_0(\mathrm{cm})$: 최대높이 $b(\mathrm{cm})$: x 거리의 폭 $d(\mathrm{cm})$: x 거리의 지름

$h(\mathrm{cm})$: x 거리의 높이 $I_0(\mathrm{cm}^4)$: 최대 단면 2차 모멘트 $\delta(\mathrm{cm})$: 처짐

$\theta(\mathrm{rad})$: 처짐각 $\sigma(\mathrm{kg}_f/\mathrm{cm}^2)$: 평균굽힘응력

$b_0(\mathrm{cm})$: 최대폭 $w(\mathrm{kg}_f/\mathrm{cm})$: 분포하중

번호	보의 모양	보의 치수	처짐각 및 처짐
1	 h = 일정	$b=\dfrac{6Px}{h^2\sigma}$ $b_0=\dfrac{6Pl}{h^2\sigma}$ $b=\dfrac{b_0}{l}x$	$\theta=\dfrac{Pl}{EI_0}(l-x)$ $\delta=-\dfrac{Pl}{2EI_0}(l-x)^2$ $\theta_{\max}=\dfrac{Pl^2}{EI_0}=\dfrac{12Pl^2}{Eb_0h^3}$ $\delta_{\max}=\dfrac{Pl^3}{2EI_0}=\dfrac{6Pl^3}{Eb_0h^3}$
2	 b = 일정 포물선	$h^2=\dfrac{6Px}{b\sigma}$ $h_0^2=\dfrac{6Pl}{b\sigma}$ $h^2=\dfrac{h_0^2}{l}x$	$\theta=\dfrac{2Pl^{\frac{3}{2}}}{EI_0}\left(l^{\frac{1}{2}}-x^{\frac{1}{2}}\right)$ $\delta=-\dfrac{2Pl^{\frac{3}{2}}}{3EI_0}\left(2x^{\frac{3}{2}}-3l^{\frac{1}{2}}x+l^{\frac{3}{2}}\right)$ $\theta_{\max}=\dfrac{2Pl^2}{EI_0}=\dfrac{24Pl^2}{Ebh_0^3}$ $\delta_{\max}=\dfrac{2Pl^3}{3EI_0}=\dfrac{8Pl^3}{Ebh_0^3}$
3	 $\dfrac{b}{h}=\dfrac{b_0}{h_0}=k$ =일정 포물선	$h^3=\dfrac{6Px}{k\sigma}$ $h_0^3=\dfrac{6Pl}{k\sigma}$ $h^3=\dfrac{h_0^3}{l}x,\quad b^3=\dfrac{b_0^3}{l}x$ $b=kh,\quad b_0=kh_0$	$\theta=\dfrac{3Pl^{\frac{4}{3}}}{2EI_0}\left(l^{\frac{2}{3}}-x^{\frac{2}{3}}\right)$ $\delta=-\dfrac{3Pl^{\frac{4}{3}}}{10EI_0}\left(3x^{\frac{5}{3}}-5l^{\frac{2}{3}}x+2l^{\frac{5}{3}}\right)$ $\theta_{\max}=\dfrac{3Pl^2}{2EI_0}=\dfrac{18Pl^2}{Eb_0h_0^3}$ $\delta_{\max}=\dfrac{3Pl^3}{5EI_0}=\dfrac{36Pl^3}{5Eb_0h_0^3}$
4	 포물선	$d^3=\dfrac{32Px}{\pi\sigma}$ $d_0^3=\dfrac{32Pl}{\pi\sigma}$ $d^3=\dfrac{d_0^3}{l}x$	$\theta=\dfrac{3Pl^{\frac{4}{3}}}{2EI_0}\left(l^{\frac{2}{3}}-x^{\frac{2}{3}}\right)$ $\delta=-\dfrac{3Pl^{\frac{4}{3}}}{10EI_0}\left(3x^{\frac{5}{3}}-5l^{\frac{2}{3}}x+2l^{\frac{5}{3}}\right)$ $\theta_{\max}=\dfrac{3Pl^2}{2EI_0}=\dfrac{96Pl^2}{\pi Ed_0^4}$ $\delta_{\max}=\dfrac{3Pl^3}{5EI_0}=\dfrac{192Pl^3}{5\pi Ed_0^4}$

번호	보의 모양	보의 치수	처짐각 및 처짐
5	(h = 일정, 포물선)	$b=\dfrac{3W}{l\sigma}\left(\dfrac{x}{h}\right)^2$ $b_0=\dfrac{3Wl}{h^2\sigma}$ $b=\dfrac{b_0}{l^2}x^2$	$\theta=\dfrac{Wl}{2EI_0}(l-x)$ $\delta=-\dfrac{Wl}{4EI_0}(x-l)^2$ $\theta_{max}=\dfrac{Wl^2}{2EI_0}=\dfrac{6Wl^2}{Eb_0h^3}$ $\delta_{max}=\dfrac{Wl^3}{4EI_0}=\dfrac{3Wl^3}{Eb_0h^3}$
6	(b = 일정)	$h^2=\dfrac{3Wx^2}{bl\sigma}$ $h_0^2=\dfrac{3Wl}{b\sigma}$ $h=\dfrac{h_0}{l}x$	$\theta=\dfrac{Wl^2}{2EI_0}\log\dfrac{l}{x}$ $\delta=-\dfrac{Wl^2}{2EI_0}\left[l-x\left(1+\log\dfrac{l}{x}\right)\right]$ $\delta_{max}=\dfrac{Wl^3}{2EI_0}=\dfrac{6Wl^3}{Ebh_0^3}$
7	($\dfrac{b}{h}=\dfrac{b_0}{h_0}=k$ = 일정, 포물선)	$h^3=\dfrac{3Wx^2}{kl\sigma}$ $h_0^3=\dfrac{3Wl}{k\sigma}$ $h^3=\dfrac{h_0^3}{l^2}x^2,\quad b^3=\dfrac{b_0^3}{l^2}x^2$ $b=kh,\quad b_0=kh_0$	$\theta=\dfrac{3Wl^{\frac{5}{3}}}{2EI_0}\left(l^{\frac{1}{3}}-x^{\frac{1}{3}}\right)$ $\delta=-\dfrac{3Wl^{\frac{5}{3}}}{8EI_0}\left(3x^{\frac{4}{3}}-4l^{\frac{1}{3}}x+l^{\frac{4}{3}}\right)$ $\theta_{max}=\dfrac{3Wl^2}{2EI_0}=\dfrac{18Wl^2}{Eb_0h^3}$ $\delta_{max}=\dfrac{3Wl^3}{8EI_0}=\dfrac{9Wl^3}{2Eb_0h_0^3}$
8	(포물선)	$d^3=\dfrac{16Wx^2}{\pi l\sigma}$ $d_0^3=\dfrac{16Wl}{\pi\sigma}$ $d^3=\dfrac{d_0^3}{l^2}x^2$	$\theta=\dfrac{3Wl^{\frac{5}{3}}}{2EI_0}\left(l^{\frac{1}{3}}-x^{\frac{1}{3}}\right)$ $\delta=-\dfrac{3Wl^{\frac{5}{3}}}{8EI_0}\left(3x^{\frac{4}{3}}-4l^{\frac{1}{3}}x+l^{\frac{4}{3}}\right)$ $\theta_{max}=\dfrac{3Wl^2}{2EI_0}=\dfrac{96Wl^2}{\pi Ed_0^4}$ $\delta_{max}=\dfrac{3Wl^3}{8EI_0}=\dfrac{24Wl^3}{\pi Ed_0^4}$
9	(h = 일정)	$b=\dfrac{3Px}{h^2\sigma}$ $b_0=\dfrac{3Pl}{2h^2\sigma}$ $b=\dfrac{2b_0}{l}x$	$\theta=-\dfrac{Pl}{8EI_0}(l-2x)$ $\delta=-\dfrac{Pl}{8EI_0}x(l-x)$ $\theta_{max}=\dfrac{Pl^2}{8EI_0}=\dfrac{3Pl^2}{2Eb_0h^3}$ $\delta_{max}=\dfrac{Pl^3}{32EI_0}=\dfrac{3Pl^3}{8Eb_0h^3}$
10	(b = 일정, 포물선)	$h^2=\dfrac{3Px}{b\sigma}$ $h_0^2=\dfrac{3Pl}{2b\sigma}$ $h^2=\dfrac{2h_0^2}{l}x$	$\theta=-\dfrac{Pl^2}{4EI_0}\left[1-\left(\dfrac{2x}{l}\right)^{\frac{1}{2}}\right]$ $\delta=-\dfrac{Pl^3}{24EI_0}\left[3\left(\dfrac{2x}{l}\right)-2\left(\dfrac{2x}{l}\right)^{\frac{3}{2}}\right]$ $\theta_{max}=\dfrac{Pl^2}{4EI_0}=\dfrac{3Pl^2}{Ebh_0^3}$ $\delta_{max}=\dfrac{Pl^3}{24EI_0}=\dfrac{Pl^3}{2Ebh_0^3}$

번호	보의 모양	보의 치수	처짐각 및 처짐
11		$d^3 = \dfrac{16Px}{\pi\sigma}$ $d_0{}^3 = \dfrac{8Pl}{\pi\sigma}$ $d^3 = \dfrac{2d_0{}^3}{l}x$	$\theta = -\dfrac{3Pl^{\frac{4}{3}}}{16EI_0}\left(l^{\frac{2}{3}} - 2^{\frac{2}{3}}x^{\frac{2}{3}}\right)$ $\delta = -\dfrac{3Pl^{\frac{4}{3}}}{80EI_0}x\left(5l^{\frac{2}{3}} - 3\times 2^{\frac{2}{3}}x^{\frac{2}{3}}\right)$ $\theta_{max} = \dfrac{3Pl^2}{16EI_0} = \dfrac{12Pl^2}{\pi E d_0{}^4}$ $\delta_{max} = \dfrac{3Pl^3}{80EI_0} = \dfrac{12Pl^3}{5\pi E d_0{}^4}$
12		$b = \dfrac{3Wx}{h^2\sigma}\left(1 - \dfrac{x}{l}\right)$ $b_0 = \dfrac{3Wl}{4h^2\sigma}$ $b = \dfrac{4b_0 x}{l}\left(1 - \dfrac{x}{l}\right)$	$\theta = -\dfrac{Wl}{16EI_0}(l - 2x)$ $\delta = -\dfrac{Wl}{16EI_0}x(l - x)$ $\theta_{max} = \dfrac{Wl^2}{16EI_0} = \dfrac{3Wl^2}{4Eb_0 h^3}$ $\delta_{max} = \dfrac{Wl^3}{64EI_0} = \dfrac{3Wl^3}{16Eb_0 h^3}$
13		$h^2 = \dfrac{3W}{bl\sigma}x(l - x)$ $h_0{}^2 = \dfrac{3Wl}{4b\sigma}$ $h^2 = \dfrac{4h_0{}^2}{l^2}x(l - x)$	$\theta = -\dfrac{Wl^2}{16EI_0}\left[\dfrac{\pi}{2} - \cos^{-1}\left(1 - \dfrac{2x}{l}\right)\right]$ $\delta = -\dfrac{Wl^2}{32EI_0}\left[\pi x + l\left\{\left(1 - \dfrac{2x}{l}\right)\cdot\right.\right.$ $\left.\left. -\cos^{-1}\left(1 - \dfrac{2x}{l}\right)\right.\right.$ $\left.\left. -\sqrt{1 - \left(1 - \dfrac{2x}{l}\right)^2}\right\}\right]$ $\theta_{max} = \dfrac{\pi Wl^2}{32EI_0}, \quad \delta_{max} = \dfrac{(\pi - 2)Wl^3}{64EI_0}$

부록 11. 형강의 규격(KS)

1. 한국표준 등변 L-단면의 치수표

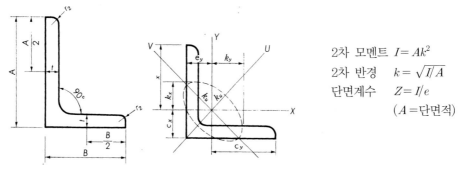

2차 모멘트 $I = Ak^2$

2차 반경 $k = \sqrt{I/A}$

단면계수 $Z = I/e$

(A =단면적)

표준단면치수 (mm)				단면적 A (cm²)	단위 중량 (kg/m)	참 고											
						도심위치 (cm)		2차모멘트 (cm⁴)				2차반경 (cm)				단면계수 (cm³)	
$A \times B$	t	r_1	r_2			C_x	C_y	I_x	I_y	I_u	I_v	k_x	k_y	k_u	k_v	Z_x	Z_y
40×40	3	4.5	2	2.236	1.83	1.09	1.09	3.53	3.53	5.60	1.45	1.23	1.23	1.55	0.79	1.21	1.21
40×40	5	4.5	3	3.755	2.95	1.17	1.17	5.42	5.42	8.59	2.25	1.20	1.20	1.51	0.77	1.91	1.91
45×45	4	6.5	3	3.492	2.74	1.24	1.24	6.50	6.50	10.3	2.69	1.36	1.36	1.72	0.88	2.00	2.00
50×50	4	6.5	3	3.892	3.06	1.37	1.37	9.06	9.06	14.4	3.74	1.53	1.53	1.92	0.98	2.49	2.49
50×50	6	6.5	4.5	5.644	4.43	1.44	1.44	12.6	12.6	20.0	5.24	1.50	1.50	1.88	0.96	3.55	3.55
60×60	4	6.5	3	4.692	3.68	1.61	1.61	16.0	16.0	25.4	6.62	1.85	1.85	2.33	1.19	3.66	3.66
60×60	5	6.5	3	5.802	4.55	1.66	1.66	19.6	19.6	31.2	8.66	1.84	1.84	2.32	1.18	4.52	4.52
65×65	6	8.5	4	7.527	5.91	1.81	1.81	29.4	29.4	46.6	12.1	1.98	1.98	2.49	1.27	6.27	6.27
65×65	8	8.5	6	9.761	7.66	1.88	1.88	36.8	36.8	58.3	15.3	1.94	1.94	2.44	1.25	7.97	7.97
70×70	6	8.5	4	8.127	6.38	1.94	1.94	37.1	37.1	58.9	153	2.14	2.14	2.69	1.37	7.33	7.33
75×75	6	8.5	4	8.727	6.85	2.06	2.06	46.1	46.1	73.2	19.0	2.30	2.30	2.90	1.47	8.47	8.47
75×75	9	8.5	6	12.69	9.96	2.17	2.17	64.4	64.4	102	26.7	2.25	2.25	2.84	1.45	12.1	12.1
75×75	12	8.5	6	16.56	13.0	2.29	2.29	81.9	81.9	129	34.5	2.22	2.22	2.79	1.44	15.7	15.7
80×80	6	8.5	4	9.327	7.32	2.19	2.19	56.4	56.4	89.6	23.2	2.46	2.46	3.10	1.58	9.70	9.70
90×90	6	10	5	10.55	8.28	2.42	2.42	80.7	80.7	129	32.3	2.77	2.77	3.50	1.75	12.3	12.3
90×90	7	10	5	12.22	9.59	2.46	2.46	93.0	93.0	148	38.3	2.76	2.76	3.48	1.77	14.2	14.2
90×90	10	10	7	17.00	13.3	2.58	2.58	125	125	199	51.6	2.71	2.71	3.42	1.74	19.5	19.5
90×90	13	10	7	21.71	17.0	2.69	2.69	156	156	248	65.3	2.68	2.68	3.38	1.73	24.8	24.8
100×100	7	10	5	13.62	10.7	2.71	2.71	129	129	205	53.1	3.08	3.08	3.88	1.97	17.7	17.7
100×100	10	10	7	19.00	14.9	2.83	2.83	175	175	278	71.9	3.03	3.03	3.83	1.95	24.4	24.4
100×100	13	10	7	24.31	19.1	2.94	2.94	220	220	348	91.0	3.00	3.00	3.78	1.93	31.1	31.1
120×120	8	12	5	18.76	14.7	3.24	3.24	258	258	410	106	3.71	3.71	4.68	2.38	29.5	29.5
130×130	9	12	6	22.74	17.9	3.53	3.53	366	366	583	150	4.01	4.01	5.06	2.57	38.7	38.7
130×130	12	12	8.5	29.76	23.4	3.64	3.64	467	467	743	192	3.96	3.96	5.00	2.54	49.9	49.9
130×130	15	12	8.5	36.75	28.8	3.76	3.76	568	568	902	234	3.93	3.93	4.95	2.53	61.5	61.5
150×150	12	14	7	34.77	27.3	4.14	4.14	740	740	1176	304	4.61	4.61	5.82	2.96	68.2	68.2
150×150	15	14	10	42.74	33.6	4.24	4.24	888	888	1410	365	4.56	4.56	5.75	2.92	82.6	82.6
150×150	19	14	10	53.38	41.9	4.40	4.40	1090	1090	1730	451	4.52	4.52	5.69	2.91	90.3	90.3
175×175	12	15	11	40.52	31.8	4.73	4.73	1170	1170	1860	479	5.37	5.37	6.78	3.44	91.6	91.6
175×175	15	15	11	50.21	39.4	4.85	4.85	1440	1440	2290	588	5.35	5.35	6.75	3.42	114	114
200×200	15	17	12	57.75	45.3	5.47	5.47	2180	2180	3470	891	6.14	6.14	7.75	3.93	150	150
200×200	20	17	12	76.00	59.7	5.67	5.67	2820	2820	4490	1160	6.09	6.09	7.68	3.90	197	197
200×200	25	17	12	93.75	73.6	5.87	5.87	3420	3420	5420	1410	6.04	6.04	7.61	3.88	242	242
250×250	25	24	12	119.4	93.7	7.10	7.10	6950	6950	11000	2860	7.63	7.63	9.62	4.89	388	388
250×250	35	24	18	162.6	128	7.45	7.45	9110	9110	14400	3790	7.48	7.48	9.42	4.83	519	519

2. 한국표준 부등변 L−단면의 치수표

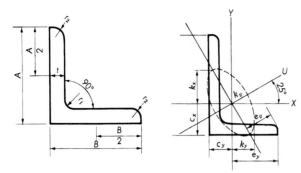

2차 모멘트 $I = Ak^2$

2차 반경 $k = \sqrt{I/A}$

단면계수 $Z = I/e$

($A =$ 단면적)

표준단면치수 (mm)				단면적 A (cm²)	단위 중량 (kg/m)	도심위치 (cm)		2차모멘트 (cm⁴)				2차반경 (cm)					단면계수 (cm³)	
$A \times B$	t	r_1	r_2			C_x	C_y	I_x	I_y	I_u	I_v	k_x	k_y	k_u	k_v	$\tan \alpha$	Z_x	Z_y
90×75	9	8.5	6	14.04	11.0	2.75	2.01	109	68.1	143	34.1	2.78	2.20	3.19	1.56	0.676	17.4	12.4
100×75	7	10	5	11.87	9.32	3.06	1.84	118	57.0	144	30.7	3.15	2.19	3.49	1.61	0.548	17.0	10.1
100×75	10	10	7	16.50	13.0	3.18	1.94	159	76.1	194	41.3	3.11	2.15	3.43	1.58	0.543	23.3	13.7
125×75	7	10	5	13.62	10.7	4.10	1.64	219	60.4	243	36.4	4.01	2.11	4.23	1.63	0.362	26.1	10.3
125×75	10	10	7	19.00	14.9	4.23	1.75	290	80.9	330	49.0	3.96	2.06	4.17	1.61	0.357	36.1	14.1
125×75	10	10	7	24.31	19.1	4.35	1.87	376	101	414	61.9	3.93	2.04	4.13	1.60	0.352	46.1	17.9
125×90	10	10	7	20.50	16.1	3.95	2.22	313	138	380	76.1	3.94	2.59	4.30	1.93	0.506	37.2	20.4
125×90	13	10	7	26.26	20.6	4.08	2.34	401	165	479	87.2	3.91	2.51	4.27	1.82	0.499	47.5	24.8
150×90	9	12	6	20.94	16.4	4.96	2.00	484	133	537	80.2	4.81	2.52	5.06	1.96	0.362	48.2	19.0
150×90	12	12	8.5	27.36	21.5	5.07	2.10	619	163	684	102	4.75	2.47	5.00	1.93	0.357	62.3	24.3
150×100	9	12	6	21.84	17.1	4.77	2.32	502	179	580	101	4.79	2.86	5.15	2.15	0.441	49.0	23.3
150×100	12	12	8.5	28.56	22.4	4.88	2.41	642	229	738	133	4.74	2.83	5.08	2.15	0.435	63.4	30.2
150×100	15	12	8.5	35.25	27.7	5.01	2.53	781	276	897	161	4.71	2.80	5.04	2.14	0.432	78.2	37.0

3. 한국표준 I-단면의 치수표

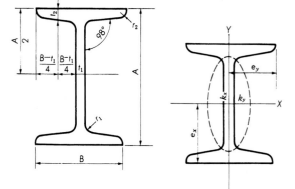

2차 모멘트 $I = Ak^2$

2차 반경 $k = \sqrt{I/A}$

단면계수 $Z = I/e$

$(A = 단면적)$

표준단면치수 (mm)					단면적 A (cm²)	단위중량 (kg/m)	참고 도심위치 (cm)		참고 2차모멘트 (cm⁴)		참고 2차반경 (cm)		참고 단면계수 (cm³)	
$A \times B$	t_1	t_2	r_1	r_2			C_x	C_y	I_x	I_y	k_x	k_y	Z_x	Z_y
100×75	5	8	7	3.5	16.43	12.9	0	0	283	48.3	4.15	1.72	56.5	12.9
120×75	5.5	9.5	9	4.5	20.45	16.1	0	0	540	59.0	5.14	1.70	86.4	15.7
150×75	5.5	9.5	9	4.5	21.83	17.1	0	0	820	59.1	6.13	1.65	109	15.8
150×125	8.5	14	13	6.5	46.15	36.2	0	0	1780	395	6.21	2.92	237	63.1
180×100	6	10	10	5	30.06	23.6	0	0	1670	141	7.46	2.17	186	28.2
200×100	7	10	10	5	33.06	26.0	0	0	2180	142	8.11	2.07	218	28.4
200×150	9	16	15	7.5	64.16	50.4	0	0	4490	771	8.37	3.47	449	103
250×125	7.5	12.5	12	6	48.79	38.3	0	0	5190	345	10.3	2.66	415	55.2
270×125	10	19	21	10.5	70.73	55.5	0	0	7340	560	10.2	2.81	587	89.6
300×150	8	13	12	6	61.58	48.3	0	0	9500	600	12.4	3.12	633	80.0
300×150	10	18.5	19	9.5	83.47	65.5	0	0	12700	886	12.4	3.26	849	118
300×150	11.5	22	23	11.5	97.88	76.8	0	0	14700	1120	12.3	3.38	981	149
350×150	9	15	13	6.5	74.58	58.5	0	0	15200	715	14.3	3.10	871	95.4
350×150	12	24	25	12.5	111.1	87.2	0	0	22500	1230	14.2	3.33	1280	164
400×150	10	18	17	8.5	91.73	72.0	0	0	24000	887	16.2	3.11	1200	118
400×150	12.5	25	27	13.5	122.1	95.8	0	0	31700	1290	16.1	3.25	1580	172
450×175	11	20	19	9.5	116.8	91.7	0	0	39200	1550	18.3	3.64	1740	177
450×175	13	26	27	13.5	146.1	115	0	0	48800	2100	18.3	3.79	2170	240
600×190	13	25	25	12.5	169.4	133	0	0	98200	2540	24.1	3.87	3270	267
600×190	16	35	38	19	224.5	176	0	0	130000	3700	24.0	4.06	4330	390

4. 한국표준 U-단면의 치수표

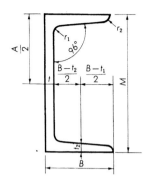
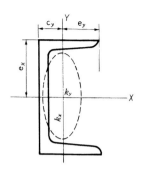

2차 모멘트 $I = Ak^2$

2차 반경 $k = \sqrt{I/A}$

단면계수 $Z = I/e$

(A = 단면적)

표준단면치수 (mm)					단면적 A (cm²)	단위 중량 (kg/m)	참 고 도심위치 (cm)		2차모멘트 (cm⁴)		2차반경 (cm)		단면계수 (cm³)	
$A \times B$	t_1	t_2	r_1	r_2			C_x	C_y	I_x	I_y	k_x	k_y	Z_x	Z_y
75×40	5	7	8	4	8.818	6.92	0	1.27	75.9	12.4	2.93	1.19	20.2	4.54
100×50	5	7.5	8	4	11.92	9.36	0	1.55	189	26.9	3.98	1.50	37.8	7.82
125×65	6	8	8	4	17.11	13.4	0	1.94	425	65.5	4.99	1.96	68.0	14.4
150×75	6.5	10	10	5	23.71	18.6	0	2.31	864	122	6.04	2.27	115	23.6
150×75	9	12.5	15	7.5	30.59	24.0	0	2.31	1050	147	5.86	2.19	140	28.3
180×75	7	10.5	11	5.5	27.20	21.4	0	2.15	1380	137	7.13	2.24	154	25.5
200×70	7	10	11	5.5	26.92	21.1	0	1.85	1620	113	7.77	2.04	162	21.8
200×80	7.5	11	12	6	31.33	24.6	0	2.24	1950	177	7.89	2.38	195	30.8
200×90	8	13.5	14	7	38.65	30.3	0	2.77	2490	286	8.03	2.72	249	45.9
250×90	9	13	14	7	44.07	34.6	0	2.42	4180	306	9.74	2.64	335	46.5
250×90	11	14.5	17	8.5	51.17	40.2	0	2.39	4690	342	9.57	2.58	375	51.7
300×90	9	13	14	7	48.57	38.1	0	2.23	6440	325	11.5	2.59	429	48.0
300×90	10	15.5	19	9.5	55.74	43.8	0	2.33	7400	373	11.5	2.59	494	56.0
300×90	12	16	19	9.5	61.90	48.6	0	2.25	7870	391	11.3	2.51	525	57.9
380×100	10.5	16	18	9	69.39	54.5	0	2.41	14500	557	14.5	2.83	762	73.3
380×100	13	16.5	18	9	78.96	62.0	0	2.29	15900	584	14.1	2.72	822	75.8
380×100	13	20	21	12	85.71	67.3	0	2.50	17600	671	14.3	2.80	924	89.5

부록 12. 형강의 규격 (SI 단위)

1. 압연단면의 성질(SI 국제단위)

W형 단면

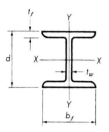

명 칭	단면적 A, mm²	깊이 d, mm	플랜지 폭 b_f, mm	플랜지 두께 t_f, mm	복부두께 t_w, mm	X-X 축 I_x 10^6mm⁴	X-X 축 Z_x 10^3mm³	X-X 축 k_x mm	Y-Y 축 I_y 10^6mm⁴	Y-Y 축 Z_y 10^3mm³	Y-Y 축 k_y mm
W920×446	57000	933	423	42.7	24.0	8450	18110	386	541	2560	97.3
201	25600	903	304	20.1	15.2	3250	7200	356	93.7	616	60.5
W840×299	38100	855	400	29.2	18.2	4790	11200	356	312	1560	90.4
176	22400	835	292	18.8	14.0	2460	5890	330	77.8	533	58.9
W760×257	32800	773	381	27.1	16.6	3410	8820	323	249	1307	87.1
147	18800	753	265	17.0	13.2	1660	4410	297	53.5	402	53.3
W690×217	27700	695	355	24.8	15.4	2340	6730	290	184.4	1039	81.5
125	16000	678	253	16.3	11.7	1186	3500	272	44.1	349	52.6
W610×155	19700	611	324	19.0	12.7	1290	4220	256	107.8	665	73.9
101	13000	603	228	14.9	10.5	762	2530	243	29.3	257	47.5
W530×150	19200	543	312	20.3	12.7	1007	3710	229	103.2	662	73.4
92	11800	533	209	15.6	10.2	554	2080	217	23.9	229	45.0
66	8390	525	165	11.4	8.9	351	1337	205	8.62	104.5	32.0
W460×158	20100	476	284	23.9	15.0	795	3340	199.1	91.6	645	67.6
113	14400	463	280	17.3	10.8	554	2390	196.3	63.3	452	66.3
74	9480	457	190	14.5	9.0	333	1457	187.5	16.69	175.7	41.9
52	6650	450	152	10.8	7.6	212	942	178.8	6.37	83.8	31.0
W410×114	14600	420	261	19.3	11.6	462	2200	177.8	57.4	440	62.7
85	10800	417	181	18.2	10.9	316	1516	170.7	17.94	198.2	40.6
60	7610	407	178	12.8	7.7	216	1061	168.4	12.03	135.2	39.9
46.1	5880	403	140	11.2	7.0	156.1	775	162.8	5.16	73.7	29.7
38.8	4950	399	140	8.8	6.4	125.3	628	159.0	3.99	57.0	28.4
W360×551	70300	455	418	67.6	42.0	2260	9930	176.6	828	3960	108.5
216	27500	375	394	27.7	17.3	712	3800	160.8	282	1431	101.1
122	15500	363	257	21.7	13.0	367	2020	153.7	61.6	479	63.0
101	12900	357	255	18.3	10.5	301	1686	152.7	50.4	395	62.5
79	10100	354	205	16.8	9.4	225	1271	149.6	24.0	234	48.8
64	8130	347	203	13.5	7.7	178.1	1027	147.8	18.81	185.3	48.0
57	7230	358	172	13.1	7.9	160.2	895	149.4	11.11	129.2	39.4
44.8	5710	352	171	9.8	6.9	121.1	688	145.5	8.16	95.4	37.8
39.0	4960	353	128	10.7	6.5	102.0	578	143.5	3.71	58.0	17.4
32.9	4190	349	127	8.5	5.8	82.8	474	140.7	2.91	45.8	26.4

W형 단면은 문자 W 다음에 mm 단위의 공칭깊이와 kg/m 단위의 질량으로 표기된다. (계속)

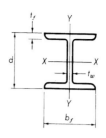

명 칭	단면적 A, mm²	깊이 d, mm	플랜지 폭 b_f, mm	플랜지 두께 t_f, mm	복부두께 t_w, mm	X-X 축 I_x 10⁶mm⁴	X-X 축 Z_x 10³mm³	X-X 축 k_x mm	Y-Y 축 I_y 10⁶mm⁴	Y-Y 축 Z_y 10³mm³	Y-Y 축 k_y mm
W310×143	18200	323	309	22.9	14.0	347	2150	138.2	112.4	728	78.5
107	13600	311	306	17.0	10.9	248	1595	134.9	81.2	531	77.2
74	9480	310	205	16.3	9.4	164.0	1058	131.6	23.4	228	49.8
60	7610	303	203	13.1	7.5	129.0	851	130.3	18.36	180.9	49.8
52	6650	317	167	13.2	7.6	118.6	748	133.4	10.20	122.2	39.1
44.5	5670	313	166	11.2	6.6	99.1	633	132.3	8.45	101.8	38.6
38.7	4940	310	165	9.7	5.8	84.9	548	131.3	7.20	87.3	38.4
32.7	4180	313	102	10.8	6.6	64.9	415	124.7	1.940	38.0	21.5
23.8	3040	305	101	6.7	5.6	42.9	281	118.6	1.174	23.2	19.63
W250×167	21200	289	265	31.8	19.2	298.0	2060	118.4	98.2	741	68.1
101	12900	264	257	19.6	11.9	164.0	1242	112.8	55.8	434	65.8
80	10200	256	255	15.6	9.4	126.1	985	111.0	42.8	336	65.0
67	8580	257	204	15.7	8.9	103.2	803	110.0	22.2	218	51.1
58	7420	252	203	13.5	8.0	87.0	690	108.5	18.73	184.5	50.3
49.1	6260	247	202	11.0	7.4	70.8	573	106.4	15.23	150.8	49.3
44.8	5700	266	148	13.0	7.6	70.8	532	111.3	6.95	93.9	34.8
32.7	4190	258	146	9.1	6.1	49.1	381	108.5	4.75	65.1	33.8
28.4	3630	260	102	10.0	6.4	40.1	308	105.2	1.796	35.2	22.2
22.3	2580	254	102	6.9	5.8	28.7	226	100.3	1.203	23.6	20.6
W200× 86	11000	222	209	20.6	13.0	94.9	855	92.7	31.3	300	53.3
71	9100	216	206	17.4	10.2	76.6	709	91.7	25.3	246	52.8
59	7550	210	205	14.2	9.1	60.8	579	89.7	20.4	199.0	51.8
52	6650	206	204	12.6	7.9	52.9	514	89.2	17.73	173.8	51.6
46.1	5890	203	203	11.0	7.2	45.8	451	88.1	15.44	152.1	51.3
41.7	5320	205	166	11.8	7.2	40.8	398	87.6	9.03	108.8	41.1
35.9	4570	201	165	10.2	6.2	34.5	343	86.9	7.62	92.4	40.9
31.3	3970	210	134	10.2	6.4	31.3	298	88.6	4.07	60.7	32.0
26.6	3390	207	133	8.4	5.8	25.8	249	87.1	3.32	49.9	31.2
22.5	2860	206	102	8.0	6.2	20.0	194.2	83.6	1.419	27.8	22.3
19.3	2480	203	102	6.5	5.8	16.48	162.4	81.5	1.136	22.3	21.4
W150× 37.1	4740	162	154	11.6	8.1	22.2	274	68.6	7.12	92.5	38.6
29.8	3790	157	153	9.3	6.6	17.23	219	67.6	5.54	72.4	38.1
24.0	3060	160	102	10.3	6.6	13.36	167.0	66.0	1.844	36.2	24.6
18.0	2290	153	102	7.1	5.8	9.20	120.3	63.2	1.245	24.4	23.3
13.5	1730	150	100	5.5	4.3	6.83	91.1	62.7	0.916	18.32	23.0
W310× 28.1	3590	131	128	10.9	6.9	10.91	166.6	55.1	3.80	59.4	32.5
23.8	3040	127	127	9.1	6.1	8.87	139.7	54.1	3.13	49.3	32.3
W100× 19.3	2470	106	103	8.8	7.1	4.70	88.7	43.7	1.607	31.2	25.4

W 형 단면은 문자 W 다음에 mm 단위의 공칭 깊이와 kg/m 단위의 질량으로 표기된다.

2. 압연단면의 성질(SI 국제단위)

S형 단면(미국표준형 단면)

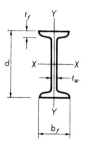

명 칭	단면적 A, mm²	깊이 d, mm	플랜지 폭 b_f, mm	플랜지 두께 t_f, mm	복부 두께 t_w, mm	X-X 축 I_x 10^6mm⁴	X-X 축 Z_x 10^3mm³	X-X 축 k_x mm	Y-Y 축 I_y 10^6mm⁴	Y-Y 축 Z_y 10^3mm³	Y-Y 축 k_y mm
W610×149	18970	610	184	22.1	19.0	995	3260	229	19.90	216	32.3
134	17100	610	181	22.1	15.8	937	3070	234	18.69	207	33.0
118.9	15160	610	178	22.1	12.7	878	2880	241	17.61	197.9	34.0
W510×141	18000	508	183	23.3	20.3	670	2640	193.0	20.69	226	33.8
127	16130	508	179	23.3	16.6	633	2490	197.9	19.23	215	34.5
112	14260	508	162	20.1	16.3	533	2100	193.0	12.32	152.1	29.5
97.3	12390	508	159	20.1	12.7	491	1933	199.1	11.40	143.4	30.2
W460×104	13290	457	159	17.6	18.1	385	1685	170.4	10.03	126.2	27.4
81.4	10390	457	152	17.6	11.7	335	1466	179.6	8.66	113.9	29.0
W380× 74	9480	381	143	15.8	14.0	202	1060	146.1	6.53	91.3	26.2
64	8130	381	140	15.8	10.4	186.1	977	151.1	5.99	85.6	27.2
W310× 74	9480	305	139	16.8	17.4	127.0	833	115.6	6.53	94.0	26.2
60.7	7740	305	133	16.8	11.7	113.2	742	121.2	5.66	85.1	26.9
52	6640	305	129	13.8	10.9	95.3	625	119.9	4.11	63.7	24.9
47.3	6032	305	127	13.8	8.9	90.7	595	122.7	3.90	61.4	25.4
W250× 52	6640	254	126	12.5	15.1	61.2	482	96.0	3.48	55.2	22.9
37.8	4806	254	118	12.5	7.9	51.6	406	103.4	2.83	48.0	24.2
W200× 34	4368	203	106	10.8	11.2	27.0	266	78.7	1.794	33.8	20.3
27.4	3484	203	102	10.8	6.9	24.0	236	82.8	1.553	30.4	21.1
W180× 30	3794	178	97	10.0	11.4	17.65	198.3	68.3	1.319	27.2	18.64
22.8	2890	178	92	10.0	6.4	15.28	171.7	72.6	1.099	23.9	19.45
W150× 25.7	3271	152	90	9.1	11.8	10.95	144.1	57.9	0.961	21.4	17.15
18.6	2362	152	84	9.1	5.8	9.20	121.1	62.2	0.758	18.05	17.91
W130× 22.0	2800	127	83	8.3	12.5	6.33	99.7	47.5	0.695	16.75	15.75
15	1884	127	76	8.3	5.3	5.12	80.6	52.1	0.508	13.37	16.33
W100× 14.1	1800	102	70	7.4	8.3	2.83	55.5	39.6	0.376	10.74	14.45
11.5	1452	102	67	7.4	4.8	2.53	49.6	41.6	0.318	9.49	14.75
W75× 11.2	1426	76	63	6.6	8.9	1.22	32.1	29.2	0.244	7.75	13.11
8.5	1077	76	59	6.6	4.3	1.05	27.6	31.3	0.189	6.41	13.26

미국표준 보는 문자 S 다음에 mm 단위의 공칭깊이와 kg/mm 단위의 질량으로 표기된다.

3. 압연단면의 성질(SI 국제단위)

C형 단면(미국표준형 단면)

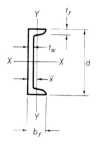

명 칭	단면적 A, mm²	깊이 d, mm	플랜지 폭 b_f, mm	플랜지 두께 t_f, mm	복부 두께 t_w, mm	X-X 축 I_x 10⁶mm⁴	X-X 축 Z_x 10³mm³	X-X 축 k_x mm	Y-Y 축 I_y 10⁶mm⁴	Y-Y 축 Z_y 10³mm³	Y-Y 축 k_y mm	Y-Y 축 x· mm
C380×74	9480	381	94	16.5	18.2	168.2	883	133.1	4.58	62.1	22.0	20.3
60	7610	381	89	16.5	13.2	145.3	763	138.2	3.84	55.5	22.5	19.76
50.4	6426	381	86	16.5	10.2	131.1	688	142.7	3.38	51.2	23.0	19.99
C310×45	5690	305	80	12.7	13.0	67.4	442	109.0	2.14	34.0	19.38	17.12
37	4742	305	77	12.7	9.8	59.9	393	112.5	1.861	31.1	19.81	17.12
30.8	3929	305	74	12.7	7.2	53.7	352	117.1	1.615	28.7	20.29	17.73
C250×45	5690	254	76	11.1	17.1	42.9	338	86.9	1.640	27.6	16.99	16.48
37	4742	254	73	11.1	13.4	38.0	299	89.4	1.399	24.4	17.17	15.67
30	3794	254	69	11.1	9.6	32.8	258	93.0	1.170	21.8	17.55	15.39
22.8	2897	254	65	11.1	6.1	28.1	221	98.3	0.949	18.29	18.11	16.10
C230×30	3794	229	67	10.5	11.4	25.4	222	81.8	1.007	19.29	16.31	14.81
22	2845	229	63	10.5	7.2	21.2	185.2	86.4	0.803	16.69	16.79	14.88
19.9	2542	229	61	10.5	5.9	19.94	174.2	88.4	0.733	16.03	16.97	15.27
C200×27.9	3555	203	64	9.9	12.4	18.31	180.4	71.6	0.824	16.60	15.21	14.35
20.5	2606	203	59	9.9	7.7	15.03	148.1	75.9	0.637	14.17	15.62	14.05
17.1	2181	203	57	9.9	5.6	13.57	133.7	79.0	0.549	12.92	15.88	14.50
C180×22.0	2794	178	58	9.3	10.6	11.32	127.2	63.8	0.574	12.90	14.33	13.51
18.2	2323	178	55	9.3	8.0	10.07	113.2	66.0	0.487	11.69	14.50	13.34
14.6	1852	178	53	9.3	5.3	8.86	99.6	69.1	0.403	10.26	14.76	13.74
C150×19.3	2471	152	54	8.7	11.1	7.24	95.3	54.1	0.437	10.67	13.34	13.06
15.6	1994	152	51	8.7	8.0	6.33	83.3	56.4	0.360	9.40	13.44	12.70
12.2	1548	152	48	8.7	5.1	5.45	71.7	59.4	0.288	8.23	13.64	13.00
C130×13.4	1703	127	47	8.1	8.3	3.70	58.3	46.5	0.263	7.54	12.42	12.14
10.0	1271	127	44	8.1	4.8	3.12	49.1	49.5	0.199	6.28	12.52	12.29
C100×10.8	1374	102	43	7.5	8.2	1.911	37.5	37.3	0.180	5.74	11.43	11.66
8.0	1026	102	40	7.5	4.7	1.602	31.4	39.6	0.133	4.69	11.40	11.63
C75×8.9	1135	76	40	6.9	9.0	0.862	22.7	27.4	0.127	4.47	10.57	11.56
7.4	948	76	37	6.9	6.6	0.770	20.3	28.4	0.103	3.98	10.41	11.13
6.1	781	76	35	6.9	4.3	0.691	18.18	29.7	0.082	3.43	10.26	11.10

미국표준 채널은 문자 C 다음에 mm 단위의 공칭 깊이와 kg/m 단위의 질량으로 표기된다.

4. 압연단면의 성질(SI 국제단위)

L형 단면(부등변)

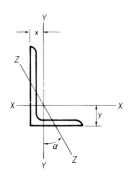

크기와 두께 mm	단위 길이당 질량 kg/m	단면적 mm²	X-X 축				Y-Y 축				Z-Z 축	
			I_x 10⁶mm⁴	Z_x 10³mm³	k_x mm	y mm	I_y 10⁶mm⁴	Z_y 10³mm³	k_y mm	x mm	k_z mm	tan α
L203×152×25.4	65.5	8390	33.6	247	63.3	67.3	16.15	146.2	43.9	41.9	32.5	0.543
19.0	50.1	6410	26.4	192	64.2	65.0	12.78	113.4	44.7	39.6	32.8	0.551
12.7	34.1	4350	18.44	131	65.1	62.7	9.03	78.5	45.6	37.3	33.0	0.558
L152×102×19.0	35.0	4480	10.20	102.4	47.7	52.8	3.61	48.7	28.4	27.4	21.8	0.428
12.7	24.0	3060	7.24	71.0	48.6	50.5	2.61	34.1	29.2	25.1	22.1	0.440
9.5	18.2	2330	5.62	54.4	49.1	49.3	2.04	26.2	29.6	23.9	22.3	0.446
L127×76×12.7	19.0	2420	3.93	47.7	40.3	44.5	1.074	18.85	21.1	19.05	16.46	0.357
9.5	14.5	1845	3.07	36.7	40.8	43.2	0.849	14.55	21.5	17.88	16.61	0.364
6.4	9.8	1252	2.13	25.1	41.2	42.2	0.599	10.06	21.9	16.69	16.84	0.371
L102×76×12.7	16.4	2100	2.10	31.0	31.6	33.8	1.007	18.35	21.9	21.0	16.23	0.543
9.5	12.6	1600	1.648	23.9	32.1	32.5	0.799	14.19	22.3	19.86	16.36	0.551
6.4	8.6	1090	1.153	16.39	32.5	31.5	0.566	9.82	22.8	18.69	16.54	0.558
L89×64×12.7	13.9	1774	1.349	23.1	27.6	30.5	0.566	12.45	17.88	17.91	13.56	0.486
9.5	10.7	1361	1.066	17.86	28.0	29.5	0.454	9.70	18.26	16.76	13.64	0.496
6.4	7.3	929	0.749	12.37	28.4	28.2	0.323	6.75	18.65	15.60	13.82	0.506
L76×51×12.7	11.5	1452	0.799	16.39	23.5	27.4	0.280	7.77	13.89	14.81	10.87	0.414
9.5	8.8	1116	0.637	12.80	23.9	26.4	0.226	6.08	14.20	13.69	10.92	0.428
6.4	6.1	768	0.454	8.88	24.3	25.2	0.1632	4.26	14.58	12.52	11.05	0.440
L64×51×9.5	7.9	1000	0.380	8.96	19.51	21.1	0.214	5.95	14.66	14.76	10.67	0.614
6.4	5.4	684	0.272	6.24	19.94	20.0	0.1548	4.16	15.04	13.64	10.77	0.626

5. 압연단면의 성질(SI 국제단위)

L형 단면(등변)

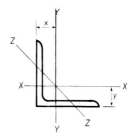

크기와 두께 mm	단위 길이당 질량 kg/m	단면적 mm²	X-X 축과 Y-Y 축				Z-Z 축
			I 10^6mm⁴	Z 10^3mm³	k mm	x 또는 y mm	k mm
L203×203×25.4	75.9	9680	37.0	259	61.8	60.2	39.6
19.0	57.9	7360	29.0	200	62.8	57.9	40.1
12.7	39.3	5000	20.2	137.0	63.6	55.6	40.4
L152×152×25.4	55.7	7100	14.78	140.4	45.6	47.2	29.7
19.0	42.7	5445	11.74	109.1	46.4	45.2	29.7
15.9	36.0	4590	10.07	92.8	46.8	43.9	30.0
12.7	29.2	3710	8.28	75.5	47.2	42.7	30.0
9.5	22.2	2800	6.41	57.8	47.8	41.7	30.2
L127×127×19.0	35.1	4480	6.53	74.2	38.2	38.6	24.8
15.9	29.8	3780	5.66	63.3	38.7	37.6	24.8
12.7	24.1	3070	4.70	51.8	39.2	36.3	25.0
9.5	18.3	2330	3.64	39.7	39.5	35.3	25.1
L102×102×19.0	27.5	3510	3.19	46.0	30.1	32.3	19.76
15.9	23.4	2970	2.77	39.3	30.5	31.2	19.79
12.7	19.0	2420	12.31	32.3	30.9	30.0	19.86
9.5	14.6	1845	1.815	24.9	31.4	29.0	20.0
6.4	9.8	1252	1.265	17.21	31.8	27.7	20.2
L89×89×12.7	16.5	2100	1.515	24.4	26.9	26.9	17.35
9.5	12.6	1600	1.195	18.85	27.3	25.7	17.45
6.4	8.6	1090	0.837	13.01	27.7	24.6	17.63
L76×76×12.7	14.0	1774	0.924	17.53	22.8	23.7	14.83
9.5	10.7	1361	0.733	13.65	23.2	22.6	14.91
6.4	7.3	929	0.516	9.46	23.6	21.4	15.04
L64×64×12.7	11.4	1452	0.512	11.86	18.78	20.5	12.37
9.5	8.7	1116	0.410	9.28	19.17	19.35	12.37
6.4	6.1	768	0.293	6.46	19.53	18.21	12.47
4.8	4.6	581	0.228	4.97	19.81	17.63	12.57
L51×51×9.5	7.0	877	0.1994	5.75	15.08	16.15	9.88
6.4	4.7	605	0.1448	4.05	15.47	15.04	9.93
3.2	2.4	312	0.0791	2.15	15.92	13.87	10.11

찾아
보기

STRENGTH OF MATERIALS

3판

재료역학

2020년 8월 31일 3판 1쇄 펴냄

지은이 이종원 · 김지환

펴낸이 류원식 | **펴낸곳 교문사**

편집팀장 모은영 | **책임편집** 김경수 | **표지디자인** 유선영 | **본문편집** 오피에스 디자인

주소 (10881) 경기도 파주시 문발로 116(문발동 536-2)

전화 1644-0965(대표) | **팩스** 070-8650-0965

등록 1968. 10. 28. 제406-2006-000035호

홈페이지 www.gyomoon.com | E-mail genie@gyomoon.com

ISBN 978-89-363-1909-0 (93550)

값 25,500원